ERNST CASSIRER

ZUR MODERNEN PHYSIK

ERNST CASSIRER

ZUR MODERNEN PHYSIK

WISSENSCHAFTLICHE BUCHGESELLSCHAFT
DARMSTADT

Die Übersetzung des Nachworts von Henry Margenau erfolgte durch
Hans-Werner Wendt,
Psychologisches Institut der Universität Mainz

CIP-Kurztitelaufnahme der Deutschen Bibliothek

Cassirer, Ernst:
Zur modernen Physik / Ernst Cassirer.
[Die Übers. d. Nachw. von Henry Margenau
erfolgte durch Hans-Werner Wendt]. –
6., unveränd. Aufl. – Darmstadt:
Wissenschaftliche Buchgesellschaft, 1987.
ISBN 3-534-00273-3

1 2 3 4 5

Bestellnummer 00273-3

6., unveränderte Auflage 1987

Druck und Einband: Wissenschaftliche Buchgesellschaft, Darmstadt
Printed in Germany

ISBN 3-534-00273-3

INHALT

ZUR EINSTEINSCHEN RELATIVITÄTSTHEORIE

DETERMINISMUS UND INDETERMINISMUS IN DER MODERNEN PHYSIK

VERZEICHNIS DER ERSTDRUCKE

ZUR EINSTEINSCHEN RELATIVITÄTSTHEORIE

Bruno Cassirer Verlag, Berlin 1921

DETERMINISMUS UND INDETERMINISMUS
IN DER MODERNEN PHYSIK

Göteborgs Högskolas Årsskrift. Band 42. 1936
(Göteborg 1937)

ZUR EINSTEINSCHEN RELATIVITÄTSTHEORIE

ERKENNTNISTHEORETISCHE BETRACHTUNGEN

VORWORT

Die folgende Schrift erhebt nicht den Anspruch, die philosophischen Probleme, die durch die Relativitätstheorie aufgeworfen werden, zur vollständigen Darstellung zu bringen. Ich bin mir bewußt, daß die neuen Aufgaben, vor welche auch die allgemeine Erkenntniskritik durch diese Theorie gestellt worden ist, nur in allmählicher gemeinsamer Arbeit der Physiker und Philosophen bewältigt werden können; hier lag mir lediglich daran, einen Anfang dieser Arbeit zu versuchen, die Diskussion anzuregen und sie, wenn möglich, gegenüber der heut noch herrschenden Unsicherheit der Beurteilung, in bestimmte methodische Bahnen zu lenken. Das Ziel dieser Schrift wäre erreicht, wenn es ihr gelänge, in Fragen, über welche das Urteil der Philosophen und der Physiker noch weit auseinandergeht, eine wechselseitige Verständigung zwischen beiden anzubahnen. Daß ich auch in den rein erkenntnistheoretischen Erörterungen bemüht war, mich in nächster Berührung mit der wissenschaftlichen Physik selbst zu halten und daß die Schriften der führenden Physiker der Vergangenheit und Gegenwart die gedankliche Orientierung der folgenden Untersuchung überall wesentlich mitbestimmt haben, wird man der Darstellung entnehmen. Das Literaturverzeichnis am Ende der Schrift macht jedoch auf sachliche Vollständigkeit keinen Anspruch: es sind in ihm nur solche Werke angeführt, die im Verlauf der Darstellung wiederholt herangezogen und eingehender berücksichtigt worden sind.

Albert Einstein hat den folgenden Aufsatz im Manuskript gelesen und ihn durch einzelne kritische Bemerkungen, die er an die Lektüre geknüpft hat, gefördert: ich kann diese Schrift nicht hinausgehen lassen, ohne ihm dafür auch an dieser Stelle meinen herzlichen Dank auszusprechen.

Hamburg, 9. August 1920.

Ernst Cassirer

I.

MASSBEGRIFFE UND DINGBEGRIFFE

„Der Gebrauch, den man in der Weltweisheit von der Mathematik machen kann" – so schrieb Kant im Jahre 1763 in der Vorrede zu dem „Versuch, den Begriff der negativen Größen in die Weltweisheit einzuführen" – „bestehet entweder in der Nachahmung ihrer Methode oder in der wirklichen Anwendung ihrer Sätze auf die Gegenstände der Philosophie. Man sieht nicht, daß der erstere bis dato von einigem Nutzen gewesen sei, so großen Vorteil man sich auch anfänglich davon versprach. Der zweite Gebrauch ist dagegen für die Teile der Weltweisheit, die er betroffen hat, desto vorteilhafter geworden, welche dadurch, daß sie die Lehren der Mathematik in ihren Nutzen verwandten, sich zu einer Höhe geschwungen haben, darauf sie sonsten keinen Anspruch hätten machen können. Es sind dieses aber auch nur die zur Naturlehre gehörigen Einsichten ... Was die Metaphysik anlangt, so hat diese Wissenschaft, anstatt sich einige von den Begriffen oder Lehren der Mathematik zunutze zu machen, vielmehr sich öfters wider sie bewaffnet und, wo sie vielleicht sichere Grundlagen hätte entlehnen können, um ihre Betrachtungen darauf zu gründen, siehet man sie bemüht, aus den Begriffen des Mathematikers nichts als feine Erdichtungen zu machen, die außer seinem Felde wenig Wahres an sich haben. Man kann leicht erraten, auf welcher Seite der Vorteil sein werde in dem Streite zweier Wissenschaften, deren die eine alle insgesamt an Gewißheit und Deutlichkeit übertrifft, die andere aber sich allererst bestrebt, dazu zu gelangen. Die Metaphysik sucht z. E. die Natur des Raumes und den obersten Grund zu finden, daraus sich dessen Möglichkeit verstehen läßt. Nun kann wohl hiezu nichts behilflicher sein, als wenn man zuverlässig erwiesene Data irgendwoher entlehnen kann, um sie seiner Betrachtung zum Grunde zu legen. Die Geometrie liefert deren einige, welche die allgemeinsten Eigenschaften des/ Raumes betreffen, z. B. daß der Raum gar nicht aus einfachen Teilen bestehe; allein man gehet sie vorbei und setzet sein Zutrauen lediglich auf das zweideutige Bewußtsein dieses Begriffes, indem man ihn auf eine ganz abstrakte Art denket. . . . Die mathematische Betrachtung der Bewegung, verbunden mit der Erkenntnis des Raumes, geben gleicher Gestalt viel Data an die Hand, um die metaphysische Betrachtung von der Zeit in dem Gleise der Wahrheit zu erhalten. Der berühmte Herr Euler hat hiezu unter andern einige Veranlassung gegeben, allein es scheint bequemer, sich in finstern und schwer zu prüfenden Abstraktionen aufzuhalten, als mit einer Wissenschaft in Verbindung zu treten, welche nur an verständlichen und augenscheinlichen Einsichten teilnimmt."

Die Eulersche Abhandlung, auf die Kant den Metaphysiker hier verweist, sind seine »Réflexions sur l'espace et le temps«, die im Jahre 1748 in den Schriften der Berliner Akademie der Wissenschaften erschienen sind. Diese Abhandlung entwirft in der Tat nicht nur ein Programm des Aufbaus der Mechanik, sondern ein allgemeines Programm der Erkenntnistheorie der Naturwissenschaften. Sie sucht den Wahrheitsbegriff der mathematischen Physik zu bestimmen und ihn dem Wahrheitsbegriff der Metaphysik gegenüberzustellen. In materialer Hinsicht aber ruht die Betrachtung Eulers gänzlich auf den Grundlagen, auf denen Newton das klassische System der Mechanik errichtet hatte. Newtons Begriffe des absoluten Raumes und der absoluten Zeit sollen hier nicht nur als notwendige Grundbegriffe der mathematisch-naturwissenschaftlichen Erkenntnis, sondern als echte physikalische Realitäten erwiesen werden. Diese Realitäten aus philosophischen, aus allgemein erkenntnistheoretischen Gründen zu bestreiten und zu leugnen, hieße — wie Euler ausführt — zugleich die Fundamentalgesetze der Dynamik — vor allem das Trägheitsgesetz — um jegliche physikalische Bedeutung bringen. In einer solchen Alternative aber kann die Entscheidung nicht fraglich sein: der Philosoph hat seine Bedenken gegen die „Möglichkeit" eines absoluten Raumes und einer absoluten Zeit zurückzustellen, sobald die Wirklichkeit beider sich als unmittelbare Folgerung aus der Geltung der Grundgesetze der Bewegung nachweisen läßt. Was diese Gesetze f o r d e r n, das „ist" auch — und es ist, es existiert in dem höchsten Sinne und dem höchsten Maße von Objektivität, die für unsere Erkenntnis überhaupt erreichbar sind. Denn vor / der Wirklichkeit der Natur, wie sie sich in der Bewegung und ihren empirischen Gesetzen darstellt, muß jeder logische Zweifel verstummen; es ist Sache des Denkens, sich dem Sein der Bewegung und ihrer Grundregeln zu bequemen, statt aus abstrakten Erwägungen darüber, was sich begreifen oder nicht begreifen lasse, der Natur selbst Vorschriften machen zu wollen. –

Aber so einleuchtend diese Forderung erscheint und so fruchtbar sich die methodische Anregung Eulers in der Entwicklungsgeschichte der Kantischen Fragestellung erwiesen hat[1] – so problematisch wird sie, sobald wir sie vom Standpunkt der modernen Physik und der modernen Erkenntnistheorie betrachten. Wenn Kant in Newtons Grundwerk, in den „Philosophiae naturalis principia mathematica" gleichsam einen festen Codex der physikalischen „Wahrheit" zu besitzen und wenn er in dem „Faktum" der mathematischen Naturwissenschaft, das sich ihm hier darbot, auch die philosophische Erkenntnis endgültig befestigen zu können glaubte: so hat sich das Verhältnis, das er zwischen Philosophie und exakter Wissenschaft annahm, seither von Grund aus geändert. Immer klarer, immer zwingender kommt uns heute zum Bewußtsein, daß der Archimedische Punkt, auf den er sich stützte und von dem aus er es unternahm, das Gesamtsystem der Erkenntnis aus den Angeln zu heben, keinen unbedingt festen Halt mehr gewährt. Das Faktum der Geometrie hat seine eindeutige Bestimmtheit eingebüßt: statt der e i n e n Geometrie Euklids sehen wir uns heute einer Mehrheit gleichberechtigter geometrischer Systeme gegenüber, die alle die gleiche Denknotwendigkeit für sich in Anspruch nehmen und die, wie das Beispiel der allgemeinen Relativitätstheorie zu zeigen scheint, bald auch in ihren Anwendungen, in ihrer Fruchtbarkeit für die Physik mit dem System der klassischen Geometrie werden wetteifern können. Und eine noch stärkere Umbildung hat das System der klassischen Mechanik erfahren, seitdem in der neueren Physik die „mechanische" Weltansicht mehr und mehr durch die elektrodynamische verdrängt und ersetzt worden ist. Die Gesetze, die Newton und Euler als den völlig gesicherten und unerschütterlichen Besitz der physikalischen Erkenntnis ansahen: – jene Gesetze, in denen sie den B e g r i f f der Körperwelt, der Materie und Bewegung, kurz der Natur selbst definiert glaubten: – sie erscheinen uns heute nur noch als Abstraktionen, / durch die wir im günstigsten Falle einen bestimmten Bezirk, ein fest begrenztes Teilgebiet des Seins beherrschen und in erster Annäherung theoretisch beschreiben können. Und wenden wir uns mit der alten philosophischen Grundfrage nach dem „Wesen" von Raum und Zeit an die

---

[1] Näheres über Euler und Kants Verhältnis zu ihm s. Erkenntnisproblem [7], II, 472 ff., 698, 703 f.

heutige Physik: — so erhalten wir von ihr die genau entgegengesetzte Antwort, als Euler sie vor 150 Jahren erteilte. Newtons Begriffe des absoluten Raumes und der absoluten Zeit mögen unter den „Philosophen" noch manche Anhänger zählen, aber aus der methodischen und empirischen Grundlegung der Physik scheinen sie endgültig ausgemerzt zu sein. Die allgemeine Relativitätstheorie scheint hierin nur der letzte konsequente Abschluß einer gedanklichen Bewegung zu sein, die ihre entscheidenden Antriebe gleich sehr durch erkenntnistheoretische, wie durch physikalische Erwägungen erhielt.

Das Zusammenwirken beider Gesichtspunkte ist in der Entwicklung der theoretischen Physik gerade an den entscheidenden Wendepunkten immer mit besonderer Deutlichkeit zutage getreten. Ein Blick auf die Geschichte der Physik lehrt, daß gerade ihre wichtigsten prinzipiellen Errungenschaften mit Betrachtungen allgemein erkenntnistheoretischer Natur in engstem Zusammenhang zu stehen pflegten. Galileis „Dialoge über die beiden Weltsysteme" sind von solchen Betrachtungen ganz erfüllt — und seinen Aristotelischen Gegnern konnte Galilei das Wort entgegenhalten, daß er mehr Jahre auf das Studium der Philosophie, als Monate auf das Studium der Physik verwandt habe. Kepler legt den Grund zu seiner Schrift über die Marsbewegung und zu seinem Hauptwerk über die Weltharmonie in seiner »Apologie für Tycho«, in der er eine vollständige, rein methodisch gerichtete Darstellung der Hypothese und ihrer verschiedenen Grundformen gibt: eine Darstellung, durch die er den modernen Begriff der physikalischen Theorie erst eigentlich geschaffen und mit einem bestimmten konkreten Gehalt erfüllt hat. Auch Newton kommt mitten in den Betrachtungen über das Weltgebäude auf die allgemeinsten Grundnormen der physikalischen Erkenntnis, auf die »Regulae philosophandi« zurück. In neuerer Zeit hat sodann Helmholtz seine Schrift „über die Erhaltung der Kraft" (1847) mit Erwägungen über das Kausalprinzip als die allgemeine Grundvoraussetzung für jede „Begreiflichkeit der Natur" eingeleitet — und Heinrich Hertz spricht es im Vorwort zu seinen „Prinzipien der Mechanik" (1894) ausdrücklich aus, daß dasjenige, was in dem Werke neu / sei und worauf er einzig Wert lege, „die Anordnung und Zusammenstellung des Ganzen, also die logische, oder, wenn man will, die philosophische Seite des Gegenstandes" sei[2]. Aber alle diese großen geschichtlichen Beispiele für den

[2] Vgl. Helmholtz [*29*, S. 4]; H. Hertz [*31*, S. XXVII].

inneren sachlichen Zusammenhang zwischen erkenntnistheoretischer und physikalischer Problemstellung werden fast noch überboten durch die Art, in der sich dieser Zusammenhang in der Grundlegung der Relativitätstheorie erwiesen und bewährt hat. Einstein selbst hat sich — insbesondere um den Übergang von der speziellen zur allgemeinen Relativitätstheorie zu rechtfertigen — in erster Linie auf ein erkenntnistheoretisches Motiv gestützt, dem er neben den rein empirisch-physikalischen Gründen eine entscheidende Bedeutung einräumt[3]. Und schon die spezielle Relativitätstheorie stand an einem Punkte, an dem ihr Vorrang gegenüber anderen Erklärungen, wie der Lorentzschen Kontraktionshypothese, sich nicht sowohl in ihrer empirischen Materie, als in ihrer reinen logischen Form, nicht sowohl in ihrem physikalischen, als in ihrem allgemein systematischen Wert als begründet erwies[4]. Auch in dieser Hinsicht gilt der Vergleich, den Planck zwischen der Relativitätstheorie und der Kopernikanischen kosmologischen Reform gezogen hat[5]. Auch die Kopernikanische Ansicht konnte zur Zeit, da sie auftrat, keine einzelne neue „Tatsache" aufweisen, durch die sie schlechterdings mit Ausschluß aller früheren astronomischen Erklärungen gefordert gewesen wäre — sondern ihr Wert und ihre eigentliche Beweiskraft lag in der prinzipiellen und systematischen Klarheit, die sich mit ihr über das Ganze der Naturerkenntnis verbreitete. In gleicher Weise greift auch die Relativitätstheorie, indem sie von einer Kritik des Zeitbegriffs ihren Ausgang nimmt, nicht erst in ihren Anwendungen und Folgerungen, sondern schon in ihrem ersten Ansatz in das Gebiet der erkenntnistheoretischen Fragestellungen ein. Daß die Wissenschaften — insbesondere die Mathematik und die exakten Naturwissenschaften — der Erkenntniskritik das wesentliche Material darzubieten haben, ist eine seit Kant kaum mehr bestrittene Einsicht: — hier aber wird dieses Material der Philosophie zugleich in einer Form dargeboten, die schon von selbst eine bestimmte erkenntnistheoretische Deutung und Bearbeitung in sich schließt. /

So stellt die Relativitätstheorie, gegenüber dem klassischen System der Mechanik, ein neues wissenschaftliches Problem auf, vor welchem auch die kritische Philosophie sich von neuem zu prüfen hat. Wenn Kant — wie Hermann Cohens Kant-Schriften es immer wieder betont und nach

[3] S. Einstein [*17*, S. 8].

[4] Näheres hierzu siehe unten Nr. II.

[5] Vgl. Planck [*68*], S. 117 f.

allen Seiten hin beleuchtet und erwiesen haben — nichts anderes als der philosophische Systematiker der Newtonschen Naturwissenschaft sein wollte: — wird dann nicht auch seine Lehre notwendig in das Schicksal der Newtonschen Physik verstrickt und müssen nicht alle Änderungen, die sie erleidet, auch unmittelbar auf die Gestaltung der Grundlehren der kritischen Philosophie zurückwirken? Oder bieten die Lehren der transzendentalen Ästhetik ein Fundament dar, das breit und stark genug ist, wie das Gebäude der Newtonschen Mechanik, so auch das der modernen Physik zu tragen? Von der Beantwortung dieser Frage wird die zukünftige Entwicklung der Erkenntniskritik abhängen. Erwiese es sich, daß die neueren physikalischen Anschauungen über Raum und Zeit schließlich ebensoweit über Kant, wie über Newton hinausführten: dann wäre der Zeitpunkt gekommen, an dem wir, auf Grund der Kantischen Voraussetzungen, über Kant fortzuschreiten hätten. Denn was die Kritik der reinen Vernunft erstrebte, war nicht, die philosophische Erkenntnis ein für allemal auf ein bestimmtes dogmatisches System von Begriffen festzulegen, sondern ihr den „stetigen Gang einer Wissenschaft" zu eröffnen, in dem es selbst immer nur relative, nicht absolute Halt- und Ruhepunkte geben kann.

Aber freilich muß die Erkenntnistheorie, so eng sich ihr eigenes Schicksal hier mit dem Fortgang der exakten Wissenschaft verknüpft erweist, den Aufgaben, die ihr von dieser gestellt werden, mit voller methodischer Selbständigkeit gegenübertreten. Sie steht zur Physik in ebendemselben Verhältnis, in welchem, nach der Kantischen Schilderung, der „Verstand" zur Erfahrung und zur Natur steht: sie tritt an sie heran, „zwar um von ihr belehrt zu werden, aber nicht in der Qualität eines Schülers, der sich alles vorsagen läßt, was der Lehrer will, sondern eines bestallten Richters, der die Zeugen nötigt, auf die Fragen zu antworten, die er ihnen vorlegt". Jede Antwort, die die Physik über den Charakter und die besondere Eigenart ihrer Grundbegriffe erteilt, nimmt in der Tat für die Erkenntnistheorie unwillkürlich wieder die Form der Frage an. Wenn z. B. Einstein es als das wesentliche Ergebnis seiner Theorie bezeichnet, daß durch sie dem Raume und der / Zeit „der letzte Rest physikalischer Gegenständlichkeit" genommen werde [*17*, S. 13] — so enthält diese Antwort des Physikers für den Erkenntnistheoretiker erst die präzise Fassung seines eigentlichen Grundproblems. Was sollen wir unter der physikalischen Gegenständlichkeit verstehen, die hier den Begriffen von Raum und Zeit bestritten wird? Dem Physiker mag sie als der feste und sichere Ausgangspunkt und als ein völlig bestimmter Vergleichspunkt erscheinen: — die Erkenntnistheorie muß fordern, daß ihr Sinn, daß das, was methodisch durch sie gemeint und ausgedrückt sein soll, zuvor eindeutig definiert sei. Denn die erkenntnistheoretische Besinnung führt uns überall zu der Einsicht, daß dasjenige, was die verschiedenen Wissenschaften den „Gegenstand" nennen, kein ein für allemal Feststehendes, an sich Gegebenes ist, sondern daß es durch den jeweiligen Gesichtspunkt der Erkenntnis erst bestimmt wird. Je nach dem Wechsel dieses ideellen Gesichtspunktes entstehen für das Denken verschiedene Klassen und verschiedene Systeme von Objekten. Immer gilt es daher in demjenigen, was die einzelnen Wissenschaften uns als ihre Objekte und „Dinge" darbieten, die spezifischen logischen Bedingungen wiederzuerkennen, auf Grund deren sie festgestellt worden sind. Jede Wissenschaft hat ihren Gegenstand nur dadurch, daß sie ihn aus der gleichförmigen Masse des Gegebenen durch bestimmte Formbegriffe, die ihr eigentümlich sind, heraushebt. Der Gegenstand der Mathematik ist ein anderer als der der Mechanik — der Gegenstand der abstrakten Mechanik ein anderer als der der Physik usf., — weil und sofern in all diesen Wissenschaften verschiedene Fragen der Erkenntnis, verschiedene Arten, das Mannigfaltige auf eine Einheit des Begriffs zu beziehen und durch sie zu ordnen und zu beherrschen, enthalten sind. So bestimmt sich der Inhalt jedes besonderen Gebiets der Erkenntnis durch die charakteristische Urteils- und Frageform, von der die Erkenntnis ausgeht. In dieser erst grenzen sich die besonderen Gebietsaxiome ab, durch welche sich die Wissenschaften voneinander unterscheiden. Versucht man, von diesem Standpunkt aus, eine scharfe Erklärung des Begriffs der „physikalischen Gegenständlichkeit" zu gewinnen, so sieht man sich hierbei zunächst auf eine negative Bestimmung geführt. Was immer diese Gegenständlichkeit bedeuten mag, in keinem Falle kann sie mit dem zusammenfallen, was die naive Weltansicht als die Wirklichkeit ihrer Dinge, als die Wirklichkeit der sinnlichen Wahrnehmungsobjekte anzusehen pflegt. Denn von dieser / Wirklichkeit sind die Objekte, von denen die wissenschaftliche Physik handelt, und für die sie ihre Gesetze aufstellt, schon durch ihre allgemeine Grundform geschieden. Daß Begriffe, wie die der Masse und der Kraft, des Atoms oder des Äthers, des magnetischen oder elektrischen Potentials, ja Begriffe wie die des Drucks oder der Temperatur, keine einfachen Dingbegriffe, keine Nachbildungen konkreter in der Wahrnehmung gegebener Einzelinhalte sind: das bedarf nach allem, was die Erkenntnistheorie der Physik selbst über den Sinn und Ursprung dieser Begriffe festgestellt hat, kaum der Erörterung mehr. Was wir in ihnen besitzen, sind ersichtlich nicht Reproduktionen einfacher Ding- oder Empfindungsinhalte, sondern theoretische Setzungen und Konstruktionen, die darauf gerichtet sind, das bloß Empfindbare in ein Meßbares und damit erst in einen „Gegenstand der Physik", d. h. in einen solchen *für* die Physik zu verwandeln. *Plancks* knappe Formulierung des physikalischen Gegenstandskriteriums, das er in den Satz zusammenfaßt, daß alles, *was man messen kann*, auch existiere, mag vom Standpunkt der Physik selbst völlig ausreichend erscheinen: vom Standpunkt der Erkenntnistheorie schließt sie nur erst die Aufforderung in sich, die grundlegenden Bedingungen eben dieser Meßbarkeit selbst aufzudecken und in systematischer Vollständigkeit zu entwickeln. Denn jede, auch die einfachste Messung, muß sich auf bestimmte theoretische Voraussetzungen, auf gewisse „Prinzipien", „Hypothesen" oder „Axiome" stützen, die sie nicht der Welt des Empfindbaren entnehmen, sondern die sie als Postulate des Denkens an diese Welt heranbringen muß. In diesem Sinne steht die Wirklichkeit des Physikers der Wirklichkeit der unmittelbaren Wahrnehmung als ein durch und durch Vermitteltes gegenüber: als ein Inbegriff, nicht von daseienden Dingen oder Eigenschaften, sondern von abstrakten Gedankensymbolen, die als Ausdruck für bestimmte Größen- und Maßverhältnisse, für bestimmte funktionale Zuordnungen und Abhängigkeiten der Erscheinungen dienen. Gehen wir von dieser allgemeinen Einsicht aus — die innerhalb der Physik selbst vor allem durch *Duhems* Analyse der physikalischen Begriffsbildung in das hellste Licht gerückt worden ist — so gewinnt damit das Problem der Relativitätstheorie erst seine volle logische Schärfe. Daß von dieser Theorie dem Raume und der Zeit die physikalische Gegenständlichkeit abgesprochen wird, das muß, wie sich jetzt zeigt, etwas anderes und etwas Tieferes bedeuten, als die Erkenntnis, daß beide / nicht *Dinge* im Sinne des „naiven Realismus" sind. Denn Dinge dieser Art müssen wir schon an der Schwelle der exakten wissenschaftlichen Physik, schon bei der Formulierung ihrer ersten Urteile und Sätze, hinter uns gelassen haben. Die Bestimmung, keine Dingbegriffe, sondern reine Maßbegriffe zu sein, teilen Raum und Zeit mit allen anderen echten physikalischen Gegenstandsbegriffen: — wenn ihnen dennoch auch diesen gegenüber noch eine logische Sonderstellung zukommen soll, so wird gezeigt werden müssen, daß sie sich in der gleichen Richtung, wie diese, aber noch um einen

Schritt weiter von den gewöhnlichen Dingbegriffen entfernen, daß sie also gewissermaßen Maßbegriffe und Maßformen von höherer als der ersten Ordnung darstellen. –

Schon in den ersten Erwägungen, von denen die Relativitätstheorie ausgeht, tritt in der Tat hervor, daß auch der Physiker als solcher niemals ausschließlich das gemessene Objekt selbst, sondern immer zugleich die besonderen Bedingungen der Messung ins Auge zu fassen hat. Die Theorie unterscheidet die physikalischen Bestimmungen und Urteile, die sich bei der Messung von ruhenden und bewegten Bezugssystemen aus ergeben, und sie betont, daß, bevor Bestimmungen, die von verschiedenen Bezugssystemen aus gewonnen worden sind, miteinander verglichen werden können, zunächst ein allgemeines methodisches Prinzip der Umsetzung und Umrechnung gegeben sein müsse. Jeder objektiven Messung muß gleichsam noch ein bestimmter subjektiver Index hinzugefügt werden, der ihre besonderen Bedingungen kenntlich macht – und erst wenn dies geschehen, kann sie im wissenschaftlichen Aufbau des Gesamtbildes der Wirklichkeit, in der Bestimmung der Naturgesetze, neben anderen gebraucht und mit ihnen zu einem einheitlichen Ergebnis zusammengefaßt werden. Was mit dieser Reflexion auf die Voraussetzungen und Bedingungen der physikalischen Messung auch in rein erkenntnistheoretischer Hinsicht gewonnen und geleistet ist: das ergibt sich sofort, wenn man sich der Konflikte erinnert, die sich im Verlauf der Geschichte der Philosophie und der Geschichte der exakten Wissenschaft, aus dem Mangel eben dieser Reflexion immer von neuem ergeben haben. Fast schien es das unvermeidliche Schicksal der naturwissenschaftlichen Weltbetrachtung zu sein, daß jeder neue und fruchtbare Maßbegriff, den sie errang und für sich feststellte, sich ihr alsbald wieder in einen Dingbegriff verwandelte. Immer wieder glaubte sie der Wahrheit und des Sinns der physikalischen Größenbegriffe / nur dadurch gewiß und sicher zu sein, daß sie ihnen bestimmte absolute Wirklichkeiten entsprechen ließ. Jede schöpferische Epoche der Physik findet und formuliert neue charakteristische Maße für die Gesamtheit des Seins und Geschehens – aber jede steht zugleich in Gefahr, in diesen doch immer nur vorläufigen und relativen Maßen, in diesen jeweilig letzten gedanklichen Instrumenten der Messung den abschließenden Ausdruck des ontologisch Realen zu sehen. Die Geschichte des Begriffs der Materie, die Geschichte des Atombegriffs, des Begriffs des Äthers und der Energie liefert hierfür die typischen Beweise und Belege. Aller Materialismus – und es gibt einen Materialismus nicht nur der eigentlichen „Materie“, sondern auch der Kraft, der Energie, des Äthers usf. – geht, erkenntnistheoretisch betrachtet, auf dieses eine Motiv zurück. Den letzten Konstanten der physikalischen Rechnung soll nicht nur der Wert eines Wirklichen zukommen, sondern sie sollen zuletzt zum Rang des allein Wirklichen erhoben werden. Selbst der Fortgang und die Entwicklung der idealistischen Philosophie vermag sich diesem Motiv nicht zu entziehen. Descartes wird als idealistischer Mathematiker zugleich der Begründer der „mechanischen Weltansicht“. Weil nur die Ausdehnung uns exakte und deutliche Begriffe liefert und weil alle begrifflich klar erfaßte und erkannte Wahrheit auch Wahrheit vom Seienden ist – darum können und müssen nach ihm auch Mathematik und Natur, darum muß das System der Maßbestimmungen und der Inbegriff des stofflich-physischen Daseins in Eins aufgehen. Wie der gleiche Schritt vom logisch-mathematischen zum ontologischen Begriff sich in der Entwicklung der modernen Energetik wiederholt hat, ist bekannt. Auch hier wurde die Energie, nachdem sie einmal als fundamentales Maß entdeckt war, als ein Maß, das nicht auf die Bewegungserscheinungen eingeschränkt ist, sondern alle physikalischen Gebiete gleichmäßig umspannt, alsbald wieder zu einer allbefassenden Substanz erhoben, die mit der „Materie“ wetteiferte, um sie schließlich ganz in sich aufzunehmen und zu absorbieren. Aber im ganzen handelte es sich hierbei freilich nur um einen metaphysischen Neben- und Seitenweg, der die Wissenschaft selbst von ihrer sicheren methodischen Richtung nicht abgelenkt hat. Denn der Energiebegriff gehört, schon seiner ersten Konzeption nach, jener allgemeinen Richtung des physikalischen Denkens an, die man im Gegensatz zur Physik der Bilder und der mechanischen Modelle als „Physik der Prinzipien“ bezeichnet hat. Die Formulierung eines „Prinzips“ aber bezieht sich niemals unmittelbar auf Dinge und Dingverhältnisse, sondern sie will eine allgemeine Regel für komplexe funktionale Abhängigkeiten und ihren gegenseitigen Zusammenhang aufstellen. Diese Regel erweist sich jetzt als das eigentlich Dauernde und Substantielle: der erkenntnistheoretische wie der physikalische Wert der Energetik zeigt sich nicht in der neuen Sachvorstellung begründet, die sie an Stelle der alten Begriffe von „Materie“ und „Kraft“ setzt, sondern in der Gewinnung der Äquivalenzzahlen, die von Robert Mayer ausdrücklich als die „Fundamente einer exakten Naturforschung“ gefordert und gefunden worden sind (vgl. 52, S. 145, 237 ff.).

Schon an diesen beiden Beispielen kann man sich vergegenwärtigen, daß sich durch die gesamte Geschichte der Physik eine bestimmte geistige Bewegung hindurchzieht, die der Bewegung, die in der erkenntnistheoretischen Betrachtung zwischen „Subjekt“ und „Objekt“ der Erkenntnis vermittelt und hin- und hergeht, durchaus parallel verläuft. Immer handelt es sich für die physikalische Auffassung darum, zunächst einen charakteristischen Gesichtspunkt der Messung in einem objektiv-physikalischen Begriff, in einer bestimmten Naturkonstante, zu fixieren, – dann aber im weiteren Verlauf das konstruktive Moment, das in jeder solchen Setzung einer ursprünglichen Konstante liegt, klarer und klarer zu durchschauen und sich seiner Bedingtheit bewußt zu werden. Denn alle Konstanten, wie immer sie im einzelnen beschaffen sein mögen, werden nicht unmittelbar gegeben, sondern sie müssen zuvor gedacht und gesucht sein, ehe sie in der Erfahrung gefunden werden können. Eines der prägnantesten Beispiele hierfür steht in der Geschichte des Atombegriffs vor uns. Die Atome werden von Demokrit als letzte Konstanten der Natur gefordert, lange bevor sich für das Denken irgendein Weg zur konkreten Erfüllung dieser Forderung zeigt. Im Grunde wird eine solche Erfüllung, wird ein streng exakter quantitativer Sinn des Atombegriffs erst mit den Anfängen der modernen Chemie im Gesetz der multiplen Proportionen erreicht. In dem Maße aber, als neben diese besondere Ausprägung des Atombegriffs nunmehr andere und andere treten und er schließlich die verschiedenartigsten sachlichen Gebiete beherrscht und gedanklich organisiert, tritt auch sein reiner Prinzipiencharakter, der anfangs mit seinem Sachcharakter noch unterschiedslos verschmolz, immer be/stimmter zutage. Der Inhalt der Atomvorstellung wandelt sich und rückt im Lauf der Entwicklung der Physik und Chemie von Ort zu Ort, – aber die Funktion des Atoms, als einer jeweilig letzten Maßeinheit, beharrt. Wenn wir von der Betrachtung der „ponderablen“ Materie zur Betrachtung des Äthers übergehen, wenn wir eine Einheit suchen, die nicht nur die mechanischen, sondern auch die optischen und elektromagnetischen Phänomene umfaßt, – dann gestaltet sich für uns das Atom der Materie zum Atom der Elektrizität, zum Elektron. In der neueren Physik tritt ferner mit der Planckschen Quantentheorie der Gedanke einer atomistischen Struktur nicht nur der Materie, sondern auch der Energie hervor. Es wäre ein vergebliches Bemühen, wollte man versuchen, alle diese verschiedenen Anwendungen, die der Atomgedanke in der Chemie, in der kinetischen Gastheorie, in der Lehre von der Licht-

und Wärmestrahlung usf. erfahren hat, zu einem einheitlichen Bilde zusammenzufassen. Aber die Einheit seiner Bedeutung bedarf und fordert auch keine solche Bildeinheit; sie ist zur Genüge, ja in einem weit strengeren logischen Sinne gewahrt, wenn sich herausstellt, daß hier überall eine gemeinsame Beziehung, eine eigentümliche „Form" des Zusammenhangs, obwaltet, die sich als solche an den verschiedenartigsten Inhalten bewähren und darstellen kann. Das Atom erweist sich eben darin nicht als ein absolutes Minimum des Seins, sondern als ein relatives Minimum des Maßes. Es ist einer der Begründer der neueren Philosophie, Nicolaus Cusanus, gewesen, der diese seine Aufgabe und Funktion, die es erst in der Geschichte der Naturwissenschaft wahrhaft erfüllen sollte, mit echtem spekulativen Tiefsinn vorausgesehen und verkündet hat. Cusas Grundlehre vom Unendlichen und von der Einheit der Gegensätze im Unendlichen ruht ganz auf dieser Einsicht in die prinzipielle Relativität aller Größenbestimmung: – auf der Koinzidenz des „Größten" und „Kleinsten" (vgl. 7, I, 40 ff., 265 ff.). Die moderne Erkenntniskritik kann die Rätsel, mit denen Cusas Lehre vom Minimum ringt, in einem einfachen Grundgedanken zusammenfassen. Der Widerspruch tritt nur ein, wenn wir alle die verschiedenen Formen, die der Gedanke des „Kleinsten", der Gedanke der letzten unteilbaren Maßeinheit in den verschiedenen Gebieten der Betrachtung annimmt, dinglich ineins zu fassen versuchen; aber er verschwindet sogleich, wenn wir uns darauf besinnen, daß die wahre Einheit niemals in den Dingen als solchen, sondern in den gedanklichen Setzungen / zu suchen ist, die wir je nach der Besonderheit des Gebiets, das es auszumessen und zu bestimmen gilt, wählen und die daher prinzipiell einer unbegrenzten Variabilität fähig sind. Es ergibt sich hieraus, daß, wie das Gemessene an Zahl unbegrenzt ist, so auch das Messende in unendlich vielen und unendlich verschiedenen Ansätzen bestehen und sich darstellen kann – die Einheit, die wir zu suchen und zu fordern haben, liegt weder in dem einen, noch in dem anderen Glied, sondern lediglich in der Form ihrer wechselseitigen Verknüpfung, d. h. in den logischen Bedingungen der Operation der Messung selbst.

Dieser Zusammenhang erfährt eine neue Bestätigung, wenn wir vom Begriff der Materie, der Energie und des Atoms zu dem eigentlichen Gegenstandsbegriff der modernen Physik, zum Begriff der Bewegung hinüberblicken. Die geschichtlichen Anfänge der modernen Bewegungslehre bei Galilei weisen bereits unmittelbar auf die erkenntnistheoretische Grundfrage hin, die ihre umfassende und abschließende Formulierung in der allgemeinen Relativitätstheorie erhalten hat. Was Galilei mit seinem Relativitätsgedanken erreicht hat, das war die Aufhebung der absoluten Realität des Ortes, und dieser erste Schritt schloß bereits die wichtigsten logischen Folgerungen, schloß den neuen Begriff der Naturgesetzlichkeit überhaupt und die neue Fassung der besonderen Grundgesetze der Dynamik für ihn ein. Galileis Bewegungslehre wurzelt in nichts Geringerem und in nichts Größerem, als in der neuen Wahl des Standorts, von dem aus er die Bewegungserscheinungen im Weltall beurteilt und mißt. Mit dieser Wahl war für ihn zugleich das Trägheitsgesetz und in ihm die eigentliche Grundlage der neuen Naturansicht gegeben. Die antike Anschauung sah in dem Ort eine bestimmte physische Eigenschaft, von der ganz bestimmte physische Wirkungen ausgingen. Das „Hier" und „Dort", das „Oben" und „Unten" war ihr keine bloße Beziehung; sondern der einzelne Raumpunkt galt als ein selbständiges Reales, das folgerecht auch mit besonderen Kräften ausgestattet war. Im Streben der Körper nach ihren „natürlichen Orten", im Drang der Luft und des Feuers nach oben und im Sinken der schweren Massen nach unten schienen diese Kräfte als unmittelbar gewisse empirische Wirklichkeiten gegeben. Erst wenn man diese Grundzüge nicht nur der antiken Astronomie und Kosmologie, sondern auch der antiken Physik in Erwägung zieht, begreift man die ganze Kühnheit der neuen gedanklichen Orientierung, die das / Copernikanische Weltsystem ergab. Eine der festesten und sichersten Realitäten, auf die das griechische Denken sein Weltbild erbaut hatte, zerrann jetzt in eine bloße Illusion, in eine rein „subjektive" Bestimmung. Schon die ersten Anhänger der neuen Lehre haben mit Bezug auf die Lehre vom Ort die entscheidende Konsequenz gezogen. Was z. B. Gilbert der Aristotelischen Physik und Kosmologie entgegenhält, ist vor allem dieses erkenntnistheoretische Moment, ist der Umstand, daß sie die Grenzen des Ideellen und Reellen überall ineinanderlaufen läßt. Durchweg seien in ihr Unterschiede, die nur unserer Betrachtung, die lediglich unserer subjektiven Reflexion angehören, in objektiv-dingliche Gegensätze verkehrt. In Wahrheit aber sei kein Ort in der Natur an sich dem andern entgegengesetzt, sondern es gebe in ihr nur eine Verschiedenheit in der wechselseitigen Lage der Körper und der materiellen Massen. „Nicht der Ort ist es, der in der Natur der Dinge wirkt und schafft, der über die Ruhe und Bewegung der Körper entscheidet. Denn er ist an sich weder ein Sein, noch eine wirkende Ursache, vielmehr bestimmen die Körper sich erst vermöge der Kräfte, die ihnen einwohnen, ihre gegenseitige Stellung und Lage. Der Ort ist ein Nichts; er existiert nicht und übt keine Kraft aus, sondern alle Naturgewalt ist in den Körpern selbst enthalten und begründet" (7, 1, 360f.). Darin ist zugleich enthalten, daß das, was wir den „wahren Ort" eines Körpers nennen, uns niemals als eine unmittelbar sinnlich faßbare Eigenschaft an ihm gegeben, sondern immer erst auf Grund der Rechnung und der „Arithmetik der Kräfte" im Universum zu ermitteln und festzustellen ist. Alle Ortsbestimmung — so faßt Kepler diese Einsicht, die ihm gleich sehr aus astronomischen Überzeugungen, wie aus seinen Studien zur physiologischen Optik, aus seiner Analyse des allgemeinen Wahrnehmungsproblems erwächst, scharf und prägnant zusammen — ist eine Leistung des Geistes: »omnis locatio mentis est opus« (*37*, II, 55 vgl. 7, I, 339). Von hier liegt der Weg zu Galileis Grundlegung der Dynamik offen: denn da der Ort aufgehört hat, etwas Reales zu sein, so fällt auch die Frage nach dem Grunde des Ortes eines Körpers und nach dem Grunde seines Verharrens in ein und demselben Ort dahin. Die objektiv-physische Realität überträgt sich von dem Ort auf die Ortsveränderung, auf die Bewegung und die Faktoren, durch die sie als Größe bestimmt wird. Soll eine solche Bestimmung in eindeutiger Weise möglich sein, so muß die Identität und Dauer, die bisher den bloßen Orten zuge/sprochen wurde, auf die Bewegung übergehen, so muß sie als solche ein „Sein", d. h. vom Standpunkt des Physikers eine numerische Konstanz besitzen. Diese Forderung der numerischen Konstanz der Bewegung selbst findet ihren Ausdruck und ihre Erfüllung im Trägheitsgesetz. Man erkennt hier von neuem, wie nahe sich auch in Galilei das mathematische Motiv seines Denkens mit einem ontologischen Motiv berührt — wie seine Auffassung und Bestimmung des Seins auf seine Auffassung und Bestimmung des Maßes und umgekehrt diese auf jene zurückwirkt. Das neue Maß, das in der Trägheit und im Begriff der gleichförmigen Beschleunigung entdeckt wird, schließt zugleich eine neue Festsetzung der Realität in sich. Die Trägheitsbewegung erscheint im Gegensatz zu dem bloßen Ort, der unendlich vieldeutig und je nach der Wahl des Bezugssystems verschieden ist, als eine wahrhafte innere Beschaffenheit des Körpers, die ihm „an sich" und ohne Rücksicht auf ein bestimmtes Vergleichungs- und Maßsystem zukommt. Die Geschwindigkeit eines materiellen Systems ist mehr als ein bloßer Rechenfaktor, sie gehört ihm nicht nur wirklich zu, sondern definiert geradezu erst seine Wirklichkeit, da sie seine lebendige Kraft, d. h. das Maß seiner dynamischen Wirksamkeit bestimmt. In dem

Maß der Bewegung, das sie entdeckt und begründet, in dem Differentialquotienten des Weges nach der Zeit, glaubt Galileis Physik nun zugleich zum Kern alles physischen Seins vorgedrungen zu sein, glaubt sie die intensive Realität der Bewegung definiert und erfaßt zu haben. Durch diese Realität unterscheidet sich die dynamische von der bloß phoronomischen Betrachtung. Der Begriff des „Bewegungszustands", nicht als einer bloßen Vergleichsgröße, sondern als ein dem bewegten System innerlich zukommendes Wesensmoment, wird jetzt das eigentliche Kennzeichen und die Charakteristik der physischen Wirklichkeit. Auch Leibniz steht in seiner Grundlegung der Dynamik durchaus auf diesem Standpunkt, der ihm zugleich zum Ausgangspunkt einer neuen Metaphysik der Kräfte wird. Die Bewegung als bloße Ortsveränderung in rein phoronomischem Sinne gefaßt — so erklärt er — bliebe selbst etwas rein Relatives; zum Ausdruck einer eigentlichen, einer physischen wie metaphysischen Realität wird sie erst, indem wir ihr ein inneres dynamisches Prinzip, indem wir ihr die Kraft als „ursprünglich eingepflanztes Prinzip der Dauer und der Veränderung" (principium mutationis et perseverantiae insitum) hinzufügen (*42*, VI, 100; *5*, S. 290ff.). In allen diesen / Beispielen tritt deutlich hervor, wie scharf auf der einen Seite das physikalische Denken der neueren Zeit den Gedanken der Relativität des Orts und der Bewegung erfaßt hat und wie es andererseits dennoch davor zurückschreckt, ihn bis in seine letzten Konsequenzen zu verfolgen. Wenn nicht nur der Ort, sondern auch die Geschwindigkeit eines materiellen Systems eine Größe bedeuten soll, die ganz von der Wahl des Bezugskörpers abhängt und daher unendlich-variabel und unendlichvieldeutig ist, so scheint überhaupt keine eindeutige Größen- und somit keine eindeutige objektive Zustandsbestimmung eines physisch-Wirklichen mehr möglich zu sein. Die reine Mathematik mag sich, als die ideelle Lehre von der Größenvergleichung und der Größenverknüpfung überhaupt, als ein System bloßer Beziehungen und Funktionen konstituieren und sich immer klarer als solches erkennen, — die Physik aber scheint hier schließlich einmal an eine letzte Grenze, an ein Non plus ultra gelangen zu müssen, wenn sie nicht den Boden der Realität gänzlich unter sich verlieren will.

Die Schwierigkeit aber, die innerhalb des Gesamtaufbaus der klassischen Mechanik in der Formulierung des Trägheitsprinzips zurückbleibt, drückt sich zuletzt in einem erkenntnistheoretischen Zirkel aus, aus dem es für sie kein Entrinnen zu geben scheint. Um den Sinn des Trägheitssatzes zu fassen, bedürfen wir des Begriffs der „gleichen Zeiten" – ein brauchbares physikalisches Maß für gleiche Zeiten aber kann, wie sich auf der anderen Seite ergibt, immer nur gewonnen werden, wenn man das Trägheitsgesetz seinem Inhalt und seiner Geltung nach schon als gegeben voraussetzt. In der Tat pflegt die Mechanik – seit Carl Neumanns bekannter Schrift „über die Prinzipien der Galilei-Newtonschen Theorie" *(57)*, die die moderne Diskussion über das Trägheitsgesetz zuerst in Fluß gebracht hat – „gleiche Zeiten" geradezu als solche zu definieren, innerhalb derer ein sich selbst überlassener Körper gleiche Wegabschnitte zurücklegt. Auch Maxwell faßt in seiner Darstellung der Newtonschen Mechanik das Gesetz der Trägheit als reine Maßdefinition auf. Das erste Gesetz Newtons – so erklärt er scharf und prägnant – sagt aus, unter welchen Bedingungen keine äußere Kraft vorhanden ist *(51*, S. 31). So wird in der Fortbildung der Mechanik der Trägheitssatz immer bestimmter als dasjenige erkannt, was er im Grunde bereits bei Galilei bedeutete. Er gilt jetzt nicht mehr als direkte empirische Beschreibung gegebener Naturvorgänge, sondern als jenes / „Gebietsaxiom", jene grundlegende Hypothese, durch welche sich die neue Wissenschaft der Dynamik eine bestimmte Form der Messung vorschreibt. Die Trägheit erscheint, statt als eine absolute und inhärente Eigenschaft der Dinge und der Körper, vielmehr als die freie Feststellung eines bestimmten Maßstabes und Maßsymboles, kraft dessen allein wir hoffen können, zur einheitlichen systematischen Fassung der Gesetze der Bewegung zu gelangen. Hierin allein wurzelt ihre Realität, d. h. ihre objektiv-physikalische Bedeutung. So scheidet sich auch hier, innerhalb der geschichtlichen Entwicklung der Physik selbst, immer deutlicher das Messende vom Gemessenen, mit dem es zunächst noch zusammenzufallen schien, so trennen sich immer klarer die beobachtbaren Data der Erfahrung von dem, was als Bedingung der Beobachtung und der Größenbestimmung vorausgesetzt und gebraucht werden muß.

Und was sich hier an einem einzelnen Beispiel und innerhalb eines engeren Bereichs erweist: das wiederholt sich, näher betrachtet, in allen Einzelgebieten der Physik. Immer muß das physikalische Denken, ehe es an die Beobachtung herantritt, für sich selbst zuvor die eigenen Normen der Messung bestimmt haben. Es muß ein bestimmter Gesichtspunkt der Größenvergleichung und Größenzuordnung aufgestellt sein; es müssen, zum mindesten hypothetisch und vorläufig, bestimmte Konstanten festgelegt sein, ehe eine konkrete Messung überhaupt einsetzen kann. In diesem Sinne enthält jede Messung ein rein ideelles Moment: es sind nicht sowohl die sinnlich-dinglichen Maßinstrumente, als vielmehr unsere eigenen Gedanken, mit denen und an denen wir das Geschehen in der Natur messen. Die Instrumente der Messung sind gleichsam nur die sichtbare Verkörperung dieser Gedanken, denn jedes von ihnen schließt seine eigene Theorie in sich und liefert nur, sofern diese Theorie als gültig vorausgesetzt wird, richtige und brauchbare Ergebnisse (vgl. *8*. S. 189ff.). Nicht Uhren und körperliche Maßstäbe, sondern Prinzipien und Postulate sind die eigentlichen, letzten Maßinstrumente. Denn in der Mannigfaltigkeit und Veränderlichkeit der Naturerscheinungen besitzt das Denken immer nur dadurch einen relativ festen Standort, daß es ihn sich selbst nimmt. In der Wahl dieses Standorts aber ist es nicht von vornherein durch die Erscheinungen gebunden: sondern sie bleibt seine eigene Tat, für die es zuletzt niemand als sich selbst verantwortlich ist. Die Entscheidung wird im Hinblick auf die Erfahrung, d. h. / auf den gesetzlichen Zusammenhang der Beobachtungen getroffen, aber sie ist nicht durch die bloße Summe der Beobachtungen in eindeutiger Weise vorgeschrieben. Denn diese sind an sich immer durch eine Mehrheit und Verschiedenheit gedanklicher Ansätze ausdrückbar, zwischen denen lediglich die Rücksicht auf die logische „Einfachheit" – genauer, auf die systematische Einheit und Geschlossenheit – der wissenschaftlichen Darstellung eine Auswahl ermöglicht und bestimmt. In dem Augenblick, in dem das Denken, seinen Ansprüchen und Forderungen gemäß, die Form der „einfachen" Grund- und Maßverhältnisse verändert, stehen wir auch inhaltlich vor einem neuen „Weltbild". Die früher gewonnenen und festgestellten Beziehungen der Erfahrung verlieren jetzt zwar nicht ihre Geltung, aber sie treten, indem sie in einer neuen Begriffssprache ausgedrückt werden, zugleich in einen neuen Bedeutungszusammenhang ein. Die festen Archimedischen Punkte der früheren Weltbetrachtung geraten in Bewegung, das bisherige πoῦ στῶ des Gedankens erscheint aufgehoben. Aber es zeigt sich alsbald, daß der Gedanke, kraft seiner eigentümlichen Grundfunktion, eine frühere Setzung nur dadurch aufheben kann, daß er sie durch eine allgemeinere und umfassendere ersetzt; daß er die Konstanz und Identität, die zu fordern und zu suchen er nicht ablassen kann, innerhalb der Erscheinungen nur an eine andere und tiefere Stelle verlegt. Daß alle Erfüllungen, die die Denkforderung letzter Konstanten innerhalb des Empirischen finden kann, immer nur bedingt und relativ sind, – das eben versichert ihn nun der Unbedingtheit und des Radikalismus eben dieser Forderung selbst. Die kritische Erkenntnistheorie will diesen Zusammenhang nicht in abstracto aufzeigen, sondern für sie bildet gerade die konkrete Denkbewegung, die ständige Oszillation zwischen Erfahrung und Begriff, zwischen Tatsachen und Hypothesen in der Geschichte der Physik einen immer neuen Quell der Belehrung. Mitten in dem Wandel der besonderen theoretischen Maßinstrumente hält sie an dem Gedanken der allgemeinen Einheit der Messung fest, der freilich für sie kein realistisches Dogma, sondern ein ideelles Ziel und eine niemals abschließbare Aufgabe bedeutet. Jede neue physikalische Hypothese stellt gleichsam ein neues logisches Koordinatensystem auf, auf das wir die Erscheinungen beziehen, wobei jedoch der Gedanke, daß alle diese Systeme gegen einen bestimmten eindeutigen Grenzwert konvergieren, als Regulativ der Forschung aufrechterhalten bleibt. In dem / Gewirr und dem steten Fluß der Erscheinungen scheint der Verstand zunächst fast willkürlich gewisse feste Punkte zu fixieren und herauszuheben, um kraft ihrer ein bestimmtes Gesetz der Veränderungen zu erkennen — aber alles, was er in diesem Sinne als bestimmt und gültig ansieht, erweist sich ihm im eigenen weiteren Fortschritt alsbald als bloßer Näherungswert. Die erste Setzung muß durch eine zweite, diese durch eine dritte usf. auf der einen Seite logisch eingeschränkt, auf der anderen Seite aber eben damit zugleich logisch näher determiniert werden. So verschiebt sich immer aufs neue der jeweilig gewählte theoretische Mittelpunkt des Denkens; aber erst in diesem Fortgang wird auch der Umkreis des Seins, wird die Sphäre der gegenständlichen Erkenntnis mehr und mehr mit dem Gedanken erfüllt. So oft es scheint, daß das Denken durch neue Tatsachen und Beobachtungen, die sich seinen bisher formulierten Gesetzen entziehen, aus den Angeln gehoben sei, — so oft zeigt sich, daß es in Wahrheit in ihnen einen neuen Angelpunkt gefunden hat, um den sich fortan die Gesamtheit der empirisch aufweisbaren „Tatsachen" bewegt. Die erkenntnistheoretische Darstellung und Würdigung jeder neuen physikalischen Theorie wird immer versuchen müssen, den ideellen Mittel- und Drehpunkt aufzuweisen, um den sie die Allheit der Phänomene, der wirklichen wie der möglichen Beobachtungen kreisen läßt; sei es, daß dieser Punkt in ihr selbst klar bezeichnet ist, sei es, daß sie nur mittelbar durch die bestimmte gedankliche Richtung aller ihrer Sätze und Folgerungen auf ihn zurückweist. /

II.

DIE EMPIRISCHEN UND BEGRIFFLICHEN GRUNDLAGEN DER RELATIVITÄTSTHEORIE

Wenn nach den Eingangsworten der „Kritik der reinen Vernunft" kein Zweifel darüber bestehen kann, daß alle unsere Erkenntnis mit der Erfahrung anfange: so gilt dies vor allem dort, wo es sich darum handelt, den Ursprung einer physikalischen Theorie zu bezeichnen. Hier kann die Frage niemals lauten, ob die Theorie aus der Erfahrung hervorgegangen ist, sondern lediglich, wie sie sich auf sie gründet und welches Verhältnis die verschiedenen Momente, die das Erfahrungsdenken als solches bezeichnen und konstituieren, in ihr eingegangen sind. Es bedarf demnach keiner besonderen erkenntnistheoretischen Analyse, um die Beziehungen klarzustellen, die die spezielle und allgemeine Relativitätstheorie zur Erfahrung, zum Ganzen der Beobachtung und des physikalischen Experiments besitzt, – nur darüber wird eine solche Analyse zu entscheiden haben, ob die Theorie in ihrem Ursprung und ihrer Entwicklung als Beleg und Zeugnis für den kritischen oder als Zeugnis für den sensualistischen Erfahrungsbegriff zu gelten hat. Bedeutet die „Erfahrung", wie sie hier gebraucht wird, lediglich die bloße Summe der Einzelbeobachtungen – *experimentorum multorum coacervatio*, wie ein sensualistischer Denker es einmal bezeichnet hat – oder prägt sich in ihr eine eigene und selbständige gedankliche Form aus? Handelte es sich, in dem Aufbau der Theorie, lediglich darum, „Tatsache" an „Tatsache", Wahrnehmung an Wahrnehmungen zu knüpfen – oder haben in dieser Verknüpfung des Besonderen von Anfang an bestimmte allgemeine und kritische Normen, bestimmte methodische Grundvoraussetzungen mitgewirkt? Kein noch so weit getriebener „Empirismus" kann jemals versuchen, die Rolle des Denkens in der Aufstellung und Begründung der physikalischen Theorien zu verleugnen – so wenig es auf der andern Seite / einen logischen Idealismus gibt, der versuchen könnte, das „reine Denken" von der Beziehung auf die Welt des „Faktischen" und von der Bindung an sie loszulösen. Die Frage, die zwischen beiden Betrachtungsweisen entscheidet, kann nur dahin gehen, ob das Denken im einfachen Registrieren der Tatsachen aufgeht, oder ob es bereits in der Feststellung, in der Gewinnung und Deutung der „Einzeltatsache“ seine eigentümliche Kraft und Funktion bewährt. Erschöpft sich seine Leistung darin, die Einzeldaten, die unmittelbar aus der sinnlichen Beobachtung zu entnehmen sind, wie Perlen an einer Schnur aufzureihen – oder tritt es ihnen mit eigenen ursprünglichen Maßen, mit selbständigen Kriterien des Urteils gegenüber?

Das Problem, das hier gestellt ist, hat seine erste scharfe und klare systematische Prägung in der Platonischen Ideenlehre erhalten. Auch für den Platonischen Idealismus steht der Satz fest, daß es nicht möglich sei zu denken, ohne aus irgendeiner Wahrnehmung heraus: οὐ δυνατὸν ἐννοεῖν ἢ ἔκ τινος αἰσθήσεως. Aber die Funktion des „Logischen in uns“ besteht nun freilich nicht darin, die Summe der einzelnen Wahrnehmungen zu ziehen, aus den „gleichen Hölzern und Steinen“ die „Idee des Gleichen“ abzulesen und abzuleiten, – sondern sie bewährt sich in der Unterscheidung und Beurteilung des in der Wahrnehmung Gegebenen. Diese Unterscheidung macht den eigentlichen Grundcharakter des Denkens – als διάνοια, als *discursus* – aus. Nicht jede Wahrnehmung und Beobachtung regt indes die kritische und entscheidende Tätigkeit des Denkens in gleicher Weise an. Es gibt unter ihnen solche, die den Verstand nicht zur Betrachtung herausfordern, da ihnen schon durch die bloße Empfindung Genüge geleistet wird – andere aber wieder, die auf alle Weise den Gedanken herbeirufen, als ob nämlich bei ihnen die Wahrnehmung für sich allein gar nichts Gesundes auszurichten vermöge. „Nicht auffordernd nämlich ist das, was nicht in eine entgegengesetzte Wahrnehmung zugleich ausschlägt, was aber dazu ausschlägt, setze ich als auffordernd, weil die Wahrnehmung nun dieses um nichts mehr als sein Gegenteil kundgibt. So ist manches in der Wahrnehmung ein Paraklet des Denkens (παρακλητικὰ τῆς διανοίας), anderes wieder nicht – nämlich ein solcher Erwecker des Gedankens ist *all das, was zugleich mit seinem Gegenteil in die Sinne fällt;* was aber nicht, das regt auch den Gedanken nicht auf“ (Republ. 523/524). In dieser Platonischen Bestimmung des Verhältnisses von Denken und / Empfindung, von Vernunft und Sinnlichkeit, haben wir – wie Cohen betont hat – „einen der fundamentalsten Gedanken in der Entwicklung der Erkenntniskritik“ vor uns (*12*, S. 16ff.). Wie das Denken sich für Platon erst in Spruch und Widerspruch, erst in der Dialektik zu dem, was es ist, entfaltet – so vermag nicht jeder beliebige Inhalt der Wahrnehmung, sondern nur derjenige, der diesem Zug des Gedankens selbst entspricht und entgegenkommt, zu seinem Erwecker und Parakleten zu werden. Die Dialektik der Wahrnehmung ruft die des Denkens zur Beurteilung und zur Entscheidung auf. Überall dort, wo die Wahrnehmungen gleichsam friedlich nebeneinander ruhen, wo keine innere Spannung zwischen ihnen besteht, ruht auch das Denken – erst dort, wo sie sich widersprechen, wo sie einander aufzuheben drohen, tritt sein grundlegendes Postulat, seine unbedingte Einheitsforderung hervor und verlangt eine Umbildung, eine Neugestaltung der Erfahrung selbst.

Die Entwicklung der Relativitätstheorie hat für dieses allgemeine Verhältnis einen neuen typischen Beweis erbracht. Es war in der Tat ein fundamentaler Widerspruch innerhalb der physikalischen Erfahrungen selbst, von dem sie ihren Ausgang nahm. Auf der einen Seite stand der Fizeausche, auf der anderen der Michelsonsche Versuch – und beide erschienen in ihren Ergebnissen schlechthin unvereinbar. Beide sollten eine Antwort auf die Frage erbringen, wie die Geschwindigkeit des Lichts in einem bewegten Medium sich zu seiner Geschwindigkeit im ruhenden Medium verhalte: und sie entschieden die Frage in durchaus entgegengesetztem Sinne. Der Fizeausche Versuch zeigte, daß die Lichtgeschwindigkeit in strömendem Wasser größer als die in ruhendem Wasser sei, daß sich aber andererseits nicht die volle Strömungsgeschwindigkeit des Wassers, sondern nur ein bestimmter Bruchteil von ihr zu der Geschwindigkeit im ruhenden Medium hinzuaddiert. Nennen wir W die Lichtgeschwindigkeit im bewegten, w die Lichtgeschwindigkeit im ruhenden Medium und v die Geschwindigkeit der Strömung, so ergab sich, daß nicht einfach $W = w + v$, sondern daß vielmehr $W = w + v\left(1 - \frac{1}{n^2}\right)$ ist, wobei die Größe $n = \frac{c}{w}$ den Brechungsexponenten der Flüssigkeit bezeichnet. Dieses Resultat sprach in der Deutung, die es durch die Theorie von Lorentz erfuhr, unmittelbar für die Annahme eines ruhenden, von den Körpern bei ihrer Bewegung nicht mitgeführten Äthers. Aber der Versuch Michelsons, die Folgen der Erdbewegung gegen diesen ruhenden Äther sichtbar zu machen, schlug fehl. / Ein Einfluß der Erdbewegung auf die Fortpflanzungsgeschwindigkeit des Lichts war in keiner Weise nachzuweisen: vielmehr zeigte sich immer deutlicher, daß alle optischen Phänomene so verlaufen, als ob eine Translation der Erde gegen den Äther nicht vorhanden sei[6]. Und hinter diesem Wider-

[6] Näheres über den Fizeauschen und Michelsonschen Versuch sowie über den negativen Ausfall anderer Versuche über den Einfluß der Erdbewegung auf die optischen und elektrischen Phänomene s. bei Laue [*40*], S. 10ff.

streit der „Tatsachen“ stand, wie man immer bestimmter erkennen mußte, ein Widerstreit der allgemeinen Prinzipien, zu denen die Theorie der mechanischen und der optisch-elektromagnetischen Erscheinungen zwingend hinzuführen schien. Die Erfahrungen auf dem letzteren Gebiet ließen sich schließlich in einen einzigen Satz: in das Prinzip der Konstanz der Lichtgeschwindigkeit im Vacuum, zusammenfassen. Die Geltung der Maxwell-Hertzschen Grundgleichungen der Elektrodynamik schließt die Annahme in sich, daß sich das Licht im leeren Raum stets mit einer bestimmten, vom Bewegungszustande des emittierenden Körpers unabhängigen Geschwindigkeit V fortpflanze. Gleichviel von welchem System aus man die Beobachtung anstellt und von welcher Lichtquelle das Licht ausgeht, so soll doch stets für seine Fortpflanzungsgeschwindigkeit derselbe eindeutige Wert gefunden werden. Aber diese durch die Prinzipien der Elektrodynamik notwendig geforderte Annahme der Lichtgeschwindigkeit als einer universellen, für alle Systeme gleichbleibenden Konstanten trat nun in Gegensatz zu dem Relativitätsprinzip der Galilei-Newtonschen Mechanik. Dieses Prinzip fordert, wenn irgendein bestimmter Galileischer Bezugskörper gegeben ist – d. h. ein solcher, relativ zu dem ein „sich selbst überlassener“ Körper in seinem Zustand der Ruhe oder der gleichförmig-geradlinigen Bewegung beharrt – daß alle Gesetze, die relativ zu diesem Bezugskörper K gelten, auch dann in Geltung bleiben, wenn man von dem Bezugssystem K zu einem anderen K′ übergeht, das sich gegen K in gleichförmiger translatorischer Bewegung befindet. Beim Übergang von K zu K′ gelten dann die Gleichungen der „Galilei-Transformation“

$$x' = x - vt,\ y' = y,\ z' = z$$

(wenn v die konstante Geschwindigkeit von K′ gegen K parallel zur x- und x′-Achse bedeutet), zu denen noch die identische, in der / klassischen Mechanik nicht besonders ausgezeichnete Transformation für die Zeit $t' = t$ hinzuzufügen ist. Versucht man jedoch, das Relativitätsprinzip der Mechanik auf die Elektrodynamik anzuwenden, d. h. deren Grundgleichungen gemäß den Formeln der Galilei-Transformation umzurechnen, so zeigte sich dies als undurchführbar: die elektrodynamischen Grundgleichungen ändern, im Gegensatz zu den Newtonschen Bewegungsgleichungen, ihre Gestalt, wenn man in ihnen an Stelle der Koordinaten x, y, z, t die Koordinaten x′, y′, z′, t′ nach den Regeln der Galilei-Transformation einführt. Die Bemühungen, Mechanik und Elektrodynamik dadurch zu vereinen, daß man das Relativitätsprinzip der ersteren auf die letztere übertrug, mußten daher aufgegeben werden: die Hertzsche Theorie, die einen derartigen Versuch darstellte, geriet mit den gesicherten experimentellen Ergebnissen in einen unausgleichbaren Widerstreit. Die physikalische Forschung stand vor dem Dilemma, ein Prinzip, das sich ihr in aller Deutung der Bewegungserscheinungen ausnahmslos bewährt hatte und das einen Grundstein des Gebäudes der klassischen Mechanik bildete, aufzugeben — oder es innerhalb seines Gebiets festzuhalten, dagegen seine Anwendbarkeit auf die optisch-elektromagnetischen Erscheinungen zu leugnen. In beiden Fällen schien es um die Einheit der Naturerklärung, um die Einheit des Naturbegriffs selbst, getan. Hier war daher in der Tat jene Bedingung erfüllt, die Platon für die gedankliche Fruchtbarkeit der Erfahrung aufgestellt hatte: hier stand die Erfahrung an einem Punkte, an dem eine gesicherte Beobachtung unmittelbar in eine entgegengesetzte aus- und umzuschlagen schien. Der Widerstreit zwischen dem Prinzip der Konstanz der Lichtausbreitung und dem Relativitätsprinzip der Mechanik wurde jetzt zum „Parakleten des Denkens" — zum eigentlichen Erwecker der Relativitätstheorie.

Wie aber verfährt nun das physikalische Denken, um diesen Widerstreit zu überwinden, da es an die Aussage der Beobachtung als solche gebunden ist — da es weder die Tatsachen, die im Prinzip der konstanten Vacuumslichtgeschwindigkeit, noch diejenigen, die im Relativitätsprinzip der Mechanik ihren Ausdruck finden, bei Seite schieben kann? Blickt man auf den geschichtlichen Gang der Relativitätstheorie zurück, so erkennt man, daß diese hier einer Weisung gefolgt ist, die Goethe einmal gegeben hat. „Die größte Kunst im Lehr- und Weltleben" — so schreibt Goethe an Zelter — „besteht darin, das Problem in ein Postulat zu / verwandeln, damit kommt man durch." In der Tat ist dies der Weg gewesen, den Einstein in seiner grundlegenden Abhandlung „Zur Elektrodynamik bewegter Systeme" vom Jahre 1905 beschritten hat. Der Satz von der Konstanz der Lichtgeschwindigkeit tritt hier als Postulat an die Spitze: zugleich aber wird, gestützt auf das negative Ergebnis aller Versuche, eine „absolute" Bewegung gegen ein bestimmtes bevorzugtes Bezugssystem, gegen den „ruhenden Äther" festzustellen, die *Vermutung* ausgesprochen, daß dem Begriffe der absoluten Ruhe nicht nur in der Mechanik, sondern auch in der Elektrodynamik keine Eigenschaften der Erscheinungen entsprechen, sondern daß vielmehr für alle Koordinatensysteme, für welche die mechanischen Gleichungen gelten, auch die gleichen elektrodynamischen und optischen Gesetze gelten. Und auch diese „Vermutung“ bleibt nun nicht nur als solche stehen, sondern sie wird ausdrücklich „zur Voraussetzung erhoben“, d. h. es wird eine solche Gestaltung der Theorie verlangt, die gleichzeitig den Bedingungen des Prinzips der Relativität und des Prinzips der konstanten Lichtausbreitung genügt (vgl. *16*, S. 26). Beide Annahmen sind freilich nach den Denkmitteln und Denkgewohnheiten der bis zur Aufstellung der Relativitätstheorie allgemein gebrauchten Kinematik miteinander unverträglich: aber sie — sollen es nicht länger sein. An die physikalische Theorie ergeht die Forderung, diese Unverträglichkeit zu heben, indem sie eben diese Denkmittel und Denkgewohnheiten selbst einer kritischen Prüfung unterzieht. Durch eine Analyse der physikalischen Begriffe von Raum und Zeit ergibt sich jetzt, daß in Wahrheit eine Unvereinbarkeit des Relativitätsprinzips mit dem Ausbreitungsgesetz des Lichts gar nicht vorhanden ist; daß es vielmehr lediglich der Umbildung dieser Begriffe bedarf, um zu einer logisch einwandfreien Theorie zu gelangen. Erkennt man, daß die Maßwerte, die innerhalb eines Systems durch bestimmte physikalische Methoden der Messung, durch Anwendung von starren Maßstäben und Uhren, zu gewinnen sind, keine ein für allemal feststehende „absolute“ Bedeutung haben, sondern daß sie vom Bewegungszustand des Systems abhängig sind und je nach ihm notwendig verschieden ausfallen müssen, — so ist der entscheidende Schritt getan. Jetzt entsteht nur noch die rein mathematische Aufgabe, das Verwandlungsgesetz aufzustellen, nach welchem die Raum-Zeit-Größen eines Ereignisses sich beim Übergang von einem Bezugskörper zu einem andern, der sich dem ersteren gegenüber in gleichförmiger Translationsbewegung befin/det, verändern. Diese Aufgabe wird in bekannter Weise durch die Grundgleichungen der „Lorentz-Transformation“

$$x' = \frac{x - vt}{\sqrt{1 - \frac{v^2}{c^2}}}$$

$$y' = y$$

$$z' = z$$

$$t' = \frac{t - \frac{v}{c^2}x}{\sqrt{1 - \frac{v^2}{c^2}}}$$

gelöst. Hält man an diesen Gleichungen fest, so erkennt man, daß nach ihnen das Gesetz der Lichtausbreitung im Vacuum für alle berechtigten Systeme K und K' gleichmäßig erfüllt ist; andererseits zeigt sich, daß die Maxwellschen Grundgleichungen der Elektrodynamik ihre Form nicht ändern, wenn man, statt der Umrechnungsformeln der Galilei-Transformation, die der Lorentz-Transformation auf sie anwendet. Jetzt gilt somit ein allgemeines, das Ganze der physikalischen Erscheinungen umfassendes Relativitätsprinzip: die Gesetze, nach denen sich die Zustände der physikalischen Systeme ändern, sind unabhängig davon, auf welches von zwei relativ zueinander in gleichförmiger Translationsbewegung befindlichen Koordinatensysteme diese Zustandsänderungen bezogen werden (vgl. *16*, S. 29). Dem Relativitätsprinzip der klassischen Mechanik wird durch dieses allgemeine Prinzip so wenig widersprochen, daß es vielmehr in ihm als spezieller Fall enthalten ist: die Gleichungen der Galilei-Transformation gehen aus denen der Lorentz-Transformation unmittelbar hervor, wenn man nur solche Geschwindigkeiten v in Betracht zieht, die gegenüber der Lichtgeschwindigkeit c sehr klein sind, so daß die Größen $\frac{v}{c^2}$ $\frac{v^2}{c^2}$ praktisch außer Ansatz bleiben können. Es ergibt sich hieraus, daß das Relativitätsprinzip der Elektrodynamik, wenn es auf die Mechanik übertragen wird, mit keinem empirischen Ergebnis in Widerstreit geraten kann, während sich die umgekehrte Übertragung des Relativitätsprinzips der Mechanik auf die Elektrodynamik, wie das Scheitern der Hertzschen Theorie lehrte, als unmöglich erwies. Näher betrachtet werden indessen in der speziellen Relativitätstheorie keineswegs die elektrodynamischen Vorgänge als Schlüssel der mechanischen benutzt, sondern es wird in ihr ein wahrhaft allge/meines Prinzip, eine „heuristische Maxime" der Forschung überhaupt, hingestellt, die für alle besonderen physikalischen Gebiete und für alle besonderen physikalischen Theorien ein Kriterium ihrer Gültigkeit und ihrer Zulässigkeit zu enthalten beansprucht. So zeigt sich, daß gerade der anfängliche Widerspruch, der in den Prinzipien der Mechanik und der Elektrodynamik hervortrat, den Weg gewiesen hat, um zu einer weit vollkommeneren und tieferen Einheit zwischen beiden, als sie zuvor bestand, durchzudringen. Und dies Ergebnis wurde nicht schlechthin durch eine Häufung der Erfahrungen, durch neu angestellte Versuche erreicht, sondern es beruht auf einer kritischen Umgestaltung, die das System der physikalischen Grundbegriffe erfuhr.

Nach der rein erkenntnistheoretischen Seite hin tritt uns daher in diesem gedanklichen Prozeß, dem die Relativitätstheorie ihre Entstehung verdankt, noch einmal in besonderer Schärfe und Deutlichkeit jene eigentümliche „Copernikanische Drehung“, jene Variation in den begrifflichen Grundlagen der Naturtheorie, entgegen, die wir zuvor am Beispiel der klassischen Mechanik und der älteren Physik verfolgt haben. Wieder erscheint ein wesentlicher Teil ihrer Leistung darin gegründet, daß sie die bisherigen logischen Konstanten der physikalischen Erkenntnis verschoben, daß sie sie an eine andere Stelle als zuvor verlegt hat. Für die klassische Mechanik war der feste und unverrückbare Punkt die Annahme der Identität der Raum- und Zeitwerte, die durch Messung in den verschiedenen Systemen ermittelt wurden. Diese Identität galt als das fraglose und sichere Fundament ihres Gegenstandsbegriffs überhaupt: als das, was den Gegenstand der „Natur“, als geometrisch-mechanischen Gegenstand erst eigentlich konstituiert und ihn von den wandelbaren und relativen Daten der sinnlichen Empfindung unterscheidet. τὸ μὲν σχῆμα καθ᾽ αὑτό ἐστι, τὸ δὲ γλυκὺ καὶ ὅλως τὸ αἰσθητὸν πρὸς ἄλλο καὶ ἐν ἄλλοις — so lautete der Satz, der schon bei Demokrit zur Grundlegung der Atomistik geführt hatte und der sodann in der neueren Zeit von Galilei wieder aufgenommen wird, um auf ihn die prinzipielle Unterscheidung der „primären“ und „sekundären“ Qualitäten, und damit die gesamte „mechanische Weltansicht“ zu stützen. Aber so fruchtbar das hier aufgestellte Prinzip sich zeigte und so sehr es sich im Aufbau der mathematischen Physik bewährte, so zeigte doch die moderne Entwicklung der Physik immer deutlicher, daß es im philosophisch-methodischen Sinne zu eng gefaßt war. Nicht der Mechanismus – so hat / Henri Poincaré einmal die leitende Maxime der modernen Physik formuliert — ist das wahre Ziel der Wissenschaft: sondern die Einheit ist es. Von dieser Einheit aber hat der Physiker nicht zu fragen, ob sie ist, sondern lediglich wie sie ist — d. h. welches das Minimum der Voraussetzungen ist, die notwendig und hinreichend sind, eine eindeutige Darstellung der Gesamtheit der Erfahrungen und ihres systematischen Zusammenhangs zu liefern (72, S. 172ff.). Um diese Einheit, die durch den Widerstreit des Prinzips der Konstanz der Lichtgeschwindigkeit und des Relativitätsprinzips der Mechanik gefährdet schien, aufrecht zu erhalten und um sie tiefer und fester zu begründen, hat die Relativitätstheorie auf die Einerleiheit der Maßwerte für die Raum- und Zeitgrößen in den verschiedenen Systemen verzichtet. Sie gibt die Voraussetzung auf, daß der Zeitabstand zwischen zwei Ereignissen eine ein für allemal feststehende, vom Bewegungszustand des Bezugskörpers unabhängige Größe sei und daß ebenso der räumliche Abstand zwischen zwei Punkten eines starren Körpers vom Bewegungszustande des Bezugskörpers unabhängig sei — sie deckt, durch den Rückgang auf die Methode der Zeitmessung und auf die fundamentale Rolle, die die Lichtgeschwindigkeit in allen unseren physikalischen Zeitmessungen spielt, die Relativität der Gleichzeitigkeit zweier Vorgänge auf und führt weiter zu der Einsicht, daß, wie sich aus den Formeln der Lorentz-Transformation ergibt, auch der Größenwert für die Länge eines Körpers, für sein Volumen, seine Gestalt, für seine Energie und Temperatur usf. je nach der Wahl des Bezugssystems, in dem die Messung erfolgt, verschieden anzusetzen ist. Aber alle diese Relativierungen stehen so wenig im Widerspruch zum Gedanken der Konstanz und der Einheit der Natur, daß sie vielmehr im Namen eben dieser Einheit gefordert und durchgeführt werden. Die Variation der Raum- und Zeitmaße bildet die notwendige Bedingung, vermöge deren die neuen Invarianten der Theorie sich erst finden und begründen lassen. Solche Invarianten ergeben sich in der für alle Systeme gleichen Größe der Lichtgeschwindigkeit und weiterhin in einer Reihe anderer Größen, die wie z. B. die Entropie eines Körpers, seine elektrische Ladung, oder wie das mechanische Wärmeäquivalent, der Lorentz-Transformation gegenüber unveränderlich sind und die daher in allen berechtigten Bezugssystemen den gleichen Wert besitzen. Vor allem aber ist es die allgemeine Form der Naturgesetze selbst, in der wir nunmehr das eigentlich Invariante und somit das eigentliche logische/ Grundgerüst der Natur überhaupt zu erkennen haben. Wenn die spezielle Relativitätstheorie sich zunächst darauf beschränkt, für die Formulierung der Naturgesetze alle Bezugskörper K′ als gleichwertig anzusehen, die relativ zu einem bestimmten berechtigten Bezugssystem K gleichförmig und geradlinig bewegt sind, so erweitert die allgemeine Theorie diesen Satz zu der Behauptung, daß alle Bezugskörper K K′, welches ihr Bewegungszustand sein mag, für die Naturbeschreibung als gleichwertig zu gelten haben (*17*, S. 9, *18*, S. 42). Aber der Weg, auf dem allein zu dieser wahrhaften Allgemeinheit des Begriffs der Natur und der Naturgesetzlichkeit zu gelangen ist, auf dem eine eindeutige und objektiv-gültige, von der Wahl des jeweiligen Bezugssystems unabhängige Beschreibung der Phänomene zu erreichen ist, führt, wie die Theorie zeigt, notwendig durch die Relativierung der Raum- und Zeitgrößen, die innerhalb der Einzelsysteme gelten, hindurch; diese als veränderlich, als transformierbar setzen, heißt erst zur wahrhaften Invarianz der echten universellen Naturkonstanten und der universellen Naturgesetze durchdringen. Das Postulat der Konstanz der Lichtgeschwindigkeit und das Postulat der Relativität erweisen sich so als die beiden festen Punkte der Theorie, als die ruhenden gedanklichen Pole, um welche sie die Erscheinungen dreht: und bei dieser Drehung zeigt es sich, daß auch die bisherigen logischen Konstanten der Naturtheorie, daß ein ganzes System von Begriffswerten und von numerischen Werten, die bisher als schlechthin eindeutig und feststehend galten, in Fluß geraten müssen, um der neuen strengeren Einheitsforderung, die das physikalische Denken aufstellt, genügen zu können.

So erweist sich die Beziehung auf die Erfahrung, die Rücksicht auf die Phänomene und ihre einheitliche Darstellung überall als grundlegendes Moment; aber zugleich tritt freilich hervor, wie – nach dem Goetheschen Wort – die Erfahrung doch immer nur die halbe Erfahrung ist; denn nicht das bloße Beobachtungsmaterial als solches, sondern die ideelle Form, in die es erhoben wird und die gedankliche Deutung, die es erfährt, begründet den eigentlichen Wert der Relativitätstheorie und ihren Vorrang vor anderen Erklärungsweisen. Wie bekannt, war der Michelson-Morleysche Versuch, der den Anstoß und Ausgangspunkt für die Entwicklung der Relativitätstheorie gegeben hat, schon im Jahre 1904 von Lorentz in einer Weise gedeutet worden, die allen rein physikalischen Anforderungen entsprach. Die Lorentzsche Hypothese, / daß jeder gegen den ruhenden Äther mit der Geschwindigkeit v bewegte Körper in seiner Dimension parallel zur Geschwindigkeit eine bestimmte Verkürzung, und zwar im Verhältnis von $1 : \sqrt{1 - \frac{v^2}{c^2}}$ erfahre, genügte, um von allen bekannten Beobachtungen vollständig Rechenschaft zu geben. Eine experimentelle Entscheidung zwischen der Lorentzschen und der Einsteinschen Theorie, war somit nicht möglich: es zeigte sich, daß es zwischen beiden prinzipiell kein *«experimentum crucis»* geben könne[7]. Die Anhänger der neuen Lehre mußten sich demgemäß – ein seltsames Schauspiel in der Geschichte der Physik – auf allgemein philosophische Gründe berufen, – auf die Vorzüge, die sie in systematischer und erkenntnistheoretischer Hinsicht gegenüber der Lorentzschen Annahme besitzt. „Eine eigentliche experimentelle Entscheidung zwischen

[7] Näheres hierüber z. B. bei Ehrenfest [*15a*], S. 16 ff.

der Lorentzschen und der Relativitätstheorie – so erklärte z. B. Laue in seiner Darstellung des Relativitätsprinzips i. J. 1911 – ist wohl überhaupt nicht zu erbringen, und wenn die erstere trotzdem in den Hintergrund getreten ist, so liegt dies hauptsächlich daran, daß ihr, so nahe sie auch der Relativitätstheorie kommt, doch das große, einfache, allgemeine Prinzip mangelt, dessen Besitz der Relativitätstheorie ... etwas Imposantes verleiht“[8]. Als erkenntnistheoretisch unbefriedigend erschien die Lorentzsche Annahme vor allem darum, weil hier einem physikalischen Gegenstand, dem Äther, ganz bestimmte Wirkungen zugeschrieben wurden, während gleichzeitig aus eben diesen Wirkungen sich ergab, daß er für uns niemals ein Objekt möglicher Beobachtung werden könne. Auch Minkowski erklärte in seinem Vortrag über Raum und Zeit, die Lorentzsche Hypothese klinge äußerst phantastisch: da die Kontraktion nicht etwa physikalisch als Folge von Widerständen im Äther, sondern rein als „Geschenk von oben“, als Begleitumstand des Umstandes der Bewegung zu denken sei [*47*, S. 60f.]. Was somit letzten Endes gegen diese Annahme entschied, war nicht / irgendein empirischer, sondern ein methodischer Mangel. Sie verstieß in schärfster Form gegen einen allgemeinen Grundsatz, auf den schon Leibniz in seinem Kampf gegen die Newtonischen Begriffe des absoluten Raumes und der absoluten Zeit sich gestützt und den er als «Prinzip der Beobachtbarkeit» (principe de l'observabilité) formuliert hatte. Wenn Clarke, als Vertreter Newtons, von der Möglichkeit gesprochen hatte, daß das Universum in seiner Bewegung gegen den absoluten Raum eine Verzögerung oder Beschleunigung erfahren könnte, die dann freilich für unsere Maßmittel in keiner Weise mehr feststellbar wäre, – so erwidert Leibniz, daß alles, was aus dem Umkreis der Beobachtung prinzipiell herausfalle, auch kein „Sein“ im physischen Sinne besitze: quand il n'y a point de changement observable,

[8] *40*, S. 19f.; vgl. *41*, S. 106. Vgl. auch die charakteristische Bemerkung von Lorentz selbst in seinen Haarlemer Vorlesungen. „Die Bewertung (der Grundbegriffe der Einsteinschen Relativitätstheorie) *gehört größtenteils zur Erkenntnislehre*, und man kann denn auch das Urteil ihr überlassen, im Vertrauen, daß sie die besprochenen Fragen mit der benötigten Gründlichkeit betrachten wird. Sicher ist es aber, daß es für einen großen Teil von der Denkweise abhängen wird, an die man gewöhnt ist, ob man sich am meisten zur einen oder zur anderen Auffassung angezogen fühlt. Was den Vortragenden selbst betrifft, so findet er wohl eine gewisse Befriedigung in den älteren Auffassungen, daß der Äther wenigstens noch einige Substanzialität besitzt, daß Raum und Zeit scharf getrennt werden können, daß man von Gleichzeitigkeit ohne nähere Spezialisierung reden darf“ [*46a*, S. 23].

il n'y point de changement du tout (*5*, S. 247 ff.). Eben dieser Grundsatz der „Beobachtbarkeit" ist es, den Einstein an einer wichtigen und entscheidenden Stelle seiner Theorie: beim Übergang von der speziellen zur allgemeinen Relavitätstheorie zur Anwendung gebracht und den er mit dem allgemeinen Kausalsatz in eine notwendige Verknüpfung zu setzen versucht hat. Jede physikalische Erklärung eines Phänomens — so betont er — sei erst dann *erkenntnistheoretisch* befriedigend, wenn in sie keine anderen als beobachtbare Elemente eingehen: denn das Kausalitätsgesetz habe nur dann den Sinn einer Aussage über die Erfahrungswelt, wenn als Ursache und Wirkungen letzten Endes nur *beobachtbare Tatsachen* auftreten (*17*, § 2). Hier stehen wir vor einem der gedanklichen Grundmotive, aus dem heraus die Relativitätstheorie erwachsen ist — vor einem Motiv, das ihr nicht nur den Vorzug vor der empirisch-gleichwertigen Lorentzschen Hypothese verschafft, sondern das auch den Fortgang von der eingeschränkteren Fassung des Relativitätspostulats in der speziellen Theorie zu seiner ganz allgemeinen Formulierung und Durchführung angeregt hat.

Und gerade die Art, in der dieser Fortgang sich vollzogen hat, ist nun ganz besonders geeignet, die begrifflichen und empirischen Voraussetzungen der Theorie und ihr gegenseitiges Verhältnis von neuem in helles Licht zu setzen. Die spezielle Relativitätstheorie beruht, wie sich gezeigt hat, auf zwei verschiedenen Annahmen, die in ihr gleichberechtigt nebeneinander stehen: auf dem Postulat der gleichförmigen Lichtausbreitung im Vakuum und auf der Voraussetzung, daß für die Formulierung der Naturgesetze alle Bezugssysteme, die relativ zu einem bestimmten berechtigten System K / geradlinig gleichförmige rotationsfreie Bewegungen ausführen, miteinander gleichberechtigt seien. Betrachtet man diese Voraussetzungen, die im empirischen Aufbau der speziellen Relativitätstheorie in unlöslichem Zusammenhang stehen, unter rein methodischem Gesichtspunkt — so zeigt sich, daß sie in *dieser* Hinsicht gleichsam verschiedenen Schichten angehören. Auf der einen Seite steht die Behauptung einer allgemeinen Naturtatsache, einer inhaltlichen Konstante, die sich aus dem experimentellen Befund der Optik und Elektrodynamik ergibt — auf der anderen steht eine Forderung, die wir an die Form der Naturgesetze selbst stellen. Im ersteren Falle wird empirisch festgestellt, daß es eine ausgezeichnete Geschwindigkeit von bestimmtem endlichem Werte gibt, die in jedem System, unabhängig von dessen Bewegungszustand, diesen ihren Wert beibehält — im zweiten wird eine allgemeine *Maxime* der Naturbetrachtung aufgestellt, die als „heuristisches Hilfsmittel beim *Aufsuchen* der allgemeinen Naturgesetze" dienen soll. In der formalen Beschränkung, die kraft dieser Maxime den Naturgesetzen auferlegt wird, liegt – wie Einstein selbst betont hat – die charakteristische „Spürkraft", die dem Relativitätsprinzip innewohnt (*18*, S. 28, 67). Aber beides: das „materiale" und das „formale" Prinzip sind in der Gestaltung der speziellen Relativitätstheorie noch nicht voneinander geschieden. Daß diese Scheidung einsetzt, und daß sich in ihr nun der allgemeine Grundsatz dem besonderen, der „formale" dem „materialen" überordnet – darin besteht, rein erkenntnistheoretisch betrachtet, der wesentliche Schritt, den die allgemeine Relativitätstheorie vollzieht. Und dieser Schritt scheint nun freilich zunächst zu einer seltsamen und paradoxen Folgerung zu führen: denn das besondere Resultat geht nunmehr nicht nur in dem allgemeinen auf, sondern es scheint in ihm unterzugehen. Vom Standpunkt der allgemeinen Relativitätstheorie besitzt das Gesetz von der Konstanz der Vacuumlichtgeschwindigkeit keine unbegrenzte Gültigkeit mehr. Nach ihr wird vielmehr die Ausbreitungsgeschwindigkeit des Lichtes vom Gravitationspotential abhängig und muß daher im allgemeinen mit dem Orte variieren. Die Lichtgeschwindigkeit muß stets von den Koordinaten abhängen, falls ein Gravitationsfeld vorhanden ist; sie ist nur insoweit als konstant anzusehen, als wir Bezirke mit konstanten Gravitationspotentialen ins Auge fassen. Man hat vielfach diese Konsequenz der allgemeinen Relativitätstheorie geradezu als eine Widerlegung der Voraussetzung angesehen, von der die spezielle Relativitäts/theorie ihren Ausgang genommen und auf die sie alle ihre Deduktionen gestützt hatte. Aber mit Recht weist Einstein eine derartige Schlußfolgerung ab. Die spezielle Relativitätstheorie – so führt er aus – werde dadurch nicht entwertet, daß man einsieht, daß ihre Sätze sich nur auf ein bestimmt begrenztes Gebiet, nämlich auf die Erscheinungen in einem annähernd konstanten Gravitationsfeld, beziehen. „Vor der Aufstellung der Elektrodynamik wurden die Gesetze der Elektrostatik für die Gesetze der Elektrizität schlechthin angesehen. Heute wissen wir, daß die Elektrostatik die elektrischen Felder nur in dem nie streng realisierten Falle richtig liefern kann, daß die elektrischen Massen relativ zueinander und zum Koordinatensystem exakt ruhen. Ist deshalb die Elektrostatik durch Maxwells Feldgleichungen der Elektrodynamik über den Haufen geworfen worden? Keineswegs! Die Elektrostatik ist als Grenzfall in der

Elektrodynamik enthalten; die Gesetze der letzteren führen direkt auf die ersteren in dem Falle, daß die Felder zeitlich unveränderlich sind. Es ist das schönste Los einer physikalischen Theorie, wenn sie selbst zur Aufstellung einer umfassenden Theorie den Weg weist, in welcher sie als Grenzfall weiterlebt" (*18*, S. 52). In der Tat bewährt sich in dem Fortschritt von der speziellen zur allgemeinen Relativitätstheorie nur wieder das gleiche Prinzip der naturwissenschaftlichen Begriffsbildung, durch welches auch der Fortschritt von der klassischen Mechanik zur speziellen Relativitätstheorie sich entschied. Abermals werden jetzt die Konstanten der Messung, der Naturtheorie überhaupt, an eine andere Stelle gerückt und abermals wandeln sich, mit der Gewinnung der neuen theoretischen Maßeinheit, Größenwerte, die auf dem früheren Standpunkt als „absolut" angesehen werden durften, in bloß relative, nur unter ganz bestimmten Einschränkungen gültige Bestimmungen. Wenn die klassische Mechanik, wie die spezielle Relativitätstheorie, noch zwischen bestimmten Bezugskörpern, relativ zu denen die Naturgesetze gültig sind und solchen, für welche sie es nicht sind, unterschied, so ist jetzt dieser Unterschied aufgehoben. Der Ausdruck der allgemeinen physikalischen Gesetze hat sich von jeder Bindung an ein einzelnes Koordinatensystem oder an gewisse Gruppen solcher Systeme gelöst. Die Naturgesetze bedürfen, um aussprechbar zu sein, zwar immer irgendein bestimmtes Bezugssystem; aber ihr Sinn und Wert ist von der Individualität dieses Systems unabhängig und bleibt mit sich selbst identisch, welche Wandlungen dasselbe auch erfahren mag. /

Erst mit diesem Ergebnis stehen wir im eigentlichen Mittelpunkt der allgemeinen Relativitätstheorie. Jetzt erkennen wir, wo ihre wahrhaft letzten Konstanten, wo die Angelpunkte liegen, um die sie die Erscheinungen dreht. Sie sind nicht in besonderen gegebenen Dingen zu suchen, die als bevorzugte Bezugssysteme aus allen übrigen herausgehoben sind — wie die Sonne für Copernicus, der Fixsternhimmel für Galilei und Newton noch solche Systeme waren. Wahrhaft invariant sind niemals irgendwelche Dinge, sondern immer nur gewisse Grundbeziehungen und funktionale Abhängigkeiten, die wir in der symbolischen Sprache unserer Mathematik und Physik in bestimmten Gleichungen festhalten. Dieses Ergebnis der allgemeinen Relativitätstheorie aber ist vom Standpunkt der Erkenntniskritik so wenig paradox, daß es vielmehr als das logische Resultat und als der natürliche logische Abschluß einer Gedankenbewegung angesehen werden kann, die für das gesamte philosophische und naturwissenschaftliche Denken der neueren Zeit charakteristisch ist[9]. Für die populäre Auffassung und ihre Denkgewohnheiten bleibt freilich die radikale Auflösung der „Dinge“ in bloße Beziehungen nach wie vor bedenklich und befremdlich: — denn sie glaubt mit dem Dingbegriff zugleich auch den einzig sicheren Halt aller Objektivität, aller wissenschaftlichen Wahrheit überhaupt verlieren zu müssen. Und so hat man denn von dieser Seite her immer wieder nicht sowohl das positive, als vielmehr das negative Moment der Relativitätstheorie betont; — so hat man sich stets an das gehalten, was sie zerstört, nicht an das, was sie aufbaut. Aber merkwürdig berührt es, wenn man diese Haltung nicht nur in populären Darstellungen des Relativitätsprinzips, sondern auch in Versuchen zu seiner allgemeinen „philosophischen“ Deutung wiederfindet — wenn man auch in ihnen der Auffassung begegnet, als dringe mit ihm ein Moment subjektiver Willkür in die Formulierung der Naturgesetze ein und als werde hier, zugleich mit der Einheit des Raumes und der Zeit, auch die Einheit des Naturbegriffs selbst aufgehoben. In Wahrheit herrscht, wie die nähere Betrachtung zeigt, in der Relativitätstheorie durchaus der entgegengesetzte Gedanke und die entgegengesetzte Tendenz. Sie lehrt uns, daß wir, um zu einem objektiven und eindeutigen Ausdruck des Naturgeschehens zu gelangen, die Raum- und Zeitwerte, die wir durch die Messung innerhalb eines bestimmten Bezugssystems erhalten haben, / nicht ohne weiteres als die allein gültigen und allgemein gültigen ansetzen dürfen, sondern daß wir bei der wissenschaftlichen Bewertung dieser Maßgrößen den Bewegungszustand des Systems, von dem aus die Messung erfolgte, in Anschlag zu bringen haben. Erst wenn dies geschieht, können wir Messungen, die von verschiedenen Systemen aus erfolgt sind, gegenseitig vergleichen. Wahrhaft objektiv können nur diejenigen Beziehungen und diejenigen besonderen Größenwerte heißen, die dieser kritischen Prüfung standhalten — d. h. die sich nicht nur für *ein* System, sondern für alle Systeme bewähren. Daß es solche Beziehungen und Werte nicht nur gibt, sondern daß es sie geben muß, sofern überhaupt eine Wissenschaft von der Natur möglich sein soll: das eben ist der Gedanke, den die Relativitätstheorie als Postulat aufstellt. Gehen wir — wie wir es praktisch zunächst tun müssen — von einem *bestimmten* System der Messung aus, so müssen wir uns

[9] Ich kann diese Behauptung hier freilich nur im allgemeinen hinstellen; für ihre Begründung muß ich auf die speziellen Darlegungen in meiner Schrift „Substanzbegriff und Funktionsbegriff [*8*, S. 148—310] verweisen.

bewußt bleiben, daß die empirischen Maßwerte, die wir hier ermitteln, nicht schon die endgültigen Naturwerte bedeuten, sondern daß, um sie zu solchen zu erheben, zuvor eine gedankliche Korrektur an ihnen vollzogen werden muß. Das, was wir das Natursystem nennen, entsteht uns erst, indem wir die Messungen, die zunächst vom Standpunkt eines einzelnen Bezugskörpers ausgeführt wurden, mit denen in anderen Bezugskörpern – und prinzipiell mit denen in allen nur „möglichen" Bezugskörpern – zusammenhalten und sie ideell zu einem Ergebnis vereinen. Wie in dieser Behauptung irgendeine Einschränkung der „Objektivität" der physikalischen Erkenntnis gefunden werden kann, ist schlechterdings nicht ersichtlich – da sie ja offenbar nichts anderes als die Definition eben dieser Objektivität sein will. „Es ist aber klar", – so heißt es bei Kant – „daß, da wir es nur mit dem Mannigfaltigen unserer Vorstellungen zu tun haben und jenes X, was ihnen korrespondiert (der Gegenstand), weil er etwas von allen unseren Vorstellungen Unterschiedenes sein soll, für uns nichts ist, die Einheit, welche der Gegenstand notwendig macht, nichts anderes sein könne, als die formale Einheit des Bewußtseins in der Synthesis des Mannigfaltigen der Vorstellungen. Alsdann sagen wir: wir erkennen den Gegenstand, wenn wir in dem Mannigfaltigen der Anschauung synthetische Einheit bewirkt haben." Der Gegenstand wird also nicht dadurch erreicht und erkannt, daß wir von den empirischen Bestimmungen zu dem, was nicht mehr empirisch ist, zum Absoluten und Transzendenten, hinausgehen, sondern dadurch, daß wir die Gesamtheit der Beobachtun/gen und der in der Erfahrung gegebenen Maßbestimmungen zu einem in sich geschlossenen Ganzen vereinen. Die Relativitätstheorie zeigt die ganze Komplexion, die in dieser Aufgabe liegt; aber um so energischer hält sie an der Forderung der Möglichkeit eines solchen Zusammenschlusses fest und weist einen neuen Weg, ihr zu genügen. Die klassische Mechanik hatte hier zu früh geglaubt am Ziele zu sein. Sie klammerte sich an bestimmte Bezugskörper, an denen sie auf irgendeine Weise endgültige und allgemeine, also schlechthin „objektive" Maße zu besitzen glaubte. Für die neue Theorie liegt dagegen die wahre Objektivität nirgends mehr in empirischen Bestimmtheiten, sondern nur in der Art und Weise, in der Funktion der Bestimmung selbst. Die Raum- und Zeitmaße in jedem einzelnen System bleiben relativ: aber die Wahrheit und Allgemeinheit, die der physikalischen Erkenntnis nichtsdestoweniger erreichbar ist, besteht darin, daß alle diese Maße sich wechselseitig entsprechen und einander nach bestimmten Regeln zugeordnet sind. Mehr vermag freilich das Wissen nicht zu leisten; aber mehr kann es auch, wenn es sich nur selbst versteht, nicht fordern. Die Gesetze des Geschehens ohne alle Relation zu irgendeinem Bezugssystem erkennen zu wollen, ist ein unvollziehbares und widerspruchvolles Verlangen: — nur das kann gefordert werden, daß der Inhalt dieser Gesetze von der Individualität des Bezugssystems nicht abhängig ist. Eben diese Unabhängigkeit vom zufälligen Standort des Beobachters meinen wir, wenn wir von dem in sich bestimmten Gegenstand der „Natur" und von in sich bestimmten „Naturgesetzen" sprechen. Die Messung in einem System, oder selbst in einer unbeschränkten Vielheit irgendwelcher „berechtigter" Systeme, würde schließlich immer nur Einzelheiten, nicht aber die echte „synthetische Einheit" des Gegenstandes ergeben. Die Relativitätstheorie lehrt uns zunächst in den Gleichungen der Lorentz-Transformation und sodann in den weitergehenden Substitutionsformeln der allgemeinen Theorie, wie von jeder dieser Einzelheiten immer wieder zu einem bestimmten Ganzen, zu einem Inbegriff invarianter Bestimmungen zu gelangen ist. Der Anthropomorphismus des natürlichen sinnlichen Weltbildes, dessen Überwindung die eigentliche Aufgabe der physikalischen Erkenntnis ist[10], wird hier abermals um einen Schritt weiter zurückgedrängt. Die mechanische Weltansicht glaubte ihn besiegt zu haben, indem sie alles Sein und Geschehen in Bewegungen auflöste und damit an / Stelle der qualitativen Elemente der Empfindung überall reine Größenwerte setzte. Aber jetzt zeigt sich, daß eben die Bestimmung dieser Werte selbst, daß die Maße, die sie für die Bewegungen anwendet, noch an gewisse einschränkende Voraussetzungen gebunden blieben. Aus der Reflexion darüber, wie wir zu empirischen Raum- und Zeitmaßen gelangen, ergibt sich, wie der „Anthropomorphismus" bis in dieses Gebiet hineinragt, das man ihm prinzipiell entzogen glaubte. Es ist gleichsam dieser Erdenrest, der auch der klassischen Mechanik mit ihrer Voraussetzung endlicher starrer Bezugskörper und ruhender Inertialsysteme noch anhaftete, von dem die Relativitätstheorie sich zu lösen trachtet. Die gedachte, durch ein System mathematischer Gleichungen bestimmte Einheit der Verknüpfung tritt hier an Stelle jeder sinnlich gegebenen und immer auch sinnlich bedingten Maßeinheit. Wie man sieht, handelt es sich dabei nicht um eine Aufhebung, sondern um eine kritische Berichtigung des empirischen Begriffs der Objektivität, die

[10] Vgl. Planck [*66*] S. 6ff. und [*67*] S. 74.

durch eine Berichtigung unserer empirischen Raum- und Zeitmaße und ihre Umrechnung in das eine System der Naturgesetze gewonnen wird.

Zu dem gleichen sachlichen Ergebnis führt uns die Betrachtung der geschichtlichen Problemlage, aus der heraus die Relativitätstheorie erwachsen ist. Immer wieder hatte man versucht, den Sätzen der abstrakten Mechanik, insbesondere dem Trägheitssatz, eine bestimmte physikalische Bedeutung zu geben, indem man irgendwelche empirische Systeme aufzuweisen suchte, für die sie strenge Geltung besitzen sollten. Aber alle diese Versuche waren insbesondere seit der Entdeckung der Eigenbewegung des Sonnensystems und der Eigenbewegung der Fixsterne gescheitert: es blieb nichts übrig, als mit Carl Neumann einen absolut ruhenden Körper *a* an irgendeiner, uns unbekannten Stelle des Weltraums zu postulieren, um den Gleichungen der Galilei-Newtonschen Mechanik einen festen und klaren empirischen Sinn abzugewinnen. Aber ein solches Existenzpostulat für einen einzelnen physischen, durch Beobachtung niemals feststellbaren Gegenstand war und blieb vom erkenntnistheoretischen Standpunkt aus die seltsamste Anomalie (vgl. *8*, S. 238 ff.). Auch der absolut ruhende Lichtäther, der eine zeitlang das fehlende physikalische Bezugssystem der Galilei-Newtonschen Mechanik ersetzen zu können schien, zeigte sich dieser Aufgabe nicht gewachsen: seit dem negativen Ausfall des Michelsonschen Versuchs schien die Frage auch nach dieser Richtung hin / entschieden zu sein. An diesem Punkte setzt, wie sich zeigte, die Relativitätstheorie ein. Sie macht gleichsam aus der Not, in welche das physikalische Denken in seinen Versuchen, ein einzelnes privilegiertes Koordinatensystem zu finden, geraten war, eine Tugend. Die Erfahrung hatte gelehrt, daß es ein derartiges System nicht gibt – die Theorie stellt es, in ihrer allgemeinsten Fassung, als Forderung auf, daß es ein solches nicht geben kann und nicht geben darf. Jetzt wird es zum Prinzip erhoben, daß für die physikalische Beschreibung der Naturvorgänge kein besonderer Bezugskörper vor dem anderen ausgezeichnet sein soll. „Sowohl in der klassischen Mechanik, wie in der speziellen Relativitätstheorie“ – heißt es bei Einstein – „unterscheidet man zwischen Bezugskörpern K, relativ zu denen die Naturgesetze gültig sind, und zwischen Bezugskörpern K, relativ zu welchen die Naturgesetze nicht gelten. Mit dieser Sachlage kann sich aber kein konsequent denkender Mensch zufrieden geben. Er fragt: Wie ist es möglich, daß gewisse Bezugskörper (bzw. deren Bewegungszustände) von anderen Bezugskörpern (bzw. deren Bewegungszuständen) ausgezeichnet sind? Vergeblich suche ich in der klassischen Mechanik (bzw. in der speziellen Relativitätstheorie) nach einem realen Etwas, auf das ich das verschiedene Verhalten der Körper gegenüber den Bezugssystemen K und K′ zurückführen könnte“ (*18*, S. 49). Mit dieser Argumentation aus dem Prinzip des – unzureichenden Grundes scheint sich freilich der Physiker auf einem schlüpfrigen Boden zu bewegen. Unwillkürlich erinnert man sich hier der Deduktion Eulers, der das Trägheitsprinzip der klassischen Mechanik damit zu beweisen glaubte, daß er ausführte, es lasse sich, wenn ein Körper seinen Bewegungszustand von selbst und ohne Einwirkung äußerer Kräfte ändere, kein Grund dafür anführen, warum er bestimmte Richtungs- und Größenänderungen seiner Geschwindigkeit irgendwelchen anderen vorzöge (23). Der Zirkel, der hier begangen wird, daß nämlich der „Bewegungszustand“ eines Körpers als eine eindeutig bestimmte Größe vorausgesetzt wird, während er als solche erst durch den Trägheitssatz selbst definiert wird, ist leicht ersichtlich. In der Einsteinschen Berufung auf den „Satz vom Grunde“ wirkt indessen zweifellos ein allgemeineres und tieferes erkenntnistheoretisches Motiv mit. Nehmen wir an, daß die letzten objektiven Bestimmungen, zu denen unsere physikalische Erkenntnis gelangen kann, daß die Naturgesetze immer nur für bestimmte bevorrechtigte Bezugssysteme, nicht aber für andere, erweislich und gültig wären: / — so könnten wir, da andererseits die Erfahrung uns keinerlei sicheres Kriterium dafür darbietet, daß wir ein solches bevorzugtes Bezugssystem vor uns haben, auch niemals zu einer wahrhaft allgemein gültigen und eindeutigen Beschreibung der Naturvorgänge gelangen. Diese wird vielmehr nur dann möglich sein, wenn sich irgendwelche Bestimmungen aufweisen lassen, die sich gegenüber jeder Änderung des zu Grunde gelegten Bezugssystems gleichgültig verhalten. Wir dürfen eben nur diejenigen Beziehungen Naturgesetze nennen, d. h. ihnen objektive Allgemeinheit zusprechen, deren Gestalt von der Besonderheit unserer empirischen Messung, von der speziellen Wahl der vier Veränderlichen x_1 x_2 x_3 x_4, die den Raum- und Zeitparameter ausdrücken, unabhängig ist. In diesem Sinne könnte man den Grundsatz der allgemeinen Relativitätstheorie, daß die allgemeinen Naturgesetze bei ganz beliebigen Transformationen der Raum-Zeit-Variablen ihre Form nicht ändern, geradezu als eine analytische Behauptung: als eine Erklärung darüber, was unter einem „allgemeinen“ Naturgesetz verstanden werden soll, auffassen: — synthetisch ist jedoch die Forderung, daß es solche letzten Invarianten überhaupt geben müsse.

In der Tat läßt sich zeigen, daß der allgemeine Gedanke der Invarianz und Eindeutigkeit bestimmter Werte, der von der Relativitätstheorie an die Spitze gestellt wird, in irgendeiner Form in jeder Theorie der Natur wiederkehren muß, weil er zum logischen und erkenntnistheoretischen Grundbestand einer solchen Theorie gehört. Gehen wir etwa von dem Weltbild der allgemeinen Energetik aus – so hat schon Leibniz, als er das Gesetz der „Erhaltung der lebendigen Kraft" als universelles Naturgesetz aufstellte, auf dieses logische Moment in ihm hingewiesen. Er bestimmt zunächst die lebendige Kraft eines physikalischen Systems als Arbeitsgröße; er setzt fest, daß Kräfte „gleich" heißen sollen, wenn sie imstande sind, dieselbe mechanische Arbeit, gleichviel wie sie im einzelnen beschaffen sein mag, zu verrichten; wenn sie also eine gleiche Zahl elastischer Federn auf den gleichen Grad der Spannung bringen, ein gleiches Gewicht auf dieselbe Höhe erheben, einer gleichen Zahl von Körpern dieselbe Größe der Geschwindigkeit erteilen können usf. In dieser Definition werde freilich vorausgesetzt, daß die Schätzung der lebendigen Kräfte nach verschiedenen Maßsystemen einander äquivalente Ergebnisse liefern werde, daß also Kräfte, die sich, gemessen an einem bestimmten Wirkungseffekt, als gleich oder als in gewissen Verhältnissen größer oder kleiner erweisen, dasselbe / Verhältnis auch dann bewahren, wenn man eine beliebige andere Wirkung zu ihrer Messung benutzt. Wäre dies nicht der Fall – so fügt Leibniz hinzu – und ergäbe sich vielmehr je nach der verschiedenen Wirkung, die man als Maß zugrunde legt, ein jeweilig verschiedenes Kräfteverhältnis, so würde die Natur der Gesetze entbehren; – die gesamte Wissenschaft der Dynamik würde hinfällig werden; es wäre nicht möglich, Kräfte zu schätzen, ja die Kraft selbst würde zu etwas Unbestimmtem und Widerspruchsvollem (quiddam vagum et absonum) werden (*42*, III, 208 ff.; VI, 209 f.; vgl. *5*, S. 305 ff.). Der gleiche Gedankengang hat sich bei der Entdeckung und Begründung des modernen Energieprinzips auf einer breiteren physikalischen Grundlage wiederholt. Auch hier wurde zunächst – z. B. von W. Thomson – die Energie eines materiellen Systems in einem bestimmten Zustand als der in mechanischen Arbeitseinheiten ausgedrückte Betrag aller Wirkungen definiert, welche außerhalb des Systems hervorgerufen werden, wenn dasselbe aus seinem Zustand auf beliebige Weise in einen bestimmten, übrigens willkürlich fixierbaren Nullzustand übergeht. Diese Erklärung läßt es zunächst noch völlig unentschieden, ob ein eindeutiger Wert dessen, was hier „Energie" genannt wird, überhaupt existiert, d. h. ob die Ergebnisse der Messung der Arbeitsgröße eines Systems gleich oder verschieden ausfallen, je nachdem man verschiedene Methoden der Überführung des Systems aus dem gegebenen Zustand in einen bestimmten Nullzustand verwendet. Daß aber diese Eindeutigkeit in der Tat besteht, daß sich immer derselbe Betrag der Energie ergibt, gleichviel, welche Wirkung wir als Arbeitsmaß verwenden und welchen Weg des Übergangs wir wählen: das eben ist es, was das Prinzip der Erhaltung der Energie behauptet. Dieses sagt nichts anderes aus und hat keinen anderen physikalisch faßbaren Sinn, als daß der in mechanischen Arbeitseinheiten gemessene Betrag aller Wirkungen, welche ein materielles System in seiner äußeren Umgebung hervorruft, wenn es aus einem bestimmten Zustand auf beliebige Weise in einen nach Willkür fixierten Nullzustand übergeht, einen eindeutigen Wert hat, also unabhängig von der Art des Überganges ist. Würde diese Unabhängigkeit nicht gelten — und daß sie gilt, darüber kann uns freilich nur die Erfahrung belehren — so gäbe es das, was wir hier „Energie" genannt haben, nicht als exakte physikalische Bestimmtheit — so wäre die Energie für uns keine allgemeine Maßkonstante. Wir müßten alsdann nach anderen empirischen / Werten suchen, die der prinzipiellen Forderung der Eindeutigkeit genügen. Aber auch umgekehrt gilt, daß, wenn einmal die Energie für uns als Maßkonstante festgestellt ist, sie damit für uns auch zur Naturkonstante, zum „Begriff von einem bestimmten Objekt" geworden ist. Jetzt läßt sich vom physikalischen Standpunkt aus unbedenklich eine „substantielle" Auffassung der Energie durchführen, läßt sie sich als eine Art „Vorrat" des physikalischen Systems ansehen, dessen Menge durch die Gesamtheit der Zustandsgrößen, die für das betreffende System charakteristisch sind, völlig bestimmt ist[11]. Vom erkenntnistheoretischen Gesichtspunkt aus muß hierbei freilich daran festgehalten werden, daß eine solche Deutung nicht mehr als ein bequemer Ausdruck für die allein bekannten Maßbeziehungen ist, ihnen selbst aber nichts Wesentliches hinzufügt. Die Einheit und Eindeutigkeit der Maßbestimmung läßt sich unmittelbar zugleich als Einheit und Eindeutigkeit der Objektbestimmung auffassen und aussprechen: — eben weil das empirische Objekt gar nichts anderes als einen gesetzlichen Inbegriff von Beziehungen besagt. Es ergibt sich aus dieser Analogie von neuem, daß der Fortschritt

[11] Näheres hierzu bei Planck [*63*] S. 92 ff.

der Relativierung, der sich in der Relativitätstheorie vollzieht, keinerlei Gegensatz zur allgemeinen Aufgabe der Objektivierung, sondern vielmehr umgekehrt einen Schritt auf dem Wege zu ihr bedeutet — weil und sofern, nach der Eigenart des physikalischen Denkens, alle seine Erkenntnis von Objekten in nichts anderem als in der Erkenntnis objektiver Verhältnisse bestehen *kann*. „Was wir auch nur an der Materie kennen" — wir können auch hier die „Kritik der reinen Vernunft" zitieren —, sind lauter Verhältnisse, aber es sind darunter selbstständige und beharrliche, dadurch uns ein bestimmter Gegenstand gegeben wird" (*34*, S. 341). Diese „selbständigen und beharrlichen Verhältnisse" hat die allgemeine Relativitätstheorie an eine andere Stelle gerückt, indem sie ebensowohl den Begriff der Materie, den die klassische Mechanik, wie den Begriff des Äthers, den die Elektrodynamik ihr darbot, auflöste; aber sie hat sie als solche keineswegs bestritten, sondern vielmehr in ihren eigenen Invarianten, die gegenüber jedem Wechsel des Bezugssystems gleichgültig sind, aufs nachdrücklichste behauptet. Die Kritik, die die Relativitätstheorie an den von ihr vorgefundenen physikalischen Objektbegriffen geübt hat, entstammt somit der gleichen Methodik des naturwissenschaftlichen Denkens, die zur Aufstellung eben dieser Be/griffe geführt hat, und sie führt diese Methodik nur noch einen Schritt weiter, indem sie sich immer mehr von den Voraussetzungen der naiv-sinnlichen und naiv-dinglichen Weltansicht loslöst. Wir müssen, um diesen Sachverhalt in seiner vollen Schärfe zu erfassen, auf die allgemeinste Frage zurückgehen, die uns die Relativitätstheorie in erkenntnistheoretischer Hinsicht stellt: auf die Umformung des *Wahrheitsbegriffs der Physik*, die sie in sich schließt und durch die sie sich unmittelbar mit einem Fundamentalproblem der Logik berührt.

III.

DER PHILOSOPHISCHE WAHRHEITSBEGRIFF UND DIE RELATIVITÄTSTHEORIE

Der allgemeine Satz von der Relativität der Erkenntnis hat seine vollständige systematische Durchführung zuerst in der Geschichte der antiken Skepsis erhalten. Hier besitzt er, gemäß dem Grundcharakter der Skepsis, ausschließlich negative Bedeutung: er bezeichnet die prinzipielle Schranke, die aller Erkenntnis gesetzt ist und durch die sie ein für allemal von der endgültigen Erfassung des Wahren, als des „Absoluten", geschieden bleibt. Unter den skeptischen „Tropen", die dazu bestimmt sind, die Unsicherheit der sinnlichen und der begrifflichen Erkenntnis zu erweisen, steht der Tropus des πρός τι an erster Stelle. Um den Gegenstand zu erkennen, müßte unser Wissen vor allem imstande sein, ihn in seinem reinen „An sich" zu ergreifen und ihn von allen Bestimmungen, die ihm nur beziehentlich zu uns und beziehentlich zu anderen Dingen zukommen, abzulösen. Aber eben diese Ablösung ist nicht nur tatsächlich, sondern prinzipiell unmöglich. Denn was uns faktisch immer nur unter bestimmten Bedingungen gegeben ist, — von dem läßt sich auch logisch niemals ausmachen, was es an sich selbst und unter Abstraktion von eben diesen Bedingungen ist. So können wir insbesondere in dem, was wir die Wahrnehmung eines Dinges zu nennen pflegen, niemals den objektiven Dingbestandteil von dem subjektiven Wahrnehmungsbestandteil scheiden und beide als selbständige Faktoren einander gegenüberstellen. Die Form der subjektiven Organisation geht in all unsere sogenannte objektive Ding- und Eigenschaftserkenntnis als notwendiger Bestandteil ein. Das „Ding" erscheint demgemäß nicht nur den verschiedenen Sinnen selbst als ein Verschiedenes, sondern es ist auch für das gleiche Organ, je nach dem Zeitpunkt und den wechselnden Bedingungen der Wahrnehmung, ein grenzenlos Veränderliches. Denn all seine / Bestimmtheit hängt völlig von den Verhältnissen ab, unter denen es sich uns darstellt. Kein Inhalt ist uns in der Erfahrung unvermischt mit andern in identischer Bestimmtheit gegeben, sondern was sich uns darbietet, ist immer nur der allgemeine Zusammenfluß der Eindrücke. Nicht das eine oder andere, das „Dies" oder „Jenes" einer bestimmten Qualität, sondern nur die wechselseitige Beziehung des einen auf das andere, des anderen auf das eine, ist hier das allein Bekannte, ja das allein Kennbare.

Die moderne Wissenschaft hat die Einwände, die hier von seiten der Skepsis gegen die Möglichkeit des Wissens vorgebracht werden, überwunden – nicht indem sie sie ihrem Inhalt nach bestritt, sondern indem sie aus ihnen eine völlig veränderte, ja entgegengesetzte logische Folgerung zog. Die Auflösung all dessen, was der naiven Weltansicht als feste und absolute „Eigenschaft" der Dinge gilt, in einen Inbegriff bloßer Relationen, nimmt auch die moderne Naturwissenschaft an. „Was die Eigenschaften der Objekte der Außenwelt betrifft" – so heißt es z. B. in Helmholtz' Handbuch der physiologischen Optik –, so zeigt eine leichte Überlegung, daß alle Eigenschaften, die wir ihnen zuschreiben können, nur Wirkungen bezeichnen, welche sie entweder auf unsere Sinne oder auf andere Naturobjekte ausüben. Farbe, Klang, Geschmack, Geruch, Temperatur, Glätte, Festigkeit gehören der ersteren Klasse an, sie bezeichnen Wirkungen auf unsere Sinnesorgane. Die chemischen Eigenschaften beziehen sich ebenfalls auf Reaktionen, d. h. Wirkungen, welche der betrachtete Naturkörper auf andere ausübt. Ebenso ist es mit den anderen physikalischen Eigenschaften der Körper, den optischen, elektrischen, magnetischen. Überall haben wir es mit Wechselbeziehungen verschiedener Körper aufeinander zu tun, mit Wirkungen aufeinander, welche von den Kräften abhängen, die verschiedene Körper aufeinander ausüben... Daraus geht nun bevor, daß in Wahrheit die Eigenschaften der Naturobjekte trotz dieses Namens gar nicht dem einzelnen Objekte an und für sich Eigenes bezeichnen, sondern immer eine Beziehung zu einem zweiten Objekte (einschließlich unserer Sinnesorgane) bezeichnen. Die Art der Wirkung muß natürlich immer von den Eigentümlichkeiten sowohl des wirkenden Körpers abhängen, als von denen des Körpers, auf welchen gewirkt wird... Die Frage zu stellen, ob der Zinnober wirklich rot sei, wie wir ihn sehen, oder ob dies nur eine sinnliche Täuschung ist, ist deshalb sinnlos. Die Empfindung von Rot ist die normale Reaktion normal / gebildeter Augen für das von Zinnober reflektierte Licht. Ein Rotblinder wird den Zinnober schwarz oder dunkelgraugelb sehen; auch dies ist die richtige Reaktion für sein besonders geartetes Auge... An sich ist die eine Empfindung nicht richtiger und nicht falscher als die andere ..." (*30*, S. 588 f.). Der alte skeptische Tropus, das Argument des πρός τι, steht hier wieder in aller Schärfe vor uns. Aber der Verzicht auf die Absolutheit der Dinge schließt freilich keineswegs mehr den Verzicht auf die Objektivität der Erkenntnis in sich. Denn das wahre Objektive sind der modernen Naturerkenntnis nicht sowohl die Dinge, als vielmehr die Gesetze. Die Veränderung innerhalb der Erfahrungselemente und die Tatsache, daß jedes einzelne von ihnen niemals an sich, sondern immer nur in Beziehung auf andere gegeben ist, bildet daher keinerlei Einwand gegen die Möglichkeit objektiv-realer Erkenntnis, sofern nur die Gesetze eben dieser Beziehungen selbst feststehen. Die Konstanz und Absolutheit der Elemente wird preisgegeben, um dafür die Beständigkeit und Notwendigkeit der Gesetze zu gewinnen. Haben wir uns der letzteren versichert, so bedürfen wir der ersteren nicht mehr. Dem Einwand der Skepsis, daß wir die absoluten Eigenschaften der Dinge niemals zu erkennen vermögen, begegnet jetzt die Wissenschaft damit, daß sie den Begriff der Eigenschaft so *definiert*, daß er den Begriff der Beziehung in sich schließt. Der Zweifel wird hier dadurch besiegt, daß er überboten wird. Ist einmal eingesehen, daß „Blau" uns gar nichts anderes *bedeuten* kann, als eine Beziehung auf ein sehendes Auge, daß „schwer" nichts anderes, als ein Verhältnis der wechselseitigen Beschleunigung besagt und daß allgemein alles „Haben" von Eigenschaften sich rein und vollständig in ein „Sich-Verhalten" der Erfahrungselemente auflöst — so verliert die Sehnsucht, letzte absolute Qualitäten der Dinge zu erfassen, die der Skepsis insgeheim zugrunde lag, ihren Sinn. Die Skepsis wird abgewiesen, nicht indem ein Weg zur möglichen Erfüllung ihrer Forderungen aufgezeigt wird, sondern indem der dogmatische Gehalt eben dieser Forderungen selbst durchschaut und damit unwirksam gemacht wird.

In dieser Umformung des allgemeinen Erkenntnisideals wirken die moderne Wissenschaft und die moderne Logik zusammen: und der Gang der einen steht hier mit dem der anderen in genauester Verbindung. Die antike Logik ist ganz auf das Verhältnis von „Subjekt" und „Prädikat", auf das Verhältnis des gegebenen Begriffs zu seinen ebenfalls gegebenen und festen Merkmalen gestellt. / Sie sucht letzten Endes absolute und wesentliche Merkmale an absoluten für sich seienden Substanzen zu erfassen. Die moderne Logik lernt dagegen im Lauf ihrer Entwicklung mehr und mehr auf dieses Ideal verzichten, um sich stattdessen zu einer reinen Formen- und Beziehungslehre zu gestalten. In der Gesetzlichkeit dieser Formen, die für sie keineswegs in bloße Subsumtionsverhältnisse aufgehen, sondern die alle verschiedenen Arten und Möglichkeiten der relativen Setzung und der relativen Verknüpfung von Denkelementen gleichmäßig umfassen, ist für sie die Möglichkeit jeder Bestimmtheit des gedachten Inhalts gegründet. Hier aber muß freilich der Zweifel sofort in einem neuen und tieferen Sinne einsetzen. Wenn die Dingerkenntnis sich selbst als Gesetzeserkenntnis versteht und wenn sie sich in ihr zu begründen und vor den Angriffen der Skepsis sicher zu stellen versucht: — was versichert uns der Objektivität, der Wahrheit und Allgemeinheit der Gesetzeserkenntnis selbst? Haben wir überhaupt im strengen Sinne Erkenntnis von Gesetzen — oder geht nicht vielmehr alles, was wir im günstigsten Falle gewinnen können, in der Erkenntnis einzelner Fälle auf? Hier kehrt sich, wie man sieht, auf der neuen Basis des modernen Gesetzesbegriffs, das Problem der Skepsis um. Was den antiken Skeptiker, der auf die Substanz der Dinge ausging, ängstigte, das war die grenzenlose Relativität aller Erscheinungen: das war die Tatsache, daß sie als einzelne feste Gegebenheiten nicht beharren wollten, sondern sich dem Wissen immer wieder in bloße Beziehungen und in Beziehungen von Beziehungen auflösten. Für den modernen Skeptiker aber, dem objektive Wahrheit, sofern sie erreichbar wäre, eben das einheitliche allumfassende und notwendige Gesetz alles Geschehens bedeuten würde, liegt der Grund des Zweifels gerade umgekehrt darin, daß uns die Wirklichkeit niemals in dieser allgemeinen gedanklichen Form, sondern nur zerteilt und zerschlagen in lauter punktuelle Einzelheiten gegeben ist. Wir erfassen immer nur ein Hier und Jetzt, nur eine einzelne räumlich und zeitlich isolierte Bestimmung — und es ist nicht abzusehen, wie wir von dieser Anschauung des Einzelnen und der Einzelnen jemals zur Anschauung einer objektiven Form des Ganzen gelangen können. So wenig sich aus der Summierung bloßer ausdehnungsloser Punkte je das Kontinuum aufbauen und erzeugen läßt: so wenig kann ein wahrhaft objektives und notwendiges Gesetz aus der einfachen Aneinanderreihung noch so vieler Einzelfälle erreicht und abgeleitet werden. Das ist die Form der Humeschen Skepsis, die sich charak/teristisch von der der Antike unterscheidet. Während der antike Skeptiker vor lauter Relativitäten, in die ihn die Erscheinungswelt verstrickte, nicht zum Absoluten der Substanz gelangte, gelangt der moderne Skeptiker vor lauter absoluten Einzelbestimmungen der Empfindung nicht zu den Gesetzen als universellen Relationen. Wie dort die Sicherheit der Dinge, so wird hier die Sicherheit der kausalen Zusammenhänge fraglich. Die Verknüpfung des Geschehens wird zur Illusion — was vom Geschehen übrig bleibt, sind nur seine einzelnen Atome, sind die unmittelbaren Gegebenheiten der

Empfindung, in welchen alles Wissen von „Tatsachen“, vom »matter of fact«, zuletzt besteht.

Soll es möglich sein, auch diese wesentlich radikalere Form der Skepsis zu überwinden, so kann dies nur dadurch geschehen, daß auch in ihr eine verborgene dogmatische Voraussetzung aufgewiesen wird, die sie implizit zugrunde legt. Und diese Voraussetzung liegt in der Tat in ihrem Begriff der empirischen „Gegebenheit“ selbst. Eben jene Gegebenheit der „bloßen“ Impressionen, in denen von allen Form- und Verknüpfungsmomenten prinzipiell abgesehen werden soll, erweist sich für die schärfere Analyse als Fiktion. Ist dies einmal eingesehen, so richtet sich der Zweifel nun, statt gegen die Möglichkeit der Erkenntnis selbst, vielmehr gegen die Möglichkeit des logischen Maßstabes, mit dem hier die Erkenntnis ausgemessen werden soll. Statt daß das Kriterium der „Impression“ die allgemeinen Formbeziehungen des Wissens und seine logische Axiomatik fraglich und verdächtig machte, wird jetzt, auf Grund eben dieser Beziehungen, die Gültigkeit dieses Kriteriums bestritten werden müssen. Die einzige Rettung vor dem radikalen Zweifel liegt somit auch hier darin, daß er nicht beiseite geschoben, sondern vielmehr noch verschärft wird: daß wir nicht nur gegen die „Dinge“ und gegen die „Gesetze“, sondern vor allem auch gegen die Empfindungen selbst, als die angeblich letzten, an sich bekannten und für sich verständlichen Elemente des Wissens fragen lernen. Auch die Skepsis Humes läßt die „einfache“ Empfindung noch als völlig unproblematische Gewißheit, als den schlichten und fraglosen Ausdruck der „Wirklichkeit“ stehen. Wie die antike Skepsis ganz und gar auf der stillschweigenden Annahme der absoluten Dinge beruhte, so beruht sie auf der Annahme der absoluten Empfindungen. Die Hypostasierung betrifft in dem einen Fall das „äußere“, in dem andern das „innere“ Sein: aber ihre allgemeine Form bleibt die gleiche. Und erst durch diese Hypostasierung erhält nun der Gedanke der Relativität der Erkenntnis seinen skeptischen Einschlag. Der Zweifel geht nicht unmittelbar aus dem Inhalt dieses Gedankens hervor, sondern er beruht umgekehrt darauf, daß er nicht wahrhaft und folgerecht zu Ende gedacht wird. Solange das Denken sich damit begnügt, im Hinblick auf die Erscheinungen und gemäß den Forderungen seiner eigenen gesetzlichen Form, seiner logischen Axiomatik, die Wahrheit als ein System reiner Beziehungen zu entwickeln, solange bewegt es sich, innerhalb seines Kreises, mit vollendeter Sicherheit. Aber in dem Augenblick, da es irgendein Absolutes, sei es der äußeren, sei es der inneren Erfahrung, zuläßt und behauptet, muß es sich diesem gegenüber selbst skeptisch vernichten. Immer wieder stößt es jetzt auf dieses Absolute der Dinge oder der Empfindungen, wie auf die Wand des Kerkers, in den es eingeschlossen ist. Die Relativität, die im Grunde seine immanente Kraft ausmacht, wird nun zu seiner immanenten Schranke. Sie erscheint nicht mehr als das Prinzip, das den positiven Fortgang der Erkenntnis ermöglicht und regelt, sondern nur noch als ein Notbehelf des Denkens, das eben damit bekennt und zugesteht, dem Sein, dem absoluten Gegenstand und der absoluten Wahrheit, nicht gewachsen zu sein.

Anders freilich stellt sich dies Verhältnis dar, sobald dem dogmatischen wie dem skeptischen Wahrheitsbegriff, die beide noch in einer gemeinsamen Wurzel zusammenhängen, der idealistische Wahrheitsbegriff entgegentritt. Denn dieser mißt die Wahrheit der Grunderkenntnisse nicht mehr an irgendwelchen transzendenten Objekten, sondern er gründet umgekehrt die Bedeutung des Gegenstandsbegriffs auf die Bedeutung des Wahrheitsbegriffs. Jetzt erst wird jene Auffassung, die das Erkennen zum Abbilden, sei es der absoluten Dinge, sei es der unmittelbar gegebenen „Impressionen", macht, endgültig überwunden. Die „Wahrheit" der Erkenntnis wandelt sich aus einem bloßen Bildausdruck zum reinen Funktionsausdruck. In der Geschichte der modernen Philosophie und der modernen Logik stellt sich diese Wendung in voller Klarheit zuerst bei Leibniz dar, wenngleich hier der neue Grundgedanke noch in der Fassung des metaphysischen Systems, in der Sprache des monadologischen Weltbildes, erscheint. Jede Monade ist mit all den Inhalten, die sie in sich faßt, eine völlig geschlossene Welt, die kein äußeres Sein abbildet oder widerspiegelt, sondern lediglich nach eigenem Gesetz das Ganze ihrer Vorstellungsinhalte umfaßt und regelt; aber alle diese verschiedenen individuellen Welten drücken / nichtsdestoweniger ein gemeinsames Universum und eine gemeinsame Wahrheit aus. Diese Gemeinsamkeit aber kommt nicht dadurch zustande, daß alle diese verschiedenen Weltbilder sich zueinander wie die Kopien eines gemeinsamen „Originals" verhalten, sondern daß sie in ihren inneren Beziehungen und in der allgemeinen Form ihres Aufbaus einander funktional entsprechen. Denn eine Sache drückt, nach Leibniz, eine andere aus, wenn eine beständige und geregelte Beziehung zwischen dem besteht, was sich von der einen und von der andern aussagen läßt. So drückt eine perspektivische Projektion ihr zugehöriges geometrisches Gebilde, so drückt eine algebraische Gleichung eine bestimmte Figur, ein zeichnerisches Modell eine Maschine aus: – nicht als ob zwischen dem einen und dem andern irgendeine sachliche Gleichheit oder Ähnlichkeit bestünde, sondern in dem Sinne, daß die Verhältnisse des einen Gebildes denen des andern entsprechen und ihnen in begrifflich eindeutiger Weise zugeordnet sind (*43*, VII, 263f., *44*, II, 233; vgl. 7, II, 167). Diesen Leibnizischen Wahrheitsbegriff hat Kant aufgenommen und weiter verfolgt, indem er ihn zugleich von allen unbewiesenen metaphysischen Voraussetzungen, die noch in ihm enthalten waren, zu befreien und abzulösen versuchte. Auf diesem Wege ist er zu seiner eigenen Fassung des kritischen Gegenstandsbegriffs gelangt, in welchem nun die Relativität der Erkenntnis in einer weit umfassenderen Bedeutung, als in der antiken und in der modern-empiristischen Skepsis behauptet wird, in welcher aber zugleich dieser Relativität ein neuer positiver Sinn abgewonnen wird. Diesem Sinne fügt sich auch die Relativitätstheorie der modernen Physik ohne Schwierigkeit ein, denn sie ist in allgemein erkenntnistheoretischer Hinsicht eben dadurch bezeichnet, daß in ihr, bewußter und klarer als je zuvor, der Fortgang von der Abbildtheorie der Erkenntnis zur Funktionstheorie sich vollzieht. Solange die Physik an der Forderung des absoluten Raumes festhielt, solange hatte die Frage, welche der verschiedenen Bahnkurven eines bewegten Körpers, die sich ergeben, wenn man ihn von verschiedenen Bezugssystemen aus betrachtet, seine eigentliche und „wahre" Bewegung darstelle, noch einen bestimmten Sinn – und ebenso mußte hier für bestimmte räumliche und zeitliche Maßwerte, die vom Standpunkt gewisser ausgezeichneter Systeme aus gelten, ein höherer objektiver Wahrheitswert als für andere in Anspruch genommen werden. Die Relativitätstheorie wagt es, auf diese Ausnahmestellung zu verzichten; nicht als ob sie auf die Forderung der / eindeutigen Bestimmtheit des Geschehens verzichten könnte und wollte, sondern weil sie über neue gedankliche Mittel verfügt, um dieser Forderung zu genügen. Die unendliche Mannigfaltigkeit möglicher Systeme ist mit der unendlichen Vieldeutigkeit der in ihnen zu ermittelnden Maßwerte nicht gleichbedeutend – sofern alle diese Systeme durch eine gemeinsame Regel aufeinander bezogen und miteinander verknüpft sind. In dieser Hinsicht hat das Relativitätsprinzip der Physik mit dem des „relativistischen Positivismus", mit welchem man es verglichen hat, kaum etwas anderes als – den Namen gemein. Wenn man in ihm eine Erneuerung der antiken Sophistik, eine Bestätigung des Protagoräischen Satzes, daß der Mensch das „Maß aller Dinge“ sei, gesehen hat[12], so hat man darin gerade seine entscheidende Leistung verkannt. Denn nicht, daß jedem wahr sei, was ihm erscheint, will die physikalische Relativitätstheorie lehren, sondern umgekehrt warnt sie davor, Erscheinungen, die nur von einem einzelnen bestimmten System aus gelten, schon für Wahrheit im Sinne der Wissenschaft, d. h. für einen Ausdruck der umfassenden und endgültigen Gesetzlichkeit der Erfahrung zu nehmen. Diese wird weder durch die Beobachtungen und Messungen eines Einzelsystems, noch selbst durch diejenigen beliebig vieler solcher Systeme, sondern nur durch die wechselseitige Zuordnung der Ergebnisse aller möglichen Systeme erreicht und gewährleistet. Auf welchem Wege wir zu Aussagen über diese Allheit gelangen können, auf welchem Wege wir uns von der Zersplitterung der Einzelansichten zu einer Gesamtanschauung des Geschehens erheben können, will die allgemeine Relativitätstheorie zeigen (s. oben S. 34ff.). Sie verzichtet darauf, den „Gegenstand“ der Physik durch irgendwelche sinnlich-bildlichen Eigenschaften, wie sie sich in der Vorstellung aufweisen lassen, zu bestimmen und bestimmt ihn stattdessen ausschließlich durch die Einheit der Naturgesetze. Wenn sie etwa lehrt, daß ein Körper, der, von einem bestimmten System aus gesehen, Kugelgestalt besitzt, von einem anderen, relativ zu dem ersten bewegten System aus als Rotationsellipsoid erscheint: so kann freilich die Frage nicht mehr aufgeworfen werden, welches der beiden hier gegebenen optischen Bilder der absoluten Form des Gegenstandes gleicht; wohl aber kann und muß verlangt werden, daß die Mannigfaltigkeit und Verschiedenheit der hier auftretenden sinnlich-anschaulichen Data sich in einen allgemeinen Erfahrungsbegriff ver/einen lasse. Mehr wird von dem kritischen Wahrheits- und Gegenstandsbegriff nicht gefordert. Nach der kritischen Grundansicht ist der Gegenstand kein absolutes Urbild, dem unsere sinnlichen Vorstellungen, als seine Abbilder mehr oder weniger entsprechen und gleichen, sondern er ist ein — „Begriff, worauf in Bezug Vorstellungen synthetische Einheit haben“. Diesen Begriff stellt die Relativitätstheorie nicht mehr in irgendeiner Bildform, sondern, als physikalische Theorie, in der Form von Gleichungen und Gleichungssystemen auf, die beliebigen Substitutionen gegenüber kovariant sind. Die Relativierung, die damit geleistet wird, ist selbst rein logischer und mathematischer Art. Durch sie wird freilich der

[12] Vgl. Petzoldt [*61*].

Gegenstand der Physik als „Gegenstand in der Erscheinung" bestimmt; aber dieser Erscheinung haftet nichts mehr von subjektiver Willkür und subjektiver Zufälligkeit an. Denn die Idealität der Erkenntnisformen und Erkenntnisbedingungen, auf denen die Physik als Wissenschaft beruht, sichert und begründet zugleich die empirische Realität alles dessen, was durch sie als „Tatsache" und mit dem Wort objektiver Gültigkeit hingestellt wird.

IV.

MATERIE, ÄTHER, RAUM

In jedem Aufbau der Physik scheinen wir zwei verschiedene Klassen von Begriffen voneinander unterscheiden zu müssen. Die eine Gruppe von Begriffen betrifft rein die Ordnungsform als solche, die andere den Inhalt, der in diese Form eingeht; die einen bezeichnen das allgemeine Grundschema der Verknüpfung, dessen sich die Physik bedient, die anderen gehen auf die besondere Bestimmtheit und Beschaffenheit des Realen, durch welche der physikalische „Gegenstand" bezeichnet wird. Was hierbei die reinen Formbegriffe betrifft, so scheinen sie, trotz allem Wandel der physikalischen Vorstellungen im einzelnen, als relativ feststehende Einheiten zu beharren. In aller Verschiedenheit und in allem Widerstreit der Systembegriffe der Physik heben sich Raum und Zeit als letzte übereinstimmende Grundeinheiten heraus. Sie scheinen auch in diesem Sinne das eigentliche Apriori für jede Physik und die Voraussetzung ihrer Möglichkeit als Wissenschaft zu bilden. Aber schon der erste Schritt, der uns von diesen bloßen Möglichkeiten zur Wirklichkeit weiterführt, der, statt auf die Bestimmung der räumlich-zeitlichen Form, auf die Bestimmung des Etwas geht, das im Raume und in der Zeit irgendwie als „gegeben" gedacht wird, scheint uns aus dem Kreis der Apriorität ein für allemal hinauszudrängen. Kant hat allerdings in den „Metaphysischen Anfangsgründen der Naturwissenschaft" eine apriorische Ableitung und Konstruktion auch des Begriffs der „Materie", als notwendigen Grundbegriffs der Physik, versucht: aber es ist leicht zu erkennen, daß diese Ableitung nicht mehr auf der gleichen Stufe steht und nicht mehr die gleiche Beweiskraft für sich in Anspruch nehmen kann wie die transzendentale Ästhetik oder die Analytik des reinen Verstandes. Er selbst hat freilich geglaubt, in diesen Deduktionen noch eine philosophische Begründung der Voraussetzungen der Newtonischen Naturwissenschaft zu besitzen; aber wir erkennen / heute immer bestimmter, daß das, was er als solche ansah, in Wahrheit nicht mehr als eine philosophische Umschreibung eben dieser Voraussetzungen war. In der grundlegenden Bestimmung des physikalischen Gegenstandsbegriffes bedeutet uns das klassische System der Mechanik nur noch ein Bild, dem andere Bilder gleichberechtigt zur Seite stehen. Heinrich Hertz hat in seiner Neubegründung der mechanischen Prinzipien drei solcher Bilder unterschieden: das erste ist in dem Newtonischen System gegeben, das die Begriffe des Raumes, der Zeit, der Kraft und der Masse als gegebene Vorstellungen zugrunde legt; das zweite läßt die Voraussetzungen des Raumes, der Zeit und der Masse ungeändert, ersetzt aber den Begriff der Kraft als der mechanischen „Ursache der Beschleunigung", durch den allgemeinen Begriff der Energie, die sich ihrerseits wieder in zwei verschiedene Formen, in potentielle und kinetische Energie spaltet. Auch hier haben wir also vier voneinander unabhängige Grundbegriffe, deren Beziehungen zueinander den Inhalt der Mechanik bilden sollen. Ein drittes Bild bietet sodann Hertz' eigene Gestaltung der Mechanik, in der der Begriff der Kraft oder der Energie als selbständige Grundvorstellung beseitigt ist und der Aufbau der Mechanik von nur drei voneinander unabhängigen Grundvorstellungen aus, von denen des Raumes, der Zeit und der Masse sich vollzieht. Der Kreis der begrifflichen Möglichkeiten könnte damit beschlossen und vollständig ausgemessen scheinen – wenn nicht die Relativitätstheorie das gegenseitige Verhältnis zwischen den reinen Formbegriffen und den physikalischen Gegenstands- und Substanzbegriffen wiederum auf einen neuen Ausdruck gebracht und damit das Problem nicht nur inhaltlich, sondern prinzipiell nochmals umgestaltet hätte. –

Der Einheitsbegriff der „Natur", dessen Feststellung die eigentliche methodische Aufgabe der Physik bildet, läßt, wie die Geschichte des physikalischen Denkens zeigt, doch immer noch einem Dualismus der Voraussetzungen Raum, der als solcher notwendig und unüberwindlich scheint. Schon in den ersten logischen Anfängen der eigentlichen Wissenschaft der Natur, die im griechischen Denken gegeben sind, tritt dieser Dualismus in voller Prägnanz und Klarheit hervor. Die antike Atomistik, die das erste klassische Muster eines begrifflich-wissenschaftlichen Weltbildes darstellt, kann das „Sein“ der Natur nur dadurch beschreiben und in seiner Einheit festhalten, daß sie es aus zwei heterogenen Bestandteilen aufbaut. Ihre Anschauung und ihr Begriff der Natur ist auf den / Gegensatz des „Vollen“ und des „Leeren“ gegründet. Beide, das Volle und das Leere, erweisen sich für die Konstituierung des Gegenstandes der Physik als unentbehrliche Momente. Dem Sein des Atoms und der Materie, als dem παμπλῆρες ὄν tritt bei Demokrit das Nicht-Sein, das μὴ ὄν des leeren Raumes gegenüber: aber sowohl dieses Sein wie dieses Nicht-Sein besitzt für ihn unumstrittene physikalische Wahrheit und somit unbezweifelbare physikalische Realität. Die Realität der Bewegung wird erst vermöge dieser doppelten Voraussetzung verständlich: sie fiele dahin, wenn wir nicht auf der einen Seite den leeren Raum von der materiellen Raumerfüllung unterschieden, um andererseits beide dennoch, in unlöslicher Wechselbeziehung, als Grundbestandteile alles Naturgeschehens zu denken. Zu Beginn der neueren Zeit unternimmt Descartes den Versuch, diese Zweiheit, die sich in den ersten Fundamenten des physikalischen Denkens zeigt, philosophisch zu überwinden. Vom Gedanken der Einheit des Bewußtseins aus fordert er zugleich eine neue Einheit der Natur. Und diese gilt ihm nur als erreichbar, indem er den Gegensatz des „Vollen“ und „Leeren“, der „Materie“ und der Ausdehnung fallen läßt. Das physische Sein des Körpers und das geometrische Sein der Ausdehnung bilden ein und denselben Gegenstand: die „Substanz“ des Körpers geht in seinen räumlich-geometrischen Bestimmungen auf. Damit war ein neuer methodisch tiefer und fruchtbarer Ansatz der Physik gegeben, dem sich aber die konkrete Durchführung von Descartes' Physik nirgends gewachsen zeigte. Indem Newton die hypothetischen und spekulativen Prämissen der Cartesischen Physik bekämpfte, schob er damit auch diesen Ansatz beiseite. Sein Weltbild wurzelt wieder in der dualistischen Ansicht, die bei ihm noch verschärft zutage tritt und die schon seinem allgemeinen Grundgesetz der Natur und des Kosmos den Stempel aufdrückt. Auf der einen Seite steht der Raum als ein allgemeines Behältnis und Gefäß – auf der andern die Körper, die trägen und schweren Massen, die in ihn eintreten und die sich auf Grund eines universellen dynamischen Gesetzes ihre wechselseitige Stellung in ihm bestimmen. Die „Quantität der Materie“ einerseits, die rein räumliche „Distanz“, in der sich die einzelnen Massen voneinander befinden, auf der anderen Seite ergeben die allgemeine physikalische Wirkungsregel, nach welcher sich das All aufbaut. Nach einem weiteren „Warum“, nach einem Grund dieser Regel zu fragen, hat Newton, als Physiker, stets abgelehnt. Sie stellte für ihn die einheitliche mathematische Formel dar, die alles empirische Geschehen unter sich befaßte und damit der Aufgabe der exakten Erkenntnis der Natur vollständig genügte. Daß diese Formel in sich selber – in dem Ausdruck für die kosmischen Massen und in dem Ausdruck für deren Entfernung – noch zwei völlig verschiedene Bestandteile in sich barg, erschien hierbei als ein Umstand, der nicht mehr den Physiker, sondern nur noch den Metaphysiker und den spekulativen Naturphilosophen anging. Der Satz „Hypotheses non fingo“ schnitt auch nach dieser Richtung hin jede weitere Untersuchung ab. Für Newton, wie für Demokrit, bilden die Materie und der Raum, das Volle und das Leere, die letzten für uns faßbaren, jedoch aufeinander in keiner Weise zurückführbaren, Elemente des Physischen – die Grund- und Bausteine aller Realität, weil sie, als gleichberechtigte und gleich notwendige Faktoren, in das oberste Bewegungsgesetz, das die Erfahrung uns kennen lehrt, eingehen.

Stellt man dieser Anschauung das Weltbild der neueren und der neuesten Physik gegenüber, so ergibt sich die überraschende Tatsache, daß diese – zwar nicht in inhaltlicher, wohl aber in methodischer Hinsicht – wieder auf dem Wege zu Descartes begriffen scheint. Auch sie strebt von verschiedenen Seiten her zu einer Gesamtansicht hin, in welcher der Dualismus von „Raum“ und „Materie“ sich aufhebt, – in welcher beide nicht mehr als verschiedene Klassen physikalischer Objektbegriffe auftreten. Zwischen die „Materie“ und den „leeren Raum“ tritt jetzt, im Begriff des „Feldes“, ein neuer Mittelbegriff: und er ist es, der fortan immer bestimmter und deutlicher als der eigentliche Ausdruck des physisch Realen, weil als der vollgültige Ausdruck der physikalischen Wirkungsgesetze erscheint. In diesem Begriff des Feldes hat die typische Denkweise der modernen Physik ihre erkenntnistheoretisch schärfste und deutlichste Ausprägung gewonnen. Jetzt vollzieht sich, von der Elektrodynamik her, eine fortschreitende Umbildung des Begriffs der Materie. Schon bei Faraday, der die Materie aus den „Kraftlinien“ aufbaut, findet sich die Grundansicht ausgesprochen, daß sich das Kraftfeld nicht auf die Materie stützen müsse, sondern daß umgekehrt das, was wir Materie nennen, nichts anderes als Stellen eben dieses Feldes von besonderem ausgezeichneten Charakter seien[13]. Im Fortgang der Elektrodynamik be-

[13] Zu Faraday vgl. Buek [*4*, bes. S. 41 ff.]; s. auch Weyl [*83*, S. 142].

festigt sich sodann diese Ansicht und nimmt einen immer schärfe/ren prinzipiellen Ausdruck an. Der Gedanke einer reinen „Feldphysik", die weder den bloßen unterschiedslosen Raum an sich, noch eine Materie an sich kennt, die nachträglich in diesen fertigen Raum eingeht, sondern die die Anschauung einer nach einem gewissen Gesetz bestimmten und gemäß ihm qualifizierten und differenzierten räumlichen Mannigfaltigkeit zugrunde legt, setzt sich jetzt mehr und mehr durch. So wird z. B. von *Mie* eine allgemeinere Form der Elektrodynamik aufgestellt, auf Grund deren es möglich scheint, die Materie aus dem Felde zu konstruieren. Der Begriff einer neben dem elektromagnetischen Felde bestehenden und sich bewegenden Substanz erscheint in diesem Ansatz als entbehrlich. Das Feld bedarf gemäß der neuen Auffassung zu seiner Existenz nicht mehr der Materie als seines Trägers, sondern die Materie wird umgekehrt als eine „Ausgeburt des Feldes" betrachtet und behandelt. Es ist die letzte Konsequenz aus dieser Denkart, die sodann von der Relativitätstheorie gezogen wird. Auch für sie entfällt zuletzt der reale Unterschied zwischen einem „leeren" Raum und einer raumerfüllenden Substanz, ob man diese nun als Materie oder als Äther bezeichnen mag, weil sie beide Momente in ein und demselben Akt der *methodischen Bestimmung* umfaßt. In der Betrachtung und Analyse der inneren Maßverhältnisse der vierdimensionalen Raum-Zeit-Mannigfaltigkeit ist uns, gemäß dem Grundgedanken der Einsteinschen Gravitationstheorie, zugleich das „Rätsel der Schwerkraft" erschlossen. Denn die 10 Funktionen $g_{\mu\nu}$ welche in der Bestimmung des Linienelements der allgemeinen Relativitätstheorie $ds^2 = \sum_1^4 g_{\mu\nu} dx_\mu dx_\nu$ ($\mu, \nu = 1, 2, 3, 4$) auftreten, stellen zugleich die 10 Komponenten des Gravitationspotentials der Einsteinschen Theorie dar. Es sind somit *dieselben* Bestimmungen, welche auf der einen Seite die metrischen Eigenschaften des vierdimensionalen Meßraumes, auf der anderen Seite die physikalischen Eigenschaften des Gravitationsfeldes bezeichnen und ausdrücken. Die raumzeitliche Veränderlichkeit der Größen $g_{\mu\nu}$ und das Auftreten eines solchen Feldes erweisen sich als äquivalente, nur im Ausdruck verschiedene Annahmen. Dadurch ist wiederum aufs deutlichste bezeichnet, daß die neue physikalische Anschauung weder von der Setzung eines „Raumes an sich", noch von der einer „Materie" oder einer „Kraft an sich" ausgeht: — daß sie Raum, Kraft und Materie als voneinander gesonderte physikalische *Gegenstände* überhaupt nicht mehr kennt, sondern daß es für sie /

nur noch die Einheit bestimmter Funktionsverhältnisse gibt, die je nach dem Bezugssystem, in dem wir sie ausdrücken, eine verschiedene Bezeichnung erhalten. Alle Dynamik strebt jetzt danach, sich mehr und mehr in reine Metrik aufzulösen – wobei der Begriff der Metrik freilich gegenüber der Anschauung der klassischen Geometrie eine außerordentliche Erweiterung und Verallgemeinerung erfährt, indem die Maßbestimmungen der Euklidischen Geometrie nur als ein bestimmter Sonderfall innerhalb des Gesamtsystems der überhaupt möglichen Maßbestimmungen erscheinen. „Die Welt" – so heißt es bei Weyl, in dessen Darstellung der allgemeinen Relativitätstheorie man diese Entwicklung am deutlichsten verfolgen und überschauen kann – „ist eine $(3+1)$ = dimensionale metrische Mannigfaltigkeit; alle physikalischen Erscheinungen sind Äußerungen der Weltmetrik... Der Traum des Descartes von einer rein geometrischen Physik scheint in wunderbarer, von ihm selbst freilich gar nicht vorauszusehender Weise in Erfüllung zu gehen" (*83*, S. 244; vgl. S. *85* ff., 170 ff.).

Und wie hier der Dualismus von Materie und Raum zu Gunsten einer einheitlichen physikalischen Auffassung zurücktritt, so ist es auf der anderen Seite die Gegensätzlichkeit zwischen „Materie" und „Kraft", die durch das Prinzip und Grundgesetz der neuen Physik zur Aufhebung kommen soll. Seit Newton diesen Gegensatz zwischen der „trägen Masse" und den Kräften, die an sie angreifen, in den „Mathematischen Prinzipien der Naturlehre" als Physiker aufgestellt hatte, hatte es freilich nicht an Versuchen gefehlt, ihn von der philosophisch-spekulativen Seite her zu überwinden. Leibniz geht hier voran: aber wenngleich er in seiner Metaphysik die Substanz rein und vollständig in die Kraft auflöst, so bleibt doch auch er in der Gestaltung seiner Dynamik bei der Zweiheit einer „tätigen" und einer „leidenden" Kraft stehen, wobei die Materie unter den Begriff dieser letzteren subsumiert wird. Das Wesen der Materie besteht in dem ihr innewohnenden dynamischen Prinzip; aber dieses selbst äußert sich auf der einen Seite im Tun und im Streben nach Veränderung, auf der anderen Seite in dem Widerstand, den ein Körper seiner Natur nach einer von außen kommenden Veränderung entgegensetzt[14]. Was Newton betrifft, so droht bei ihm der Gegensatz, den er in die grundlegenden Begriffe aufgenommen hatte, zuletzt geradezu die Einheit seines physikalischen Weltbildes zu zerstören; – er kann sie nur

[14] Vgl. [*44*], I, 204, 267 ff., 332 II, 290 ff., 303.

dadurch aufrecht erhalten, daß er / an einer bestimmten Stelle einen metaphysischen Wirkensfaktor einführt. Der Satz von der Erhaltung der lebendigen Kraft wird von ihm, weil alle Körper aus „absolut harten“ Atomen bestünden, bei jedem Aufeinanderprall solcher Atome aber mechanische Energie verloren gehen müsse, bestritten; die Gesamtsumme der Kraft sei in ständiger Abnahme begriffen, so daß die Welt zu ihrer Erhaltung von Zeit zu Zeit eines erneuten göttlichen Impulses bedürfe (*58*, S. 322ff.). Kant hatte schon in einem Jugendwerk, der »Monadologia physica« vom Jahre 1756, eine Versöhnung und Vermittlung zwischen den Prinzipien der Leibnizischen Philosophie und denen der Newtonschen Mechanik versucht: und er kommt in den „Metaphysischen Anfangsgründen der Naturwissenschaft“ auf diesen Versuch einer rein dynamischen Ableitung und Konstruktion der Materie zurück. Das „Wesen“ der Materie, d. h. ihr reiner Erfahrungsbegriff, nach welchem sie nichts anderes als ein Inbegriff äußerer Verhältnisse ist, wird in eine reine Wechselbestimmung fernwirkender Kräfte aufgelöst; aber indem diese Kräfte selbst in doppelter Form, als anziehende und abstoßende Kräfte auftreten, ist damit der Dualismus im Grunde nicht überwunden, sondern nur in den Kraftbegriff selbst zurückverlegt.

Von wesentlich anderen Gesichtspunkten und Motiven aus hat die moderne Physik den alten Gegensatz zwischen Materie und Kraft, der im klassischen System der Mechanik sanktioniert und verewigt schien, zu überwinden gesucht. Heinrich Hertz' „Prinzipien der Mechanik“ schlagen hierbei den entgegengesetzten Weg wie die vorangegangene philosophische Spekulation ein, indem jetzt die gesuchte Einheit statt in den Kraftbegriff in den Massenbegriff verlegt wird. Neben den Grundbegriffen des Raumes und der Zeit tritt nur noch der Begriff der Masse in den systematischen Aufbau der Mechanik ein. Die Durchführung dieser Ansicht setzt freilich voraus, daß wir bei der wahrnehmbaren „grobsinnlich nachweisbaren Masse“ und bei der „grobsinnlich nachweisbaren Bewegung“ nicht stehenbleiben, sondern die sinnlich gegebenen Elemente, die für sich noch keine gesetzmäßige Welt bilden, durch bestimmte Annahmen über „verborgene“ Massen und „verborgene“ Bewegungen ergänzen. Diese Ergänzung erscheint, wenn sie sich für die Beschreibung und Berechnung der Phänomene als notwendig erweist, um so unbedenklicher, als die Masse von Hertz von Anfang lediglich als bestimmter Rechnungsfaktor gefaßt wird. Sie will nichts anderes als bestimmte Zuordnungen der Raum- und Zeitgrößen zum / Ausdruck bringen: „ein

Massenteilchen" – so definiert Hertz – „ist ein Merkmal, durch welches wir einen bestimmten Punkt des Raumes zu einer bestimmten Zeit eindeutig zuordnen einem bestimmten Punkte des Raumes zu jeder anderen Zeit" (*31*, S. 29ff., 54). Ein anderer Versuch, zu einer einheitlichen Grundlegung der Physik und mit ihr der Mechanik zu gelangen, war von der allgemeinen Energetik unternommen worden. Die träge Masse tritt hier lediglich als ein bestimmter Faktor der Energie, als Kapazitätsfaktor der Bewegungsenergie auf, der mit gewissen anderen Kapazitätsfaktoren der verschiedenen Energiearten, z. B. der Elektrizitätsmenge, die empirische Eigenschaft der quantitativen Erhaltung teilt. Diesem Erhaltungsgesetz eine besondere Stelle einzuräumen und die Materie neben der Energie als besondere Substanz anzuerkennen, lehnt die Energetik ab (vgl. *60*, S. 282ff.). Aber freilich zeigt sich gerade hierin besonders deutlich das logisch Unbefriedigende, das darin liegt, daß der Erhaltungssatz sich nunmehr auf zwei völlig verschiedene Momente bezieht, zwischen denen ein innerer Zusammenhang nicht ersichtlich ist.

Die Relativitätstheorie bringt auch hier eine wichtige Klärung, indem sie die beiden Erhaltungssätze: den Satz der Erhaltung der Energie und den Satz von der Erhaltung der Masse, zu einem einzigen Satze verschmilzt. Auch zu diesem Resultat gelangt sie durch Anwendung der ihr eigentümlichen Denkweise; es sind allgemeine Erwägungen über die Bedingungen der Messung, durch welche sie zu ihm hingeleitet wird. Die Forderung (zunächst der speziellen) Relativitätstheorie geht dahin, daß das Gesetz der Erhaltung der Energie nicht nur bezüglich eines Koordinatensystems K, sondern auch bezüglich jedes anderen gelte, das sich relativ zu ihm in gleichförmiger und geradliniger Bewegung befindet: aus dieser Voraussetzung aber ergibt sich in Verbindung mit den Grundgleichungen der Maxwellschen Elektrodynamik, daß, wenn ein Körper in seiner Bewegung, ohne seine Geschwindigkeit zu ändern, in Form von Strahlung die Energie E_0 aufnimmt, seine träge Masse um einen bestimmten Betrag $\left(\frac{E}{c^2}\right)$ wächst. Die Masse eines Körpers ist demnach ein Maß für dessen Energieinhalt; ändert sich der Energieinhalt um einen bestimmten Betrag, so ändert sich auch die Masse in demselben Sinne[15]. Ihre selbständige Konstanz ist also nur ein Schein: sie gilt nur insoweit, als das System keine / Energie aufnimmt oder abgibt. Schon in der

[15] Einstein [*16a*] und Planck [*64* u. *65*].

modernen Elektronentheorie hatte sich durch einen bekannten Versuch Kaufmanns ergeben, daß die „Masse" eines Elektrons nicht unveränderlich sei, sondern mit der Geschwindigkeit desselben rasch wächst, sobald diese sich der Lichtgeschwindigkeit annähert. Hatte man zuvor zwischen einer „wirklichen" und einer „fiktiven" Masse der Elektronen unterschieden, d. h. zwischen einer Trägheit, die von ihrer ponderablen Masse herrühren und einer anderen, die sie rein infolge ihrer Bewegung und ihrer elektrischen Ladung besitzen sollten, sofern durch diese jeder Geschwindigkeitsänderung ein bestimmter Widerstand entgegengesetzt wird: — so ergab sich jetzt, daß die angebliche schwere Masse der Elektronen streng = o zu setzen sei. Die Trägheit der Materie erschien daher vollständig durch die Trägheit der Energie ersetzt; das Elektron — und somit das materielle Atom als ein System von Elektronen, — besaß keine materielle, sondern nur noch „elektromagnetische Masse". Was man bisher als die eigentliche Grundeigenschaft der Materie, was man als ihren substantiellen Kern angesehen hatte, war damit in die Gleichungen des elektromagnetischen Feldes aufgelöst. Die Relativitätstheorie schreitet in der gleichen Richtung weiter; aber sie beweist und bewährt darin zugleich ihre besondere Nuance und Eigenart. Diese tritt vor allem in dem Verfahren hervor, kraft dessen sie zu einem ihrer grundlegenden Sätze, zu der Feststellung der Gleichwertigkeit der Trägheitsphänomene und der Schwerephänomene gelangt. Auch hier ist es zunächst lediglich eine Umrechnung: eine Betrachtung ein und desselben Phänomenkomplexes von verschiedenen Bezugssystemen aus, die ihr den Weg weist. Wir können, wie sie zeigt, je nach dem Standpunkt, den wir wählen, ein und dieselbe Erscheinung bald als eine reine Trägheitsbewegung, bald als eine Bewegung unter dem Einfluß eines Gravitationsfeldes betrachten und beurteilen. Diese hier aufgewiesene Äquivalenz des Urteils ergibt und begründet für Einstein die Behauptung der physikalischen Identität der Trägheitsphänomene und der Schwerephänomene. Treten für einen Beobachter bestimmte beschleunigte Bewegungen innerhalb des Umkreises seiner Beobachtung auf, so kann er sie so deuten, daß er sie entweder der Wirkung eines Schwerefeldes zuschreibt oder aber das Bezugssystem, von dem aus er seine Messungen anstellt, in eine bestimmte Beschleunigung versetzt denkt. Beide Annahmen leisten für die Beschreibung der Tatsachen genau das / Gleiche, können also unterschiedslos angewandt werden. Man kann — wie Einstein es ausdrückt — durch bloße Änderung des Koordinatensystems geradezu ein Gravitationsfeld erzeugen (*17*, S. 10; vgl. 18, S. 45 ff.). Damit aber ist gegeben, daß wir, um zu einer allgemeinen Theorie der Schwere zu gelangen, nichts anderes zu tun haben, als eine solche Umstellung des Bezugssystems vorzunehmen und ihre Folgen rechnerisch festzustellen. Es genügt, daß wir uns rein ideell in einen anderen Standort versetzen, um aus diesem Wechsel des Standorts bestimmte physikalische Folgerungen ableiten zu können. Was zuvor in der Newtonschen Gravitationstheorie die Dynamik der Kräfte leistete, das leistet in der Einsteinschen die reine Kinematik: die Betrachtung von verschiedenen relativ zueinander bewegten Bezugssystemen.

Wenn wir dieses ideelle Moment in der Einsteinschen Gravitationstheorie hervorheben, so darf natürlich die empirische Voraussetzung, auf welcher sie beruht, nicht vergessen werden. Daß wir in Gedanken, durch bloße Einführung eines neuen Bezugssystems, ein Trägheitsfeld in ein Schwerefeld und ein Schwerefeld von speziellem Bau in ein Trägheitsfeld verwandeln können, beruht auf der empirischen Gleichheit der trägen und der schweren Masse der Körper, wie sie mit außerordentlicher Genauigkeit durch die Versuche von Eötvös, auf die Einstein sich beruft, sichergestellt war. Nur die Tatsache, daß die Schwere allen Körpern, die sich an derselben Stelle des Schwerefeldes befinden, die gleiche Größe der Beschleunigung erteilt, daß es also für einen bestimmten Körper ein und dieselbe Konstante, die Masse ist, die seine Trägheits- und seine Gravitationswirkungen bestimmt, ermöglicht jene Umsetzung der einen in die andern, von der die Einsteinsche Theorie ausgeht[16]. Eben diese Grundtatsache aber unterliegt — was vom allgemein methodischen Standpunkt besonders interessant und wichtig ist — jetzt einer völlig anderen Deutung, als in der Newtonschen Mechanik. Was Einstein dieser letzteren entgegenhält, ist, daß sie das Phänomen der Gleichheit der schweren und trägen Masse zwar registriert, aber nicht interpretiert habe (*18*, S. 44). Was also bei Newton als Faktum anerkannt und aufgestellt war, das soll jetzt erst prinzipiell verstanden und gewürdigt werden. Auch an diesem Sonderproblem läßt sich verfolgen, wie allmählich erst die Frage nach dem „Wesen" der Materie / und nach dem der Schwerkraft durch eine andere erkenntnistheoretische Problemstellung verdrängt wird, die das „Wesen" eines bestimmten

---

[16] Näheres bei Freundlich [*24*], S. 28 u. 60 f. u. bei Schlick [*79*] S. 27 ff.; vgl. Einstein [*18*] S. 45 ff.

physikalischen Vorgangs rein in seinen quantitativen Beziehungen und in seinen numerischen Konstanten ausgedrückt und erschöpft findet. Schon Newton wird nicht müde, die Wesensfrage, die immer von neuem an ihn herantritt, von sich abzuweisen – und in seiner Schule und als Ausdruck seiner Methode ist das Wort, daß die Physik es lediglich mit der „Beschreibung der Phänomene" zu tun habe, zuerst geprägt worden[17]. Dennoch vermag er sich dieser Frage auf der anderen Seite so wenig zu entziehen, daß er ausdrücklich betont, daß die allgemeine Anziehung im Wesen des Körpers selbst nicht begründet sei, sondern zu ihm als ein Neues und Fremdes hinzutrete. Die Schwere ist, wie er hervorhebt, zwar eine allgemeine, aber keine wesentliche Eigenschaft der Materie (*59*, III, S. 4). Was diese Unterscheidung zwischen dem Allgemeinen und dem Wesentlichen vom Standpunkt des Physikers bedeutet, der es lediglich mit der Gesetzlichkeit der Erscheinungen, also mit der Allgemeinheit der Regel, der sie unterliegen, zu tun hat, – bleibt hierbei freilich dunkel. Hier liegt eine Schwierigkeit, die sich in dem langwierigen Streit, der von Physikern und Philosophen über die Tatsächlichkeit und die Möglichkeit der fernwirkenden Kräfte geführt worden ist, immer aufs neue geltend gemacht hat. Auch Kant hält in den „Metaphysischen Anfangsgründen der Naturwissenschaft" Newton entgegen, daß ohne die Annahme, daß alle Materie bloß als solche und durch ihre wesentliche Eigenschaft jene Wirkung, die wir Schwere nennen, ausübe, der Satz, daß die allgemeine Anziehung der Körper ihrer trägen Masse proportional sei, als ein völlig zufälliges und rätselhaftes Faktum stehenbleibe. (*35*, IV, S. 421). Die allgemeine Relativitätstheorie ist in der Auflösung dieser Frage den Weg gegangen, der durch die Eigenart der physikalischen Methode vorgeschrieben wird. Die numerische Proportion, die sich allgemein zwischen der trägen und der schweren Masse vorfindet, wird ihr zum Ausdruck für die physikalische Äquivalenz, für die Wesensgleichheit beider. Sie schließt daraus, daß es dieselbe Qualität des Körpers ist, die sich je nach Umständen als „Trägheit" oder als „Schwere" äußert. Wir haben hier prinzipiell dasselbe Verfahren vor uns, das z. B. in der elektromagnetischen Theorie des Lichts zur Einsicht in die „Identität" von Lichtwellen und elektrischen Wellen geführt hat. Denn auch diese / Identität will ja nichts anderes und nichts Geheimnisvolleres besagen, als daß es dieselben Gleichungen

---

[17] Keill, Introductio ad veram Physicam (1702) [*36*]; vgl. 7, II, 404 ff.

sind, mit denen wir die Lichtschwingungen und die Erscheinungen der dielektrischen Polarisation darstellen und beherrschen können und daß sich für die Fortpflanzungsgeschwindigkeit des Lichts und für die der elektrischen Polarisation der gleiche numerische Wert ergibt. Diese Wertgleichheit bedeutet dem Physiker Wesensgleichheit – eben weil ihm das Wesen in nichts anderem als in exakten Maß- und Größenbestimmungen definiert ist. Im Fortschritt zu dieser Einsicht läßt sich geschichtlich ein ganz bestimmter Stufengang, eine Klimax der physikalischen Theorien verfolgen. Die Physik des achtzehnten Jahrhunderts wurzelt im allgemeinen noch in einer stofflich-dinglichen Gesamtanschauung. Noch in den grundlegenden Untersuchungen Sadi Carnots zur Thermodynamik wird die Wärme als Stoff angesehen – und auch zum Verständnis der Elektrizität und des Magnetismus schien die Annahme einer besonderen elektrischen und magnetischen „Materie" unentbehrlich. Seit der Mitte des neunzehnten Jahrhunderts tritt dagegen an Stelle dieser „Physik der Stoffe" immer bestimmter und deutlicher jene Physik, die man die „Physik der Prinzipien" genannt hat. Hier wird nicht von dem hypothetischen Dasein bestimmter Stoffe und Agentien, sondern von gewissen allgemeinen Beziehungen ausgegangen, die als Kriterien für die Deutung der besonderen Erscheinungen angesehen werden. Die allgemeine Relativitätstheorie steht methodisch am Ende dieser Reihe, indem sie alle besonderen systematischen Prinzipien in die Einheit einer höchsten Grundforderung, in die Forderung nicht der Konstanz von Dingen, sondern der Invarianz gewisser Größen und Gesetze gegenüber allen Transformationen der Bezugssysteme zusammenfaßt.

Die gleiche Entwicklung, die für die Eigenart der physikalischen Begriffsbildung überhaupt bezeichnend ist, zeigt sich, wenn man vom Begriff der Materie zu dem zweiten Grund- und Hauptbegriff der neueren Physik: zum Begriff des Äthers übergeht[18]. Auch die Vorstellung des Äthers, als des Trägers der optischen und der elektromagnetischen Wirkungen, sollte zunächst noch in möglichster Analogie und Verwandtschaft mit der Vorstellung empirisch gegebener Stoffe und empirisch gegebener Dinge erhal/ten werden. Man suchte nach einer sinnlichen

[18] Auf Einzelheiten in der Entwicklung der Ätherhypothese gehe ich hier nicht ein: sie sind, vom Standpunkt der Erkenntnistheorie, z. B. von Aloys Müller [*55*, S. 90ff.] und von Erich Becher [*2*, S. 232ff.] dargestellt und erörtert worden. Zum Folgenden s. „Substanzbegriff und Funktionsbegriff" [*8*, S. 215ff.].

Beschreibung seiner Grundeigenschaften, indem man ihn bald mit einer vollkommen inkompressiblen Flüssigkeit, bald mit einem vollkommen elastischen Körper verglich. Aber je mehr man diese Bilder im einzelnen auszumalen bestrebt war, um so deutlicher zeigte sich, daß sie von unserer Vorstellungskraft das Unmögliche, daß sie die Vereinigung schlechthin widerstreitender Eigenschaften verlangen. Mehr und mehr sah sich daher die moderne Physik dazu gedrängt, auf diese Art der sinnlichen Beschreibung und Verdeutlichung prinzipiell Verzicht zu leisten. Aber auch dann, wenn man nicht mehr nach irgendwelchen konkreten Eigenschaften des Äthers, sondern lediglich nach den abstrakten Gesetzen seiner Bewegung fragte, blieb die Schwierigkeit unverändert. Der Versuch, eine Mechanik des Äthers auszubilden, führte nach und nach zu einer Aufopferung aller Grundprinzipien der klassischen Mechanik; es zeigte sich, daß man, um ihn wirklich durchzuführen, nicht nur das Prinzip der Gleichheit von Wirkung und Gegenwirkung, sondern auch das Prinzip der Undurchdringlichkeit, in dem z. B. Euler den Kern und den zusammenfassenden Ausdruck aller mechanischen Gesetze sah, aufgeben müßte. Der Äther war und blieb demnach — nach einem Ausdruck Plancks — das „Schmerzenskind der mechanischen Theorie“: die Voraussetzung der genauen Gültigkeit der Maxwell-Hertzschen Differentialgleichungen für die elektrodynamischen Vorgänge im reinen Äther schloß die Möglichkeit ihrer mechanischen Erklärung aus[19]. Ein Ausweg aus dieser Antinomie war nur zu finden, indem man die Betrachtung umkehrte. Statt nach den Eigenschaften oder der Konstitution des Äthers als eines realen Dinges zu fragen, mußte die Frage gestellt werden, mit welchem Rechte hier überhaupt nach einer besonderen Substanz mit besonderen stofflichen Eigenschaften und einer bestimmten mechanischen Konstitution gesucht werde. Wie — wenn nun alle Schwierigkeiten der Antwort in der Frage selbst begründet lägen, weil und sofern ihr kein klarer und bestimmter physikalischer Sinn innewohnte? Das ist in der Tat die neue Stellung, die die Relativitätstheorie zur Frage des Äthers einnimmt. Nach dem Ergebnis des Michelsonschen Versuchs und dem Prinzip der Konstanz der Lichtausbreitung hat jeder Beobachter das Recht, sein System als „im Äther ruhend“ anzusehen: man müßte somit dem Äther gleich/zeitig Ruhe in bezug auf ganz ver-

[19] S. Planck [67], S. 64ff. — für die Möglichkeit und Notwendigkeit einer „Mechanik des Äthers“ spricht sich insbesondere Lenard aus [45a u. b].

schiedene Koordinatensysteme K, K', K'' zuschreiben, die sich relativ zueinander in gleichförmiger Translationsbewegung befinden. Das aber ist ein offenbarer Widerspruch – und er zwingt nunmehr, den Gedanken des Äthers als einer irgendwie bewegten oder unbewegten „Substanz", als eines Dinges mit einem bestimmten „Bewegungszustand" überhaupt fallen zu lassen. Statt irgendein hypothetisches Substrat für die Erscheinungen zu ersinnen und sich in Betrachtungen über die Natur dieses Substrats zu verlieren, begnügt sich auch hier die Physik, indem sie sich als reine „Feldphysik" konstituiert, mit dem Bestand der Feldgleichungen selbst und ihrer experimentell nachprüfbaren Gültigkeit. „Man kann – so heißt es z. B. bei Lucien Poincaré – „ohne einen wirklichen Denkfehler zu begehen, den Äther nicht durch materielle Eigenschaften definieren, und es heißt eine völlig unnütze, von vornherein zur Unfruchtbarkeit verdammte Arbeit unternehmen, wenn man ihn durch andere Eigenschaften zu charakterisieren sucht als die, deren unmittelbare und genaue Kenntnis uns das Experiment verschafft. Der Äther ist definiert, wenn wir in jedem Punkte, in ihrer Größe und in ihrer Richtung, die beiden Felder kennen, die darin existieren können, das elektrische und magnetische Feld. Die beiden Felder können sich verändern; wir sprechen gewohnheitsmäßig von einer Bewegung, die sich im Äther fortpflanzt; aber die Erscheinung, die dem Experiment zugänglich ist, ist die Fortpflanzung dieser Veränderungen" (75, S. 251). Wieder stehen wir hier vor einem jener Triumphe des kritischen Funktionsbegriffs über die naive Ding- und Substanzvorstellung, wie die Geschichte der exakten Wissenschaft sie fortschreitend verzeichnet. Der Äther hatte seine physikalische Rolle ausgespielt, sobald eine Form der Darstellung der elektrodynamischen Gesetze gefunden war, in welche er nicht als Bedingung einging. „Die Relativitätstheorie" – so bemerkt einer ihrer Vertreter – „beruht auf einer völlig neuen Auffassung über die Fortpflanzung elektromagnetischer Wirkungen im leeren Raume; sie sind nicht durch ein Medium übertragen, gehen aber auch nicht in unvermittelter Fernwirkung vor sich. Sondern das elektromagnetische Feld im leeren Raume ist ein von aller Substanz unabhängiges Ding von selbständiger physikalischer Wirklichkeit. Gewiß muß man sich an diese Vorstellung erst gewöhnen; vielleicht aber wird die Gewöhnung erleichtert durch die Bemerkung, daß die physikalischen Eigenschaften eben dieses Feldes, deren prägnantester Ausdruck die sog. Maxwellschen Gleichungen / sind, weit vollständiger und genauer bekannt sind, als die Eigenschaft irgendeiner

Substanz" (Laue *41*, S. 112). Die Gewöhnung an ein „von aller Substanz unabhängiges — Ding" wird man nun freilich so wenig dem gemeinen Menschenverstande, wie dem erkenntnistheoretisch geschulten Verstande zumuten können — denn gerade für den letzteren bedeutet die Substanz die Kategorie, auf deren Anwendung alle Möglichkeit „Dinge" zu setzen überhaupt beruht. Aber es ist freilich ersichtlich, daß es sich hier nur um eine Ungenauigkeit des Ausdrucks handelt, und daß als die „selbständige physikalische Wirklichkeit" des elektromagnetischen Feldes nichts anderes als die Wirklichkeit der in ihm geltenden gesetzlichen Beziehungen, wie sie sich in den Maxwell-Hertzschen Gleichungen aussprechen, verstanden werden soll. Diese werden als die letzte uns erreichbare Realität hingestellt, weil und sofern sie der letzte uns erreichbare Gegenstand des physikalischen Wissens sind. Die Vorstellung vom Äther als einer unerfahrbaren Substanz wird von der Relativitätstheorie ausgeschaltet, um lediglich die reinen Bestimmungen des Erfahrungswissens selbst zum begrifflichen Ausdruck zu bringen.

Für diese Darstellung aber bedürfen wir nach ihr auch nicht mehr der festen und starren Bezugskörper, auf die die klassische Mechanik sich zuletzt notwendig hingewiesen sah. Die allgemeine Relativitätstheorie mißt nicht mehr mit den starren Körpern der Euklidischen Geometrie und der klassischen Mechanik, sondern sie geht in ihrer Bestimmung des allgemeinen Linienelements *ds* von einer neuen umfassenderen Betrachtungsweise aus. An die Stelle des starren Stabes, von dem vorausgesetzt wird, daß er für alle Zeiten und Orte und unter allen besonderen Bedingungen der Messung dieselbe unveränderliche Länge bewahre, treten nunmehr krummlinige Gaußsche Koordinaten. Sei irgendein Punkt P des räumlich-zeitlichen Kontinuums durch die vier Parameter x_1, x_2, x_3, x_4 bestimmt, so gilt für ihn und einen unendlich benachbarten Punkt P' ein bestimmter „Abstand" *ds*, der durch die Formel:

$$ds^2 = g_{11}\, dx_1{}^2 + g_{22}\, dx_2{}^2 + g_{33}\, dx_3{}^2 + g_{44}\, dx_4{}^2 + 2g_{12}\, dx_1\, dx_2 + 2g_{13}\, dx_1\, dx_3 + \ldots$$

ausgedrückt wird, wobei die Größen g_{11}, g_{22} ... g_{44} Werte haben, die mit dem Orte im Kontinuum variieren. In diesem allgemeinen Ausdruck ist die Formel für das Linienelement des Euklidischen Kontinuums als spezieller Fall enthalten. Den Einzelheiten / dieser Bestimmung braucht hier vorerst nicht nachgegangen zu werden[20] — ihr wesentlicher Ertrag aber

[20] Näheres bei Einstein [*17* u. *18*, S. 59ff.]; vgl. unten Nr. VI.

liegt darin, daß nunmehr für jede Stelle des raum zeitlichen Kontinuums sich eigene, im allgemeinen verschiedene Maßbestimmungen ergeben. Jeder Punkt wird nicht auf ein starres und festes Bezugssystem außer ihm, sondern gewissermaßen nur auf sich selbst und auf die unendlich benachbarten Punkte bezogen. So werden alle Maße – verglichen mit den starren Geraden der Euklideischen Geometrie, die ohne Formveränderung frei im Raume beweglich sein sollen — gleichsam unendlich flüssig: und doch schließt sich auf der anderen Seite der Inbegriff all dieser unendlich-vielfältigen und unendlich-verschiedenartigen Bestimmungen zu einem wahrhaft universellen und einheitlichen System zusammen. Statt gegebener endlicher Bezugskörper verwenden wir jetzt nur noch „Bezugsmollusken", wie Einstein es genannt hat; aber der gedachte Inbegriff aller dieser „Mollusken" genügt andererseits erst wahrhaft der Forderung einer eindeutigen Beschreibung des Naturgeschehens. Denn das allgemeine Relativitätsprinzip fordert, daß alle diese Systeme mit gleichem Rechte und gleichem Erfolge bei der Formulierung der allgemeinen Naturgesetze als Bezugskörper verwendet werden können: die Form der Gesetze soll von der Wahl der Mollusken gänzlich unabhängig sein (*18*, S. 67). Auch hierin äußert sich wieder das charakteristische Verhalten der allgemeinen Relativitätstheorie: indem sie die Dingform der endlichen und starren Bezugskörper zerschlägt, will sie eben damit nur zu einer höheren Objektform, zur echten Systemform der Natur und ihrer Gesetze vordringen. Nur dadurch, daß die Schwierigkeiten, die sich schon der klassischen Mechanik aus der Tatsache der Relativität aller Bewegungen ergeben hatten, steigert und überbietet, hofft sie einen prinzipiellen Ausweg aus diesen Schwierigkeiten zu finden. „Je klarer unsere Begriffe vom Raume und von der Zeit werden" — so heißt es einmal in dem Grundriß der Mechanik, den Maxwell in seiner kleinen Schrift „Substanz und Bewegung" gegeben hat — „um so deutlicher sehen wir ein, daß alles, auf was sich unsere dynamischen Lehren beziehen, in einem einzigen Systeme zusammenhängt. Anfangs mögen wir der Meinung gewesen sein, wir als bewußte Wesen müßten als notwendige Elemente unserer Erkenntnis eine absolute Kenntnis des Ortes, an dem wir uns befinden, und der Richtung, in der wir uns bewegen, haben. Aber diese Meinung, welche unzweifelhaft die vieler Weisen des Altertums war, wich nach und nach aus der Vorstellung der Physiker. Im Raume sind keine Marksteine; ein Teil des Raumes ist genau gleich jedem anderen Teile, so daß wir nicht wissen können, wo wir sind. Wir befinden uns wie auf ungewellter See, ohne Sterne, ohne Kompaß und Sonne, ohne Wind und Flut und können nicht sagen, in welcher Richtung wir uns bewegen. Wir haben kein Log, das wir auswerfen könnten, um danach eine Berechnung anzustellen; wir können zwar den Grad unserer Bewegung im Vergleich mit benachbarten Gegenständen bestimmen; aber wir wissen nicht, wie sich diese Körper im Raume bewegen" (*51*, S. 92f.). Aus dieser Stimmung des „Ignorabimus", in die sich die Physik mehr und mehr versinken sah, konnte nur eine Theorie befreien, die das Problem an seiner Wurzel angriff: — die, statt die bisherigen Lösungen zu modifizieren, die bisherige Fragestellung von Grund aus umformte. Die Frage des absoluten Raumes und der absoluten Bewegung konnte keine andere Lösung erfahren als diejenige, die sich für die Aufgabe des Perpetuum mobile und der Quadratur des Zirkels ergeben hatte. Sie mußte aus ihrem bloß negativen Ausdruck in einen positiven Ausdruck umgesetzt, sie mußte aus einer Beschränkung des physikalischen Wissens in ein Prinzip dieses Wissens verwandelt werden, wenn der wahrhaft philosophische Gehalt, den sie in sich birgt, ausgeschöpft werden sollte.

V.

DER RAUM- UND ZEITBEGRIFF DES KRITISCHEN IDEALISMUS UND DIE RELATIVITÄTSTHEORIE

Wir haben bisher die spezielle und allgemeine Relativitätstheorie vor allem nach ihrer physikalischen Seite zu verstehen und zu würdigen gesucht. In der Tat ist dies der eigentliche Gesichtspunkt, unter dem sie beurteilt werden muß — und man leistet ihr einen schlechten Dienst, wenn man ihre Ergebnisse vorschnell in rein „philosophische" oder wohl gar in spekulativ-metaphysische Resultate umzudeuten versucht. Die Theorie enthält keinen einzigen Begriff, der nicht aus den Denkmitteln der Mathematik und Physik ableitbar und in ihnen vollständig darstellbar wäre. Nur die volle Bewußtheit über eben diese Denkmittel sucht sie zu erringen, indem sie nicht nur Resultate der physikalischen Messung darstellen, sondern auch über die Form jeglicher physikalischer Messung und über ihre Bedingungen prinzipielle Klarheit zu gewinnen strebt.

Damit scheint sie freilich in die unmittelbare Nähe der kritischtranszendentalen Theorie zu rücken, die auf die „Möglichkeit der Erfahrung“ gerichtet ist; aber sie bleibt nichtsdestoweniger ihrer allgemeinen Tendenz nach von ihr geschieden. Denn — in der Sprache dieser transzendentalen Kritik ausgedrückt — ist und bleibt die Grundansicht über Raum und Zeit, die die Relativitätstheorie entwickelt, eine Lehre vom empirischen Raum und der empirischen Zeit, nicht vom reinen Raum und der reinen Zeit. Was diesen Punkt betrifft, so ist über ihn nicht wohl eine Meinungsverschiedenheit möglich: — und in der Tat scheinen alle Beurteiler, die die Kantische und die Einstein-Minkowskische Raum- und Zeittheorie miteinander verglichen haben, hierüber im wesentlichen zu demselben Ergebnis gelangt zu sein[21]. Man könnte, vom Standpunkt eines / strengen Empirismus, allenfalls versuchen, die Möglichkeit einer Lehre vom „reinen Raum“ und von der „reinen Zeit“ zu bestreiten: — aber es läßt sich nicht übersehen, daß, sofern eine solche Lehre zu Recht besteht, sie von allen Resultaten der konkreten Messung und von den besonderen Bedingungen, die bei dieser obwalten, unabhängig sein muß. Hat der Begriff des reinen Raumes und der reinen Zeit überhaupt einen bestimmten berechtigten Sinn — so könnte man in der Ausdrucksweise der Relativitätstheorie selbst sagen —, so muß dieser Sinn gegenüber allen Transformationen, die die Lehre von der empirischen Raum- und Zeitmessung erfährt, invariant bleiben. Nur das eine können und werden derartige Umbildungen leisten: daß sie uns lehren, die Grenzen zwischen dem, was zur rein philosophischen, zur „transzendentalen“ Kritik der Raum- und Zeitbegriffe selbst und dem, was lediglich zu den besonderen Anwendungen dieser Begriffe gehört, schärfer zu ziehen. Hier vermag in der Tat die Relativitätstheorie der allgemeinen Erkenntniskritik einen wichtigen mittelbaren Dienst zu leisten, — gerade wenn man der Versuchung widersteht, ihre Sätze unmittelbar in Sätze der Erkenntniskritik umzudeuten.

Kants Raum- und Zeitlehre ist selbst zum guten Teil auf dem Boden physikalischer Probleme erwachsen — und der Streit, der in der

---

[21] Vgl. bes. Natorp [*56*, S. 392ff.], Hönigswald [*33*, S. 88ff.]; Frischeisen-Köhler [*26*, S. 323ff.]; neuerdings Sellien [*81*, S. 14ff.].

Naturwissenschaft des 18. Jahrhunderts über die Existenz des absoluten Raumes und der absoluten Zeit geführt wurde, hat ihn von Anfang an lebhaft bewegt. Er hat in sich selbst, ehe er als kritischer Philosoph an die Fragen von Raum und Zeit herantrat, die verschiedenen und gegensätzlichen Entscheidungen durchlebt, mit welchen die zeitgenössische Physik diese Probleme zu bewältigen versuchte. Hierbei steht er anfangs, gegenüber der herrschenden Schulmeinung, durchaus auf dem Boden der relativistischen Anschauung. In dem „Neuen Lehrbegriff der Bewegung und der Ruhe“ vom Jahre 1758 stellt der damals 34jährige Kant mit aller Entschiedenheit den Grundsatz der Relativität aller Bewegung auf und greift von hier aus die herkömmliche Formulierung des Trägheitssatzes an. „Jetzt fange ich an einzusehen“, heißt es hier, nachdem durch bekannte Beispiele die Schwierigkeiten des Begriffs der „absoluten Bewegung“ beleuchtet worden sind, „daß mir in dem Ausdruck der Bewegung und der Ruhe etwas fehlet. Ich soll niemals sagen: Ein Körper ruhet, ohne dazuzusetzen, in Ansehung welcher Dinge er ruhe und niemals sprechen, er bewege sich, ohne zugleich die Gegenstände zu nennen, in Anschauung deren er/ seine Beziehung ändert. Wenn ich mir auch gleich einen mathematischen Raum leer von allen Geschöpfen als ein Behältnis der Körper einbilden wollte, so würde mir dieses doch nichts helfen. Denn wodurch soll ich alle Teile desselben und die verschiedenen Plätze unterscheiden, die von nichts Körperlichem eingenommen sind?“ (*35*, II, 19.). Aber Kant ist in seiner weiteren Entwicklung der Norm, die er hier so entschieden aufgestellt hatte und von der ein moderner Physiker gesagt hat, daß sie verdienen würde, in ehernen Lettern über jedem Hörsaale der Physik angebracht zu werden[22], zunächst nicht treu geblieben. Er hatte es gewagt, den Begriff der Trägheitskraft, der »vis inertiae« zu verwerfen; er hatte sich geweigert, seine Gedanken über die Grundsätze der Mechanik „auf die Zwangsmühle des Wolffischen oder eines anderen berühmten Lehrgebäudes aufzuschütten“. Aber wenn er auf diese Weise der Autorität der führenden Philosophen entgegentrat, so vermochte er sich doch der Autorität der großen mathematischen Physiker seiner Zeit nicht auf die Dauer zu entziehen. In dem „Versuch, den Begriff der negativen Größen in die Weltweisheit einzuführen“ vom Jahre 1763 stellt er sich an die Seite Eulers, um mit

[22] Streintz [*82*], S. 42.

ihm für die Gültigkeit der Newtonschen Begriffe vom absoluten Raum und der absoluten Zeit einzutreten – und noch sechs Jahre später sucht er in der Abhandlung von dem ersten Grunde des Unterschieds der Gegenden im Raume (1769) den Beweis, den Euler für das Dasein des absoluten Raumes aus den Prinzipien der Mechanik zu führen versucht hatte, durch eine andere, rein geometrisch gerichtete Betrachtung zu stützen, die „den Meßkünstlern einen überzeugenden Grund an die Hand geben" sollte, „mit der ihnen gewöhnlichen Evidenz die Wirklichkeit ihres absoluten Raumes behaupten zu können" (*35*, II, 394). Aber es handelt sich hier freilich nur um eine Episode in Kants Entwicklung: denn schon ein Jahr später hat sich in ihm, in der Inaugural-Dissertation des Jahres 1770, die entscheidende kritische Wendung in der Raum- und Zeitfrage vollzogen. Durch sie erhält das Problem eine völlig neue Gestalt: es ist vom Boden der Physik auf den Boden der „Transzendentalphilosophie" verpflanzt und muß nun nach deren allgemeinen Prinzipien betrachtet und entschieden werden.

Die Transzendentalphilosophie aber hat es nicht in erster Linie mit der Realität des Raumes oder der Zeit – werde diese nun im metaphysischen oder physischen Sinne genommen – zu tun, son/dern sie fragt nach der objektiven Bedeutung beider Begriffe für den Gesamtaufbau unserer empirischen Erkenntnis. Sie betrachtet Raum und Zeit nicht mehr als Dinge, sondern als „Erkenntnisquellen". Sie sieht in ihnen nicht selbständige Gegenstände, die irgendwie vorhanden sind und deren wir durch Experiment und Beobachtung habhaft werden können, sondern „Bedingungen der Möglichkeit der Erfahrung", des Experiments und der Beobachtung selbst, die ihrerseits nicht wieder in dinglicher Art angeschaut werden können. Was – wie der Raum und die Zeit – die Setzung von Gegenständen erst ermöglicht, das kann uns niemals selbst als einzelner Gegenstand, im Unterschied zu andern, gegeben sein. Denn die „*Formen*" der möglichen Erfahrung – die Formen der Anschauung wie der reinen Verstandesbegriffe – treten uns nicht noch einmal als *Inhalte* der wirklichen Erfahrung entgegen. Vielmehr besteht die einzig mögliche Art, in der sich irgendwelche „Objektivität" dieser Formen ausdrücken und darstellen kann, darin, daß sie zu bestimmten *Urteilen* führen, denen wir den Wert der Notwendigkeit und Allgemeinheit zuerkennen müssen. Damit erst ist die Richtung gewiesen, in welcher fortan nach einer Objektivität des Raumes oder der Zeit allein gefragt werden kann. Wer nach einem absolut dinglichen Korrelat für beide verlangt, der hascht nach Schatten. Denn all ihr „Sein“ geht in der Bedeutung und der Funktion auf, die sie für den Urteilskomplex, den wir Wissenschaft, den wir Geometrie oder Arithmetik, mathematische oder empirische Physik nennen, besitzen. Was sie innerhalb dieses Zusammenhangs als Voraussetzungen leisten, ist durch die transzendentale Kritik genau bestimmbar; was sie als Dinge an sich sind, ist eine müssige, im Grunde unverständliche Frage. Diese Grundauffassung tritt schon in der Inauguralschrift deutlich hervor. Schon hier wird ein absoluter Raum oder eine absolute Zeit, die eine von den empirischen Körpern und von den empirischen Ereignissen abgesonderte *Existenz* besäßen, als Unding, als eine bloße begriffliche Fiktion *(inane rationis commentum)* verworfen. Beide, Raum und Zeit, bedeuten nur ein festes Gesetz des Geistes, ein Schema der Verknüpfung, durch welches alles sinnlich Wahrgenommene in bestimmte Beziehungen des Neben- und Nacheinander gesetzt wird. So haben beide, trotz ihrer „transzendentalen Idealität“, freilich „empirische Realität“ — aber diese Realität bedeutet stets nur ihre Gültigkeit für alle Erfahrung, die aber niemals mit ihrem Dasein als losgelöste objektive Inhalte eben dieser Erfahrung selbst verwechselt / werden darf. „Der Raum ist bloß die Form der äußeren Anschauung (formale Anschauung), aber kein wirklicher Gegenstand, der äußerlich angeschaut werden kann. Der Raum vor allen Dingen, die ihn bestimmen (erfüllen oder begrenzen) oder die vielmehr eine seiner Form gemäße empirische Anschauung geben, ist unter dem Namen des absoluten Raumes nichts anderes, als die bloße Möglichkeit äußerer Erscheinungen. . . Will man eines dieser zwei Stücke außer dem anderen setzen (Raum außerhalb allen Erscheinungen), so entstehen daraus allerlei leere Bestimmungen der äußeren Anschauung, die doch nicht mögliche Wahrnehmungen sind, z. B. Bewegung oder Ruhe der Welt im unendlichen leeren Raum, eine Bestimmung des Verhältnisses beider untereinander, welche niemals wahrgenommen werden kann und also auch das Prädikat eines bloßen Gedankendinges ist“ (*34*, S. 457).

Wenn demnach Einstein es als den Grundzug der Relativitätstheorie bezeichnet, daß durch sie dem Raume und der Zeit „der letzte Rest physikalischer Gegenständlichkeit“ genommen werde, so zeigt sich, daß die Theorie hierin nur dem Standpunkt des kritischen Idealismus die bestimmteste Anwendung und Durchführung innerhalb der empirischen Wissenschaft selbst verschafft. Raum und Zeit werden in der kritischen Lehre zwar in ihrer Geltung als Ordnungsformen von den

Inhalten, die sich in ihnen ordnen, unterschieden: — aber ein losgelöstes Dasein dieser Formen gibt es für Kant so wenig im subjektiven wie im objektiven Sinne. Auch die Auffassung, daß Raum und Zeit als die subjektiven Formen, in die die Empfindungen eingehen, als zwar nicht „physische", aber „psychische" Realitäten, vor aller Erfahrung „im Gemüte bereit liegen", bedarf heute kaum einer Widerlegung mehr. Diese Vorstellung scheint freilich, wenngleich schon Fichte seinen ebenso derben wie treffenden Spott über sie ergossen hat, unausrottbar; aber sie entfällt für jeden, der sich auch nur die ersten Bedingungen der transzendentalen Fragestellung, im Gegensatz zur psychologischen, klar gemacht hat, von selbst. Nur am Geordneten und mit ihm ist der Sinn des Ordnungsprinzips überhaupt faßbar und aufzeigbar. Insbesondere wird für die Zeitmessung betont, daß die Bestimmung der Zeitstellen der einzelnen empirischen Gegenstände und Vorgänge nicht von dem Verhältnis der Erscheinungen gegen die absolute Zeit entlehnt werden kann, sondern daß sich umgekehrt die Erscheinungen einander ihre Stellen in der Zeit selbst bestimmen / und dieselben in der Zeitordnung notwendig machen müssen. „Diese Einheit der Zeitbestimmung ist durch und durch dynamisch, d. i. die Zeit wird nicht als dasjenige angesehen, worin die Erfahrung unmittelbar jedem Dasein seine Stelle bestimmte, welches unmöglich ist, weil die absolute Zeit kein Gegenstand der Wahrnehmung ist, womit Erscheinungen können zusammengehalten werden, sondern die Regel des Verstandes, durch welche allein das Dasein der Erscheinungen synthetische Einheit nach Zeitverhältnissen bekommen kann, bestimmt jeder derselben ihre Stelle in der Zeit, mithin a priori und gültig für alle und jede Zeit" (*34*, S. 245 u. 262; vgl. *56*, S. 332).

Eine ebensolche „Regel des Verstandes", in der sich die synthetische Einheit der Erscheinungen und ihr wechselseitiges dynamisches Verhältnis ausdrückt, ist es, worauf auch alle empirische Raumordnung, alle objektiven Beziehungen räumlicher „Gemeinschaft" in der Körperwelt beruhen. Die „communio spatii", d. h. jene apriorische Form des Beisammen, die in Kants Sprache als „reine Anschauung" bezeichnet wird, ist, wie er ausdrücklich betont, doch immer nur durch das commercium der Substanzen im Raume, d. h. durch ein Ganzes physikalischer, in der Erfahrung aufweisbarer Wirkungen für uns empirisch erkennbar. „Das Wort »Gemeinschaft« — so heißt es an einer Stelle der Kritik der reinen Vernunft, die gerade in Hinsicht auf die Entwicklung der modernen Relativitätstheorie besonders bedeutsam und wichtig erscheint — „ist in unserer Sprache zweideutig und kann soviel als communio, aber auch als commercium bedeuten. Wir bedienen uns hier desselben im letzteren Sinne als einer dynamischen Gemeinschaft, ohne welche selbst die lokale (communio spatii) niemals empirisch erkannt werden könnte. Unseren Erfahrungen ist es leicht anzumerken, *daß nur die kontinuierlichen Einflüsse in allen Stellen des Raumes unsern Sinn von einem Gegenstand zum andern leiten können; daß das Licht, welches zwischen unserm Auge und den Weltkörpern spielt, eine mittelbare Gemeinschaft zwischen uns und diesen bewirket* und dadurch das Zugleichsein der letzteren beweiset; daß wir keinen Ort empirisch verändern (diese Veränderung wahrnehmen) können, ohne daß uns allerwärts Materie die Wahrnehmung unserer Stelle möglich mache und diese nur vermittelst ihres wechselseitigen Einflusses ihr Zugleichsein und dadurch bis zu den entlegensten Gegenständen die Koexistenz derselben (obzwar nur mittelbar) dartun kann" (*34*, S. 260). Die räumliche Ordnung der / Körperwelt ist uns m. a. W. als solche niemals unmittelbar und sinnlich gegeben, sondern sie ist das Ergebnis einer gedanklichen Konstruktion, die von bestimmten empirischen Gesetzen der Erscheinung ihren Ausgang nimmt, und von hier aus zu immer allgemeineren Gesetzen fortzuschreiten sucht, in denen schließlich dasjenige gegründet sein soll, was wir die Einheit der Erfahrung als räumlich-zeitliche Einheit nennen.

Aber liegt nicht gerade in dieser letzteren Wendung der charakteristische und entscheidende Gegensatz der Raum- und Zeitlehre des kritischen Idealismus zur Relativitätstheorie? Ist nicht eben die Aufhebung der von Kant geforderten Einheit des Raumes und der Zeit das wesentliche Ergebnis dieser Theorie? Wenn alle Zeitmessung von dem Bewegungszustand des Systems, von welchem aus sie unternommen wird, abhängig ist: dann scheint es nur noch unendlich viele und unendlichverschiedenartige „Ortszeiten" zu geben, die aber niemals zur Einheit „der" Zeit zusammengehen. Daß jedoch diese Anschauung irrig ist — daß mit der Aufhebung der Dingeinheit von Raum und Zeit nicht auch ihre Funktionseinheit aufgehoben, sondern vielmehr erst wahrhaft begründet und befestigt wird, hat sich uns bereits gezeigt (s. oben S. 26 ff., 48 ff.). In der Tat ist dieser Sachverhalt auch von physikalischen Vertretern der Relativitätstheorie nicht nur zugestanden, sondern ausdrücklich hervorgehoben worden. „Darin liegt gerade die Kühnheit und die hohe philosophische Bedeutung des Einsteinschen Gedankens — so heißt es z. B. bei Laue — daß er mit dem hergebrachten Vorurteil einer für alle

Systeme gültigen Zeit aufräumt. So gewaltig die Umwälzung auch ist, zu welcher er unser ganzes Denken zwingt, so liegt doch nicht die mindeste erkenntnistheoretische Schwierigkeit in ihm. Denn die Zeit ist wie der Raum in Kants Ausdrucksweise eine reine Form unserer Anschauung; ein Schema, in welches wir die Ereignisse einordnen müssen, damit sie im Gegensatz zu subjektiven, in hohem Maße zufälligen Wahrnehmungen objektive Bedeutung gewinnen. Diese Einordnung kann nur auf Grund der empirischen Kenntnis der Naturgesetze vollzogen werden. Ort und Zeit der beobachteten Veränderung an einem Himmelskörper kann nur auf Grund der optischen Gesetze festgestellt werden. Daß zwei verschieden bewegte Beobachter, wenn jeder sich selbst als ruhend betrachtet, diese Einordnung auf Grund derselben Naturgesetze verschieden vornehmen, enthält keine logische Unmöglichkeit. Objektive Bedeutung haben beide Einordnungen dennoch, da sich / aus jeder von ihnen vermittels der abzuleitenden Transformationsformeln die für anders bewegte Beobachter gültige eindeutig ableiten läßt" (*40*, S. 36f.). Diese Eindeutigkeit der Zuordnung, nicht die Einerleiheit der in den verschiedenen Systemen ermittelten Maßwerte, ist jetzt dasjenige, was vom Gedanken der „Einheit der Zeit" allein zurückbleibt: aber darin drückt sich nur um so schärfer die Grundeinsicht aus, daß diese Einheit nicht in der Form eines einzelnen gegenständlichen Inhalts, sondern ausschließlich in der Form eines Systems gültiger Relationen darstellbar ist. Die „dynamische Einheit der Zeitbestimmungen" bleibt als Forderung erhalten; aber es zeigt sich, daß wir dieser Forderung, wenn wir bei den Gesetzen der Newtonischen Mechanik stehen bleiben, nicht genügen können, sondern daß wir durch sie notwendig auf eine neue, zugleich allgemeinere und konkretere Form der Physik hinausgetrieben werden. Die „objektive" Bestimmung erweist sich daher als wesentlich komplexer als die klassische Mechanik annahm, die sie in ihren bevorzugten Bezugssystemen noch immer gleichsam mit Händen zu greifen glaubte. Daß hierin ein Schritt auch über Kant hinaus getan ist, ist unbestreitbar: denn auch er hat seine „Analogien der Erfahrung" im wesentlichen nach den drei Newtonischen Grundgesetzen: nach dem Trägheitsgesetz, dem Gesetz der Proportionalität von Kraft und Beschleunigung und nach dem Gesetz der Gleichheit von Wirkung und Gegenwirkung gestaltet. Aber gerade in diesem Fortschritt bewährt sich aufs neue der Gedanke, daß die „Regel des Verstandes" es ist, die die Richtschnur für alle unsere zeitlichen und räumlichen Bestimmungen bildet. In der speziellen Relativitätstheorie dient als solche Regel das Prinzip der Konstanz der Lichtgeschwindigkeit; in der allgemeinen wird dieses Prinzip durch den umfassenderen Gedanken ersetzt, daß alle Gaußschen Koordinatensysteme für die Formulierung der allgemeinen Naturgesetze gleichwertig sind. Daß es sich hierbei nicht um den Ausdruck einer empirisch beobachteten Tatsache handelt – wie ließe sich überhaupt eine unendliche Allheit „beobachten"? – sondern um einen Grundsatz, den der Verstand in der Deutung der Erfahrungen hypothetisch als Norm der Forschung gebraucht, liegt auf der Hand. Und der Sinn und das Recht dieser Norm beruht eben darauf, daß wir allein durch ihre Anwendung hoffen können, die verlorene Einheit des Gegenstandes, nämlich die „synthetische Einheit der Erscheinungen nach Zeitverhältnissen" wiederzugewinnen. Der Physiker rechnet jetzt weder auf die Konstanz jener Objekte, / bei denen sich die naive sinnliche Weltansicht beruhigt, noch auf die Konstanz der besonderen, von einem einzelnen System aus gewonnenen räumlichen und zeitlichen Maßbestimmungen – aber dessen ungeachtet behauptet er, als Bedingung seiner Wissenschaft, den Bestand „universeller Konstanten" und universeller Gesetze, die für alle Systeme der Messung den gleichen Wert behalten.

In den „Metaphysischen Anfangsgründen der Naturwissenschaft" prägt Kant, indem er auf das Problem des absoluten Raumes und der absoluten Zeit zurückkommt, eine glückliche terminologische Unterscheidung aus, die geeignet ist, auch das Verhältnis des kritischen Idealismus zur Relativitätstheorie schärfer zu bezeichnen. Der absolute Raum – so betont er auch hier – ist an sich nichts und gar kein Objekt, er bedeutet nur einen jeden andern relativen Raum, den ich mir außer dem gegebenen jederzeit denken kann. Ihn zum wirklichen Dinge zu machen, heißt die logische Allgemeinheit irgendeines Raumes, mit dem ich jeden empirischen als darin eingeschlossen vergleichen kann, in eine physische Allgemeinheit des wirklichen Umfangs verwechseln, und die Vernunft in ihrer Idee mißverstehen. Die echte logische Allgemeinheit der Idee des Raumes schließt also seine physische Allgemeinheit, als eines allbefassenden Gefäßes der Dinge, nicht nur nicht ein, sondern sie ist geradezu dazu bestimmt sie auszuschließen. Wir sollen uns einen absoluten Raum, d. h. eine letzte Einheit aller räumlichen Bestimmung, in der Tat denken; aber nicht um mit seiner Hilfe nun absolute Bewegungen der empirischen Körper zu erkennen, sondern um in demselben „alle Bewegung des Materiellen als bloß relativ gegeneinander, als alternativ-wechselseitig, keine aber als absolute Bewegung oder Ruhe“ vorzustellen. „Der absolute Raum ist also nicht als ein Begriff von einem wirklichen Objekt, sondern *als eine Idee, welche zur Regel dienen soll, alle Bewegung in ihm bloß als relativ zu betrachten* notwendig, und alle Bewegung und Ruhe muß auf den absoluten Raum reduziert werden, wenn die Erscheinung derselben in einen bestimmten Erfahrungsbegriff (der alle Erscheinungen vereinigt) verwandelt werden soll“ (*35*, IV, 383f., 472f.). Der logischen Allgemeinheit einer solchen Idee widerstrebt auch die Relativitätstheorie keineswegs: geht sie doch gerade davon aus, alle Bewegungen im Raume als bloß relativ zu betrachten, weil sie sie auf keine andere Weise in einen bestimmten Erfahrungsbegriff, der *alle* / Erscheinungen vereinigt, zusammenzufassen vermag. Sie widerspricht, aus der Forderung der Totalität der Bestimmung, jedem Versuch ein einzelnes Bestimmtes, ein besonderes Bezugssystem zur Norm für alle übrigen zu machen. Die einzig gültige Norm ist lediglich die Idee der Natureinheit, der eindeutigen Bestimmung selbst. Aus diesem Gedanken heraus wird die mechanische Weltanschauung überwunden. Die „Einheit der Natur“ wird von der allgemeinen Relativitätstheorie in einem neuen Sinne begründet, indem sie die Gravitationserscheinungen, die das eigentliche klassische Gebiet der älteren Mechanik bilden, mit den elektrodynamischen Erscheinungen unter einen obersten Grundsatz der Naturerkenntnis befaßt. Daß, um zu dieser „logischen Allgemeinheit der Idee“ fortzuschreiten, manche vertraute *Bilder* der Vorstellung geopfert werden mußten, kann nicht befremden; — aber die „reine Anschauung“ Kants kann man hierdurch nur betroffen glauben, wenn man sie selbst als bloßes Bild mißversteht, statt sie als konstruktive Methode zu begreifen und zu würdigen.

In der Tat läßt sich der Punkt, an welchem die allgemeine Relativitätstheorie jene methodische Voraussetzung, die bei Kant den Namen der „reinen Anschauung“ führt, implizit anerkennen muß, genau bezeichnen. Er liegt im Begriff der „Koinzidenz“, auf den sie den Inhalt und die Form aller Naturgesetze zuletzt zurückführt. Wenn wir die einzelnen Ereignisse durch ihre Raum-Zeit-Koordinaten $x_1\ x_2\ x_3\ x_4$, $x'_1\ x'_2\ x'_3\ x'_4$ usf. bezeichnen, so besteht, wie sie hervorhebt, alles, was die Physik uns vom „Wesen“ der Naturvorgänge zu lehren vermag, immer nur in Aussagen über Koinzidenzen oder Begegnungen solcher Punkte. Wir gelangen zur Konstruktion des physischen Raumes und der physischen Zeit lediglich auf diesem Wege: denn die Raum-Zeit-Mannigfaltigkeit ist eben nichts anderes, als ein Ganzes derartiger Zuordnungen[23]. Hier liegt der Punkt, an dem die Wege des Physikers und die des Philosophen sich deutlich trennen – ohne daß sie sich darum widerstreiten müßten. Denn für den Physiker ist das, was er „Raum" und „Zeit" nennt, eine konkrete meßbare Mannigfaltigkeit, die er als Ergebnis der gesetzlichen Zuordnung der einzelnen Punkte gewinnt: für den Philosophen dagegen bedeuten Raum und Zeit nichts anderes als die Formen und Modi, und somit die Voraussetzungen eben dieser Zuordnung selbst. Sie resultieren ihm nicht aus der Zuordnung, sondern sie sind eben diese / Zuordnung und deren grundlegende Richtungen. Das Zuordnen unter dem Gesichtspunkt des Beisammen und des Nebeneinander oder unter dem Gesichtspunkt des Nacheinander: das ist es, was er unter dem Raume und der Zeit, als „Formen der Anschauung", versteht. In diesem Sinne waren schon in der Kantischen Inauguraldissertation beide ausdrücklich definiert worden. „Tempus non est objectivum aliquid et reale ... sed subjectiva conditio, per naturam mentis humanae necessaria, *quaelibet sensibilia certa lege sibi coordinandi* et intuitus purus ... Spatium est ... subjectivum et ideale et e natura mentis stabili lege proficiscens veluti *schema omnia omnino externe sensa sibi coordinandi*" (*35*; II, 416, 420). Wer dieses Gesetz und dieses Schema, diese Möglichkeit, Punkte auf Punkte zu beziehen und miteinander zu verknüpfen, anerkennt: der hat damit Raum und Zeit in ihrem „transzendentalen" Sinne – denn von dem etwaigen psychologischen Nebensinn des Begriffs der Anschauungsform kann hier abgesehen werden – anerkannt. Mögen wir somit die „Weltpunkte" x_1 x_2 x_3 x_4 und die Weltlinien, die aus ihnen resultieren, noch so abstrakt denken, indem wir unter den Werten x_1 x_2 x_3 x_4 nichts anderes als irgendwelche mathematische Parameter verstehen: so erhält schließlich die „Begegnung" solcher Weltpunkte nur dann einen faßbaren Sinn, wenn wir jene „Möglichkeit des Beisammen", die wir Raum und jene „Möglichkeit des Nacheinander", die wir Zeit nennen, schon zugrunde legen. Eine Koinzidenz, die nicht Identität bedeuten soll, eine Vereinigung, die auf der anderen Seite dennoch Sonderung ist, da derselbe Punkt als verschiedenen Linien zugehörig gedacht wird: dies alles fordert doch schließlich jene Synthesis des Mannigfaltigen, zu deren Ausdruck von Kant eben der Terminus der reinen Anschauung geprägt

[23] Einstein [*17*] S. 13f.; [*18*] S. 64.

worden ist. Der allgemeinste Sinn dieses Terminus, der bei Kant freilich nicht überall gleich scharf festgehalten ist, weil sich ihm unwillkürlich speziellere Bedeutungen und Anwendungen unterschieben, ist kein anderer als der der Reihenform des Neben- bzw. des Nacheinander überhaupt. Über die besonderen Maßverhältnisse in beiden ist damit freilich noch nichts vorausgesetzt — und sofern diese insbesondere von den Verhältnissen des Physischen im Raume abhängen, müssen wir uns hüten, über die Verhältnisse des „Wirklichen" schon in den bloßen „Formen der Möglichkeit" eine erschöpfende Bestimmung finden zu wollen (vgl. unten Nr. VI). Wenn z. B. in der mathematischen Grundlegung der Relativitätstheorie die Formel für den „Abstand" / zweier unendlich-benachbarter Punkte x_1, x_2, x_3, x_4 und $x_1 + dx_1$, $x_2 + dx_2$, $x_3 + dx_3$, $x_4 + dx_4$, abgeleitet wird, so kann dieser freilich nicht im gewohnten Sinne als eine starre euklidische Strecke gedacht werden, zumal es sich ja in ihm, durch die Hinzunahme der Zeit als vierter Dimension, um keine Raum-, sondern um eine Bewegungsgröße handelt — aber die grundlegende Form eines Beisammen und eines Nacheinander und ihrer beiderseitigen Beziehung und „Union" ist in diesem Ausdruck des allgemeinen Linienelements unverkennbar enthalten. Nicht als ob die Theorie hier, wie man ihr bisweilen vorgehalten hat, den Raum und die Zeit schon als ein fertig Gegebenes voraussetzte — von diesem erkenntnistheoretischen Zirkel ist sie durchaus freizusprechen —, wohl aber in dem Sinn, daß sie die Form und Funktion der Räumlichkeit und der Zeitlichkeit überhaupt als solche nicht entbehren kann. —

Was an diesem Punkte die Verständigung zwischen dem Physiker und dem Philosophen zu erschweren scheint, ist die Tatsache, daß hier ein gemeinsames Problem vorliegt, dem beide sich jedoch von ganz verschiedenen Seiten her nähern. Der Prozeß der Messung interessiert den Erkenntniskritiker nur insoweit, als er die Begriffe, die in ihm gebraucht werden, in systematischer Vollständigkeit zu überblicken und in möglichster Schärfe zu definieren sucht. Aber für den Physiker bleibt jede solche Definition unbefriedigend und im Grunde unfruchtbar, solange sie nicht zugleich mit einer bestimmten Anweisung verbunden ist, wie die Messung im konkreten Einzelfalle anzustellen ist. „Der Begriff existiert für den Physiker erst dann" — so sagt Einstein einmal knapp und bezeichnend —, „wenn die Möglichkeit gegeben ist im konkreten Falle herauszufinden, ob der Begriff zutrifft oder nicht" (*18*, S. 14). Deshalb soll z. B. der Begriff der Gleichzeitigkeit erst dann einen bestimmten Sinn erhalten, wenn die Methode angegeben wird, nach welcher durch gewisse Messungen, durch Anwendung optischer Signale, das zeitliche Zusammenfallen zweier Ereignisse bestimmt wird; – und die Verschiedenheit, die sich in den Resultaten dieser Messung herausstellt, scheint auch die Vieldeutigkeit des Begriffs selbst zur Folge haben zu müssen. Der Philosoph hat dieses Verlangen des Physikers nach konkreter Bestimmtheit der Begriffe unbedingt anzuerkennen; aber er wird freilich andererseits immer wieder darauf hinweisen, daß es letzte ideelle Bestimmtheiten sind, ohne die auch das Konkrete nicht gedacht und nicht verständlich gemacht werden kann. Man kann, um sich den Gegensatz der Fragestellung, / der hier zugrunde liegt, zu verdeutlichen, der Äußerung Einsteins eine Leibnizische Äußerung gegenüberstellen. «On peut dire» – heißt es in Leibniz' «Nouveaux Essais» – «qu'il ne faut point s'imaginer deux étendues, l'une abstraite, de l'espace, l'autre concrète, du corps; le concret n'étant tel que par l'abstrait». (*43*, V, 115). Wie man sieht, ist es die Einheit des Abstrakten und Konkreten, des Ideellen und Empirischen, in deren Forderung hier der Physiker und der Philosoph übereinkommen; aber der eine schreitet von der Erfahrung zur Idee, der andere von der Idee zur Erfahrung fort. An der „prästabilierten Harmonie zwischen der reinen Mathematik und der Physik" hält auch die Relativitätstheorie fest: Minkowski hat in den bekannten Schlußworten seines Vortrages „Raum und Zeit" diesen Leibnizischen Terminus ausdrücklich wieder aufgenommen und zu Ehren gebracht. Aber diese Harmonie ist für den Physiker die unbestrittene Prämisse, von der er zu den besonderen Folgerungen und Anwendungen weiterstrebt, während für den Erkenntniskritiker ihre „Möglichkeit" zum eigentlichen, grundlegenden Problem wird. Die Gründe dieser Möglichkeit findet er zuletzt darin, daß schon jede physikalische Setzung, jede einfachste Größenbestimmung, die durch das Experiment und durch die konkrete Messung festgestellt wird, an allgemeine Bedingungen gebunden ist, die in der reinen Mathematik zur gesonderten Behandlung und Erkenntnis gelangen – daß sie bestimmte logisch-mathematische Konstanten in sich schließt. Wollte man den Inbegriff dieser Konstanten in eine kurze Formel zusammenfassen, so könnte man den Zahlbegriff, den Raumbegriff, den Zeitbegriff und den Funktionsbegriff als die Grundmomente bezeichnen, die schon in jede Frage, die die Physik sich stellen kann, als Voraussetzungen eingehen. Keiner dieser Begriffe kann entbehrt oder auf den andern reduziert werden, so daß vom erkenntniskritischen Standpunkt jeder ein spezifisches und eigentümliches Denkmotiv darstellt – aber jeder von ihnen besitzt andererseits nur gemeinsam mit den andern und in systematischer Verknüpfung mit ihnen einen tatsächlichen empirischen Gebrauch. Die Relativitätstheorie zeigt mit besonderer Deutlichkeit, wie insbesondere das funktionale Denken es ist, das auch in jeder räumlich-zeitlichen Bestimmung als notwendiges Motiv mitwirkt. So kennt die Physik ihre Grundbegriffe niemals als ein logisches An-sich, sondern nur in ihrem wechselseitigen Zusammenschluß – aber der Erkenntnistheorie muß es freistehen, dieses Produkt dennoch analytisch in / seine einzelnen Faktoren zu zerlegen. Sie kann daher den Satz, daß der Sinn eines Begriffs mit seiner konkreten Anwendung zusammenfällt, nicht zugeben: sondern sie wird umgekehrt darauf bestehen, daß dieser Sinn schon feststehen muß, ehe irgendeine Anwendung einsetzen kann. Demgemäß wird auch der Gedanke von Raum und Zeit, wird das, was sie als Verknüpfungs- und Ordnungsformen bedeuten, durch die Messung nicht erst geschaffen, sondern er wird in ihr und durch sie nur näher determiniert und mit einem bestimmten Inhalt erfüllt. Wir müssen den Begriff des „Ereignisses", als eines zeitlich-räumlichen, erfaßt, wir müssen den in ihm ausgedrückten Sinn verstanden haben, ehe wir nach der Koinzidenz von Ereignissen fragen und sie durch spezielle Methoden der Messung festzustellen versuchen können. –

Allgemein sieht sich die Physik durch ihr Grundproblem von Anfang an zwischen zwei Bereiche gestellt, die sie anzuerkennen und zwischen denen sie zu vermitteln hat, ohne weiter nach ihrem „Ursprung" zu fragen. Auf der einen Seite steht die Mannigfaltigkeit der Empfindungsdaten, auf der anderen eine Mannigfaltigkeit reiner Form- und Ordnungsfunktionen. Die Physik ist als Erfahrungswissenschaft gleich sehr an die „materialen" Inhalte, die ihr die sinnliche Wahrnehmung bietet, wie an diese Formprinzipien gebunden, in denen sich die allgemeinen Bedingungen der „Möglichkeit der Erfahrung" ausdrücken. Sie hat so wenig das eine, wie das andere – das Ganze der empirischen Inhalte wie das Ganze der charakteristischen naturwissenschaftlichen Denkformen – zu „erfinden" oder deduktiv abzuleiten, sondern ihre Aufgabe geht darin auf, das Reich der „Formen" fortschreitend auf die Data der empirischen Beobachtung, und umgekehrt diese auf jene, zu beziehen. Auf diese Weise verliert das sinnlich Mannigfaltige immer mehr seinen „zufälligen" anthropomorphen Charakter und nimmt das Gepräge des Gedankens, das Gepräge der systematischen Formeinheit an. Hierbei darf freilich die

„Form“, eben weil sie das aktive und gestaltende, das eigentlich schöpferische Moment darstellt, nicht als starre, sondern sie muß als lebendige und bewegliche Form gefaßt werden. Immer mehr begreift der Gedanke, daß sie ihm in ihrer Besonderung nicht mit einem Schlage gegeben werden kann, sondern daß ihr Bestand sich nur in ihrem Werden und im Gesetz dieses Werdens für ihn enthüllt. Die Geschichte der Physik stellt auf diese Weise nicht die Geschichte der Entdeckung einer einfachen Reihe von „Tatsachen“, sondern der Entdeckung immer neuer spezieller *Denkmittel* dar. Aber in allem Wandel dieser Denkmittel bewährt sich nichtsdestoweniger, so wahr die Physik den „stetigen Gang einer Wissenschaft“ geht, die Einheit jener methodischen Prinzipien, auf denen ihre Fragestellung selbst beruht. Im Ganzen dieser Prinzipien nehmen Raum und Zeit ihre feste *Stelle* ein, wenngleich sie nicht in der Art fester Ding- oder Vorstellungsinhalte zu fassen sind. Die antike Anschauung glaubte die räumliche und zeitliche Einheit des Seins noch unmittelbar in der Vorstellung zu besitzen und zu umspannen. „Vergleichbar der Masse einer wohlgerundeten Kugel“ war dem Parmenides und im Grunde der gesamten antiken Welt das Sein gegeben. Mit der Reform des Copernicus war die Sicherheit dieses Besitzes ein für allemal dahin. Die moderne Wissenschaft weiß, daß es eine bestimmte räumlich-zeitliche Ordnung der Erscheinungen für die Erkenntnis nur *gibt*, indem sie sie fortschreitend *aufstellt* und daß das einzige Mittel, sie aufzustellen, im Gesetzesdenken der Wissenschaft besteht. Aber die Aufgabe einer solchen allgemeinen Orientierung bleibt für den Gedanken bestehen und sie wird für ihn nur um so schärfer und dringender, je mehr er sich ihrer als einer abschließend niemals lösbaren Aufgabe bewußt wird. Gerade weil die Einheit des Raumes und der Zeit vor unserer empirischen Erkenntnis, vor all unseren empirischen Messungen ewig zu fliehen scheint, begreift das Denken, daß es sie ewig zu suchen hat und daß es sich hierbei immer neuer und immer schärferer Instrumente bedienen muß. Es ist das Verdienst der Relativitätstheorie, dies nicht nur auf einem neuen Wege erwiesen, sondern zugleich, im Grundsatz der Kovarianz der allgemeinen Naturgesetze gegenüber allen beliebigen Substitutionen, ein Prinzip aufgestellt zu haben, vermöge dessen das Denken die Relativität, die es aus sich heraus fordert, auch aus sich heraus zu beherrschen vermag.

An der Analyse der Raum- und Zeitmaße, die in der Relativitätstheorie durchgeführt wird, läßt sich dies Grundverhältnis bis ins einzelne verfolgen. Diese Analyse beginnt damit, daß sie den Begriff der „Gleichzeitigkeit“ zweier Vorgänge nicht als ein selbstverständliches, unmittelbar bekanntes und gewisses Datum gelten läßt, sondern daß sie für ihn eine bestimmte Erklärung fordert — eine Erklärung, die als physikalische, nicht in einer allgemeinen begrifflichen Definition, sondern nur in der Aufweisung der konkreten Maßmethoden bestehen kann, durch welche „Gleichzeitigkeit“ für uns allein empirisch aufweisbar ist. Hierbei wird zu/nächst die Gleichzeitigkeit solcher Vorgänge, die sich praktisch an „demselben“ Raumpunkt oder in unmittelbarer räumlicher Nachbarschaft abspielen, vorausgesetzt: die Konstatierbarkeit der „Gleichzeitigkeit“ für räumlich unmittelbar benachbarte Ereignisse oder — präziser gesagt — für das raumzeitliche unmittelbare Benachbartsein (Koinzidenz) — so erklärt Einstein — nehmen wir an, ohne für diesen fundamentalen Begriff eine Definition zu geben (*17*, § 3). In der Tat erscheint hier der Rekurs auf eine vermittelnde physikalische Maßmethode weder erforderlich, noch möglich: denn jede solche Vermittlung würde doch zuletzt immer die Möglichkeit voraussetzen, eine bestimmte zeitliche Zuordnung zwischen verschiedenen Ereignissen zu vollziehen, also z. B. die „Gleichzeitigkeit“ eines bestimmten Ereignisses mit einer bestimmten Zeigerstellung einer am „selben“ Orte befindlichen Uhr festzustellen. Das eigentliche Problem der Relativitätstheorie setzt erst dort ein, wo es sich nicht mehr darum handelt, räumlich benachbarte, sondern räumlich voneinander entfernte Ereignisreihen miteinander zeitlich zu verknüpfen. Nehmen wir an, daß für die beiden Raumpunkte A und B eine bestimmte „Ortszeit“ festgestellt sei, so besitzen wir doch bisher nur eine „*A*-Zeit“ und eine „*B*-Zeit“, aber keine für A und B *gemeinsame* Zeit. Und bei jedem Versuch, eine solche gemeinsame Zeit, als empirisch meßbare Zeit, festzustellen, zeigt sich nun, daß er an ganz bestimmte empirische Voraussetzungen über die Ausbreitungsgeschwindigkeit des Lichtes gebunden ist. Es ist die Annahme der gleichförmigen Lichtausbreitung, die implizit in alle unsere Aussagen über die Gleichzeitigkeit des räumlich-Entfernten eingeht. Eine für *A* und *B* gemeinsame Zeit wird ermittelt, indem man *durch Definition* festsetzt, daß die „Zeit“, welche das Licht braucht, um von A nach B zu gelangen, gleich ist der „Zeit“, welche es braucht, um von B nach A zu gelangen. Nehmen wir an, daß ein Lichtstrahl zur A-Zeit t_A von einer in A befindlichen Uhr nach B gesandt werde, dort zur B-Zeit t_B gegen A reflektiert werde und zur A-Zeit t'_A wieder nach A zurückgelange: so setzen wir definitorisch fest, daß die beiden Uhren in A und B „synchron“ heißen sollen, wenn $t_B - t_A = t'_A - t'_B$ ist. Damit erst ist eine genaue Bestimmung darüber getroffen, was wir unter der „Zeit“ eines Ereignisses und unter der „Gleichzeitigkeit“ zweier Vorgänge zu verstehen haben: „die »Zeit« eines Ereignisses ist die mit dem Ereignis gleichzeitige Angabe einer am / Orte des Ereignisses befindlichen, ruhenden Uhr, welche mit einer bestimmten ruhenden Uhr und zwar für alle Zeitbestimmungen mit der nämlichen Uhr, synchron läuft“ (*16*, S. 28f.).

Daß in die konkreten Festsetzungen, die hier für das Verfahren der physikalischen *Zeitmessung* getroffen werden, die „Formen“ des Raumes und der Zeit überhaupt, als bestimmte Formen der Beziehung und Zuordnung verschiedener Inhalte, bereits eingehen, bedarf kaum der besonderen Erörterung. Schon in dem Begriff der „Ortszeit“ als solcher sind beide unmittelbar gesetzt: denn in ihm ist ja die Möglichkeit behauptet, in einem bestimmten unterschiedenen „Hier“ ein bestimmtes unterschiedenes „Jetzt“ festzuhalten. Dieses „Hier“ und „Jetzt“ bedeutet nun freilich keineswegs das Ganze von Raum und Zeit – geschweige das Ganze der konkreten, durch Messung feststellbaren Beziehungen in beiden; aber es stellt das erste Fundament, die unentbehrliche Grundlage für beide dar. Der erste primitive Unterschied, der sich in der bloßen Setzung eines Hier und eines Jetzt ausdrückt, bleibt somit auch für die Relativitätstheorie als ein Indefinibles stehen, auf das sie ihre komplexen physikalischen Definitionen der Raum- und Zeitwerte gründet und zurückbezieht. Und indem sie sich weiterhin für diese Definitionen auf eine bestimmte Annahme über das Gesetz der Lichtausbreitung stützt, so schließt auch dies wieder die Voraussetzung in sich, daß ein bestimmter Zustand, den wir das „Licht“ nennen, *nacheinander* in verschiedenen *Orten* und zwar nach einer bestimmten Regel auftrete, – worin das, was Raum und Zeit als bloße Schemata der Zuordnung überhaupt bedeuten, offenbar enthalten ist. Das erkenntnistheoretische Problem scheint sich freilich weiter zu verschärfen, wenn wir auf das gegenseitige Verhältnis der Raum- und Zeitwerte in den Grundgleichungen der Physik reflektieren. Was uns in diesen Gleichungen gegeben ist, ist die vierdimensionale „Welt“, ist das Kontinuum der Ereignisreihe überhaupt, ohne daß in diesem Kontinuum die zeitlichen von den räumlichen Bestimmungsstücken sich sondern. Der anschauliche Unterschied, den wir zwischen einer räumlichen Strecke und einer zeitlichen Dauer unmittelbar zu erfassen glauben, spielt in dieser rein mathematischen Bestimmung keine Rolle mehr. Nach der Zeitgleichung der Lorentz-Transformation

$$t' = \frac{t - \frac{v}{c^2}x}{\sqrt{1 - \frac{v^2}{c^2}}}$$

verschwindet die Zeitdifferenz $\Delta t'$ zweier Ereignisse in bezug auf K' auch dann im allgemeinen nicht, wenn die Zeitdifferenz Δt derselben in bezug auf K verschwindet: rein räumliche Distanz zweier Ereignisse in bezug auf K hat also im allgemeinen zeitliche Distanz derselben in bezug auf K' zur Folge. Noch weiter ist diese Nivellierung der Raum- und Zeitwerte in der allgemeinen Relativitätstheorie entwickelt. Hier erweist es sich überhaupt als unmöglich, ein Bezugssystem aus starren Körpern und Uhren derart aufzubauen, daß Ort und Zeit durch relativ zueinander fest angeordnete Maßstäbe und Uhren direkt angezeigt werden; sondern es werden hier nur jedem Punkte der kontinuierlichen Ereignisreihe vier Zahlen x_1, x_2, x_3, x_4 zugeordnet, die keinerlei unmittelbare physikalische Bedeutung besitzen, sondern nur dazu dienen, die Punkte des Kontinuums in bestimmter, aber willkürlicher Weise zu numerieren. Diese Zuordnung braucht nicht einmal so beschaffen zu sein, daß eine bestimmte Gruppe von Werten x_1 x_2 x_3 als die räumlichen Koordinaten des Punktes aufgefaßt und der „zeitlichen" Koordinate x_4 gegenübergestellt sein müssen (*18*, S. 38, 64). Die Forderung Minkowskis, daß „Raum für sich und Zeit für sich völlig zu Schatten herabsinken" sollen und daß nur noch „eine Art Union der beiden Selbständigkeit bewahren" soll, erscheint daher jetzt in aller Strenge erfüllt. Nun enthält allerdings auch diese Forderung für den kritischen Idealisten, der aufgehört hat, Raum und Zeit als Dinge an sich oder als abgesondert gegebene empirische Gegenstände zu denken, kein Schreckbild mehr. Denn ihm ist das Reich der Ideen freilich als solches ein „Reich der Schatten", wie Schiller es genannt hat, – sofern keiner reinen Idee unmittelbar ein konkreter wirklicher Gegenstand entspricht, sondern vielmehr die Ideen immer nur in ihrer systematischen Gemeinschaft und Gesamtheit als die Grundmomente der konkret-gegenständlichen Erkenntnis aufgewiesen werden können. Zeigt sich also, daß physische Raum- und Zeitmessungen immer nur gemeinsam vorgenommen werden können — so ist damit doch der Unterschied in dem prinzipiellen Charakter des Raumes und der Zeit, der Ordnung im Neben- und im Nacheinander nicht aufgehoben. Auch wenn es zutrifft, daß — wie Minkowski betont — niemand einen Ort anders bemerkt hat als zu einer Zeit, und eine Zeit anders als an einem Orte, so bleibt doch damit die Grenze zwischen dem, was unter örtlicher und zeitlicher Unterscheidung zu verstehen ist, begrifflich aufrechterhalten. Das faktische Ineinander von Raum und / Zeit in allen empirisch-physikalischen Messungen schließt nicht aus, daß beide, zwar nicht als Gegenstände, wohl aber als Arten der Gegenstandsbestimmung grundsätzlich Verschiedenes bedeuten. Wenn zwei Beobachter in verschiedenen Systemen K und K' die Einreihung der Ereignisreihe in die Ordnungen von Raum und Zeit verschieden vornehmen können, so ist es doch immer eine *Ereignisreihe*, also ein zugleich räumliches und zeitliches Kontinuum, was sie sich in ihren Messungen aufbauen. Jeder Beobachter unterscheidet von seinem Standpunkte der Messung ein Kontinuum, das er „Raum", von einem andern, das er „Zeit" nennt; aber er kann — wie die Relativitätstheorie lehrt — nicht ohne weiteres voraussetzen, daß die Einordnung der Phänomene in diese beiden Schemata sich von jedem Bezugssystem aus gleichartig gestalten muß. Mag daher auch — nach Minkowskis „Weltpostulat" — nur die in Raum und Zeit vierdimensionale Welt gegeben sein, aber „die Projektion in Raum und Zeit noch mit einer gewissen Freiheit vorgenommen werden" können, so ist auch damit nur etwas über die verschiedene räumlich-zeitliche Interpretation der Erscheinungen gesagt, während der Unterschied der Form des Raumes von der der Zeit unangetastet bleibt.

Im übrigen stellt auch hier der Bestand der Transformationsgleichung die Objektivität und Einheit wieder her, indem er erlaubt, die Ergebnisse, die in dem einen System gefunden wurden, wieder in die des anderen zu übersetzen. Auch wenn man den Minkowskischen Satz, daß nur die unauflösliche Union von Raum und Zeit Selbständigkeit besitze, dahin zu präzisieren und zu verschärfen gesucht hat, daß selbst diese Union für sich, nach den Ergebnissen der allgemeinen Relativitätstheorie, zum Schatten und zur Abstraktion werde und daß nur noch die Einheit von Raum, Zeit und Dingen zusammen eine selbständige Wirklichkeit besitze[24] — so führt uns gerade diese Verschärfung nur wieder

[24] S. Schlick [*79*], S. 51; vgl. S. 22.

zu unserer ersten erkenntnistheoretischen Einsicht zurück. Denn daß weder der „reine Raum", noch die „reine Zeit", noch die wechselseitige Verknüpfung beider, sondern nur ihre Erfüllung mit einem bestimmten empirischen Material dasjenige ergibt, was wir die „Wirklichkeit", was wir das physische Sein der Dinge und der Ereignisse nennen: das gehört zu den Grundlehren des kritischen Idealismus selbst. Kant selbst ist nicht müde geworden, immer wieder auf diesen unlöslichen Zusammenhang und auf diese wechselseitige Korrelation / der räumlich-zeitlichen Form und des empirischen Inhalts im Bestand und Aufbau der Erfahrungswelt hinzuweisen. „Einen Gegenstand geben" — so heißt es bei ihm — „wenn dieses nicht wiederum nur mittelbar gemeint sein soll, sondern unmittelbar in der Anschauung darstellen, ist nichts anderes als dessen Vorstellung auf Erfahrung ... beziehen. Selbst der Raum und die Zeit, so rein diese Begriffe auch von allem Empirischen sind und so gewiß es auch ist, daß sie völlig a priori im Gemüte vorgestellt werden, würden doch ohne objektive Gültigkeit und ohne Sinn und Bedeutung sein, wenn ihr notwendiger Gebrauch an den Gegenständen der Erfahrung nicht gezeigt würde, ja ihre Vorstellung ist ein bloßes Schema, das sich immer auf die reproduktive Einbildungskraft bezieht, welche die Gegenstände der Erfahrung herbeiruft ohne die sie keine Bedeutung haben würden." (*34*, S. 195). Das „ideale" Sein, das Raum und Zeit „im Gemüte" besitzen, schließt also irgendeine Art von Sonderexistenz, die sie vor den Dingen und unabhängig von ihnen etwa besitzen sollen, so wenig in sich, daß es sie vielmehr ausdrücklich verneint: — die ideelle Trennung des reinen Raumes und der reinen Zeit von den Dingen (genauer von den empirischen Erscheinungen), duldet nicht nur, sondern fordert geradezu ihre empirische „Union". Diese Union hat die allgemeine Relativitätstheorie in einem neuen Sinne bewährt und erwiesen, indem sie tiefer als alle vorhergegangenen physikalischen Theorien die Bedingtheit erkannte, die aller empirischen Messung, aller Feststellung konkreter räumlich-zeitlicher Maßverhältnisse anhaftet[25]. Dem Verhältnis von Erfahrung und Denken, das in der kritischen Lehre festgestellt wird, aber widerstreitet dies Ergebnis keineswegs, sondern es bestätigt vielmehr dies Verhältnis und bringt es nochmals zu schärfstem Ausdruck. Es ist auf den ersten Blick freilich selt-

[25] Zur Relativierung des Unterschiedes von Raum und Zeit vgl. auch weiter unten: Nr. VII.

sam und paradox, daß sich die verschiedensten erkenntnistheoretischen Standpunkte, daß sich der radikale Empirismus und Positivismus, wie der kritische Idealismus, gleichmäßig auf die Relativitätstheorie zur Stütze ihrer Grundanschauung berufen haben. Aber man hat dies zutreffend dadurch erklärt, daß in der Lehre vom empirischen Raum und von der empirischen Zeit – und eine solche stellt die Relativitätstheorie ja dar – Empirismus und Idealismus sich in bestimmten Voraussetzungen begegnen. Beide gestehen hier der Erfahrung die entscheidende / Rolle zu – und beide lehren andererseits, daß jede exakte Messung allgemeine empirische Gesetze voraussetzt[26]. Aber um so dringender wird jetzt die Frage, wie wir zu jenen Gesetzen, auf denen die Möglichkeit aller empirischen Messung beruht, gelangen und welche Art der Geltung, der logischen „Dignität" wir ihnen zugestehen. Der strenge Positivismus hat hierauf nur eine Antwort: für ihn ist alle Gesetzes- wie alle Gegenstandserkenntnis in den einfachen Elementen der Empfindung gegründet und kann über ihren Bereich niemals hinausgehen. Das Wissen von Gesetzen trägt demnach im Grunde den gleichen, rein passiven Charakter, der unserem Wissen von irgendwelchen einzelnen sinnlichen Qualitäten zukommt. Die Gesetze werden gleich Dingen behandelt, deren Eigenschaften man durch unmittelbare Wahrnehmung ablesen kann. Mach versucht – von seinem Standpunkt durchaus konsequent – diese Betrachtungsweise auch auf die reine Mathematik und auf die Ableitung ihrer Grundrelationen auszudehnen. Die Art, in der wir den Differentialquotienten einer bestimmten Funktion ermitteln – so führt er gelegentlich aus – unterscheidet sich prinzipiell in nichts von der Art, in der wir irgendwelche Beschaffenheiten oder Änderungen an physischen Dingen feststellen. Wie im einen Falle das Ding, so unterwerfen wir im anderen Falle die Funktion gewissen Operationen und beobachten einfach, wie sie hierauf „reagiert". Die Reaktion der Funktion $y = x^m$ auf die Operation des Differentiierens, aus der sich die Gleichung $\frac{dy}{dx} = mx^{m-1}$ ergibt, „ist ein Kennzeichen von x^m gerade so wie die blaugrüne Farbe auf die Lösung von Kupfer in Schwefelsäure" (*49*, S. 75). Hier liegt die scharfe Grenzscheide zwischen dem kritischen Idealismus und einem Positivismus Machscher Prägung klar vor uns. Daß die Gleichungen, welche größere oder kleinere Gebiete beherrschen,

---

26 [*8*] S. 191 ff.; vgl. Sellien, [*81*] S. 14 ff.

als das eigentlich Bleibende und Substantielle anzusehen sind, weil sie es sind, dessen Ermittlung ein stabiles Weltbild ermöglicht[27], daß sie somit den Kern der physikalischen Gegenständlichkeit ausmachen: das ist die Grundanschauung, in der beide Auffassungen zusammentreffen. Nur die Art der Feststellung, der exakten Gewinnung und Begründung dieser Gleichungen steht in Frage. Alle Gleichungen — so betont der Idealismus gegenüber dem Standpunkte der „reinen Erfahrung“ als Standpunkt der bloßen Empfindung — sind Ergebnisse der Messung: alle Messung aber / setzt bestimmte theoretische Prinzipien und in ihnen bestimmte allgemeine Funktionen der Verknüpfung, der Formung und Zuordnung voraus. Wir messen niemals bloße Empfindungen, noch messen wir mit bloßen Empfindungen — sondern wir müssen, um überhaupt zu irgendwelchen Maßbeziehungen zu gelangen, das „Gegebene“ der Wahrnehmung immer schon überschritten und es durch ein begriffliches Symbol ersetzt haben, das keinerlei Abbild mehr im unmittelbar Empfundenen und Empfindbaren besitzt. Wenn es irgendetwas gibt, was als typisches Beispiel für diesen Sachverhalt gelten kann, so ist es die Entwicklung, die die moderne Physik in der Relativitätstheorie genommen hat. Von neuem bewährt sich hier, wie jede physikalische Theorie, um zu einem begrifflichen Ausdruck und zu einem begrifflichen Verständnis der Tatsachen der Erfahrung zu gelangen, sich zuvor von der Form, in der diese Tatsachen zunächst und unmittelbar der Wahrnehmung gegeben sind, loslösen muß[28]. Daß die Relativitätstheorie sich auf Erfahrung und Beobachtung gründet, steht natürlich außer Frage. Aber auf der anderen Seite besteht doch ihre wesentliche Leistung erst in der neuen Deutung, die sie den beobachteten Tatsachen gibt; — in der begrifflichen Interpretation, durch die sie fortschreitend dazu geführt wird, die wichtigsten Denkmittel der klassischen Mechanik und der älteren Physik einer Nachprüfung und einer kritischen Umbildung zu unterziehen. Mit Recht hat man darauf hingewiesen, daß es gerade die älteste Erfahrungstatsache der Mechanik, die Gleichheit der trägen und schweren Masse gewesen ist, die vermöge der neuen Deutung, die sie durch Einstein erfuhr, zum Angelpunkt der allgemeinen Relativitätstheorie geworden ist [*24a.*]. Die Art, in der aus dieser Tatsache das

---

27 S. Mach (*49*), S. 429.

28 Vgl. Duhem (*15*, S. 322): „Les faits d'expérience, pris dans leur brutalite native, ne sauraient servir au raisonnement mathématique; pour alimenter ce raisonnement, ils doivent être transformés et mis sous forme symbolique.“

Äquivalenzprinzip und mit ihm die Grundlage der neuen Gravitationstheorie abgeleitet worden ist, kann geradezu als ein logisches Schulbeispiel für die Bedeutung dienen, die dem reinen „Gedankenexperiment" auch innerhalb der Physik zukommt. Wir denken uns in die Lage eines Beobachters, der, in einem geschlossenen Kasten experimentierend, in diesem feststellte, daß alle sich selbst überlassenen Körper sich stets mit konstanter Beschleunigung gegen den Boden des Kastens zu bewegen. Diese Tatsache läßt sich für den Beobachter begrifflich in doppelter Weise repräsentieren: einmal durch die Annahme, daß er sich in einem zeitlich konstanten Schwerefelde be/finde, in welchem der Kasten ruhend aufgehängt ist – dann aber durch die Annahme, daß dieser sich mit konstanter Beschleunigung nach oben bewege, wodurch der Fall der Körper in ihm sich als eine Trägheitsbewegung darstellen würde. Beides: die Trägheitsbewegung wie die Gravitationswirkung ist somit in Wahrheit ein einziges Phänomen, das von verschiedenen Seiten her gesehen und beurteilt wird. Daraus folgt, daß das Grundgesetz, das wir für die Bewegungen der Körper aufstellen, so beschaffen sein muß, daß es die Trägheits- und die Schwereerscheinungen gleichmäßig umfaßt. Wie man sieht, liegt hier kein aus einzelnen Beobachtungen abstrahierter Erfahrungssatz, sondern eine Vorschrift für unsere physikalische Begriffsbildung vor: eine Forderung, die wir nicht unmittelbar an die Erfahrung, wohl aber an unsere Art, sie gedanklich zu repräsentieren, stellen. „Gedankenexperimente" von solcher Kraft und Fruchtbarkeit lassen sich aus der rein empiristischen Theorie der physikalischen Erkenntnis nicht mehr erklären und rechtfertigen. Es steht nicht in Widerspruch hiermit, wenn Einstein selbst dankbar auf die entscheidenden Anregungen verweist, die er durch Mach erfahren hat [*20*]: denn zwischen dem, was Mach in seiner Kritik der Newtonischen Grundbegriffe als Physiker geleistet und den allgemein philosophischen Folgerungen, die er aus dieser Leistung gezogen hat, muß scharf geschieden werden. Mach selbst hat, wie bekannt, dem reinen „Gedankenexperiment" in seiner eigenen Logik der Physik einen weiten Spielraum zugebilligt; aber er hat damit, näher betrachtet, auch bereits den Boden der rein sensualistischen Begründung der Grundbegriffe der Physik verlassen[29]. Daß zwischen der Relativitätstheorie als solcher und der Machschen Philosophie kein notwendiger Zusammenhang besteht, geht u. a. auch

[29] S. Mach (*50*, S. 180 ff.); vgl. (*8*) S. 316 ff. u. (*39*) S. 86 f.

daraus hervor, daß gerade einer der ersten Vertreter und Vorkämpfer dieser Theorie, Max Planck, es gewesen ist, der unter allen modernen Physikern die Voraussetzungen dieser Philosophie am schärfsten kritisiert und bekämpft hat (*69*). Eben dann, wenn man die Relativitätstheorie als eine Leistung und ein Ergebnis des reinen Erfahrungsdenkens versteht, erscheint sie damit zugleich als ein Beweis und eine Bestätigung der konstruktiven Kraft, die diesem Denken selbst innewohnt und durch die das System der physikalischen Erkenntnis sich von einer bloßen „Rhapsodie von Wahrnehmungen" unterscheidet. /

VI.

EUKLIDISCHE UND NICHT-EUKLIDISCHE GEOMETRIE

Noch aber ist in den vorangehenden Betrachtungen nur nebenher einer Leistung der allgemeinen Relativitätstheorie gedacht worden, die wie kaum eine zweite eine „Revolution der Denkart" in sich zu schließen scheint. Bei der Durchführung der Theorie erweist es sich, daß die bisherigen Euklidischen Maßbestimmungen unzulänglich werden: sie kann nur erfolgen, wenn wir von dem Euklidischen Kontinuum, das noch der speziellen Relativitätstheorie zugrunde lag, zu einem Nicht-Euklidischen vierdimensionalen raum-zeitlichen Kontinuum übergehen und in ihm alle Verhältnisse der Erscheinungen zum Ausdruck bringen. Damit scheint eine Frage, die die Erkenntnistheorie der letzten Jahrzehnte aufs lebhafteste beschäftigt hat, und auf die innerhalb ihrer selbst die verschiedensten Antworten versucht worden sind, auf physikalischem Wege entschieden. Die Physik beweist jetzt nicht nur die Möglichkeit, sondern auch die Wirklichkeit der Nicht-Euklidischen Geometrie: sie zeigt, daß wir die Verhältnisse, die im „wirklichen" Raume gelten, nur dann theoretisch verstehen und theoretisch darstellen können, wenn wir sie in der Sprache einer vierdimensionalen, Nicht-Euklidischen Mannigfaltigkeit wiedergeben.

Diese Lösung des Problems von seiten der Physik war von der einen Seite seit langem ebenso lebhaft erhofft worden, wie ihrer Möglichkeit von der anderen Seite lebhaft widersprochen wurde. Schon die ersten Begründer und Vertreter des Gedankens der Nicht-Euklidischen Geometrie versuchten das Experiment und die konkrete Messung zur Bestätigung ihrer Grundanschauung heranzuziehen. Gelänge es – so schlossen sie – durch exakte irdische oder astronomische Messungen festzustellen, daß in Dreiecken mit sehr großen Seitenlängen die Winkelsumme von zwei Rechten abweicht, so wäre damit der Erfahrungsbeweis erbracht, daß in „unse/rem" empirischen Raum nicht die Sätze der Euklidischen Geometrie, sondern die einer anderen gültig seien. So benutzte z. B. Lobatschewsky, wie bekannt, ein Dreieck $E_1 E_2 S$, dessen Basis $E_1 E_2$ von dem Durchmesser der Erdbahn, dessen Spitze S durch den Sirius gebildet wird, und glaubte auf diesem Wege zu einer empirischen Feststellung einer etwaigen konstanten Krümmung unseres Raumes gelangen zu können (*48*). Der methodische Grundfehler jedes derartigen Versuchs aber mußte sich bei schärferer erkenntnistheoretischer Analyse des Problems sogleich ergeben – und er ist, von seiten der Mathematiker, mit besonderem Nachdruck von H. Poincaré bezeichnet worden. Alle Messungen – so wendet Poincaré mit Recht ein – betreffen niemals den Raum selbst, sondern immer nur das empirisch-Gegebene, das Physische im Raume. Kein Experiment kann uns daher etwas über die idealen Gebilde, über die Geraden und Kreise lehren, die die reine Geometrie zugrunde legt: was es uns gibt, ist immer nur die Kenntnis von den Verhältnissen materieller Dinge und Vorgänge. Die Sätze der Geometrie sind daher durch Erfahrung weder zu bestätigen noch zu widerlegen. Keine Erfahrung wird jemals mit dem Postulat Euklids in Widerspruch treten: aber andererseits wird auch keine Erfahrung jemals mit dem Postulat Lobatschewskys in Widerspruch treten. Denn gesetzt, daß irgendeine Erfahrung uns eine Abweichung der Winkelsumme bestimmter sehr großer Dreiecke zeigen könnte, so würde die begriffliche Repräsentation dieser Tatsache niemals darin zu bestehen brauchen und im Grunde methodisch auch nicht darin bestehen können, die Axiome der Geometrie, sondern vielmehr darin, bestimmte Hypothesen über physische Dinge abzuändern. Was wir in Wahrheit erfahren hätten, wäre nicht eine andere Struktur des Raumes, sondern ein neues Gesetz der Optik, das uns lehrt, daß die Fortpflanzung des Lichtes nicht streng geradlinig erfolgt. „Wie man sich auch drehen und wenden möge" – so schließt Poincaré daher – es ist unmöglich, mit dem Empirismus in der Geometrie einen vernünftigen Sinn zu verbinden (*72*, S. 92ff.). Gilt diese Entscheidung und läßt sich andererseits erweisen, daß unter allen möglichen in sich widerspruchsfreien Geometrien der Euklidischen ein bestimmter Vorzug der „Einfachheit" zukommt, sofern sie das Minimum jener Bedingungen definiert, unter denen Erfahrung überhaupt möglich ist, so wäre damit auch erkenntniskritisch eine prinzipielle Ausnahmestellung für sie begründet. Es würde sich dann zeigen, daß die verschiedenen Geo/metrien, die rein formal, was ihre logische Denkbarkeit betrifft, einander freilich gleichstehen, doch in ihrer Fruchtbarkeit für die Grundlegung der Erfahrungswissenschaft verschieden sind. „Prinzipiell unterschieden voneinander" — so dürfte man jetzt schließen — sind die Geometrien nur im Hinblick auf ihr erkenntnistheoretisches Verhältnis zum Begriff der Erfahrung; denn positiv ist dieses Verhältnis nur bei der Euklidischen Geometrie[30]."

Gegenüber der neuen Entwicklung, die die Physik in der allgemeinen Relativitätstheorie genommen hat, aber scheint nun diese Entscheidung der Erkenntnistheorie endgültig hinfällig zu werden. Immer wieder hatte man sich darauf berufen, daß in dem Kampf um die erkenntnistheoretische Gleichberechtigung der verschiedenen Geometrien das Wertentscheidende nicht in der formalen, sondern in der transzendentalen Logik zu suchen sei, daß es nicht nur auf die Verträglichkeit einer Geometrie mit der Erfahrung, sondern auch auf ihre „positive Erträglichkeit", d. h. auf die „Grundstiftung der Erfahrung" ankomme, die sie zu geben vermag. Und diese letztere Leistung glaubte man allein in der Euklidischen Geometrie vor sich zu sehen. Sie erschien als die eigentliche und einzige „Möglichkeitsgrundlage für Wirklichkeitserkenntnis" — die anderen dagegen immer nur als Grundlage für Mögliches. Aber gegenüber der außerordentlichen Leistung, die die Begriffe und Sätze der Riemannschen Geometrie in der Grundlegung und im Aufbau der Einsteinschen Gravitationstheorie vollbracht haben, läßt sich dieses Urteil nicht aufrecht erhalten. Jetzt scheint man vielmehr — gestützt auf das gleiche logische Wertkriterium — zu dem umgekehrten Schluß gelangen zu müssen: der Nicht-Euklidische Raum ist der allein „wirkliche", während der Euklidische eine bloße abstrakte Möglichkeit darstellt. In jedem Falle sieht sich jetzt die Logik der exakten Wissenschaft vor ein neues Problem gestellt. Die Tatsache der Fruchtbarkeit der Nicht-Euklidischen Geometrie für die Physik darf sie, da sie sich nicht nur in einzelnen An-

[30] S. Hönigswald (*32*); zum Folg. vgl. Bauch (*1*) S. 126 ff.

wendungen, sondern im Aufbau eines neuen physikalischen Gesamtsystems bewährt hat, nicht länger bestreiten: was hingegen in Frage steht, ist die Deutung, die dieser Tatsache zu geben ist. Und hier drängt sich zunächst eine negative Entscheidung auf, die durch die ersten Grundsätze der Relativitätstheorie selbst gefordert wird. Welche Bedeutung wir dem Denken der Nicht-Euklidischen Geometrie auch für das Denken der Physik, für das reine Erfahrungsdenken / zusprechen mögen: die Behauptung, daß irgendein Raum, er sei euklidisch oder nicht-euklidisch, der „wirkliche" sei, hat für uns jeden Sinn verloren. Eben dies war ja das Ergebnis des allgemeinen Relativitätsprinzips, daß durch dasselbe dem Raum „der letzte Rest physikalischer Gegenständlichkeit" genommen werden sollte. Nur verschiedene Maßverhältnisse innerhalb der physischen Mannigfaltigkeit, innerhalb jener unlöslichen Korrelation des Raumes, der Zeit und der physisch-realen Gegenstände, bei der die Relativitätstheorie als dem Letztgegebenen stehen bleibt, werden aufgewiesen; und es wird behauptet, daß diese Maßverhältnisse in der Sprache der Nicht-Euklidischen Geometrie ihren einfachsten exakt-mathematischen Ausdruck finden. Diese Sprache selbst aber ist und bleibt hierbei eine rein ideelle und symbolische – genau so wie es, richtig verstanden, auch die Sprache der Euklidischen Geometrie einzig sein konnte und wollte. Die Wirklichkeit, die sie allein ausdrücken kann und auszudrücken strebt, ist nicht die von Dingen, sondern von Gesetzen und Relationen. Und nun fragt sich erkenntnistheoretisch nur das eine: ob sich zwischen den Symbolen einer Nicht-Euklidischen Geometrie und der empirischen Mannigfaltigkeit der raum-zeitlichen „Ereignisse" eine eindeutige Beziehung und Zuordnung herstellen läßt. Wenn die Physik diese Frage bejaht, so hat die Erkenntniskritik keinen Grund und kein Recht, sie zu verneinen. Denn das „Apriori" des Raumes, das sie als Bedingung jeder physikalischen Theorie behauptet, schließt, wie sich gezeigt hat, keine Behauptung über eine bestimmte einzelne Struktur des Raumes in sich, sondern geht nur auf jene Funktion der „Räumlichkeit überhaupt", die sich schon in dem allgemeinen Begriff des Linienelements ds als solchen – ganz abgesehen von seiner näheren Bestimmung – ausdrückte.

Zeigt sich daher, daß die Bestimmung dieses Elements, wie sie in der Euklidischen Geometrie vollzogen ist, für die Bewältigung gewisser Probleme der Naturerkenntnis nicht ausreicht, so kann rein methodisch betrachtet nichts hindern, eine andere Maßbestimmung, sofern sie sich physikalisch als notwendig und fruchtbar erweist, an ihre Stelle zu setzen. Nur muß man sich in dem einen wie in dem andern Falle hüten, die „prästabilierte Harmonie zwischen der reinen Mathematik und der Physik“, die sich uns im Fortschritt der wissenschaftlichen Erkenntnis immer reicher und tiefer erschließt, im Sinne einer naiven Abbildtheorie mißzuverstehen. Die Gebilde der Geometrie — der Euklidischen sowohl wie / der Nicht-Euklidischen – besitzen in der Welt des Daseins nirgends ein unmittelbares Korrelat. Sie existieren so wenig physisch in den Dingen, als sie etwa psychisch in unserer „Vorstellung“ existieren, sondern all ihr „Sein“, d. h. ihr Geltungs- und Wahrheitswert geht in ihrer ideellen Bedeutung auf. Der Bestand, der ihnen kraft ihrer Definition, kraft eines reinen logischen Setzungsaktes zukommt, ist mit jeder Art empirischer „Wirklichkeit“ prinzipiell unverwechselbar und unvertauschbar. So kann denn auch die Anwendbarkeit, die wir irgendwelchen Sätzen der reinen Geometrie zugestehen, niemals darauf beruhen, daß die Elemente der ideellgeometrischen und der empirischen Mannigfaltigkeit in irgendeiner Weise zur unmittelbaren Deckung gebracht werden. An die Stelle einer derartigen sinnlich-anschaulichen Kongruenz muß vielmehr ein komplexer, durchaus vermittelter Relationszusammenhang treten. Für das, was die Punkte, die Geraden und Ebenen der reinen Geometrie bedeuten, kann es kein Abbild und keine Entsprechung innerhalb der Welt der sinnlichen Empfindung und Vorstellung geben. Selbst von irgendeinem Grade der Ähnlichkeit, von einer größeren oder geringeren Abweichung des „Empirischen“ vom Idealen kann streng genommen nicht gesprochen werden, da beide eben prinzipiell verschiedenen Gattungen angehören. Die theoretische Beziehung, die die Wissenschaft nichtsdestoweniger zwischen ihnen beiden herstellt, kann nur darin bestehen, daß sie, indem sie die inhaltliche Verschiedenheit der beiden Reihen durchaus zugibt und festhält, zwischen ihnen dennoch eine immer genauere und vollkommenere Zuordnung zu stiften versucht. Alle Bewährung, die die Sätze der Geometrie in der Physik finden können, ist stets nur auf diesem Wege möglich. Niemals läßt sich eine einzelne geometrische Wahrheit oder ein einzelnes Axiom, wie etwa der Parallelensatz, mit einzelnen Erfahrungen vergleichen — sondern immer ist es nur das Ganze eines bestimmten Axiomen-Systems, das wir dem Ganzen der physikalischen Erfahrung gegenüberstellen können. Was Kant von den Verstandesbegriffen im allgemeinen sagt, daß sie nur dazu dienen, „Erscheinungen zu buchstabieren, um sie als Erfahrungen lesen zu können" – das gilt im besonderen auch von den Raumbegriffen. Sie sind nur die Buchstaben, die wir erst zu Worten und Sätzen formen müssen, wenn wir sie als Ausdrücke für die Gesetzlichkeit der Erfahrung brauchen wollen. Wird auf diesem mittelbaren Wege das Ziel der Übereinstimmung nicht erreicht; – scheint es, daß die physikalischen Ge/setze, zu denen uns die Beobachtung und Messung hinführt, sich durch ein bestimmtes Axiomen-System nicht hinreichend genau und hinreichend einfach repräsentieren und ausdrücken lassen, – so steht es uns zunächst frei, welchen der beiden Faktoren wir einer Abwandlung unterziehen wollen, um die vermißte Übereinstimmung zwischen ihnen herzustellen. Das Denken wird, bevor es zu einer Variation seiner „einfachen" geometrischen Grundsetzungen schreitet, zunächst die komplexen physischen Bedingungen, die in die Messung eingehen, für die mangelnde Übereinstimmung verantwortlich machen: es wird die „physischen" Faktoren vor den „geometrischen" variieren. Führt jedoch dieses Verfahren nicht zum Ziel, und zeigt sich auf der anderen Seite, daß sich eine überraschende Einheit, eine völlige systematische Geschlossenheit in der Formulierung der „Naturgesetze" erreichen läßt, sobald wir uns zu einer veränderten Fassung unserer geometrischen Methodik entschließen – so steht prinzipiell einer solchen Änderung nichts im Wege. Denn gerade dann, wenn wir die geometrischen Axiome nicht als Abbilder einer gegebenen Wirklichkeit fassen, sondern sie als rein ideelle und konstruktive Setzungen begreifen, unterstehen sie keinem anderen Gesetz, als demjenigen, das ihnen von der Systematik des Denkens und der Erkenntnis auferlegt wird. Zeigt diese sich in reinerer und vollkommenerer Form durchführbar, wenn wir von einem relativ einfacheren geometrischen System zu einem relativ komplexeren fortschreiten, so kann die Erkenntniskritik, von ihrem Standpunkt aus, hiergegen keinen Einspruch erheben. Nur dies wird sie behaupten müssen, daß auch in diesem Falle dem Empirismus in der Geometrie „kein verständlicher Sinn abzugewinnen ist". Denn auch nun begründet ja keineswegs die Erfahrung die geometrischen Axiome, sondern sie trifft unter ihnen, als verschiedenen logisch-möglichen Systemen, deren jedes in sich selbst streng rational gegründet ist, nur eine bestimmte Auswahl für ihren konkreten Gebrauch, für die Deutung der Erscheinungen[31]. Auch jetzt

[31] Zu diesem Verhältnis des Problems der Metageometrie zum Problem der »Erfahrung« vgl. bes. Albert Görland [*28*, S. 324 ff.].

werden Platonisch gesprochen die Phänomene an den Ideen, an den Grundlegungen der Geometrie gemessen, nicht dagegen werden diese letzteren unmittelbar aus den sinnlichen Erscheinungen abgelesen.

Aber gerade dann, wenn man in diesem Sinne auch den Nicht-Euklidischen Geometrien ihre Bedeutung und Fruchtbarkeit für die / physikalische Erfahrung zugesteht, darf und muß auf der anderen Seite der allgemein-methodische Unterschied betont werden, der nichtsdestoweniger zwischen ihnen und der Euklidischen Geometrie bestehen bleibt. Dieser Unterschied kann jetzt nicht mehr ihrem Verhältnis zur Erfahrung entnommen, sondern er muß in gewissen „inneren" Momenten, d. h. in allgemeinen relationstheoretischen Bestimmungen als gegründet erkannt werden. Eine logische Sonder- und Ausnahmestellung, eine grundlegende Einfachheit der ideellen Struktur ließe sich der Euklidischen Geometrie auch dann noch zuerkennen, wenn sie auf ihre bisherige Alleinherrschaft innerhalb der Physik Verzicht leisten müßte. Und hier ist es gerade der Grundgedanke der allgemeinen Relativitätstheorie, der, wenn wir ihn aus der Sprache der Physik wieder in die Sprache der Logik und der allgemeinen Methodenlehre zurückübersetzen, diese Sonderstellung begründen und begreiflich machen kann. Die Euklidische Geometrie beruht auf einem bestimmten Relativitätsaxiom, das ihr spezifisch eigen ist. Als Geometrie des Raumes mit der konstanten Krümmung O ist sie durch die durchgehende Relativität aller Orte und Größen gekennzeichnet. Ihre Formbestimmungen sind von irgendwelchen absoluten Größenbestimmungen prinzipiell unabhängig. Während z. B. in der Geometrie Lobatschewskys die Winkelsumme in einem geradlinigen Dreieck von 180° verschieden ist und zwar um so mehr, je mehr der Flächeninhalt des Dreiecks wächst, geht die absolute Größe der Linien in keinen der Sätze der Euklidischen Geometrie ein. Hier läßt sich daher zu jeder gegebenen Figur eine „ähnliche" konstruieren: die einzelnen Gebilde werden in ihrer reinen „Qualität" erfaßt, ohne daß irgendein bestimmtes „Quantum", ein absoluter Zahl- und Größenwert für ihre Definition in Betracht käme. Diese Indifferenz der Euklidischen Gebilde gegen alle absoluten Größenunterschiede und die sich hieraus ergebende Bestimmungs- und Eigenschaftslosigkeit der einzelnen Punkte im Euklidischen Raum bildet selbst eine logisch-positive Charakteristik des letzteren. Denn der Satz: „omnis determinatio est negatio" gilt auch hier. Die Setzung des Bestimmungslosen dient als Grundlage für weitere komplexere Setzungen und Bestimmungen, die sich an sie anschließen können. In dieser Hinsicht ist und bleibt die Euklidische Geometrie die „einfachste", nicht in irgendeiner praktischen, sondern in streng logischer Bedeutung: der Euklidische Raum ist, wie Poincaré es ausdrückt, „einfacher nicht / nur infolge unserer geistigen Gewohnheiten oder infolge irgendeiner direkten Anschauung, die wir von ihm besitzen, sondern er ist der an sich einfachste, ebenso wie ein Polynom ersten Grades einfacher ist als ein Polynom zweiten Grades". (72, S. 67). Diese logische Einfachheit, die dem Euklidischen Raum im System unserer Denkmittel zukommt und die von seinem Verhältnis zur Erfahrung noch ganz unabhängig ist, drückt sich u. a. darin aus, daß wir jeden etwa „gegebenen" Raum, der irgendein bestimmtes Krümmungsmaß besitzt, dadurch zum Euklidischen machen können, daß wir hinlänglich kleine Gebiete in ihm betrachten, für welche der durch die Krümmung bedingte Unterschied verschwindet. Die Euklidische Geometrie zeigt sich hierin als die eigentliche Geometrie unendlich-kleiner Bezirke und damit als der Ausdruck bestimmter Elementarverhältnisse, die wir im Denken zugrunde legen, wenngleich wir uns vorbehalten, von ihnen gegebenen Falles zu komplexeren Formen weiterzuschreiten.

Auch die Entwicklung der allgemeinen Relativitätstheorie läßt diesen methodischen Vorzug der Euklidischen Geometrie unverändert bestehen. Denn in ihr gilt die Euklidische Maßbestimmung zwar nicht mehr schlechthin, wohl aber für gewisse „elementare" Bezirke, die sich durch eine bestimmte Einfachheit der physikalischen Bedingungen auszeichnen. Für die Durchführung des Grundgedankens der allgemeinen Relativitätstheorie zeigt sich der Euklidische Ausdruck des Linienelements insofern als ungenügend, als er die prinzipielle Forderung, bei jeder beliebigen Änderung des Bezugssystems seine Gestalt zu bewahren, nicht erfüllt. An seine Stelle hat daher das allgemeine Linienelement ($ds^2 = \sum_1^4 g_{\mu\nu}\, dx_\mu dx_\nu$) zu treten, das diese Forderung befriedigt. Betrachtet man indes unendlich-kleine vierdimensionale Gebiete, so wird ausdrücklich gefordert, daß für sie die Voraussetzungen der speziellen Relativitätstheorie und somit deren Euklidisches Grundmaß zutreffend bleiben. Die Form des allgemeinen Linienelements geht hier — indem die zehn Größen g, die in diesem als Funktionen der Koordinaten der einzelnen Punkte auftreten, bestimmte konstante Werte annehmen — in das Euklidische Element der speziellen Theorie über. Die physikalische Deutung dieses Verhältnisses aber besteht darin, daß die Größen $g_{\mu\nu}$ als diejenigen erkannt werden, welche das Gravitationsfeld in Hinsicht auf das gewählte Bezugssystem beschreiben. Die Bedingung, unter der / wir von den Voraussetzungen der allgemeinen Theorie wieder zur speziellen Relativitätstheorie und ihrem Euklidischen Linienelement gelangen können, läßt sich demnach jetzt auch in der Form aussprechen, daß wir nur solche Bezirke betrachten, in denen von der Wirkung von Gravitationsfeldern abgesehen werden kann. Dies ist für ein unendlich-kleines Gebiet stets möglich, und es gilt weiterhin auch für solche endliche Gebiete, in denen bei passender Wahl des Bezugssystems die betrachteten Körper keine merkliche Beschleunigung erfahren. Wie man sieht, wird auch hier die Veränderlichkeit der Größen $g_{\mu\nu}$, in der sich die Abweichung von der homogenen Euklidischen Raumform ausspricht, in einem bestimmten physischen Umstand als gegründet erkannt. Betrachten wir Gebiete, in denen dieser Umstand in Fortfall kommt oder heben wir ihn in Gedanken auf, so stehen wir alsbald wieder innerhalb der Euklidischen Welt. Der Satz Poincarés, daß alle physikalische Theorie und alle physikalische Messung über die Euklidische oder Nichteuklidische Beschaffenheit des Raumes schlechterdings nichts aussagen könne, weil sie es niemals mit diesem, sondern immer nur mit der Beschaffenheit des Physischen im Raume zu tun habe, bleibt also in dieser Hinsicht völlig in Kraft. Die Abstraktion (oder besser gesagt, die reine Funktion) des homogenen Euklidischen Raumes wird auch durch die Relativitätstheorie in keiner Weise erschüttert, sondern sie wird durch sie nur schärfer als zuvor als solche erkannt.

In der Tat wird durch alles, was diese Theorie uns über die Bedingtheit der Messung lehrt, die reine Bedeutung der geometrischen Begriffe in keiner Weise eingeschränkt. Diese Begriffe sind freilich, wie sich jetzt aufs neue zeigt, weder ein empirisches Datum, noch ein empirisches Dabile; aber ihr ideeller Bestand und Sinn wird dadurch nicht im mindesten angetastet. Daß in Gebieten, in denen wir mit Gravitationswirkungen von bestimmter Größe zu rechnen haben, die Vorbedingung für die gewohnte Methode der Messung in Wegfall kommt, daß wir uns hier nicht mehr der „starren Körper" als Längenmaße, der gewöhnlichen „Uhren" als Zeitmaße bedienen können, wird gezeigt. Aber eben diese Änderung der Maßverhältnisse kommt nicht auf Rechnung des Raumes, sondern auf Rechnung des durch das Gravitationsfeld bestimmten physikalischen Verhaltens von Maßstäben und Lichtstrahlen (vgl. *83*, S. 85ff.). Die Sätze und Wahrheiten der Euklidischen Geometrie würden hiervon nur dann mitbetroffen werden, wenn man / voraussetzte, daß diese Sätze nichts anderes als Verallgemeinerungen von empirischen Beobachtungen sind, die wir an festen Körpern angestellt haben. Eine solche Voraussetzung aber käme, erkenntnistheoretisch betrachtet, einer petitio principii gleich. Selbst Helmholtz hat, so sehr er auf den empirischen Ursprung der geometrischen Axiome dringt, gelegentlich auf eine andere Auffassung verwiesen, die ihren rein ideellen und „transzendentalen" Charakter zu retten vermöchte. Der Euklidische Begriff der Geraden könne, statt als eine Verallgemeinerung bestimmter physikalischer Beobachtungen, auch als ein reiner Idealbegriff gefaßt werden, der durch keine Erfahrung bestätigt oder widerlegt werden könnte, weil man erst nach ihm zu entscheiden hätte, ob irgendwelche Naturkörper als feste Körper zu betrachten seien. Dann aber würden — wie er einwendet — die geometrischen Axiome freilich aufhören, synthetische Sätze im Sinne Kants zu sein, da sie nur etwas aussagen würden, was aus dem Begriffe der zur Messung notwendigen festen geometrischen Gebilde analytisch folgen würde (*30a*, II, 30). Bei diesem Einwand ist jedoch übersehen, daß es neben der Form der analytischen Identität, die Helmholtz hier ins Auge faßt und die er der Form des empirischen Begriffs als einzige entgegensetzt, auch grundlegende synthetische Einheitssetzungen gibt und daß die Axiome der Geometrie eben zu diesen gehören. Setzungen dieser Art sind zwar gleichfalls auf den Gegenstand gerichtet, sofern sie in ihrer Gesamtheit den Gegenstand „konstituieren" und seine Erkenntnis ermöglichen wollen; — aber keine von ihnen läßt sich, für sich genommen, als eine Aussage über Dinge oder Dingverhältnisse verstehen. Ob sie ihrer Aufgabe, als Momente der empirischen Erkenntnis zu dienen, entsprechen, läßt sich vielmehr stets nur auf dem angegebenen mittelbaren Wege entscheiden: indem wir sie als Bausteine eines theoretisch-konstruktiven Gesamtsystems verwenden und sodann die Ergebnisse, die aus diesem folgen, mit den Ergebnissen der Beobachtung und Messung vergleichen. Daß hierbei jene Elemente, denen wir methodologisch eine bestimmte „Einfachheit" zuerkennen müssen, auch inhaltlich für den Aufbau der Naturgesetzlichkeit zureichen müssen, läßt sich a priori nicht fordern. Aber auch wenn dies nicht der Fall ist, überläßt sich nun das Denken nicht einfach passiv dem bloßen Stoffe der Erfahrung, sondern es entwickelt aus sich neue komplexere Formen, um mit ihnen den Forderungen des empirisch-Mannigfaltigen zu genügen. /

Hält man an dieser allgemeinen Grundanschauung fest, so rückt damit auch eines der befremdlichsten und dem ersten Anschein nach anstößigsten Resultate der allgemeinen Relativitätstheorie in ein neues Licht. Es ist eine notwendige Konsequenz dieser Theorie, daß von einer unveränderlich gegebenen Maßgeometrie, die ein für allemal für das Ganze der Welt gilt, in ihr überhaupt nicht mehr gesprochen werden kann. Da die Maßverhältnisse des Raumes vielmehr durch das Gravitationspotential bestimmt werden und da dieses im allgemeinen von Ort zu Ort als veränderlich anzusehen ist: so ist die Folgerung nicht zu umgehen, daß es überhaupt keine einheitliche „Geometrie" mehr für die Gesamtheit des Raumes und der Wirklichkeit gibt, sondern daß, je nach der spezifischen Beschaffenheit des Gravitationsfeldes an verschiedenen Stellen, auch verschiedene Formen der geometrischen Bestimmung einzutreten haben. Das scheint in der Tat der denkbar weiteste Abfall von der idealistischen, von der Platonischen Auffassung der Geometrie zu sein, nach der sie die „Wissenschaft des immer Seienden", die Erkenntnis von dem ist, was „immer auf gleiche Weise sich verhält". (ἀεὶ κατὰ ταὐτὰ ὡσαύτως ἔχον.) Der Relativismus scheint hier unmittelbar auf das Gebiet der Logik überzugreifen: die Relativität der Orte schließt die der geometrischen Wahrheit in sich. Und doch ist die Auffassung, die uns hier entgegentritt, auf der anderen Seite nur der schärfste Ausdruck dafür, daß das Problem des Raumes innerhalb der Relativitätstheorie jede ontologische Bedeutung überhaupt verloren hat. An die Stelle der Seinsfrage ist die rein methodologische Frage getreten. Nicht darum, was der Raum „ist" und ob ihm irgendeine bestimmte, sei es Euklidische, sei es Lobatschewskysche oder Riemannsche Beschaffenheit zuzuschreiben ist, handelt es sich mehr, sondern darum, welcher Gebrauch von verschiedenen Inbegriffen geometrischer Voraussetzungen in der Darstellung der Naturerscheinungen und ihrer gesetzlichen Abhängigkeiten zu machen ist. Bezeichnen wir jeden solchen Inbegriff als einen besonderen „Raum", so kann nun freilich nicht mehr die Rede davon sein, alle diese Räume als anschauliche Teile zu fassen, die zu einem anschaulichen Ganzen vereint und zusammengenommen werden können. Aber diese Unmöglichkeit beruht im Grunde darauf, daß wir es hier mit einer Problemstellung zu tun haben, die als solche jenseits der Grenzen und jenseits der Kompetenz der anschaulichen Darstellung überhaupt steht. Der Raum der reinen Anschauung ist immer nur der ideelle: der nach den Gesetzen / dieser Anschauung konstruierte Raum; hier aber ist gar nicht mehr von derartigen ideellen Synthesen und ihrer Einheit, sondern von den Maßverhältnissen des Empirischen und Physischen die Rede. Diese Maßverhältnisse können nur auf Grund von Naturgesetzen ermittelt und festgestellt werden, indem wir von der dynamischen Abhängigkeit der Erscheinungen untereinander ausgehen und kraft dieser Abhängigkeit die Erscheinungen sich selbst wechselseitig ihre Stellen in der Raum-Zeit-Mannigfaltigkeit bestimmen lassen. Daß diese Form der dynamischen Bestimmung nicht mehr der Anschauung als solcher angehört, sondern daß es die „Regeln des Verstandes" sind, durch welche allein das Dasein der Erscheinungen synthetische Einheit bekommen und in einen bestimmten Erfahrungsbegriff zusammengenommen werden kann: das hat auch Kant entschieden betont (s. oben S. 71 ff.). Der Schritt über ihn hinaus, den wir nunmehr auf Grund der Ergebnisse der allgemeinen Relativitätstheorie zu vollziehen hätten, bestünde in der Einsicht, daß in diese verstandesmäßige Bestimmung, in welcher uns erst das empirisch-physikalische Weltbild entsteht, auch geometrische Axiome und Gesetze von anderer als Euklidischer Form eingehen können, und daß die Zulassung solcher Axiome die Einheit der Welt, d. h. die Einheit unseres Erfahrungsbegriffs von einer Gesamtordnung der Phänomene nicht nur nicht zerstört, sondern sie von einer neuen Seite her erst wahrhaft begründet, indem auf diesem Wege die besonderen Naturgesetze, mit denen wir in der Raum-Zeit-Bestimmung zu rechnen haben, sich zuletzt in die Einheit eines obersten Prinzips — eben des allgemeinen Relativitätspostulats — zusammenfassen. Der Verzicht auf die anschauliche Einfachheit des Weltbildes würde also zugleich die Gewähr seiner größeren gedanklichen und systematischen Geschlossenheit in sich schließen. Dieser Fortgang aber kann, erkenntnistheoretisch betrachtet, nicht befremden: denn in ihm drückt sich nur ein allgemeines Gesetz des wissenschaftlichen und insbesondere des physikalischen Denkens aus. Statt ontologisch von einem Sein oder wohl gar vom Nebeneinander-Sein verschiedener und verschiedenkonstituierter „Räume" zu sprechen, was freilich auf einen handgreiflichen Widerspruch hinauskäme, spricht die Relativitätstheorie rein methodisch von der Möglichkeit oder Notwendigkeit, in der Darstellung bestimmter physischer Mannigfaltigkeiten verschiedene Maßbestimmungen, d. h. verschiedene geometrische Begriffssprachen zur Anwendung zu bringen. Diese sagen nun freilich / nichts mehr über die „Existenz" von Räumen aus, sondern sie weisen lediglich darauf hin, daß durch eine geeignete Wahl der geometrischen Voraussetzungen bestimmte physikalische Verhältnisse, wie die des Gravitationsfeldes oder auch die des elektromagnetischen Feldes mitbeschrieben werden können.

Der Zusammenhang zwischen dem reinen begrifflichen Denken, das sich im Aufbau der allgemeinen Mannigfaltigkeits- und Ordnungslehre betätigt, und der physikalischen Empirie erfährt hierin eine neue überraschende Bestätigung. Ein Gedanke, der ursprünglich lediglich aus dem immanenten Fortschritt der reinen mathematischen Spekulation, aus der ideelen Abwandlung der Hypothesen, die der Geometrie zugrunde liegen, erwachsen war, dient jetzt unmittelbar als Form, in welche die Naturgesetze gegossen werden. Dieselben Funktionen, die zuvor als Ausdruck der metrischen Eigenschaften eines Nicht-Euklidischen Raumes aufgestellt waren, ergeben die Gleichungen für das Gravitationsfeld. Diese Gleichungen bedürfen somit zu ihrer Aufstellung nicht der Einführung neuer unbekannter, insbesondere fernwirkender Kräfte, sondern sie leiten sich aus der Bestimmung und Besonderung der allgemeinen Maßvoraussetzungen ab. Statt eines neuen Dingkomplexes genügt hier für die Theorie die Betrachtung eines neuen allgemeinen Bedingungskomplexes. Riemann hatte, als er seine Theorie entwarf, in prophetischen Worten, an die in der Diskussion über die allgemeine Relativitätstheorie oft erinnert worden ist, auf diese ihre künftige physikalische Bedeutung hingewiesen. Bei der „Frage nach dem inneren Grunde der Maßverhältnisse des Raumes" – so betonte er – komme die Bemerkung zur Anwendung, daß bei einer diskreten Mannigfaltigkeit das Prinzip der Maßverhältnisse schon in dem Begriff dieser Mannigfaltigkeit enthalten ist, bei einer stetigen aber anderswoher hinzukommen muß. „Es muß also entweder das dem Raume zugrunde liegende Wirkliche eine diskrete Mannigfaltigkeit bilden oder der Grund der Maßverhältnisse außerhalb, in darauf wirkenden bindenden Kräften, gesucht werden. Die Entscheidung dieser Fragen kann nur gefunden werden, indem man von der bisherigen durch die Erfahrung bewährten Auffassung der Erscheinungen, wozu Newton den Grund gelegt, ausgeht und diese, durch Tatsachen, die sich aus ihr nicht erklären lassen, getrieben, allmählich umarbeitet: solche Untersuchungen, welche, wie die hier geführte, von allgemeinen Begriffen ausgehen, können nur dazu dienen, daß diese Arbeiten nicht durch / Beschränktheit der Begriffe gehindert und der Fortschritt im Erkennen des Zusammenhangs der Dinge nicht durch überlieferte Vorurteile gehemmt wird" (77). Was hier verlangt wird, ist also die volle Freiheit der geometrischen Begriffs- und Hypothesenbildung, weil erst durch sie auch das physikalische Denken zur vollen Wirksamkeit gelangen könne, weil es erst damit allen künftigen, aus der Erfahrung sich ergebenden Aufgaben mit einem gesicherten und systematisch vollkommenen Rüstzeug gegenüberstehe. Aber dieser Zusammenhang drückt sich bei Riemann freilich in der Sprache des Herbartschen Realismus aus. Der reinen Form des geometrischen Raumes soll ein Wirkliches zugrunde liegen, in welchem die letzte Ursache für die inneren Maßverhältnisse dieses Raumes zu suchen sei. Vollziehen wir indes auch dieser Problemstellung gegenüber die kritische, die „Copernikanische" Drehung – fassen wir also die Frage nicht so, daß ein Wirkliches als Realgrund des Raumes, sondern daß der Raum als Idealgrund im Aufbau und Fortgang der Wirklichkeits*erkenntnis* erscheint – so ergibt sich uns alsbald eine charakteristische Umkehrung. Statt den „Raum" als ein für sich bestehendes Wirkliches zu betrachten, das gleich anderen Wirklichkeiten aus „bindenden Kräften" erklärt und abgeleitet werden müsse, fragen wir nun vielmehr, ob nicht jene apriorische Funktion, jene allgemeine ideelle Beziehung, die wir „Raum" nennen, verschiedene mögliche Ausgestaltungen in sich birgt, und unter ihnen auch solche, die geeignet sind, eine exakte und erschöpfende Darstellung bestimmter physikalischer Verhältnisse, bestimmter „Kraftfelder" zu liefern. Die Entwicklung der allgemeinen Relativitätstheorie hat diese Frage bejaht: sie hat das, was bei Riemann als geometrische Hypothese, als bloße Möglichkeit des Denkens auftrat, als ein Organ der Wirklichkeitserkenntnis erwiesen. Die Newtonsche Dynamik wird hier in reine Kinematik und diese Kinematik letzten Endes in Geometrie aufgelöst. Der Inhalt dieser letzteren muß sich nun freilich erweitern, der „einfache" Euklidische Typus der geometrischen Axiome muß durch einen komplexeren ersetzt werden; aber dafür dringen wir nun auch, ohne den Umkreis der geometrischen Betrachtung zu verlassen, einen Schritt weiter ins Gebiet des Seins, d. h. ins Gebiet der empirischen Erkenntnis vor. Indem wir nicht bei der Form des Euklidischen Raumes, als einem ungeteilten Ganzen, stehen bleiben, sondern sie analytisch zerlegen, indem wir die Stellung der einzelnen Axiome und ihre wechselseitige Bedingtheit oder Unabhängig/keit untersuchen, werden wir damit auf ein System rein apriorischer Mannigfaltigkeiten geführt, deren Gesetz das Denken konstruktiv entwirft; – und in diesem Entwurf besitzen wir nun zugleich neue Grundmittel, um die Verhältnisse des Realen, um die Struktur des empirisch-Mannigfaltigen zur Darstellung zu bringen.

Die realistische Wendung, daß die Maßverhältnisse des Raumes in gewissen physikalischen Bestimmungen, in „bindenden Kräften" der Materie ihren Grund haben müssen, bringt dieses eigentümliche Doppelverhältnis freilich durchaus einseitig und daher, erkenntnistheoretisch betrachtet, ungenau und ungenügend zum Ausdruck. Denn gerade dieser metaphysische Gebrauch der Kategorie des Grundes würde die methodische Einheit, die hier bezeichnet werden soll, wieder aufheben. Was die relativistische Physik, die sich streng und konsequent aus einer Theorie der Raum- und Zeitmessung entwickelt hat, uns darbietet, ist ja in Wahrheit immer nur die Verschmolzenheit, die gegenseitige Determination der metrischen und der physikalischen Bestimmungen. In dieser aber besteht gar kein bloß einseitiges Verhältnis des Grundes zur Folge mehr, sondern nur ein reines Wechselverhältnis, eine Korrelation der „ideellen" und „reellen" Momente, der „Materie" und der „Form", des Geometrischen und des Physikalischen. Sofern wir in diesem Wechselverhältnis überhaupt noch eine Scheidung vornehmen und zulassen – sofern wir in ihm das eine Element als das „frühere" und grundlegende, das andere als das „spätere" und begründete ansetzen wollen, – kann dieser Unterschied immer nur als ein logischer, nicht als ein realer Unterschied gemeint sein. Und in diesem Sinne müßten wir alsdann freilich wieder die reine Raum-Zeit-Mannigfaltigkeit als das logische Prius fassen: nicht als ob sie in irgendeinem Sinne außerhalb und vor der empirisch-physikalischen bestünde und gegeben wäre, sondern weil sie ein Prinzip und eine grundlegende Bedingung aller Erkenntnis empirisch-physikalischer Verhältnisse ausmacht. Der Physiker als solcher braucht freilich auf diesen Zusammenhang nicht mehr zu reflektieren: denn ihm ist in allen konkreten Messungen, die er vollzieht, die raumzeitliche und die empirische Mannigfaltigkeit immer nur in der einheitlichen Operation des Messens selbst, nicht in der abstrakten Sonderung ihrer einzelnen begrifflichen Elemente und Bedingungen gegeben.

Von diesen Betrachtungen aus erscheint nunmehr auch das Verhältnis zwischen der Euklidischen und der Nicht-Euklidischen / Geometrie in einem neuen Lichte. Der eigentliche Wertvorzug der Euklidischen Geometrie scheint auf den ersten Blick in ihrer konkret-anschaulichen Bestimmtheit zu bestehen, der gegenüber alle „Pseudogeometrien" zu leeren logischen „Möglichkeiten" verblassen. Diese Möglichkeiten bestehen nur für das Denken, nicht für das „Sein", sie erscheinen als analytische Begriffsspiele, die außer Betracht bleiben können, wenn es sich um die Erfahrung und um die „Natur", um die synthetische Einheit der Gegenstandserkenntnis, handelt. Diese Ansicht muß indes, wenn wir auf unsere früheren Betrachtungen zurückblicken, eine eigentümliche und paradoxe Umkehrung erfahren. Der reine Euklidische Raum steht, wie sich jetzt zeigt, den prinzipiellen Anforderungen, die die empirisch-physikalische Erkenntnis stellt, nicht näher, sondern ferner als die Nicht-Euklidischen Mannigfaltigkeiten. Denn er ist, gerade weil er die logisch-einfachste Form der räumlichen Setzung darstellt, der inhaltlichen Komplexion, der materialen Bestimmtheit des Empirischen nicht voll gewachsen. Seine Grundeigenschaft der Homogeneität, sein Axiom von der prinzipiellen Gleichwertigkeit aller Punkte, kennzeichnet ihn zugleich als abstrakten Raum: denn innerhalb der konkret-empirischen Mannigfaltigkeiten gibt es solche Gleichförmigkeit nirgends, sondern in ihnen herrscht durchgängige Differenzierung. Wollen wir, im Umkreis der geometrischen Relationen selbst, für diese Tatsache der Differenzierung einen begrifflichen Ausdruck schaffen, so bleibt nichts übrig, als die geometrische Begriffssprache in der Richtung auf das Problem des „Heterogenen" weiter zu entwickeln. Diese Entwicklung ist es, die in der Ausbildung der Metageometrie vor uns liegt. Indem sich hier der Begriff der speziellen dreidimensionalen Mannigfaltigkeit mit dem Krümmungsmaß 0 zu dem Gedanken eines Systems von Mannigfaltigkeiten mit verschiedener konstanter oder variabler Krümmung erweitert, wird damit eine neue ideelle Vorbereitung zur Beherrschung komplexer Mannigfaltigkeiten getroffen, werden neue begriffliche Symbole als Ausdrücke nicht für Dinge, sondern für mögliche gesetzliche Beziehungen geschaffen. Ob diese Beziehungen sich innerhalb der Erscheinungen an irgendeiner Stelle erfüllt und verwirklicht finden, kann lediglich die Erfahrung entscheiden. Aber nicht sie ist es, die den Inhalt der geometrischen Begriffe begründet, vielmehr greifen diese Begriffe ihr als methodische Antizipationen voraus – wie die Form der Ellipse lange als Kegelschnitt antizipiert war, ehe sie in der Bestimmung / der Planetenbahnen zur konkreten Anwendung und Bedeutung gelangte. Die Systeme der Nicht-Euklidischen Geometrie schienen, als sie zuerst auftraten, von jeder empirischen Bedeutung entblößt: aber in ihnen drückte sich gleichsam die gedankliche Bereitschaft für Probleme und Aufgaben aus, zu denen die Erfahrung erst später hinführen sollte. Wie heute der „absolute Differentialkalkul", der von Gauß, Riemann und

Christoffel von rein mathematischen Erwägungen aus begründet wurde, in der Einsteinschen Gravitationstheorie zu einer überraschenden Anwendung gelangt, so muß die Möglichkeit einer solchen Anwendung für alle, selbst die entlegensten Konstruktionen der reinen Mathematik, und speziell der Nicht-Euklidischen Geometrie, offen gehalten werden. Denn immer noch hat es sich in der Geschichte dieser Wissenschaft gezeigt, daß gerade die vollkommene Freiheit der Mathematik die Gewähr und die Bedingung ihrer Fruchtbarkeit in sich schließt. Ins Gebiet des Konkreten dringt der Gedanke nicht vor, indem er die besonderen Erscheinungen gleich Bildern behandelt, die zu einem einzigen Mosaikbilde zu vereinen wären, sondern indem er, im Hinblick auf das Empirische und durch die Forderung seiner gesetzlichen Bestimmung geleitet, seine eigenen Bestimmungsmittel immer mehr verschärft und verfeinert. Wenn es für diesen logischen Sachverhalt noch eines Beweises bedurft hätte, so hätte die Entwicklung der Relativitätstheorie ihn erbracht. Schon von der speziellen Relativitätstheorie hat man gesagt, daß sie „die scheinbar handgreiflichsten Realitäten durch mathematische Konstruktionen ersetzt und in ihnen aufgelöst" habe (*38*, S. 13). Der Fortgang zur allgemeinen Relativitätstheorie hat sodann diesen konstruktiven Zug in ihr noch deutlicher ans Licht gebracht; aber er hat zugleich gezeigt, wie gerade hierdurch, gerade in dieser Auflösung der „handgreiflichen" Realitäten, der Zusammenhang der Theorie mit der Erfahrung sich auf einem ganz neuen Wege bewährt und herstellt. Je weiter das physikalische Denken fortschreitet und zu je höherer Allgemeinheit der Auffassung es sich erhebt: um so mehr scheint es die unmittelbaren Gegebenheiten, bei denen das naive Weltbild verharrt und in denen es aufgeht, aus dem Auge zu verlieren, so daß schließlich fast kein Rückweg mehr zu diesen Gegebenheiten übrig zu bleiben scheint. Und doch überläßt sich der Physiker diesen letzten und höchsten Abstraktionen in der Gewißheit und Zuversicht, gerade in ihnen die Realität, *seine* Realität in einem neuen und reicheren Sinne wiederzufinden. Auch im Fort/gang der physikalischen Erkenntnis gilt das tiefe Wort des Heraklit, daß der Weg nach oben und der Weg nach unten derselbe ist: ὁδὸς ἄνω κάτω μίη. Auch hier gehören Aufstieg und Abstieg notwendig zusammen: die Richtung, die der Gedanke auf die universellen Prinzipien und Erkenntnisgründe nimmt, erweist sich zuletzt mit der Richtung auf die Besonderung der Phänomene und der Tatsachen nicht nur als vereinbar, sondern als ihr Korrelat und ihre Bedingung.

VII.

DIE RELATIVITÄTSTHEORIE UND DAS PROBLEM DER REALITÄT

Wir haben zu zeigen versucht, wie der neue Naturbegriff und Gegenstandsbegriff, den die Relativitätstheorie aufstellt, in der Form des physikalischen Denkens selbst gegründet ist und diese Form nur zu einem letzten Abschluß und einer letzten Klarheit bringt. Das physikalische Denken strebt danach, in reiner Objektivität nur den Gegenstand der Natur zu bestimmen und auszusprechen: aber es spricht dabei notwendig zugleich sich selbst, sein eigenes Gesetz und sein eigenes Prinzip aus. Hierin bewährt sich wieder jener „Anthropomorphismus" aller unserer Naturbegriffe, auf den Goethes Altersweisheit hinzudeuten liebte. „Alle Philosophie über die Natur bleibt doch nur Anthropomorphismus, d. h. der Mensch, eins mit sich selbst, teilt allem, was er nicht ist, diese Einheit mit, zieht es in die seinige herein, macht es mit sich selbst eins. . . Wir mögen an der Natur beobachten, messen, rechnen, wägen usw., wie wir wollen, es ist doch nur unser Maß und Gewicht, wie der Mensch das Maß der Dinge ist." Nur ist, nach allen vorangegangenen Betrachtungen, dieser „Anthropomorphismus" selbst nicht in einem beschränkt psychologischen, sondern in einem allgemeinen, kritisch-transzendentalen Sinne zu verstehen. Als das charakteristische Merkmal der Entwicklung des Systems der theoretischen Physik wird von Planck eine fortschreitende Emanzipation von den anthropomorphen Elementen bezeichnet, die die möglichst vollständige Trennung des Systems der Physik von der individuellen Persönlichkeit des Physikers zum Ziele hat (*68*, S. 7). Aber gerade in dieses „objektive", von aller Zufälligkeit des individuellen Standorts und der individuellen Persönlichkeit losgelöste System, gehen nun selbst jene allgemeinen Systembedingungen ein, auf denen die Eigenart der physikalischen Problemstellung als sol/cher beruht. Die sinnliche Unmittelbarkeit und die sinnliche Besonderung der einzelnen Wahrnehmungsqualitäten wird ausgeschaltet; aber eben diese Ausschaltung ist nur vermöge der Begriffe von Raum und Zeit, von Zahl und Größe möglich. In ihnen bestimmt die Physik den allgemeinsten Inhalt der Wirklichkeit, weil und sofern in ihnen die

Richtung der physikalischen Auffassung als solcher, gleichsam die Form der ursprünglichen physikalischen Apperzeption, bezeichnet ist. In der Ausgestaltung der Relativitätstheorie hat sich uns dieses Wechselverhältnis überall bestätigt. Das Relativitätsprinzip hat einen zugleich objektiven und subjektiven, einen gegenständlichen und einen methodischen Sinn. Das „Postulat der absoluten Welt", das es nach einem Ausdruck Minkowskis in sich schließt, ist letzten Endes ein Postulat der absoluten Methode. Die allgemeine Relativität aller Orte, Zeiten und Maßstäbe muß das letzte Wort der Physik bilden, weil die Relativierung, die Auflösung des Gegenstandes der Natur in reine Maßbeziehungen, den Kern des physikalischen Verfahrens, weil sie die grundlegende Erkenntnisfunktion der Physik ausmacht.

Begreift man jedoch in diesem Sinne, wie der Inhalt der Relativitätsbehauptung mit innerer Konsequenz und Notwendigkeit aus der Form der Physik selbst herauswächst, so ist darin zugleich eine bestimmte kritische Einschränkung dieser Behauptung bezeichnet. Das Postulat der Relativität mag der reinste, der allgemeinste und schärfste Ausdruck des physikalischen Gegenstandsbegriffs sein; — aber eben dieser Begriff des physikalischen Gegenstands fällt, vom Standpunkt der allgemeinen Erkenntniskritik, mit der Wirklichkeit schlechthin keineswegs zusammen. Der Fortschritt der erkenntnistheoretischen Analyse bewährt sich eben darin, daß durch ihn die Annahme einer Einfachheit und Einerleiheit der Wirklichkeitsbegriffe mehr und mehr als Täuschung erkannt wird. Jede ursprüngliche Richtung, die die Erkenntnis nimmt, jede Deutung, der sie die Erscheinungen unterwirft, um sie zur Einheit eines theoretischen Zusammenhangs oder einer bestimmten Sinneinheit zusammenzufassen, schließt eine besondere Fassung und Formung des Begriffs der Wirklichkeit in sich. Hier ergeben sich nicht nur die charakteristischen Bedeutungsunterschiede der wissenschaftlichen Gegenstände selbst — die Scheidung des „mathematischen" vom „physikalischen", des „physikalischen" vom „chemischen", des „chemischen" vom „biologischen" Gegenstand; sondern hier treten auch dem Ganzen der theoretisch-wissenschaftlichen Er/kenntnis andere Form- und Sinngebungen von selbständigem Typus und selbständiger Gesetzlichkeit — wie die ethische, die ästhetische „Form" — gegenüber. Es erscheint als die Aufgabe einer wahrhaft allgemeinen Erkenntniskritik, daß sie diese Mannigfaltigkeit, diesen Reichtum und diese Vielgestaltigkeit der Formen der Welterkenntnis und des Weltverständnisses, nicht nivelliert und in eine rein abstrakte Einheit zusammendrängt, sondern daß sie sie als solche bestehen läßt. Erst wenn wir der Versuchung widerstehen, die Gesamtheit der Formen, die sich uns hier ergibt, in eine letzte *metaphysische* Einheit, in die Einheit und Einfachheit eines absoluten „Weltgrundes“ zusammenzudrängen und aus ihm ableiten zu wollen, erschließt sich uns ihr wahrhafter konkreter Gehalt und ihre konkrete Fülle. Keine Einzelform kann freilich jetzt noch den Anspruch erheben, die „Wirklichkeit“ als solche, die „absolute“ Realität in sich zu fassen und zum vollständigen und adäquaten Ausdruck zu bringen. Vielmehr ist der Gedanke einer solchen letzten eindeutigen Wirklichkeit wenn überhaupt, so nur als *Idee* faßbar: als die Aufgabe einer Totalität der Bestimmung, bei der jede besondere Erkenntnis- und Bewußtseinsfunktion gemäß ihrer Eigenart und innerhalb ihrer bestimmten Grenzen mitzuwirken hat. Hält man an dieser Gesamtanschauung fest, so ergibt sich, schon innerhalb des reinen Naturbegriffs selbst, eine mögliche Verschiedenheit von Ansätzen, von denen jeder ein bestimmtes Recht und eine charakteristische Geltung für sich in Anspruch nehmen darf. Die „Natur“ Goethes ist mit derjenigen Newtons nicht einerlei – weil in der ursprünglichen *Gestaltung* beider durchaus verschiedene Formprinzipien, verschiedene Arten der Synthese, des geistigen und gedanklichen Zusammenschauens der Erscheinungen, obwalten. Wo solche Verschiedenheiten der *Grundrichtung* der Betrachtung bestehen, da lassen sich auch die *Resultate* der Betrachtung nicht ohne weiteres vergleichen und aneinander messen. Der naive Realismus der gewöhnlichen Weltansicht, wie der Realismus der dogmatischen Metaphysik verfällt freilich immer aufs neue diesem Fehler. Er löst aus der Gesamtheit der möglichen Wirklichkeitsbegriffe einen einzelnen heraus und stellt ihn als Norm und Urbild für alle übrigen auf. So werden bestimmte notwendige Formgesichtspunkte, unter denen wir die Welt der Erscheinungen zu beurteilen, zu betrachten und zu verstehen suchen, zu Dingen, zum Sein schlechthin, umgeprägt. Ob wir als dieses letzte Sein die „Materie“ oder das „Leben“, die „Natur“ oder die „Geschichte“ be/stimmen: immer ergibt sich für uns auf diesem Wege zuletzt eine Verkümmerung der Weltansicht, weil bestimmte geistige Funktionen, die an ihrem Aufbau mitwirken, ausgeschaltet und dagegen andere einseitig hervorgehoben und bevorzugt scheinen.

Es ist die Aufgabe der systematischen Philosophie – die über diejenige der Erkenntnistheorie weit hinausgreift – das Weltbild von dieser Einseitigkeit zu befreien. Sie hat das Ganze der symbolischen Formen, aus deren Anwendung für uns der Begriff einer in sich gegliederten Wirklichkeit entspringt — kraft deren sich für uns Subjekt und Objekt, Ich und Welt scheiden und in bestimmter Gestaltung gegenübertreten, — zu erfassen und jedem Einzelnen in dieser Gesamtheit seine feste Stelle anzuweisen. Denkt man sich diese Aufgabe als gelöst, so wäre damit erst den besonderen Begriffs- und Erkenntnisformen wie den allgemeinen Formen des theoretischen, des ethischen, des ästhetischen und religiösen Weltverständnisses ihr Recht gesichert und ihre Grenze bezeichnet. Jede besondere Form würde sich freilich in dieser Auffassung gegenüber den andern relativieren; — aber da diese Relativierung durchaus wechselseitig ist, da keine Einzelform mehr, sondern nur deren systematische Allheit als Ausdruck der „Wahrheit" und „Wirklichkeit" zu gelten hätte, so würde die Schranke, die sich damit ergibt, auf der andern Seite als eine durchaus immanente Schranke erscheinen; als eine solche, die sich aufhebt, sobald wir das Einzelne wieder auf das Ganze beziehen und im Zusammenhang des Ganzen betrachten.

Wir verfolgen jedoch das allgemeine Problem, das sich uns hier eröffnet, an dieser Stelle nicht weiter, sondern benutzen es nur, um von ihm aus die Grenzen zu bezeichnen, die jeder, auch der allgemeinsten physikalichen Fragestellung anhaften, weil sie im Begriff und Wesen dieser Fragestellung notwendig gegründet sind. Alle Physik betrachtet die Erscheinungen unter dem Gesichtspunkt und der Voraussetzung ihrer Meßbarkeit. Sie sucht das Gefüge des Seins und des Geschehens zuletzt in ein reines Gefüge, in eine Ordnung von Zahlen aufzulösen. Gerade die Relativitätstheorie hat diese Grundtendenz des physikalischen Denkens auf ihren schärfsten Ausdruck gebracht. Nach ihr besteht das Verfahren jeder physikalischen „Erklärung" des Naturgeschehens darin und erschöpft sich darin, jedem Punkte des raum-zeitlichen Kontinuums vier Zahlen x_1, x_2, x_3, x_4 zuzuordnen, die gar keine unmittelbare physikalische Bedeutung besitzen, sondern nur dazu dienen, die Punkte des / Kontinuums „in bestimmter, aber willkürlicher Weise zu numerieren". (Vgl. *18*, S. 64). Das Ideal, mit welchem die wissenschaftliche Physik bei Pythagoras und den Pythagoreern begann, findet hier seinen Abschluß: alle Qualitäten, auch die des reinen Raumes und der reinen Zeit, sind in reine Zahlwerte umgesetzt. Die logische Grundforderung, die im Begriff der Zahl enthalten ist und die diesem Begriff sein eigentliches Gepräge gibt, scheint damit in einem nicht mehr zu überbietenden Maße erfüllt: alle sinnliche und anschauliche Ungleichartigkeit ist in reine Gleichartigkeit aufgegangen. Die klassische Mechanik und Physik suchte dieses immanente Ziel der Begriffsbildung dadurch zu erreichen, daß sie die Mannigfaltigkeit des sinnlich-Gegebenen auf den homogenen Raum der Euklidischen Geometrie und auf die homogene absolut-gleichförmige Zeit bezog. Aller Unterschied der Empfindung wurde damit auf einen Unterschied von Bewegungen zurückgeführt: alle mögliche Vielfältigkeit des Inhalts löste sich in die bloße Vielfältigkeit der Raum- und Zeitstellen auf. Aber das Ideal der strengen Gleichartigkeit ist hier insofern nicht erreicht, als es noch immer zwei Grundformen des Homogenen selbst sind, die sich als reine Raumform und als reine Zeitform einander gegenüberstehen. Die Relativitätstheorie drängt in ihrer Entwicklung auch über diesen Gegensatz hinweg; sie sucht nicht nur die Differenzen der Empfindung, sondern auch die der räumlichen und zeitlichen Bestimmung in die Einheit der Zahlbestimmung aufzuheben. Die Besonderheit jedes „Ereignisses" wird durch die vier Zahlen x_1, x_2, x_3, x_4 zum Ausdruck gebracht, wobei diese Zahlen selbst gegeneinander keine inneren Unterschiede mehr aufweisen, also auch die einen von ihnen x_1, x_2, x_3 nicht zu einer besonderen Gruppe der „räumlichen" Koordinaten vereinigt und der „Zeitkoordinate" x_4 gegenübergestellt werden können. Damit erscheinen folgerecht alle Unterschiede, die der räumlichen und zeitlichen Auffassung im subjektiven Bewußtsein anhaften, ebenso beseitigt und ausgeschaltet, wie etwa in die physikalische Begriffsbestimmung des Lichts und der Farbe nichts von der subjektiven Gesichtsempfindung eingeht[32]. Jetzt werden nicht nur die räumlichen und zeitlichen Bestimmungen gegeneinander vertauschbar, sondern es scheinen sich auch alle inneren, für das subjektive Bewußtsein unaufheblichen Unterschiede des Zeitlichen selbst, alle Differenzen der Richtung, die wir durch die Worte „Vergangenheit" und „Zukunft" bezeichnen, zu / nivellieren. Die Richtung in die Vergangenheit und die in die Zukunft unterscheiden sich in der Form, die der Weltbegriff hier annimmt, voneinander nicht anders als die + und −Richtung im Raume, die wir durch willkürliche Festlegung bestimmen können. Es bleibt nur die „absolute Welt" Minkowskis zurück: die Physik wird aus einem Geschehen im dreidimensionalen Raum gewissermaßen ein Sein in dieser vierdimensionalen Welt, in welcher

[32] Zu diesem letzteren Punkt vgl. jetzt Planck, Das Wesen des Lichts (*71*).

die Zeit als veränderliche Größe durch den imaginären „Lichtweg" ($x_4 = \sqrt{-1}\,c\,t$) ersetzt ist[33].

Mit dieser Verwandlung des Zeitwertes in einen imaginären Zahlwert scheint freilich auch alle „Wirklichkeit" und alle jene qualitative Bestimmtheit, die die Zeit als „Form des inneren Sinnes", als Form des unmittelbaren Erlebens besitzt, zunichte geworden. Der „Strom des Geschehens", der psychologisch erst das Bewußtsein ausmacht und der es als solches kennzeichnet, steht still: er ist in die absolute Starrheit einer mathematischen Weltformel aufgegangen. Von der Zeitgestalt, die all unserem Erleben als solchem eignet, und die in all seine inhaltlichen Bestimmungen als unlöslicher und notwendiger Faktor eingeht[34], ist in dieser Formel nichts übrig geblieben. Aber so paradox dieses Ergebnis auch vom Standpunkt eben dieses Erlebens erscheint, so drückt sich doch in ihm andererseits nur der Gang der mathematisch-physikalischen Objektivierung selbst aus – den man jedoch, um ihn erkenntnistheoretisch richtig zu würdigen, nicht nach seinem bloßen Resultat, sondern eben als Gang, als Methode zu verstehen hat. In der Auflösung der subjektiv-erlebten Qualitäten in rein objektive numerische Bestimmungen ist die mathematische Physik an keine bestimmte Grenze gebunden. Sie muß ihren Weg zu Ende gehen; sie darf vor keiner noch so ursprünglichen und fundamentalen Bewußtseinsgestalt Halt machen: denn es ist eben ihre spezifische Erkenntnisaufgabe, alles Zählbare in die reine Zahl, alle Qualität in die Quantität, alle besondere Gestaltung in ein allgemeines Ordnungsschema umzusetzen und es kraft dieser Umsetzung erst wissenschaftlich zu „begreifen". Die Philosophie würde vergeblich versuchen, diesem Streben an irgendeinem Punkte Einhalt zu gebieten und ihm ein „Ne plus ultra" zuzurufen. Ihre Aufgabe muß sich vielmehr darauf beschränken, daß sie, indem sie die logische Bedeutung des mathematisch-physikalischen Objektbegriffs vollauf anerkennt, diese / Bedeutung zugleich als seine logische Bedingtheit begreift. Alle besonderen physikalischen Theorien, und somit auch die Relativitätstheorie, empfangen ihren bestimmten Sinn und Gehalt erst durch den einheitlichen Erkenntniswillen der Physik überhaupt, der hinter ihnen steht. In dem Augenblick, in dem wir das Gebiet der Physik überschreiten, in welchem wir nicht die Mittel, sondern das Ziel der Erkenntnis selbst verändern,

[33] Vgl. Minkowski (*54*, S. 62ff.), Einstein (*18*, S. 82f.).

[34] Vgl. hrz. z. B. J. Cohn (*14*, S. 228ff.).

nehmen damit auch alle Sonderbegriffe eine neue Fassung und Formung an. Jeder dieser Begriffe bedeutet etwas anderes, je nach der allgemeinen „Modalität" des Bewußtseins und der Erkenntnis, innerhalb deren er steht und von der aus er betrachtet wird. Der Mythos und die wissenschaftliche Erkenntnis, das logische und das ästhetische Bewußtsein sind Beispiele derartig verschiedener Modalitäten. Es sind bisweilen gleichnamige, aber nichtsdestoweniger keineswegs gleichbedeutende Begriffe, die uns in diesen verschiedenen Sphären entgegentreten. Das Begriffsverhältnis, das wir allgemein als „Ursache" und „Wirkung" bezeichnen, ist auch dem mythischen Denken nicht fremd – aber es unterscheidet sich hier spezifisch von dem Sinn, den es im wissenschaftlichen, insbesondere im mathematisch-physikalischen Denken erhält. Auf ähnliche Weise unterliegen alle Grundbegriffe einem charakteristischen geistigen Bedeutungswandel, wenn man sie durch die verschiedenen Gebiete geistiger Betrachtung hindurchführt. Wo die Abbildtheorie der Erkenntnis eine einfache Identität sucht und fordert – da erblickt die Funktionstheorie der Erkenntnis durchgängige Verschiedenheit, aber zugleich freilich durchgängige Korrelation der Einzelformen[35].

Wendet man diese Betrachtungsweise auf die Begriffe von Raum und Zeit an, so wird erst völlig verständlich, was die Umformung, die diese Begriffe in der modernen physikalischen Erkenntnis erfahren haben, für ihren philosophischen Gehalt bedeutet – und was sie hierfür nicht bedeuten kann. Der Inhalt der physikalischen Schlußfolgerungen läßt sich, ohne in den logischen Fehler einer μετάβασις εἰς ἄλλο γένος zu verfallen, nicht einfach in die Sprache solcher Gebiete übertragen, deren Fügung auf einem ganz anderen Strukturprinzip beruht. So bleibt zunächst dasjenige, was Raum und Zeit als unmittelbare Inhalte des Erlebens sind, und als was sie sich unserer psychologischen und phänomenologischen / Analyse darbieten, von dem Gebrauch, den wir von ihnen im Verlauf der Objektbestimmung, im Fortgang der objektivierenden begrifflichen Erkenntnis machen, unberührt. Die Distanz, die zwischen diesen beiden Weisen der Betrachtung und Auffassung besteht, wird durch die Relativitätstheorie nur vergrößert, und daher als solche deutlicher kenntlich gemacht; aber sie wird keineswegs durch sie erst

[35] Des fragmentarischen Charakters der hier gegebenen Andeutungen bin ich mir bewußt: ich muß zu ihrer Ergänzung und näheren Begründung auf spätere eingehendere Darlegungen verweisen. Vgl. auch den Aufsatz „Goethe und die mathematische Physik" *(11)*.

geschaffen. Vielmehr ist klar, daß wir, um auch nur zu den ersten Elementen der mathematisch-physikalischen Erkenntnis und des mathematisch-physikalischen Gegenstandes zu gelangen, an dem „subjektiven“ phänomenalen Raum und der „subjektiven“ phänomenalen Zeit jene charakteristische Umbildung vorgenommen haben müssen, die in ihren letzten Konsequenzen bis zu den Ergebnissen der allgemeinen Relativitätstheorie hinführt. Auch vom Standpunkt des strengen Sensualismus pflegt man diese Umbildung, diesen Gegensatz zwischen dem „physiologischen“ Raum unserer Sinnesempfindung und unserer Vorstellung und dem reinen „metrischen“ Raum, den wir der Geometrie zugrunde legen, zuzugestehen. Der letztere beruht auf der Annahme der Gleichwertigkeit aller Orte und Richtungen, während für den ersteren eben die Unterscheidung der Orte und Richtungen und die Auszeichnung der einen vor den anderen wesentlich ist. Der Tastraum wie der Sehraum ist anisotrop und inhomogen, während der metrische Euklidische Raum durch das Postulat der Isotropie und Homogeneität gekennzeichnet ist. Die physiologische Zeit zeigt, verglichen mit der „metrischen“, die gleichen charakteristischen Abweichungen und Bedeutungsdifferenzen: man muß — so betont selbst Mach — zwischen der unmittelbaren Empfindung einer Dauer und einer Maßzahl so scharf unterscheiden, wie zwischen Wärmeempfindung und Temperatur[36]. /

[36] Mach (*50*, S. 331 ff., 415 ff.). Will man mit Schlick (*79*, S. 51 ff.) den psychologischen Raum der Empfindung und Vorstellung als den Raum der Anschauung bezeichnen und ihm den physikalischen Raum als begriffliche Konstruktion gegenüberstellen, so läßt sich hiergegen, als gegen eine rein terminologische Bestimmung nichts einwenden: nur muß man sich alsdann hüten, diesen Gebrauch des Wortes „Anschauung“ mit dem Kantischen, der auf völlig anderen Voraussetzungen beruht, zu vermischen. Wenn Schlick in der Einsicht, daß die objektive physikalische Zeit mit dem anschaulichen Erlebnis der Dauer ebensowenig zu tun hat, wie die dreidimensionale Ordnung des objektiven Raumes mit den anschaulichen Erlebnissen der optischen oder haptischen Ausdehnung, „den richtigen Kern der Kantschen Lehre von der Subjektivität der Zeit und des Raumes“ erblickt, und wenn er andererseits von dieser Unterscheidung aus den Kantischen Begriff der „reinen Anschauung“ bekämpft (vgl. *80*, S. 297 ff.), so beruht dies auf einer psychologischen Verkennung des Sinns und Gehalts der Kantischen Begriffe. Der Raum und die Zeit der reinen Anschauung sind für Kant niemals der empfundene oder wahrgenommene Raum oder die empfundene und wahrgenommene Zeit, sondern der „mathematische Raum“ und die „mathematische Zeit“ Newtons; sie sind ebensowohl selbst konstruktiv erzeugt, wie sie die Voraussetzung und Grundlage aller weiteren mathematisch-physikalischen Konstruktionen bilden. Die „reine Anschauung“ spielt bei Kant die Rolle einer ganz bestimmten grundlegenden Methode

Mit besonderer Schärfe tritt dieser Gegensatz zwischen dem subjektiven, „phänomenalen“ Raum und der subjektiven, phänomenalen Zeit einerseits und dem objektiv-mathematischen Raum und der objektiv-mathematischen Zeit andererseits zutage, wenn man eine Bestimmung an beiden ins Auge faßt, die ihnen auf den ersten Blick gemeinsam zu sein scheint. Von beiden pflegen wir das Merkmal der *Stetigkeit* auszusagen: aber wir verstehen, näher betrachtet, darunter in beiden Fällen etwas völlig Verschiedenes. Die Stetigkeit, die wir aus der Form unseres Erlebens heraus der Zeit und dem Geschehen in ihr zusprechen, und die, die wir in mathematischen Begriffen, kraft bestimmter konstruktiver Methoden der Analysis, definieren, fallen miteinander nicht nur nicht zusammen, sondern sie unterscheiden sich gerade ihren wesentlichen Grundmomenten und Grundbedingungen nach. Die Erlebnis-Stetigkeit besagt, daß jeder zeitliche Inhalt uns immer nur in der Art bestimmter charakteristischer „*Ganzheiten*“ gegeben ist, die sich auf keine Weise in letzte einfache „*Elemente*“ auflösen lassen — die analytische Stetigkeit fordert gerade die Rückführung auf solche Elemente. Die erstere nimmt Zeit und Dauer als „organische“ Einheiten, in denen nach der Aristotelischen Definition „das Ganze dem Teil vorangehen“ soll: die zweite sieht in ihnen nur einen, wenngleich unendlichen, *Inbegriff* von Teilen, von besonderen, scharf gegeneinander abgegrenzten *Zeitpunkten.* In dem einen Falle bedeutet die Kontinuität des Werdens jenes lebendige Fließen, das immer nur als Fließen, als Übergang, nicht aber gesondert und zerstückelt in diskrete Teile, unserem Bewußtsein gegeben ist; — in dem anderen wird gefordert, daß wir eben diese Zerlegung über alle Grenzen der empirischen Auffassung hinaus fortsetzen; daß wir die Sonderung der Elemente nicht da aufhören lassen, wo die sinnliche Wahrnehmung, die an ganz bestimmte zufällige Schranken der Unterscheidungsfähigkeit gebunden ist, sie enden läßt, sondern daß wir sie rein gedanklich bis ins Unendliche weiter verfolgen. Was der Mathematiker das „Kontinuum“ nennt, das ist daher niemals / die reine Erlebnis-Qualität

der Objektivierung: sie fällt mit der „subjektiven“, d. h. der psychologisch-erlebbaren Zeit und mit dem psychologisch-erlebbaren Raume in keiner Weise zusammen. Wenn Kant von der Subjektivität des Raumes und der Zeit spricht, so ist darunter niemals die Erlebnis-Subjektivität, sondern ihre „transzendentale“ Subjektivität als Bedingungen der Möglichkeit der „objektiven“ d. h. der objektivierenden Erfahrungserkenntnis selbst verstanden. (Vgl. auch die treffenden Bemerkungen Selliens gegen Schlick; *81*, S. 19, 39).

der „Stetigkeit“ — denn von ihr ist eben keine weitere „objektive“ Begriffsbestimmung und objektive Definition mehr möglich — sondern es ist eine rein begriffliche Konstruktion, die er an ihre Stelle setzt. Er muß auch hier gemäß seiner überall befolgten Methode verfahren: er muß die Qualität des Stetigen in die bloße Zahl, d. h. aber gerade in die Grund- und Urform aller gedanklichen *Diskretion*, aufheben (vgl. *6*, S. 21). Das Kontinuum, das er allein kennt, und auf das er alle anderen zurückführt, ist immer nur das Kontinuum der *reellen Zahlen* — wie es die moderne Analysis und die moderne Mengenlehre in bekannter Weise streng begrifflich und unter prinzipiellem Verzicht auf jede Berufung auf die „Anschauung“ von Raum und Zeit aufzubauen sucht. Das so betrachtete Kontinuum — dies hat besonders Henri Poincaré mit allem Nachdruck betont — ist nichts anderes, als eine Gesamtheit von Individuen, die in einer bestimmten Ordnung gedacht werden, und die zwar in unendlicher Anzahl gegeben sind, von denen aber jedes dem anderen, als ein Getrenntes und Äußerliches, gegenübersteht. Hier handelt es sich nicht mehr um die gewöhnliche Auffassung, nach welcher zwischen den Elementen des Kontinuums eine Art von „innerem Band“ besteht, durch die sie sich zum Ganzen verknüpfen — so daß z. B. der Punkt nicht der Linie, sondern die Linie dem Punkte vorausgehen soll. „Von der berühmten Formel, daß das Kontinuum die Einheit des Mannigfaltigen sei — so folgert daher Poincaré — bleibt nur noch die Mannigfaltigkeit zurück; — die Einheit ist verschwunden. Die Analytiker haben nichtsdestoweniger Recht, wenn sie die Stetigkeit so definieren, wie sie es tun, denn in all ihren Schlüssen haben sie es, sofern sie auf Strenge Anspruch machen, immer nur mit diesem Begriff des Stetigen zu tun. Aber dieser Umstand genügt, um uns darauf aufmerksam zu machen, daß das echte mathematische Kontinuum ganz etwas anderes, als das der Physiker und der Metaphysiker ist“ (72, S. 30). Das physische Kontinuum wird nun freilich, sofern die Physik selbst objektivierende, mit den Begriffsmitteln der Mathematik arbeitende Wissenschaft ist, nur dadurch begriffen, daß es auf das mathematische, auf das Kontinuum der reinen Zahlen, bezogen und ihm eindeutig zugeordnet wird. Aber das „metaphysische“ Kontinuum der reinen und ursprünglichen, der „subjektiven“ Erlebnisform kann auf diesem Wege niemals erfaßt werden: weil eben die Richtung der mathematischen Betrachtung so beschaffen ist, daß sie, statt zu dieser Form hinzuführen, sich vielmehr fortschreitend von ihr entfernt. / Die kritische Erkenntnistheorie, die zwischen den verschiedenen Arten der Erkenntnis nicht zu wählen, sondern die lediglich festzustellen hat, was jede von ihnen „ist" und bedeutet, kann zwischen den gegensätzlichen Aspekten, unter denen hier das Kontinuum erscheint, keine normative Entscheidung treffen, sondern ihre Aufgabe geht darin auf, beide gegeneinander in möglichster Bestimmtheit und Klarheit abzugrenzen. Erst durch eine solche Begrenzung kann auf der einen Seite das Ziel der phänomenologischen Analyse des Zeit- und Raumbewußtseins, auf der andern Seite das Ziel einer exakten Grundlegung der mathematischen Analysis und ihrer Begriffe von Raum und Zeit erreicht werden. „Dem Vorwurf gegenüber" – so beschließt ein moderner mathematischer Autor seine Untersuchungen über das Kontinuum – „daß von den logischen Prinzipien, die wir zur exakten Definition des Begriffs der reellen Zahl heranziehen müssen, in der Anschauung des Kontinuums nichts enthalten sei, haben wir uns Rechenschaft darüber gegeben, daß das im anschaulichen Kontinuum Aufzuweisende und die mathematische Begriffswelt einander so fremd sind, daß die Forderung des Sich-Deckens als absurd zurückgewiesen werden muß. Trotzdem sind jene abstrakten Schemata, welche uns die Mathematik liefert, erforderlich, um exakte Wissenschaft solcher Gegenstandsgebiete zu ermöglichen, in denen Kontinua eine Rolle spielen. Der exakte Zeit- oder Raumpunkt liegt nicht in der gegebenen (phänomenalen) Dauer oder Ausbreitung als deren letztes unteilbares Element, sondern erst die durch dies Gegebene hindurchgreifende Vernunft vermag jene Ideen zu erfassen und erst an dem der rein formalen Sphäre zugehörigen arithmetisch-analytischen Begriff der reellen Zahl kristallisieren sie zu ihrer vollen Bestimmtheit aus"[37].

Vergegenwärtigt man sich diesen Sachverhalt, so verlieren auch die Folgerungen, zu denen die Relativitätstheorie in ihrer Bestimmung des vierdimensionalen Raum- und Zeit-Kontinuums fortschreitet, den Schein der Paradoxie – denn es zeigt sich jetzt, daß sie nur die letzte Konsequenz und Auswirkung der methodischen Grundgedanken sind, auf denen die mathematische Analysis überhaupt beruht. Die Frage aber, welche von beiden Raum- und Zeitformen, die psychologische oder die physikalische, die Raum- und Zeitform des unmittelbaren Erlebens oder die des mittelbaren Begreifens und Erkennens, denn nun die wahre Wirklichkeit ausdrückt und in sich faßt, hat für uns im Grunde jeden bestimmten / Sinn verloren. In den Komplex, den wir unsere „Welt", den wir das

[37] Weyl, *84*, S. 83, 71.

Sein unseres Ich und das Sein der Dinge nennen, gehen beide als gleich unentbehrliche und notwendige Momente ein. Wir können keines von ihnen zu Gunsten des andern aufgeben und aus diesem Komplex ausschalten, sondern wir können jedem nur die bestimmte Stelle zuweisen, die ihm im Ganzen zukommt. Wenn der Physiker, dessen Aufgabe in der Objektivierung aufgeht, hierbei den Vorrang des „objektiven" Raumes und der „objektiven" Zeit vor dem „subjektiven" Raum und der „subjektiven" Zeit behauptet – wenn der Psychologe und Metaphysiker, der auf die Totalität und auf die Unmittelbarkeit des Erlebens gerichtet ist, die entgegengesetzte Folgerung zieht: so drückt sich in beiden Urteilen nur eine falsche Absolutierung der Erkenntnisnorm aus, kraft deren jeder von ihnen die „Wirklichkeit" bestimmt und ausmißt. In welcher Richtung diese Absolutierung fortschreitet und ob sie nach „außen" oder nach „innen" geht, gilt für das rein erkenntnistheoretische Urteil gleichviel. Für Newton steht es fest, daß die absolute und mathematische Zeit, die an sich vermöge ihrer Natur gleichförmig verfließt, zugleich die „wahre" Zeit ist, von der alle empirisch gegebene Zeitbestimmung uns immer nur ein mehr oder weniger unvollkommenes Abbild liefern kann; – für Bergson wird diese „wahre" Zeit Newtons zur begrifflichen Fiktion und Abstraktion, zur Schranke, die sich zwischen unsere Auffassung und den ursprünglichen Sinn und Gehalt der Realität stellt. Aber es ist dabei vergessen, daß auch das, was hier die Realität schlechthin, was die „duree réelle" genannt wird, selbst kein Absolutes ist, sondern daß es nur einen anderen, dem mathematisch-physikalischen entgegengerichteten Standpunkt des Bewußtseins bedeutet. In dem einen Falle suchen wir ein einheitliches und eindeutiges Maß für alles objektive Geschehen zu gewinnen, in dem anderen handelt es sich darum, dieses Geschehen selbst in seiner rein qualitativen Bestimmtheit, in seiner konkreten Fülle und in seiner subjektiven Innerlichkeit und Inhaltlichkeit festzuhalten. Beide Gesichtspunkte lassen sich in ihrem Sinn und ihrer Notwendigkeit verstehen: – keiner reicht für sich aus, das tatsächliche Ganze des Seins im idealistischen Sinne, als „Sein für uns" zu umfassen. Die Symbole, die der Mathematiker und Physiker in seiner Schau des Äußeren und die der Psychologe in seiner Schau des Innern zu Grunde legt, müssen sich beide als Symbole verstehen lernen. Solange dies nicht geschehen ist, ist die wahrhaft philosophische Anschauung, die Anschauung des / Ganzen, nicht erreicht, sondern es ist nur eine bestimmte Teilerfahrung zum Ganzen hypostasiert. Vom Standpunkt der mathematischen Physik droht jetzt der gesamte Inhalt der unmittelbaren Qualitäten, drohen nicht nur die Differenzen der Empfindung, sondern auch die des räumlichen und zeitlichen Bewußtseins völlig zunichte zu werden: – für den metaphysischen Psychologen geht umgekehrt alles Wirkliche in diese Unmittelbarkeit auf, während jedes mittelbare begriffliche Wissen nur den Wert einer willkürlichen, zum Zwecke unseres Handelns geschaffenen Konvention behält. Aber beide Ansichten stellen sich gerade in ihrer Absolutheit vielmehr als Verkümmerungen des vollen Seinsgehalts, d. h. des vollen Gehalts der Formen der Ich- und Welterkenntnis dar. Wenn der Mathematiker und mathematische Physiker in Gefahr steht, die wirkliche Welt mit der Welt seiner Maße unmittelbar ineins fallen zu lassen – so geht der metaphysischen Betrachtung, indem sie die Mathematik auf praktische Ziele einzuengen sucht, der Sinn für ihren reinsten und tiefsten ideellen Gehalt verloren. Sie verschließt sich gewaltsam gegen das, was nach Platon die eigentliche Bedeutung und den eigentlichen Wert des Mathematischen ausmacht: daß nämlich „durch jede dieser Erkenntnisse ein Organ der Seele gereinigt und aufgeregt wird, das unter anderen Beschäftigungen verloren geht und erblindet, da doch an dessen Erhaltung mehr gelegen ist, als an tausend Augen: denn durch dieses allein wird die Wahrheit gesehen". Und zwischen den beiden Polen der Betrachtung, die sich hier ergeben, stehen nun die mannigfachen Wahrheitsbegriffe der verschiedenen konkreten Wissenschaften – und damit auch ihre Raum- und Zeitbegriffe. Die Geschichte kann, um ihre Zeitmaße aufzustellen, der Methoden der objektivierenden Wissenschaften nicht entbehren: die Chronologie ist auf die Astronomie und durch diese auf die Mathematik gegründet. Aber die Zeit des Historikers ist dennoch mit der des Mathematikers und Physikers in keiner Weise identisch, sondern besitzt und bewahrt ihr gegenüber eine eigene konkrete Gestalt. Es ist eine neue eigentümliche Wechselbeziehung, in welche der „objektive" Erkenntnisgehalt und der „subjektive" Erlebnisgehalt im Zeitbegriff der Geschichte eintreten. Ein analoges Verhältnis stellt sich uns dar, wenn wir auf die ästhetische Bedeutung und die ästhetische Gestaltung der Raum- und Zeitform hinüberblicken. Die Malerei setzt die objektiven Gesetze der Perspektive, die Architektur setzt die Gesetze der Statik voraus: aber beide dienen hier nur als Material, aus dem sich nun / auf Grund ursprünglicher künstlerischer Formgesetze die Bildeinheit und die Einheit der architektonischen Raumgestalt entwickelt. Auch für die Musik haben schon die Pythagoreer den Zusammenhang mit der reinen Mathematik, mit der reinen Zahl, gesucht und gefordert: aber die Einheit und die rhythmische Gliederung einer Melodie beruht nichtsdestoweniger auf völlig anderen Prinzipien der Gestaltung, als denjenigen, nach denen wir die Zeit, im Sinne der Einheit des objektiven physischen Naturgeschehens aufbauen. Was Raum und Zeit wahrhaft s i n d — das wäre für uns im philosophischen Sinne erst dann bestimmt, wenn es uns gelänge, diese Fülle ihrer geistigen B e d e u t u n g s n u a n c e n vollständig zu überblicken und uns in ihr des durchgreifenden und übergreifenden Formgesetzes zu versichern, dem sie unterstehen und gehorchen. Die Relativitätstheorie kann nicht den Anspruch erheben, diese philosophische Aufgabe ihrer Lösung entgegenzuführen; denn sie ist, nach ihrer Entstehung und ihrer wissenschaftlichen Tendenz, von Anfang an auf ein einzelnes bestimmtes Motiv des Raum- und Zeitbegriffs hingewiesen und eingeschränkt. Als physikalische Theorie entwickelt sie lediglich die Bedeutung, die Raum und Zeit im System unserer empirisch-physikalischen Messungen besitzen. In diesem Sinne steht auch das endgültige Urteil über sie ausschließlich der Physik zu. Sie wird im Fortschritt ihrer Geschichte darüber zu entscheiden haben, ob das Weltbild der Relativitätstheorie in seinen theoretischen Grundlagen sichersteht und ob es seine volle experimentelle Bewährung findet. Der Entscheidung, die sie hierüber fällen wird, kann die Erkenntnistheorie nicht vorgreifen: aber sie darf schon jetzt dankbar die neuen Anregungen aufnehmen, die die allgemeine Prinzipienlehre der Physik durch diese Theorie erfahren hat.

LITERATURVERZEICHNIS

1. Bauch, Bruno, Studien zur Philosophie der exakten Wissenschaften. Heidelb. 1911.
2. Becher, Erich, Philosophische Voraussetzungen der exakten Naturwissenschaften. Leipz. 1906.
3. Berg, Otto, Das Relativitätsprinzip der Elektrodynamik (Abt. der Friesschen Schule, N. F., Göttingen 1912).

3a. Bloch, W., Einführung in die Relativitätstheorie, Lpz. u. Berl. 1918. (Aus Natur u. Geisteswelt, Bd. 618).

4. Buek, Otto, Mich. Faradays System der Natur und seine begrifflichen Grundlagen. Philos. Abhandlungen zu H. Cohens 70. Geburtstag. Berlin 1912.
5. Cassirer, Ernst, Leibniz' System in seinen wissenschaftlichen Grundlagen. Marburg 1902.
6. „ „ Kant und die moderne Mathematik, Kant-Studien XII, (1901).
7. „ „ Das Erkenntnisproblem in der Philosophie und Wissenschaft der neueren Zeit. Bd. I und II, 2. Aufl., Berlin 1911; Bd. III, Berlin 1920.
8. „ „ Substanzbegriff und Funktionsbegriff. Untersuchungen über die Grundfragen der Erkenntniskritik. Berlin 1910.
9. „ „ Erkenntnistheorie nebst den Grenzfragen der Logik. In: Jahrb. für Philosophie, hg. von Max Frischeisen-Köhler, Berlin 1913.
10. „ „ Kants Leben und Lehre, Berlin 1918.
11. „ „ Goethe und die mathematische Physik (In: Idee und Gestalt, Fünf Aufsätze, Berlin 1920).
12. Cohen, Hermann, Kants Theorie der Erfahrung, 3. Aufl., Berlin 1918.
13. „ „ Logik der reinen Erkenntnis, Berlin 1902.

13a. Cohn, Emil, Physikalisches über Raum und Zeit, 4. Aufl., Berlin 1920.

14. Cohn, Jonas, Relativität und Idealismus, Kant-Studien (XXI), 1916. S. 222 f.
15. Duhem, Pierre, La Théorie Physique, son objet et sa structure. Paris 1906.

15a. Ehrenfest, P., Zur Krise der Lichtäther-Hypothese, Berlin 1913.

16. Einstein, Albert, Zur Elektrodynamik bewegter Systeme. Annalen der Physik, 4. F., XVII, S. 891 (1905) (zitiert nach Nr. 47).

16a. „ „ Ist die Trägheit eines Körpers von seinem Energiegehalt abhängig? Annal. der Physik (17) 1905.

17. „ „ Die Grundlagen der allgemeinen Relativitätstheorie, Lpz. 1916.
18. „ „ Über die spezielle und die allgemeine Relativitätstheorie (Sammlung Vieweg, Heft 38) 2. Aufl., Braunschweig 1917.

19. Einstein, Albert, Die formalen Grundlagen der allgemeinen Relativitätsstheorie. Sitzungsber. der Berliner Akad. d. Wiss., XLI, 1916.
20. „ „ Ernst Mach, Physikalische Zeitschrift XVII (1916), S. 101 ff.
21. Erdmann, Benno, Die Axiome der Geometrie. Eine philosophische Untersuchung der Riemann-Helmholtzschen Raumtheorie (1877).
22. Euler, Leonhard, Réflexions sur l'espace et le temps. Hist. de l'Acad. des Sciences et Belles Lettres, Berlin 1748.
23. „ Briefe an eine deutsche Prinzessin (1768).
24. Freundlich, Erwin, Die Grundlagen der Einsteinschen Gravitationstheorie. Berlin 1916.
24a. „ „ Die Entwicklung des physikalischen Weltbildes bis zur allgemeinen Relativitätstheorie, Weiße Blätter 1920, S. 174 ff.
25. Frischeisen-Köhler, Max, Wissenschaft u. Wirklichkeit, Leipzig u. Berlin 1912.
26. „ „ „ Das Zeitproblem. In: Jahrb. f. Philosophie [s. Nr. 9]. Berlin 1913.
27. Galilei, Opere, ed. Albèri, Firenze 1843 ff.
28. Görland, Albert, Aristoteles und Kant bezüglich der Idee der theoretischen Erkenntnis untersucht [Philos. Arbeiten, hg. von H. Cohen u. P. Natorp, Band II]. Gießen 1909.
29. Helmholtz, Hermann, Über die Erhaltung der Kraft (1847). Ostwalds Klassiker der exakten Wissenschaft, H. 1, 1889).
30. „ „ Handbuch der physiologischen Optik, 2. Aufl., Hamburg und Leipzig 1896.
30a. „ „ Über den Ursprung und die Bedeutung der geometrischen Axiome (1870) in: Vorträge und Reden, 4. Aufl., Braunschweig 1896, Bd. II.
31. Hertz, Heinrich, Die Prinzipien der Mechanik, Lpz. 1904.
32. Hönigswald, Richard, Über den Unterschied und die Beziehungen der logischen und der erkenntnistheoretischen Elemente in der kritischen Philosophie der Geometrie (Verh. des III. internat. Kongr. für Philos. Heidelb. 1908).
33. „ „ Zum Streit über die Grundlagen der Mathematik. Heidelb. 1912.
34. Kant, Kritik der reinen Vernunft (zitiert nach den Seitenzahlen der 2. Aufl. 1787).
35. „ Werke herausgegeb. von Ernst Cassirer, Bd. I—X, Berlin 1911 ff.
36. Keill, Introductio ad veram Physicam, Oxford 1702.
37. Kepler, Opera omnia, ed. Frisch, Vol. I—VIII, Frankf. u. Erlangen 1858 ff.

38. Kneser, Adolf, Mathematik und Natur. Rede. Breslau 1911.
39. König, Edmund, Kant und die Naturwissenschaft, Braunschweig 1907.
40. Laue, Max, Das Relativitätsprinzip (Die Wissenschaft, H. 38), Braunschweig 1911.
41. „ „ Das Relativitätsprinzip. In: Jahrb. f. Philosophie (s. Nr. 9), Berlin 1913.
42. Leibniz, Mathematische Schriften, Bd. I—VII, hg. von C. J. Gerhardt, Berlin 1849 ff.
43. „ Philosophische Schriften, Bd. I—VII, hg. von C. J. Gerhardt, Berlin 1875 ff.
44. „ Hauptschriften zur Grundlegung der Philosophie, übersetzt von A. Buchenau, hg. von E. Cassirer, Bd. I, II, Lpz. 1904/06. (Philos. Bibliothek).
45. „ Neue Versuche über den menschlichen Verstand, übers. u. herausgeg. von E. Cassirer, Lpz. 1915 (Philos. Bibliothek).
45a. Lenard, Philipp, Über Äther und Materie, 2. Aufl., Heidelberg 1911.
45b. „ „ Über Relativitätsprinzip, Äther, Gravitation, Lpz. 1918.
46. Lorentz, H. A., Electromagnetic phenomena in a system moving with any velocity smaller than that of light. Proceed. Acad. Sc. Amsterd. 6 (1904), (zitiert nach Nr. 47).
46a. „ „ „ Das Relativitätsprinzip, drei Vorlesungen, gehalten in Teylers Stiftung zu Haarlem. Lpz. u. Berl. 1914.
47. Lorentz-Einstein-Minkowski, Das Relativitätsprinzip. Eine Sammlung von Abhandlungen. Mit Anmerk. von A. Sommerfeld und Vorwort von O. Blumenthal. (Fortschritte der mathemat. Wissensch., Heft 2, Leipzig und Berlin 1913).
48. Lobatschewsky, Zwei geometrische Abhandlungen, übers. v. Fr. Engel, Lpz. 1898.
49. Mach, Ernst, Die Prinzipien der Wärmelehre, Lpz. 1896.
50. „ „ Erkenntnis und Irrtum, Skizzen zur Psychologie der Forschung, Lpz. 1905.
51. Maxwell, J. C., Substanz und Bewegung (Matter and motion), dtsch. von E. v. Fleischel, Braunschw. 1881.
52. Mayer, Robert, Die Mechanik der Wärme in gesammelten Schriften, hg. von Weyrauch, 3. Aufl., Stuttgart 1893.
53. Meyerson, Émile, Identité et réalité, Paris 1908.
54. Minkowski, Hermann, Raum und Zeit, Vortrag, Köln 1908 (zitiert nach Nr. 47).
55. Müller, Aloys, Das Problem des absoluten Raumes und seine Beziehung zum allgemeinen Raumproblem. Braunschweig 1911.
56. Natorp, Paul, Die logischen Grundlagen der exakten Wissenschaften. Lpz. u. Berl. 1910.

57. Neumann, Carl, Über die Prinzipien der Galilei-Newtonschen Theorie, Lpz. 1870.

58. Newton, Isaac, Optice, lat. reddid. S. Clarke, Lausanne u. Genf 1740.

59. „ „ Philosophiae naturalis principia mathematica. (1686). Ausg. von Le Seur und Jacquier, 4. Bd., Genf 1739 ff.

60. Ostwald, Wilhelm, Vorlesungen über Naturphilosophie, Leipzig 1902.

61. Petzoldt, Jos., Die Relativitätstheorie im erkenntnistheoretischen Zusammenhang des relativistischen Positivismus. Verh. der Dtsch. Physik. Gesellschaft XIV., Braunschweig 1912.

62. Pflüger, A., Das Einsteinsche Relativitätsprinzip, gemeinverständlich dargestellt, 3. Aufl., Bonn 1920.

63. Planck, Max, Das Prinzip der Erhaltung der Energie, Leipzig 1887.

64. „ „ Zur Dynamik bewegter Systeme. Annalen der Physik, 4. F., XXVI, 1 ff. (1908).

65. „ „ Bemerkungen zum Prinzip der Aktion und Reaktion in der allg. Dynamik, Physikal. Zeitschrift IX (1908).

66. „ „ Die Einheit des physikalischen Weltbildes, Leipzig 1909.

67. „ „ Die Stellung der neuen Physik zur mechanischen Weltanschauung. (Verh. der Ges. dtsch. Naturf. u. Ärzte in Königsberg 1910, Leipzig 1911, S. 58—75).

68. „ „ Acht Vorlesungen über theoretische Physik, Leipzig 1910.

69. „ „ Zur Machschen Theorie der physikalischen Erkenntnis. Vierteljahresschr. für wissensch. Philos. 1910.

70. „ „ Neue Bahnen der physikalischen Erkenntnis (Rektoratsrede), Berlin 1913.

71. „ „ Das Wesen des Lichts, Vortrag, Berlin 1920.

72. Poincaré, Henri, La Science et l'hypothèse, Paris o. J.

73. „ „ Der Wert der Wissenschaft, dtsch. v. E. Weber, mit Anmerk. und Zusätzen von H. Weber, Berlin und Leipzig 1906.

74. „ „ Science et méthode, Paris 1908.

75. Poincaré, Lucien, Die moderne Physik, dtsch. von Brahn, Leipzig 1908.

76. Riehl, Al., Der philosophische Kritizismus und seine Bedeutung für die positive Wissenschaft I/II, Leipzig 1876—87.

77. Riemann, B., Über die Hypothesen, welche der Geometrie zugrunde liegen (1854).

78. Righi, Die moderne Theorie der physikalischen Erscheinungen, dtsch. von Dessau, Leipzig 1908.

79. Schlick, Moritz, Raum und Zeit in der gegenwärtigen Physik, Berlin 1917.

80. „ „ Allgemeine Erkenntnislehre, Berlin 1918.

81. Sellien, Ewald, Die erkenntnistheoretische Bedeutung der Relativitätstheorie, Kieler Inaug.-Diss., Berlin 1919.

82. Streintz, H., Die physikalischen Grundlagen der Mechanik, Leipzig 1883.

83. W e y l, H e r m a n n, Raum. Zeit. Materie. Vorlesungen über allgemeine Relativitätstheorie, 3. Aufl., Berlin 1920.
84. „ „ Das Kontinuum. Kritische Untersuchungen über die Grundlagen der Analysis. Leipzig 1918.

Die Schrift von Dr. H a n s R e i c h e n b a c h über „Die Bedeutung der Relativitätstheorie für den physikalischen Erkenntnisbegriff" ist mir erst während der Drucklegung dieses Aufsatzes im Manuskript zugänglich geworden. Ich kann hier nur noch nachträglich auf diese gründliche und scharfsinnige Schrift hinweisen, die sich in ihrer methodischen Problemstellung vielfach mit dem vorstehenden Aufsatz berührt: ihren Ergebnissen vermag ich freilich, insbesondere betreffs des Verhältnisses der Relativitätstheorie zur Kantischen Erkenntniskritik, nicht durchweg beizustimmen.

DETERMINISMUS UND INDETERMINISMUS IN DER MODERNEN PHYSIK

HISTORISCHE UND SYSTEMATISCHE STUDIEN ZUM KAUSALPROBLEM

MALTE JACOBSSON

ZUGEEIGNET

VORREDE

Die Vorrede zu einer Schrift hat nicht nur sachliche Probleme zu behandeln, sondern darf und soll auch ein persönliches Wort enthalten. Ich möchte daher die vorliegende Schrift mit dem Geständnis einleiten, daß es ein persönliches Motiv war, das mich zuerst zu ihrer Abfassung bestimmte. Immer dringender fühlte ich während der letzten Zeit den Wunsch und die Verpflichtung, die Fragen wieder aufzunehmen, von denen meine philosophische Arbeit ursprünglich ausgegangen war. Die erste systematische Schrift, die ich vor mehr als 25 Jahren veröffentlicht habe, behandelte unter dem Titel: „Substanzbegriff und Funktionsbegriff" das Problem der mathematischen und naturwissenschaftlichen Begriffsbildung. Sie suchte am systematischen Inhalt dieser Begriffsbildung und in ihrer Geschichte eine einheitliche methodische Tendenz aufzuweisen und deren erkenntniskritische Bedeutung festzustellen. Dabei wurde das „Faktum der Wissenschaft" in der Form zugrunde gelegt, wie es zu Beginn der Jahrhundertwende vorlag. Das System der klassischen Physik galt damals noch unbestritten. Die Relativitätstheorie wie die Quantentheorie standen noch in ihren ersten Anfängen; und es wäre gewagt gewesen, diese Anfänge als Ausgangspunkte einer rein erkenntnistheoretischen Analyse zu wählen. Aus diesem Gefühl heraus habe ich von ihrer Behandlung Abstand genommen und meine erkenntniskritische Grundthese unabhängig von ihnen zu entwickeln und zu begründen gesucht.

Aber die hier gewählte Einschränkung konnte auf die Dauer nicht festgehalten werden. Denn immer deutlicher verschob sich mit der neuen Entwicklung, die die theoretische Physik nahm, auch ihr erkenntnistheoretischer Schwerpunkt. Es zeigte sich mehr und mehr, daß auch die philosophische Betrachtung die Fragen, die sich hier von allen Seiten zudrängten, nicht von ihrer Schwelle verweisen konnte, wenngleich sie sich gewissen voreiligen „spekulativen" Schlußfolgerungen, die aus ihnen gezogen wurden, widersetzen mußte. Aus dieser Problemlage heraus sind die Studien entstanden, die ich unter dem Titel: „Zur Einsteinschen Relativitätstheorie, Erkenntnistheoretische Betrach/tungen" im Jahre 1920 veröffentlicht habe. Aber auch sie galten nur der Um- und Neubildung, die die moderne Physik inzwischen durch die spezielle und allgemeine Relativitätstheorie erfahren hatte. Der gewaltige und gefährliche „Sprengkörper" der Quantentheorie, wie Planck ihn einmal genannt hat, ist in diesen Studien noch nicht berücksichtigt. Heute wo die Wirkungen dieses Sprengkörpers immer deutlicher sichtbar werden und wo sie sich über das ganze Gebiet der Physik erstrecken, drängt sich immer stärker und gebieterischer die Forderung auf, ihren historischen Ursachen und ihren systematischen Gründen nachzugehen. Aus dem Wunsch, dieser Forderung zu genügen, sind die ersten Ansätze dieses Buches entstanden. Sie waren zunächst nicht zur Veröffentlichung bestimmt; sie sollten nur meiner eigenen Selbstbelehrung und der kritischen Nachprüfung der allgemeinen erkenntnistheoretischen Grundanschauungen dienen, von denen ich meinen Ausgang genommen hatte.

Ob der Zeitpunkt für die Veröffentlichung des Buches nunmehr gekommen ist – das wird man freilich, wie ich mir nicht verhehle, auch jetzt noch bezweifeln und mit gewichtigen Gründen bestreiten können. Auch auf die heutige Problemlage kann man mit einem gewissen Recht das Wort anwenden, das Schiller am Ausgang des 18. Jahrhunderts in bezug auf das Verhältnis von Naturforschung und Transzendentalphilosophie geprägt hat. „Feindschaft sei zwischen euch! noch kommt das Bündnis zu frühe: – Wenn Ihr im Suchen euch trennt, wird erst die Wahrheit erkannt." Mehr als je scheint diese Trennung in einem Zeitpunkt geboten zu sein, wo die neue Physik in theoretischer Hinsicht noch sozusagen *in statu nascendi* ist, wo sie noch beständig um ihre eigenen Grundbegriffe und die Fixierung ihrer Bedeutung zu ringen hat. In seinem bekannten Buch „The nature of the physical world" (1928) hat Eddington einmal gesagt, man müsse über der Eingangspforte zur neuen Physik eigentlich eine Tafel anbringen mit der Aufschrift: „Bauliche Veränderungen im Gange – Unbefugten ist der Eintritt streng verboten!" Und dem Pförtner wäre noch besonders einzuschärfen, daß er „neugierige Philosophen" auf keinen Fall einlassen dürfe. Es gibt sicherlich auch heute viele Physiker, die in diese Mahnung und Warnung einstimmen werden. Aber es liegt nun einmal im Wesen und in der Aufgabe der Philosophie begründet, daß sie solchen Warnungen nicht auf die Dauer Gehör geben kann. Es ist nicht bloße Neugier, was sie dazu zwingt, sich immer wieder um das zu kümmern, was hinter / den Verschlägen und Umzäunungen der Einzelwissenschaften vor sich geht. Ohne solche Blicke könnte sie ihrem eigenen Ideal: dem Ideal der methodischen Analyse und der erkenntniskritischen Grundlegung nicht gerecht werden. So kommt es, daß sie sich immer wieder über die Grenzen hinwegsetzen muß, die zwischen den einzelnen Wissenschaften errichtet sind und die im Hinblick auf die Erkenntnis*praxis*, im Hinblick auf eine richtige und gesunde Arbeitsteilung unerläßlich sind. Für die Theorie als solche dürfen diese Grenzen nicht zu hemmenden Schranken werden. Sie muß sie überschreiten — auch auf die Gefahr hin, daß sich aus solcher Überschreitung Konflikte und Grenzstreitigkeiten ergeben. Ich wünschte, daß auch die Darlegungen dieses Buches in diesem Sinne verstanden und aufgenommen würden. Es handelte sich mir keineswegs darum, die Physik von außen her zu betrachten oder sie „von oben" her belehren zu wollen. Was ich erstrebt habe, ist, zunächst einmal den Boden zu bereiten für eine gemeinsame Forschungsarbeit. Denn nur in solcher gemeinsamen Arbeit und in ständiger gegenseitiger sachlicher Kritik wird schließlich die Antwort auf bestimmte Grundfragen der neuen Physik gewonnen werden können, die heute, wie allgemein gefühlt und zugestanden wird, von ihrer endgültigen Lösung noch weit entfernt sind.

Was die Grundanschauung betrifft, gemäß der ich selbst diese Fragen zu behandeln suche, so hat sie sich gegenüber meiner Schrift „Substanzbegriff und Funktionsbegriff (1910) in den eigentlich wesentlichen Zügen nicht geändert. Ich glaube auch heute noch diese Anschauung aufrecht erhalten zu können; ja ich glaube, sie auf Grund der Entwicklung der modernen Physik schärfer formulieren und besser begründen zu können, als es früher der Fall war. Daß ich mich nicht von der Absicht leiten ließ, gegenüber dieser Entwicklung meinen eigenen „Standpunkt" unter allen Umständen zu wahren, wird man, wie ich hoffe, den Darlegungen dieser Schrift entnehmen. Es handelte sich mir nicht darum, der neuen Physik gegenüber unbedingt „Recht behalten" zu wollen; denn für die Erkenntniskritik, die sich immer wieder am Fortschritt der Wissenschaft neu zu orientieren hat, würde mir ein derartiges „Recht behalten" als ein sehr fragwürdiger Vorzug erscheinen. Der Bereicherung und Vertiefung, die die moderne theoretische Physik durch die neue und schärfere Fassung ihrer Grundbegriffe erfahren hat, kann und soll sich die Erkenntnistheorie nicht verschließen, und ihr muß sie durch die ständige Bereitschaft zur / Revision ihrer eigenen Voraussetzungen entgegenkommen.

So gibt es sicherlich vieles in der früheren Untersuchung, was ich heute nicht mehr im gleichen Sinne behaupten oder was ich zum mindesten anders begründen würde; – nur an ihrer Grundtendenz, die sich, mehr als in den besonderen Antworten, in ihrer allgemeinen Fragestellung ausdrückt, glaube ich auch jetzt noch festhalten zu können.

Damit komme ich zu einem andern Punkt, auf den ich noch kurz eingehen möchte, um einem möglichen Einwand und einem möglichen Mißverständnis vorzubeugen. Als ich meine Schrift „Zur Einsteinschen Relativitätstheorie" veröffentlichte, fanden sich viele Kritiker, die mir in den Schlußfolgerungen, die ich aus der Entwicklung der neuen Physik gezogen hatte, zwar zustimmten, die aber an diese Zustimmung die Frage knüpften, ob ich, als „Neu-Kantianer", derartige Folgerungen hätte ziehen *dürfen*. Die vorliegende Schrift wird vielleicht in noch weit höherem Grade solchen Fragen und Zweifeln ausgesetzt sein. Aber ich glaube, daß derartige Einwände das Wesen und die historische Tendenz des „Neukantianismus", wie er von den Begründern der „Marburger Schule", von Hermann Cohen und Paul Natorp verstanden worden ist, verkennen. Natorp hat in einem Aufsatz „Kant und die Marburger Schule" (Kant-Studien XVII, 1910) ausdrücklich erklärt, daß es niemals die Meinung der „Marburger Schule" gewesen sei, an den Lehrsätzen Kants unbedingt festhalten zu sollen oder zu wollen. „Die Rede von einem orthodoxen Kantianismus" — so betont er — „war niemals begründet; sie hat mit der Weiterentwicklung der Schule auch jeden fernsten Schein von Berechtigung verloren . . . Auf Kant konnte man nur zurückgehen wollen, um in der Richtung der durch ihn unverlierbar der Philosophie gewonnenen Grunderkenntnis, in der reinen Konsequenz der durch ihn errungenen Vertiefung ihrer ewigen Fragen dann weiterzugehen . . . Ein schlechter Schüler Kants, der es anders verstände!" Wie man sieht, steht Natorp hier zu Kant nicht anders, als ein moderner Physiker zu Galilei oder Newton, zu Maxwell oder Helmholtz steht. Er lehnt jede Dogmatik ab — unter Berufung auf Kant selbst, der immer wieder betont, daß es in der Philosophie „keinen klassischen Autor" geben dürfe. So wird denn auch mein Zusammenhang mit den Begründern der „Marburger Schule" nicht gelockert und meine Dankesschuld gegen sie nicht gemindert, wenn es sich aus den folgenden Untersuchungen ergibt, daß ich in der erkenntniskritischen Deutung der modernen naturwissenschaftlichen Grundbe/griffe zu wesentlich anderen Resultaten gekommen bin, als sie in Cohens „Logik der reinen Erkenntnis" (1902) oder in Natorps Werk „Die logischen Grundlagen der exakten Wissenschaften“ (1910) vorliegen.

Ich kann dieses Buch nicht hinausgehen lassen, ohne noch ein letztes persönliches Wort hinzuzufügen. Durch die Widmung des Buches an Malte Jacobsson wollte ich ihm meinen Dank bekunden für das Interesse, das er seit jeher an meiner philosophischen Arbeit genommen und für die echt freundschaftliche Weise, in der er mich im vorigen Jahr, bei meinem Eintritt in einen neuen Arbeits- und Wirkungskreis, aufgenommen und beraten hat. Den herzlichsten Dank schulde ich ferner der Leitung von Göteborgs Högskola, ihrem damaligen Rektor Prof. Dr. Bernhard Karlgren und dem Lärareråd für die hohe Ehre, die sie mir durch ihre Berufung nach Göteborg erwiesen und für den Beweis persönlichen Vertrauens, den sie mir damit gegeben haben. Aber auch sonst ist dieses Buch vielen verpflichtet, deren Namen hier nicht im einzelnen aufgeführt werden können. Denn ohne den herzlichen Empfang, den ich an meiner neuen Arbeitstätte gefunden habe und ohne die Förderung, die mir von allen Seiten her gewährt wurde, hätte ich kaum die innere Muße und den Mut zum Abschluß dieser Schrift gefunden.

Dem Oberbibliothekar und den Mitarbeitern von Göteborgs Stadsbibliotek danke ich für die stete Bereitwilligkeit, mit der sie allen meinen Wünschen auf Beschaffung der notwendigen Literatur entgegengekommen sind. Ich möchte hierzu noch bemerken, daß das Manuskript dieser Schrift im April 1936 abgeschlossen war, so daß die später erschienene Literatur nicht mehr systematisch benutzt, sondern nur in gelegentlichen Hinweisen berücksichtigt werden konnte. Dr. Manfred Moritz danke ich herzlich für die freundliche Hilfe, die er mir bei der Durchsicht der Korrekturen gewährt hat.

Göteborg, im Dezember 1936.

Ernst Cassirer

I.

HISTORISCHE VORBETRACHTUNGEN

I.

Der „Laplacesche Geist“

> **„Rest, rest, perturbed spirit!“**
> **Shakespeare, Hamlet I 5,**

In der Einleitung zu seiner „Théorie analytique des probabilités“ hat Laplace jenes Bild eines allumfassenden Geistes gezeichnet, der die vollständige Kenntnis eines bestimmten Weltzustandes in einem gegebenen Augenblick besäße, und für den damit zugleich die Welt als Ganzes, in jedem Einzelzug ihres Daseins und Ablaufs, vollständig bestimmt wäre. Ein solcher Geist, der alle Kräfte kennte, die in der Natur wirksam sind und die genauen Lagen für alle Einzeldinge, aus denen die Welt besteht, brauchte diese Data nur der mathematischen Analyse zu unterwerfen, um damit zu einer Weltformel zu gelangen, die gleichzeitig die Bewegung der größten Weltkörper wie die des leichtesten Atoms in sich schließen würde. Für ihn wäre nichts ungewiß; Zukunft und Vergangenheit würden gleich deutlich vor seinem Blicke liegen. Der menschliche Verstand darf in der Vollendung, die er der Astronomie zu geben gewußt hat, als das schwache Abbild eines solchen Geistes angesehen werden, das aber freilich die Vollkommenheit des Urbildes niemals erreichen kann; bei allem Streben, sich ihm anzunähern, bleibt er stets unendlich weit hinter ihm zurück.

Ich beginne mit diesem Bilde des Laplaceschen Geistes; – nicht, weil ich diese Anknüpfung als logisch angemessen oder auch nur als psychologisch besonders glücklich ansehe, sondern aus dem genau entgegengesetzten Grunde. In all den Erörterungen über das allgemeine Kausalproblem, die durch die heutige Lage der Atomphysik hervorgerufen worden sind, hat das von Laplace geprägte Bild eine wichtige, ja entscheidende Rolle gespielt. Die Verteidiger wie die Angreifer des Kausalprinzips der „klassischen Physik“ schienen sich zum mindesten darüber einig zu sein, daß dieses Bild als ein adäquater Ausdruck des Problems gelten dürfe — daß man unbedenklich von / ihm ausgehen dürfe, um sich an ihm die Eigenart einer streng „deterministischen“ Auffassung des Weltgeschehens zu verdeutlichen. Die folgenden Erörterungen werden im einzelnen zu zeigen versuchen, daß und warum ich diese Ansicht nicht zu teilen vermag. Bevor ich jedoch in diese Erörterungen eintrete, scheint es mir nützlich, einen Blick auf die Geschichte des Problems zu werfen. Denn nur ein derartiger geschichtlicher Rückblick kann die Bedeutung erklären, die die Laplacesche „Weltformel“ in der gegenwärtigen erkenntnistheoretischen und naturphilosophischen Diskussion des Kausalbegriffs gewonnen hat. Bei Laplace selbst war der Gedanke dieser Weltformel kaum mehr als eine geistreiche Metapher, durch die er den Unterschied zwischen dem Begriff der Wahrscheinlichkeit und dem der Gewißheit verdeutlichen und beleuchten wollte. Der Anspruch, dieser Metapher eine weitere Ausdehnung und Geltung zu geben — der Anspruch, sie zum Ausdruck eines allgemeinen erkenntnistheoretischen Prinzips zu machen, liegt ihm, soviel ich sehe, noch völlig fern. Diese Wendung vollzieht sich erst in einer weit späteren Epoche; und ihr Zeitpunkt läßt sich genau bezeichnen. In seiner berühmten Rede „über die Grenzen des Naturerkennens“ (1872) hat Emil du Bois-Reymond die Laplacesche Formel zuerst wieder ihrer langen Vergessenheit entrissen und sie in den eigentlichen Brennpunkt der erkenntnistheoretischen und naturphilosophischen Betrachtung gerückt. Diese Rede hat überall das größte Aufsehen erregt und die stärkste Wirkung getan. Noch ein halbes Jahrhundert später hat W. Nernst in einem Aufsatz „über den Gültigkeitsbereich der Naturgesetze“ die „anmutige Beredsamkeit“ gerühmt, mit der du Bois-Reymond die praktische Leistungsfähigkeit der Laplaceschen Weltformel geschildert habe[1]. Aber diese Beredsamkeit enthielt freilich ihre schweren Gefahren. Unter ihrer leichten und schimmernden Hülle wurden bestimmte Grundprobleme der philosophischen und naturwissenschaftlichen Erkenntnis behandelt, nicht um analytisch geklärt, sondern um einer schnellen und endgültigen, aber freilich durchaus dogmatischen Entscheidung zugeführt zu werden.

Diese Entscheidung fiel zugleich im positiven und im negativen Sinne. Sie glaubte, ein für allemal die dauernde, unveränderliche und unumstößliche Form aller naturwissenschaftlichen Erkenntnis feststellen zu

[1] S. „Naturwissenschaften“, Bd. X, 1922, S. 492.

können; aber sie sah andererseits eben diese Form zu/gleich als eine unübersteigliche Grenze an. Du Bois-Reymond hebt die Naturerkenntnis weit über alle zufälligen, bloß-empirischen Schranken hinaus; er verleiht ihr, innerhalb ihres eigenen Umkreises, eine Art von Allwissenheit. Aber diese Erhöhung ist nur der Vorbote ihres tiefen Falles. Von dem Gipfel des strengsten exaktesten Wissens wird sie hinabgestürzt in den Abgrund der Unwissenheit – einer Unwissenheit, vor der es keine Rettung gibt, weil sie nicht zeitweilig und relativ, sondern absolut und endgültig ist. Gelänge es der menschlichen Erkenntnis, sich zum Ideal des Laplaceschen Geistes zu erheben, so wäre ihr der Weltlauf mit all seinen Einzelheiten, in Vergangenheit und Zukunft, völlig durchsichtig. „Solchem Geiste wären die Haare auf unserem Haupte gezählt, und ohne sein Wissen fiele kein Sperling zur Erde. Ein vor- und rückwärts gewandter Prophet, wäre ihm das Weltganze nur eine einzige Tatsache und eine große Wahrheit." Und doch würde diese eine Wahrheit nur einen beschränkten und kümmerlichen Teilaspekt des Seins in seiner Gesamtheit, der eigentlichen „Wirklichkeit", darbieten. Denn diese letztere enthält weite und wichtige Bezirke, die der hier geschilderten Form der naturwissenschaftlichen Erkenntnis prinzipiell und für immer unzugänglich bleiben müssen. Keine Steigerung und Verschärfung dieser Erkenntnis bringt uns den eigentlichen Mysterien des Seins auch nur um einen Schritt näher. Unser Wissen zergeht in Nichts, sobald wir aus der Welt der materiellen Atome in die Welt des „Geistigen", des Bewußtseins eintreten. Hier endet unser Verstehen: denn auch bei vollständiger, bei „astronomisch-genauer" Erkenntnis aller materiellen Systeme der Welt, einschließlich des Systems unseres Gehirns, wäre es uns unmöglich zu begreifen, wie das materielle Sein die rätselhafte Erscheinung des Bewußtseins aus sich hervorgehen lassen kann. Der Anspruch auf „Erklärung" kann somit an dieser Stelle nicht nur nicht befriedigt, er kann, streng genommen, nicht einmal gestellt werden: das *„Ignorabimus"* ist die einzige Antwort, die die Naturwissenschaft auf die Frage nach dem Wesen und Ursprung des Bewußtseins zu geben vermag.

Die Problemstellung du Bois-Reymonds hat gleich stark auf die Philosophie und auf die naturwissenschaftliche Prinzipienlehre in den letzten Jahrzehnten des neunzehnten Jahrhunderts gewirkt. Den radikalen Folgerungen, die hier gezogen worden waren, suchte man sich freilich zu entziehen; der apodiktisch-dogmatischen Entscheidung / der du Bois-Reymondschen Rede wollte man sich nicht gefangen geben. Aber daß hier eine wichtige und zutreffende Frage gestellt sei, um deren Lösung Erkenntnistheorie und Naturwissenschaft mit dem Einsatz aller Kräfte zu ringen hätten: — dies schien zunächst keinem Zweifel zu unterliegen. Selbst die Neukantische Bewegung, die zu Beginn der 70er Jahre, fast gleichzeitig mit du Bois-Reymonds Rede, einsetzte, brachte hier zunächst keine prinzipielle Änderung. Otto Liebmann, — einer der ersten, der die „Rückkehr zu Kant" gefordert hat — bewegt sich in seiner Analyse des Kausalproblems ganz in den gleichen Bahnen. Auch für ihn wird die Laplacesche Formel zum vollständigen und vollgültigen Ausdruck dessen, was er als die „Logik der Tatsachen" zu bezeichnen liebt. Legt man „eine absolute Weltintelligenz hypothetisch zugrunde" — so erklärt er — „dann wird dieser Intelligenz wirklich der ganze, für uns im unendlichen Raum distrahierte Weltprozeß bis in seine minutiösesten Einzelheiten hinein als zeitlose Weltlogik sub specie aeternitatis gegeben sein. Dies wäre denn die vollendete Logik der Tatsachen in der objektiven Weltvernunft; und Spinoza hätte Recht in einem Sinne, der ihm freilich nicht vollkommen klar sein konnte, weil er ein Jahrzehnt vor der Publikation von Newtons Prinzipien und ein Jahrhundert vor der Herausgabe von Laplaces Mécanique céleste gestorben ist[2]." Man ersieht hieraus, daß die „Laplacesche Formel" gleich sehr einer naturwissenschaftlichen wie einer rein metaphysischen Auslegung fähig war: — und gerade auf diesem ihrem Doppelcharakter beruht die starke Wirkung, die sie geübt hat. Diese Wirkung wird erst dann ganz verständlich, wenn man die geistesgeschichtliche Gesamtlage der Epoche betrachtet, in der du Bois-Reymonds Rede hervorgetreten ist. Es war die Zeit des Materialismus-Streites: die Zeit, in der die Philosophie sich vor die Entscheidung gestellt sah, ob sie sich der Leitung des naturwissenschaftlichen Denkens anvertrauen wollte, die unvermeidlich zur Konsequenz einer streng-mechanischen Naturauffassung weiterzuführen schien — oder ob sie, gegenüber der Naturwissenschaft, ihre eigene Position verteidigen und aufrecht erhalten, ob sie dem „Geistigen" eine Sonder- und Ausnahmestellung einräumen solle. Hier griff die Rede du Bois-Reymonds ein, die als eine Klärung der Zweifel und als ein Ausweg aus / dem Dilemma gedeutet werden konnte. Denn sie schien beiden Ansprüchen gerecht zu werden; sie schien in gewissem Sinne ebensosehr den Forderungen des Materialismus, wie denen des

---

[2] Otto Liebmann, Zur Analysis der Wirklichkeit, 2. Aufl. Strassburg 1880, S. 205.

Spiritualismus zu genügen. Der Materialismus und Mechanismus konnte sich durch du Bois-Reymonds Definition der Naturerkenntnis zufrieden gestellt finden: denn für den Umkreis der letzteren war seine Grundmaxime nicht nur anerkannt, sondern zum ausschließlichen und alleinigen Maßstab erhoben worden. „Es gibt für uns kein anderes Erkennen als das mechanische" — so betont du Bois-Reymond — „ein wie kümmerliches Surrogat für wahres Erkennen es auch sei, und demgemäß nur eine wahrhaft wissenschaftliche Denkform: die physikalisch-mathematische". Aber auf der anderen Seite wurde diese Denkform verworfen, wenn es sich um die „eigentlich-transzendenten" Probleme handelte. Diesen Problemen gegenüber hatte der Naturforscher ein für allemal zu resignieren: und diese Resignation ließ für alle anderen, rein „spekulativen" Lösungsversuche die Bahn frei. So schienen die radikalen Verfechter des Materialismus, wie seine schärfsten Gegner, sich mit gleichem Recht auf du Bois-Reymonds Grundthese berufen zu können: die ersteren, weil sie in ihr die Identität zwischen wissenschaftlichem und materialistisch-mechanischem Denken ausgesprochen fanden, die letzteren, weil außerhalb derselben eine Realität angenommen war, die sich prinzipiell jeder naturwissenschaftlichen Erkenntnis entzog, die als ein dunkler und undurchdringlicher Rest stehen blieb.

Aber damit sehen wir uns zugleich auf eine Frage geführt, deren Bedeutung weit über die besondere Problemlage hinausgreift, aus der du Bois-Reymonds Rede erwachsen ist. Es zeigt sich schon hier ein systematischer Zusammenhang, der sich uns im Fortgang unserer Untersuchung immer von neuem bestätigen wird. Die Antwort auf das Kausalproblem, die eine naturwissenschaftliche Erkenntnislehre uns gibt, steht niemals für sich allein, sondern sie beruht stets auf einer bestimmten Annahme über den naturwissenschaftlichen Objektbegriff. Beide Momente greifen unmittelbar ineinander ein und bedingen sich wechselseitig. Wir können niemals den Kausalbegriff einer bestimmten Epoche oder einer bestimmten naturwissenschaftlichen Denkrichtung in seiner Bedeutung und Begründung verstehen, ohne den Hebel an dieser Stelle anzusetzen — ohne nach dem Begriff der physikalischen „Realität" zurückzufragen, der von ihr vorausgesetzt wird. Ich werde später zu zeigen versuchen, daß dieses Verhältnis auch für die mo/derne Quantenmechanik gilt: – daß wir es in der „Krise des Kausalbegriffs", der für sie kennzeichnend scheint, weit mehr mit einer kritischen Umbildung, einer neuen Fassung des Objektbegriffs zu tun haben. Für jetzt begnüge ich mich, dieses Verhältnis an der Beziehung zu verdeutlichen, die sich aus du Bois-Reymonds Theorie der naturwissenschaftlichen Erkenntnis ergibt. Indem in dieser Theorie die Kausalforderung über alle Grenzen der empirischen Anwendbarkeit hinausgehoben, indem sie in ihrer Aussprache und Definition an die Voraussetzung eines „unendlichen Geistes“ geknüpft wird, rückt damit auch die Realität in eine unerreichbare Ferne. Sie ist jeder wirklichen Begreiflichkeit, jeder Erfassung durch die theoretischen Grundmittel unserer Erkenntnis entrückt. Mit all unserem Begreifen, mit aller Verfeinerung und Zuspitzung unserer physikalischen Erkenntnismittel rücken wir nicht einen Schritt weiter; wir spinnen uns damit vielmehr nur immer dichter in das Netz unserer eigenen Begriffe ein. Denn die Unerkennbarkeit beginnt nach du Bois-Reymond keineswegs erst dort, wo wir das Gebiet des Geistigen, des Bewußtseins betreten. Sie ist prinzipiell von gleicher Art, sobald wir die Wesensfrage, statt an das Bewußtsein, an die materielle Welt und an ihre Grundelemente, die Atome, richten. Der Laplacesche Geist, der über die vollkommene Kenntnis aller Massenpunkte und aller ihrer Lagen und Geschwindigkeiten verfügte, besäße durch diese Kenntnis nicht die geringste Handhabe, um das „Wesen“ von Masse und Kraft zu begreifen. „Niemand, der etwas tiefer nachgedacht hat“ – so erklärt du Bois-Reymond – „verkennt die transzendente Natur des Hindernisses. Alle Fortschritte der Naturwissenschaft haben nichts dagegen vermocht, und alle ferneren werden dagegen nichts fruchten. Nie werden wir besser als heute wissen, was hier, wo Materie ist, „im Raume spukt“. Denn sogar der Laplacesche Geist würde hier nicht klüger sein[3].“

Deutlich und unverhüllt tritt hier die Schlußweise hervor, deren sich du Bois-Reymond in all seinen Deduktionen bedient. Sie ist auf den ersten Blick befremdlich, ja fast unverständlich: denn was kann es Seltsameres geben als eine Betrachtungsweise, durch die gerade die Prinzipien und Elemente wissenschaftlicher Erkenntnis zu einem Unerkennbaren gestempelt – durch die Begriffe, wie Materie und / Kraft, die ja nichts anderes als I n s t r u m e n t e des Naturbegreifens sind, zu etwas Geister- und Gespensterhaftem gemacht werden, das geheimnisvoll „im Raume spukt“? Und doch unterliegt die Naturwissenschaft in dieser seltsamen Schlußweise nur einem Schicksal, das sie mit allen Formen symbolischer Erkenntnis teilt. Auf einer weit vorgeschrittenen Stufe des Wissens, ja auf

[3] Über die Grenzen des Naturerkennens, Reden, Erste Folge, Lpz. 1886, S. 114.

einem seiner wahrhaften Höhepunkte, wiederholt sich hier ein Prozeß, den wir bis in die ersten Anfänge des Weltbegreifens zurückverfolgen können. Wo immer wir versuchen, die verschiedenartigen Symbole zu analysieren, vermöge deren es zu einem „Begreifen" der Welt — der Natur sowohl wie der „geistigen Wirklichkeit" — kommt, da stoßen wir auf diesen Dualismus in der Deutung der Grundmittel, auf denen dieses Begreifen beruht. Sprache und Bild sind die ersten Mittel, die der menschliche Geist für dieses Begreifen erschafft. Durch sie allein vermag er die „fließend immer gleiche Reihe" des Geschehens abzuteilen, zu unterscheiden, zu beherrschen. Aber es sind eben diese Mittel der Beherrschung, die alsbald wieder ein eigenes Sein, eine eigene Wirklichkeit und Bedeutsamkeit erlangen, vermöge deren sie auf den menschlichen Geist zurückwirken und sich ihn unterwürfig machen. Das Instrument beginnt gleichsam ein eigenes Leben anzunehmen: es wird hypostasiert und es wird in dieser Hypostase zu einer selbständigen, eigentümlichen und eigenwilligen Kraft, die den Menschen in ihren Bann zieht. Je weiter wir in die Ursprünge von Sprache und Mythos zurückzudringen suchen, um so deutlicher tritt für uns dieser Grundcharakter der Sprach- und Bildsymbole hervor. Das Symbolische wird zum Magischen: Wort- und Bildzauber sind es, die die Grundlagen für alle magische Erkenntnis und alle magische Beherrschung der Wirklichkeit bilden[4]. So merkwürdig und paradox es scheinen mag, so ist doch selbst die „abstrakteste" Symbolbildung von diesem Zwange zum unmittelbar Bildhaften, und damit von dem Zwange zur Verdinglichung nicht frei. Auch sie hat ständig gegen die Gefahr der Substantialisierung und Hypostasierung zu streiten; und in dem Augenblick, wo sie dieser Gefahr unterliegt, erfährt der Erkenntnisprozeß einen eigentümlichen Rückschlag. Die Prinzipien, das „Erste" der Erkenntnis, werden zum „Letzten" — zu dem, was / sie zu fassen sucht, was sich aber gleichsam mehr und mehr von ihr zurückzieht, und was schließlich in eine unerreichbare Ferne zu rücken droht. Des unmittelbar „magischen" Charakters werden die Symbole entkleidet; aber noch immer haftet ihnen der Charakter des Geheimnisvollen, des „Unbegreiflichen" an. Noch schärfer und unverhohlener, als es in Emil du Bois-Reymonds Rede geschieht, ist

[4] Zur näheren Begründung muß ich hier auf meine Schrift „Sprache und Mythos" (Studien der Bibl. Warburg VI); Leipzig 1924, sowie auf meine „Philosophie der symbolischen Formen", Bd. I—III; Berlin 1923 ff. verweisen.

diese Konsequenz in der Schrift seines Bruders, des Mathematikers Paul du Bois-Reymond, „Über die Grundlagen der Erkenntnis in den exakten Wissenschaften“ gezogen worden. Hier soll bewiesen werden, wie jeder Versuch der Physik, die Wirklichkeit zu erfassen und zu beschreiben, von vornherein zum Scheitern verurteilt ist. Jeder derartige Versuch belehrt uns nur aufs neue darüber, „wie undurchdringlich die Mauern unseres intraphaenomenalen Gefängnisses sind“. „Unser Denken, das im nebelhaft gleichförmigen Vordringen sich abmüht, kommt dabei, wie gelähmt, nicht von der Stelle. Wir sind im Gehäuse unserer Wahrnehmungen eingeschlossen und für das, was außerhalb ist, wie blind geboren. Nicht einen Schimmer können wir davon haben, denn der Schimmer gleicht doch schon dem Licht: was aber entspricht im Wirklichen dem Licht[5]?“

Die moderne Physik hat seit langem und mit immer stärkerem Nachdruck betont, daß und weshalb eine derartige Grundanschauung für sie nicht länger bindend und nicht länger möglich ist. Sie hat die Voraussetzungen aufgegeben, unter denen das Erkenntnisideal des Laplaceschen Geistes konzipiert war; sie bestreitet die Möglichkeit, alles physikalische Geschehen dadurch zu begreifen, daß es auf die Bewegung einfacher Massenpunkte zurückgeführt wird. Und noch entschiedener verwirft sie die weiteren Folgerungen, die von du Bois-Reymond an die Laplacesche Weltformel geknüpft worden waren. „Sein Ignorabimus“ — so erklärt ein moderner Forscher — „hat für uns keine andere Bedeutung, als für den Mathematiker die nüchterne Erkenntnis von der Unmöglichkeit der Quadratur des Zirkels und anderer ähnlicher Aufgabestellungen, die dadurch, daß man sie auf die richtige Form bringt, zugleich erledigt und annulliert werden[6].“ Um zu dieser rein erkenntniskritischen Einsicht zu gelangen, bedurfte es freilich nicht der neuen Begriffsbildungen der Quanten/mechanik; sie konnte bereits auf dem Boden der klassischen Physik gewonnen und unter ihren Voraussetzungen bewiesen werden[7]. Allgemein läßt sich sagen, daß das Bild des Laplaceschen Geistes nicht nur vom Standpunkt der physikalischen

[5] Paul du Bois-Reymond, a. a. O.; Tübingen 1890, Abschn. VIII.

[6] R. v. Mises, Über das naturwissenschaftliche Weltbild der Gegenwart, Naturwissensch. 18 (1930), S. 892.

[7] Ich selbst habe, vom Standpunkt der „klassischen Physik“ aus, diesen Beweis zu führen gesucht in m. Schrift „Substanzbegriff und Funktionsbegriff“, Berlin 1910; vgl. bes. S. 162 ff. und 219 ff.

Empirie, sondern schon vom Standpunkt der Logik und der erkenntnistheoretischen Analyse aus, zu schweren Bedenken Anlaß gibt. Prüft man dieses Bild schärfer, so zeigt sich, daß es aus disparaten Elementen aufgebaut ist. Denn wie wollen wir uns die Bedingung erfüllt denken, an die die Voraussicht des Laplaceschen Geistes gebunden ist; wie soll er sich die vollständige Kenntnis der Anfangslagen und Geschwindigkeiten aller einzelnen Massenteilchen verschafft haben? Ist er zu dieser Kenntnis auf menschlichem oder „übermenschlichem" Wege, auf empirische oder „transzendente" Weise gelangt? In dem ersten Falle wären auch für ihn die Bedingungen nicht aufgehoben, die für unser empirisches Erkennen gelten. Es müßten Messungen durchgeführt und es müßten für sie bestimmte physikalische Instrumente benutzt worden sein. Aber es ist nicht einzusehen, wie auf diese Weise eine andere als relative Erkenntnis erreicht und gesichert werden könnte. Die Maßgenauigkeit könnte nie über eine bestimmte Grenze hinaus gesteigert werden: und ebenso würde die Anwendung physikalischer Apparate das Resultat von der Natur dieser Apparate abhängig und nur im Verhältnis zu ihr, nicht aber absolut bestimmbar machen. Dieser Schwierigkeit ist nur zu entgehen, wenn wir der Laplaceschen Intelligenz eine nicht nur mittelbare, sondern eine unmittelbare, eine „intuitive" Kenntnis der Anfangsbedingungen zusprechen. Aber mit dieser Entscheidung würde uns das ganze Problem, das hier gestellt ist, gewissermaßen unter den Händen entschwinden und sich zuletzt in Nichts auflösen. Denn eine Intelligenz, die mit einer derartigen intuitiven Erkenntnis ausgerüstet wäre, wäre damit zugleich jeder Mühe der mittelbaren Schlußfolgerung, der Vorausberechnung enthoben. Sie brauchte nicht aus dem Gegenwärtigen auf das Vergangene oder Zukünftige zu „schließen"; sie besäße, in einem einzigen unteilbaren Akte, die vollständige Kenntnis, die unmittelbare Anschauung der gesamten Zeitreihe und ihrer Unendlichkeit. In dem Bilde des „Laplaceschen Geistes" verbinden und durchdringen sich somit zwei heterogene, miteinander unverein/bare Bestimmungen. In diesem Bilde ist, um es in Kantischen Begriffen auszudrücken, gleichzeitig die Vorstellung eines „diskursiven" und eines „intuitiven" Verstandes enthalten; eines diskursiven Verstandes, der an die Form des mittelbaren Begreifens, des „Berechnens" gebunden ist und eines intuitiven Verstandes, der sich alles Berechnens entschlagen kann, weil er vom „Synthetisch-Allgemeinen" (der Anschauung eines Ganzen als eines solchen) zum Besondern geht, d. i. vom Ganzen zu den Teilen. So löst sich bei schärferer erkenntniskritischer Analyse jenes Ideal der naturwissenschaftlichen Erkenntnis, das Laplace gezeichnet und das du Bois-Reymond weiter ausgeführt und ausgeschmückt hat, in ein Idol auf. Die Grenze, der sich der menschliche Geist in seiner fortschreitenden Naturerkenntnis ständig annähern sollte, bewährt sich auch als Grenze nicht: es zeigt sich, daß schon ihre bloße hypothetische Setzung, streng genommen, zu einem unvollziehbaren Gedanken, zu einem Widerspruch hinführt. Wir müssen das Ideal und Prinzip der naturwissenschaftlichen Erkenntnis anders und von einer neuen Seite her formulieren – wenn anders dieses Prinzip etwas logisch-Kohärentes und etwas empirisch-Brauchbares, etwas auf das Verfahren und die Begriffsbildung der „wirklichen" Physik Anwendbares besagen soll.

II.

Metaphysischer und kritischer Determinismus

Mit unseren bisherigen Erörterungen sind wir jedoch noch keineswegs in den eigentlichen Kern des Problems vorgedrungen, das der Konzeption der Laplaceschen Weltformel zugrunde liegt. Bei Laplace selbst tritt diese Formel nur als ein gelegentliches geistreiches Aperçu auf; als ein Gedankenexperiment, das breit ausgemalt und in seine Folgen entwickelt wird, dessen eigentliche Gründe aber im Dunkel bleiben. Und doch ist die Laplacesche Formel weit mehr, als sie in diesem Zusammenhang erscheint. Sie ist nichts Geringeres als der Gesamtausdruck und die prägnante Zusammenfassung jener Weltansicht, aus der die großen philosophischen Systeme des 17. Jahrhunderts: die Systeme des klassischen Rationalismus erwachsen sind. Auf diese Grundlage müssen wir daher zurückgehen, wenn wir die Laplacesche Formel wirklich ernstnehmen, wenn wir ihrem Gehalt und ihren gedanklichen Motiven ganz gerecht werden wollen. Lange vor Laplace hatte Leibniz den Gedanken, der seinen Deduktionen zugrunde liegt, in aller Schärfe formuliert – ja er hatte auch bereits das charakteristische Symbol geschaffen, in das sich dieser Gedanke kleidet. „Daß alles durch ein festgestelltes Verhängnis herfürgebracht werde" – so heißt es in einem Aufsatz von Leibniz – „ist ebenso gewiß, als daß drei mal drei neun ist. Denn das Verhängnis besteht darin, daß alles aneinander hänget wie eine Kette, und eben so ohnfehlbar geschehen wird, ehe es geschehen, als ohnfehlbar es geschehen ist, wenn es geschehen ... Nemlichen jede Ursache hat ihre gewisse Wirkung, die von ihr zuwege bracht würde, wenn sie allein wäre; weilen sie aber nicht allein, so entstehet aus der Zusammenwirkung ein gewisser ohnfehlbarer Effekt ... nach dem Maß der Kräfte, und das ist wahr, wenn nicht nur zwei oder 10 oder 1000, sondern gar unendlich viel Dinge zusammen wirken, wie dann wahrhaftig in der Welt geschieht. Die Mathematik ... kann solche Dinge gar schön / erläutern, denn alles ist in der Natur mit Zahl, Maß und Gewicht oder Kraft gleichsam abgezirkelt. Wenn zum Exempel eine Kugel auf eine andere Kugel in freier Luft trifft, und man weiß ihre Größe und ihre Linie und Lauf vor dem Zusammentreffen, so kann man vorhersagen und ausrechnen, wie sie voneinander prallen, und was sie vor einen Lauf nach dem Anstoß nehmen werden. Welches gar schöne Regeln hat; so auch zutreffen, man nehme gleich der Kugeln so viel man wolle, oder man nehme gleich andere Figuren als Kugeln. Hieraus sieht man nun, daß alles mathematisch, d. i. ohnfehlbar zugehe in der ganzen weiten Welt, so gar, daß wenn einer eine genugsame Insicht in die inneren Teile der Dinge haben könnte, und dabei Gedächtnis und Verstand genug hätte, um alle Umstände vorzunehmen und in Rechnung zu bringen, würde er ein Prophet sein, und in dem Gegenwärtigen das Zukünftige sehen, gleichsam als in einem Spiegel[8]."

Wieder tritt hier aufs klarste hervor, daß die Formulierung des Kausalgesetzes und des Determinismus, die Leibniz gibt, aufs engste mit seinem Realitätsbegriff zusammenhängt, ja daß sie nichts anderes als eine bloße Umschreibung eben dieses Begriffs selbst ist. Leibniz' Realitätsbegriff ruht auf zwei verschiedenen Grundvoraussetzungen, die aber für ihn selbst eine untrennbare Einheit bilden, die sich völlig miteinander durchdrungen haben. Er ist ebensowohl mathematischer wie metaphysischer Natur, und er ist das eine, weil er das andere ist. Leibniz' Determinismus ist metaphysischer Mathematizismus. Der Natur muß dieselbe „Unfehlbarkeit" zukommen, die sich in den Regeln des mathematischen Denkens und Schließens ausdrückt; denn besäße sie diese Unfehlbarkeit nicht, so wäre sie für den mathematischen Gedanken undurchdringlich. In dieser Schlußfolgerung drückt sich das charakte-

---

[8] Leibniz, Von dem Verhängnisse, Hauptschriften, ed. Cassirer-Buchenau, Bd. II, S. 129.

ristische subjektive „Pathos“ aus, das die ersten Begründer und Vorkämpfer des klassischen Rationalismus beseelt. Philosophie und Naturwissenschaft fühlen sich in diesem Pathos eins: Kepler und Galilei sprechen hier dieselbe Sprache wie Descartes oder Leibniz. Es ist der erste überschwengliche Enthusiasmus, es ist gleichsam der Rausch der neubegründeten und neugesicherten mathematischen Erkenntnis, der diese Sprache geprägt hat. Die Kausalforderung von Kepler und Galilei, von Des/cartes und Leibniz drückt nichts anderes aus als die Überzeugung der Identität von Mathematik und Natur. Wer mathematisch denkt und schließt, der treibt damit kein leeres Gedankenspiel; er bewegt sich nicht in einer engen Welt selbstgeschaffener Begriffe, sondern er rührt an das Fundament der Wirklichkeit selbst. Hier stehen wir an dem Punkte, an dem Denken und Sein sich unmittelbar berühren, und an dem demnach auch der Unterschied zwischen dem „endlichen“ und dem „unendlichen“ Verstand verschwindet. Denn das Privileg des unendlichen, des göttlichen Verstandes besteht darin, daß er die Dinge erkennt, nicht weil er sie von außen her betrachtet und beobachtet, sondern weil er ihr eigener Grund ist. Er denkt das Sein, weil und sofern er das Sein erschafft: und eben dieser ursprüngliche Schöpfungsakt ist durch die Grundgedanken der Mathematik: durch Größe, Zahl und Maß bestimmt. Weit entfernt davon, bloße Abbilder der Wirklichkeit zu sein, sind diese Begriffe also die eigentlichen Urbilder, die ewigen und unveränderlichen „Archetypen“ des Seins. Auf dieser Voraussetzung ruht Keplers Lehre von der „Weltharmonie“, die für ihn zum Ansporn und zum belebenden Prinzip seines gesamten astronomischen Denkens, seiner empirischen und mathematischen Forschung wird. Mathematik und Astronomie sind für Kepler die beiden „Flügel der Philosophie“. Kraft ihrer erhebt sich der menschliche Geist in eine Region, in der er erst seiner wahrhaften Gottähnlichkeit inne wird, weil er die göttlichen Schöpfungsgedanken nachzudenken vermag: „Creator Deus mathematica ut archetypos secum ab aeterno habuit in abstractione simplicissima et divina, ab ipsis etiam quantitatibus materialiter consideratis“[9]. Der gleiche Gedanke durchdringt Galileis Darstellung und Rechtfertigung des Copernikanischen Systems. In seinen Dialogen über die beiden Weltsysteme betont Galilei, daß im Hinblick auf die mathematische Erkenntnis kein fundamentaler,

[9] Anmerkung Keplers zur zweiten Ausgabe seines „Mysterium Cosmographicum“ (1621); Opera, ed. Frisch, I, 136.

kein qualitativer Unterschied zwischen dem menschlichen und göttlichen Geiste bestehe. In Bezug auf den Umfang des Wissens ist freilich der letztere dem ersteren unendlich überlegen – aber der Grad der Gewißheit ist in der mathematischen Erkenntnis der gleiche für Gott und Mensch: denn über jenes Maximum des Wissens hinaus, das wir im strengen mathematischen Beweis erlangen, ist eine weitere Steigerung nicht denkbar[10].

Aber zu dieser Anschauung der Begründer der neuen mathematischen Naturwissenschaft gesellt sich bei Leibniz noch ein anderes Motiv, das seinem „Determinismus“ erst die eigentliche charakteristische Prägung gibt. Wenn Leibniz einmal gesagt hat, seine gesamte Metaphysik sei mathematisch, so gilt auch die Umkehr dieses Satzes: auch Leibniz' Konzeption der Mathematik ruht auf metaphysischen Gründen. Denn jener strenge mathematische Zusammenhang, den wir in den Phänomenen gewahr werden, und den die exakte Naturerkenntnis festzustellen sucht, ist für Leibniz selbst nur ein abgeleitetes Ergebnis. Um ihn wirklich zu begreifen, müssen wir auf die letzten Gründe des Seins, auf die einfachen Substanzen zurückgehen. In ihnen erfassen wir den eigentlichen Sinn und Ursprung der Determination des Naturgeschehens. Mathematik und Mechanik können sich damit begnügen, dem Zusammenhang zwischen Ursachen und Wirkungen innerhalb der Körperwelt, innerhalb der raum-zeitlichen Ordnung nachzugehen. Aber dieses raum-zeitliche Universum bietet uns immer nur „abgeleitete Kräfte“, die wir, um sie wirklich zu verstehen, auf ihren letzten Ursprung, auf „primitive Kräfte“ zurückführen müssen. Diese primitiven Kräfte gehören nicht mehr der Erscheinungswelt, sondern der Welt der einfachen Substanzen, der Monaden an. Die Welt, von der die Naturwissenschaft spricht, und für die sie ihre Begriffe von Ausdehnung und Bewegung, von Kraft und Masse, ausprägt, ist nicht absolut, sondern relativ: sie ist Phänomen; aber ein Phänomen, das nicht leerer Schein, sondern „in den Monaden gegründet“ und somit ein *„phaenomenon bene fundatum“* ist. So wird der eigentliche Determinismus von Leibniz in eine andere, weiter zurückliegende Schicht verlegt. Jede einfache Substanz ist mit

[10] Galilei, Dialogo supra i due massimi sistemi del mondo, Ediz. nationale VII, 129 (Näheres über diese auch historisch bedeutsame Stelle — sie hat im Prozeß gegen Galilei eine wichtige Rolle gespielt — s. in m. Schrift „Individuum und Kosmos in der Philosophie der Renaissance“ (Studien der Bibl. Warburg X) S. 171 f.).

einer ursprünglichen Vorstellungskraft begabt, d. h. sie besitzt die Kraft, das Ganze ihrer Phänomene aus sich selbst heraus zu erzeugen und fortschreitend zu entwickeln. In dieser Erzeugung und Entwicklung herrscht überall die strengste Notwendigkeit. Die Substanz *ist* für / Leibniz geradezu nichts anderes als dieses notwendige Gesetz der Selbstentfaltung — und hierauf allein muß der strenge Begriff der Kausalität beschränkt werden. Die Kausalität drückt keine Beziehung zwischen den einzelnen Substanzen aus — denn ein unmittelbarer Einfluß, ein „influxus physicus" von Monade zu Monade wird durch Leibniz' System ausgeschlossen — sie besagt lediglich ein Verhältnis, das in der einfachen Substanz selbst zwischen ihrer ursprünglichen Kraft und deren Ergebnissen und Auswirkungen anzunehmen ist. Und daß hier keine Lücke bestehen, daß nirgends ein Bruch in der Kette von Ursache und Wirkung eintreten kann: das ergibt sich unmittelbar daraus, daß es mit diesem Bruch zugleich auch um die *Identität* der Substanz geschehen wäre. Was diese Identität verbürgt, ja, was sie eigentlich erst definiert, das ist die Strenge des kausalen Zusammenhanges. Das Sein der Substanz ist kein statisch-ruhendes, sondern ein innerlich-bewegtes, ein dynamisches Sein. Die Substanz ist nur dadurch, daß sie sich verändert, daß sie stetig von einem Zustand zum andern übergeht. Das Beharrliche besteht hierbei lediglich im Gesetz des Übergangs, das die gesamte Folge dieser Fortschritte beherrscht und das überall mit sich gleich bleibt. So wird die Substanz als „primitive Kraft" von Leibniz mit dem „allgemeinen Glied" bestimmter algebraischer Reihen verglichen, das die Regel angibt, nach der die Reihe von einem Element zum andern fortschreitet, während die „derivative" Kraft den Einzelgliedern der Reihe zu vergleichen ist. „Daß ein bestimmtes *Gesetz* beharrt, welches alle zukünftigen Zustände des Subjekts, das wir als identisch denken, in sich schließt: das eben macht die Identität der Substanz aus"[11]. Man begreift jetzt, daß und warum der strenge und unverbrüchliche Determinismus des Geschehens für Leibniz eine unausweichliche Folgerung und eine unbedingte Forderung ist. Wäre das Band der Kausalität an irgendeiner Stelle des Weltgeschehens gesprengt, so bräche auch die Realität und Substantialität in sich zusammen. Ein Geschehen, das nicht mehr

[11] Vgl. hrz. den Briefwechsel zwischen Leibniz und de Volder; besonders Leibniz' Brief vom 21. Januar 1704; Philosoph. Schriften (Gerhardt) II, 261 ff., Hauptschriften (ed. Cassirer-Buchenau) II, 334 ff.

durch das Gesetz der Reihe bestimmbar und aus ihr ableitbar wäre, fiele auch nicht mehr in die Reihe hinein – es könnte keinem bestimmten Subjekt mehr zugeschrieben werden und bliebe somit gleichsam im Leeren / schweben. Diese Leere aber würde zugleich den Tod aller Erkenntnis bedeuten. Das „Prinzip des zureichenden Grundes" muß überall und in voller Strenge anwendbar sein: denn es gibt kein wahrhaftes Sein, es gibt keine objektive Realität, außer in der Form der Einheit. „Was nicht wahrhaft Ein Wesen, das ist auch nicht wahrhaft ein Wesen[12]." So wird der Determinismus für Leibniz zur letzten und unaufheblichen Grundlage aller metaphysischen Erkenntnis: auf ihm beruht jegliche Aussage nicht nur über den Wirkungszusammenhang, sondern über das Sein, über die Realität überhaupt.

Aber in diese feste dogmatische Lehre vom Sein und Geschehen bricht nun, jäh und unvermittelt, die Humesche Skepsis ein. Und wiederum ist es das erste Moment, dessen Wandlung das zweite bedingt und nach sich zieht. Hume richtet seinen Zweifel vor allem gegen die rationalistische Fassung des „Satzes vom Grunde"; aber er kann diesen Satz nur dadurch erschüttern, daß er ihm die ontologische Grundlage entzieht. Für Hume gibt es jenes „Sein" nicht mehr, auf das Leibniz die Behauptung des universellen Determinismus gegründet hatte. Er kennt keine Welt der „einfachen Substanzen", die die Phänomene aus sich hervorgehen lassen, und die darum als die letzten Prinzipien für die Erklärung der Phänomene zu gelten haben. Ihm geht das Wirkliche in den einfachen Perzeptionen auf: und in diesen Perzeptionen haben wir somit, wenn irgendwo, die Rechtfertigung für das Kausalprinzip zu suchen. Aber wenn wir die Frage nunmehr an diese allein zuständige Instanz richten, so zeigt sich sofort, daß von ihr keinerlei Antwort zu erhalten oder jemals zu erhoffen ist. Vergebens suchen wir hier nach irgendeinem „Urbild" der Kausalität; vergebens sehen wir uns nach einer „Impression" um, die der Idee der „notwendigen Verknüpfung" entspricht. So löst sich diese angebliche Idee in eine Phantasmagorie, in ein bloßes Produkt der „Einbildungskraft" auf. Wir können dem Prozeß nachspüren, in welchem die Einbildungskraft dieses seltsame Produkt erschafft; aber

---

[12] Leibniz an Arnauld: „Je tiens pour un axiome cette proposition identique, qui n'est diversifiée que par l'accent, savoir que ce qui n'est pas véritablement *un* estre, n'est pas non plus véritablement un *estre*". Philos. Schriften (Gerhardt) II, 97. Vgl. Hauptschriften (Cassirer-Buchenau) II, 223.

die Kenntnis dieses Prozesses bringt uns nicht einen Schritt weiter in dem eigentlichen Problem: in der Frage nach der objektiven Bedeutung und Geltung des Kausalbegriffs. Und so verliert auch jene mechanische Naturauffassung, wie / sie die Physik Galileis und Keplers und die Philosophie von Descartes und Leibniz gelehrt hatte, jeden objektiven Halt. Es ist nicht einzusehen, wie die Mathematik ihr diesen Halt gewähren könnte – hat es doch die Mathematik immer nur mit der Verbindung von Begriffen *(relations of ideas)* zu tun, die über Realverhältnisse wie Ursache und Wirkung, über Verhältnisse des *matter of fact*, schlechterdings nichts ausmachen können. Eine Notwendigkeit im Realen und vom Realen bleibt daher für uns unverständlich. Wenn wir das Grundphänomen analysieren, auf dem sich die mechanistische „Erklärung" der Natur aufbaut, so finden wir, daß gerade dieses Phänomen nicht den Schatten einer wirklichen Erklärung in sich schließt. Was uns die einzige Quelle der Gewißheit, was uns die Wahrnehmung über den Vorgang des elastischen Stoßes sagt, ist nur dies, daß zwei Massen sich nähern, um, nachdem sie einander begegnet sind, voneinander abzuprallen und in entgegengesetzter Richtung ihren Weg fortzusetzen. Aber niemals läßt sich angeben, wie *„aus"* dem einen das andere resultiert. Wenn die beiden Billardkugeln im Augenblick des Zusammenpralls, statt ihre Bewegungsrichtung zu ändern, vielmehr ihre Farben gegeneinander austauschten: so wäre das eine genau so viel und genau so wenig begreiflich wie das andere. Es ist nur die fortgesetzte Erfahrung, die uns den ersteren Fall verständlicher erscheinen läßt als den zweiten; es ist lediglich der Zwang der Gewöhnung, der uns eine Form der Einsicht vortäuscht. Wir können uns diesem Zwang nicht entziehen; wir können den „Glauben" an die Kausalität niemals aufgeben; denn ohne ihn gäbe es nicht nur keine theoretische, sondern auch keine praktische Möglichkeit der Orientierung. Aber wir überschreiten die Grenzen, die der menschlichen Erkenntnis gesteckt sind, sobald wir versuchen, diesem Glauben selbst irgendein objektives Fundament zu geben. Eine „Begründung" der Kausalvorstellung, die etwas anderes sein will als die Beschreibung ihrer psychologischen Entstehung, bleibt daher in jedem Falle eine bloße Illusion. Der Kreis der Subjektivität ist für uns an keiner Stelle zu durchbrechen; alles angeblich-objektive Schließen wurzelt zuletzt in einem bloßen Gefühl, für das sich keine weiteren „Gründe" mehr angeben lassen. „'Tis not solely in poetry and music, we must follow our taste and sentiment, but likewise in philosophy. When I am convinced of any principle, 'tis only an idea which strikes more strongly upon me . . . Objects have no discoverable connexion together; nor is it from any other / principle but custom operating upon the imagination, that we can draw any inference from the appearance of one to the existence of another[13]."

An diesem Punkt setzt Kants kritische Wendung ein. Sie bestätigt die Analyse Humes in vollem Umfang, insofern auch sie jede rationalistisch-metaphysische Begründung des Kausalprinzips, jede Ableitung desselben aus „bloßen Begriffen" verwirft. Zum mindesten läßt sich auf diesem Wege niemals ein besonderes Kausalverhältnis ableiten und als notwendig erweisen. Für alle solche Kenntnis sind wir ein für allemal auf die empirischen Daten angewiesen, die uns immer nur darüber belehren, was geschieht, nicht aber „warum" es geschieht oder geschehen „mußte". Aber Kant geht in seiner Schlußfolgerung noch weiter; er dehnt sie auch auf den allgemeinen Kausalbegriff aus. „Wie überhaupt etwas verändert werden könne" — so erklärt er — „wie es möglich sei, daß auf einen Zustand in einem Zeitpunkt ein entgegengesetzter im andern folgen könne, davon haben wir a priori nicht den mindesten Begriff. Hierzu wird die Kenntnis wirklicher Kräfte erfordert, welche nur empirisch gegeben werden kann, z. B. der bewegenden Kräfte, oder, welches einerlei ist, gewisser successiver Erscheinungen (als Bewegungen), welche solche Kräfte anzeigen[14]." Hume behauptete also mit Recht, daß wir die Möglichkeit der Kausalität d. i. der Beziehung des Daseins eines Dinges auf das Dasein von irgend etwas anderem, was durch jenes notwendig gesetzt werde, durch Vernunft auf keine Weise einsehen.

Aber wenn einmal soviel zugestanden ist: was bleibt alsdann noch von der angeblichen „Apriorität", was bleibt von der Allgemeinheit und Notwendigkeit des Kausalbegriffs übrig? Wie kann dieser Begriff „allgemein" sein, wenn er nicht für „Dinge überhaupt" erwiesen werden kann? Und wie kann er „notwendig" gelten, wenn wir, um ihm einen bestimmten konkreten Inhalt zu geben, diesen Inhalt der Erfahrung entnehmen müssen, die ja stets „zufällig" bleibt? Läßt sich der Folgerung Humes ausweichen, nachdem wir alle ihre Prämissen zugegeben haben — müssen wir nicht zugestehen, daß die Notwendigkeit, die wir dem Kausalprinzip zuschreiben, „bloß angedichtet" ist, daß sie ein bloßer

---

[13] Hume, Treatise of human nature, Book I, Part III, Sect. VIII.

[14] Krit. d. r. Vernunft, 2. Aufl., S. 252 (Ausg. Cassirer III, 186).

Schein ist, den uns eine lange Ge/wohnheit vorspiegelt?[15] Auf alle diese Einwände ließe sich in der Tat keine Antwort finden: – es sei denn, daß wir den Ansatz der Frage von Grund aus verändern. Fragen wir, wie ein Ding die Ursache eines andern sein könne, so fallen wir ohne Rettung wieder der Skepsis Humes anheim: läßt sich doch, nach Kant, nicht einmal die Möglichkeit, wie ein Ding überhaupt verändert werden könne, geschweige wie es auf ein anderes einwirke, a priori einsehen. Aber der erste Ausgangspunkt und die erste Forderung Kants bestand ja gerade darin, die kritische Frage nicht unmittelbar an die Dinge, sondern vielmehr an die Erkenntnis zu richten. Diese Wendung und diese methodische Umwandlung ist es, die er in seinem Grundbegriff des „Transzendentalen" ausdrücken und feststellen will. „Ich nenne alle Erkenntnis transzendental" – so erklärt er – „die sich nicht sowohl mit Gegenständen, sondern mit unserer Erkenntnisart von Gegenständen, sofern diese a priori möglich sein soll, überhaupt beschäftigt[16]." Die transzendentale Analyse des Kausalbegriffs, die von Kant der psychologischen Analyse Humes gegenüber- und entgegengestellt wird, kann also nicht unmittelbar das Sein der Dinge und ihre wechselseitige Abhängigkeit, sondern sie kann nur die Form der Erkenntnis der Dinge, die Form des objektiven Wissens betreffen. Richten wir die Frage auf das „Innere der Natur", fragen wir etwa mit Leibniz, wie die „einfache Substanz" die Reihe ihrer verschiedenen Zustände produziert – so läßt uns das Kausalprinzip, wenn wir es in seinem „transzendentalen" Sinne verstehen, hierbei völlig im Stich. Es verweigert uns jede Auskunft darüber, wie sich innerhalb der absoluten Substanzen die Einzelzustände miteinander verknüpfen und in welcher Weise sie sich wechselseitig bedingen. Der Kausalsatz gilt nicht für „Dinge überhaupt", für jenes Sein, von dem die rationalistische Metaphysik und Ontologie handelt, sondern er gilt nur für „Gegenstände möglicher Erfahrung". Er ist nichts als eine bestimmte Anweisung, die dazu dient, „Erscheinungen zu buchstabieren, um sie als Erfahrungen lesen zu können." „Ich sehe also den Begriff der Ursache als einen zur bloßen Form der Erfahrung notwendig gehörigen Begriff ... sehr wohl ein; die Möglichkeit eines Dinges überhaupt aber, als einer Ursache, sehe ich gar nicht ein, und zwar darum, weil der Begriff der Ursache / ganz und gar keine

---

[15] Vgl. Prolegomena, § 27.

[16] Krit. d. r. Vern., 2. Aufl., S. 25 (Ausg. Cassirer III, 49).

den Dingen, sondern nur der Erfahrung anhängende Bestimmung andeutet." Von der „Natur" gilt also der Kausalsatz nach Kant nur insofern, als wir die Natur *materialiter* betrachtet, als den Inbegriff aller Gegenstände der Erfahrung, *formal* betrachtet, als das Dasein der Dinge, sofern es nach allgemeinen Gesetzen bestimmt ist, definieren (Prolegom., § 14–16, § 29). Aber läuft nicht diese Deduktion des Kausalsatzes auf einen bloßen Zirkelbeweis hinaus: heißt es, die Kausalität verstehen, wenn man nachweist, daß nur unter ihrer Voraussetzung die Erscheinungen unter Gesetze geordnet und damit zu einem System, zu einer „synthetischen Einheit" zusammengefaßt werden können? Der Vorwurf des Zirkels wäre in der Tat berechtigt – wenn wir den Begriff des „Verstehens" noch weiterhin in jenem Sinne dächten, in dem die dogmatischen Systeme der Metaphysik ihn gebraucht hatten. Aber eben dieses Ideal des „Begreifens" ist es, was Kant verwirft, und was er durch ein anderes zu ersetzen sucht. Die Begriffe „Gesetzlichkeit" und „Gegenständlichkeit" sind, in der Lehre Kants, zwar streng-korrelativ aufeinander bezogen; aber sie sind nicht zirkelhaft miteinander verknüpft. Denn sie sind einander nicht analytisch äquivalent, sondern der eine ist die Voraussetzung des andern; er ist die synthetische „Bedingung seiner Möglichkeit". Nur soweit es möglich ist, die Erscheinungen in eine gesetzliche Ordnung einzufügen, ist es möglich, sie auf einen „Gegenstand" zu beziehen. Erfahrungsurteile können ihre objektive Gültigkeit niemals von der unmittelbaren Erkenntnis des Gegenstandes, sondern bloß von der Allgemeingültigkeit der empirischen Urteile entlehnen (Proleg. § 19). „Über die Beweisart, deren wir uns bei diesen transzendentalen Naturgesetzen bedient haben" – sagt Kant im Hinblick auf seine Deduktion der „Analogien der Erfahrung" – „ist eine Anmerkung zu machen, die zugleich als Vorschrift für jeden anderen Versuch, intellektuelle und synthetische Sätze a priori zu beweisen, sehr wichtig sein muß. Hätten wir diese Analogien dogmatisch, d. i. aus Begriffen beweisen wollen ... so wäre alle Bemühung gänzlich vergeblich gewesen. Denn man kann von einem Gegenstand und dessen Dasein auf das Dasein des andern oder seine Art zu existieren durch bloße Begriffe dieser Dinge gar nicht kommen, man mag denselben zergliedern wie man wolle. Was blieb uns nun übrig? Die Möglichkeit der Erfahrung als einer Erkenntnis, darin uns alle Gegenstände zuletzt müssen gegeben werden können, wenn ihre Vorstellung für uns objektive Realität haben soll ... In Ermangelung / dieser Methode und bei dem Wahne, synthetische Sätze, welche der Erfahrungsgebrauch des Verstandes als reine Prinzipien empfiehlt, dogmatisch beweisen zu wollen, ist es denn geschehen, daß von dem Satze des zureichenden Grundes so oft, aber immer vergeblich ein Beweis ist versucht worden[17]."

Damit ist der Kernsatz jenes neuen „kritischen Determinismus" ausgesprochen, den Kant allein vertreten und verteidigen will. Dieser Determinismus sagt nichts über den „Grund der Dinge" aus, ja er bezieht sich nicht einmal unmittelbar auf die empirischen Dinge als solche. Er ist vielmehr ein Prinzip der empirischen Begriffsbildung: eine Behauptung und eine Vorschrift darüber, wie wir unsere empirischen Begriffe fassen und gestalten sollen, damit sie ihrer Aufgabe, der Aufgabe der „Objektivierung" der Phänomene, gerecht werden. Wenn unsere Kausalbegriffe diese Forderung erfüllen, so ist es vergeblich, für sie nach einer anderen Rechtfertigung und einer angeblich-höheren Dignität zu suchen. Denn was wir die „Existenz" der Dinge nennen, ist ja — wenn wir diesen Begriff im „kritischen" Sinne interpretieren — kein Sein, das *vor* aller Erfahrung und unabhängig von ihren Bedingungen besteht: es ist nichts anderes als der Gedanke von einer möglichen Erfahrung in ihrer absoluten Vollständigkeit[18]. Die Art der „objektiven Wahrheit", die wir dem Kausalsatz zusprechen dürfen, ist damit streng bestimmt, aber zugleich streng begrenzt. Gegen Hume hält Kant daran fest, daß eine bloß-subjektive Ableitung dieses Satzes seinem Sinn niemals gerecht werden kann. Die Kausalität ist eine Behauptung über das Naturgeschehen, nicht über den bloßen Vorstellungsablauf. Die Reduktion auf den letzteren ist schon deshalb unmöglich, weil sich bei schärferer Analyse ergibt, daß die scheinbar bloß-psychologische These Humes eine „transzendentale" These in sich schließt und ohne sie nicht verständlich gemacht werden kann. Hume mußte zum mindesten eine objektive Regelmäßigkeit im Spiel unserer Erkenntniskräfte, wenn nicht in den Naturkräften voraussetzen. Gewohnheit und Übung, Gedächtnis und Einbildungskraft sind nach ihm die wahren Quellen der Kausalität. Aber sie alle bezeichnen ja nichts anderes als psychologische Allgemeinbegriffe, die Hume den physikalischen Allgemeinbegriffen gegenüberstellt. Um diese Allgemeinbegriffe bilden zu / können, dazu muß es eine Beständigkeit im psychischen Geschehen geben. Gedächtnis und

[17] Krit. d. r. Vern., 2. Aufl., S. 263 f. (Ausg. Cassirer, III, 193 f.).

[18] Krit. d. r. Vern., 2. Aufl., S. 523 (Ausg. Cassirer III, 352).

Einbildungskraft müssen nach Regeln verfahren, sie müssen nicht aufs Geratewohl, sondern in einer bestimmten gleichbleibenden Weise tätig sein, wenn anders das Entstehen der Kausalvorstellung begreiflich gemacht werden soll. Der „Mechanismus der Assoziationen" ist in dieser Hinsicht kein geringeres und kein leichter lösbares Problem, als es jener Mechanismus ist, den die Naturwissenschaft voraussetzt. Und hier zum mindesten herrscht nach Hume ein strenger Determinismus: dem Zwang der Assoziation, dem Zuge der Gewohnheit können sich Einbildungskraft und Verstand nicht entziehen. Aber Kant geht noch einen Schritt weiter. Er zeigt gegen Hume, daß diese psychologische Determination schon deshalb nicht zum Grunde der objektiven Determination gemacht werden darf, weil sie diese letztere bereits voraussetzt. Gäbe es überhaupt keine Beständigkeit des „äußeren" Geschehens, so ließe sich nicht verstehen, wie es zu jener Beständigkeit des „inneren" Geschehens kommen könnte, an der Hume festhält. „Würde der Zinnober bald rot, bald schwarz, bald leicht, bald schwer sein ... so könnte meine empirische Einbildungkraft nicht einmal Gelegenheit bekommen, bei der Vorstellung der roten Farbe den schweren Zinnober in die Gedanken zu bekommen[19]." Man sieht hieraus, daß die Skepsis Humes sich zuletzt in einen Zirkel verfangen hat: daß sie zu ihrem Erweis implizit auf einen Sachverhalt zurückgreift, den sie explizit leugnen mußte.

Fassen wir jetzt diese Betrachtungen zusammen, so ergeben sich für unsere folgende Untersuchung zwei wichtige Folgerungen[20]. Auf der einen Seite zeigt sich, daß es nach dem entscheidenden Fortschritt, der durch Hume und Kant in der Analyse des Kausalproblems erreicht worden ist, nicht länger möglich ist, die Kausalrelation als eine einfache Beziehung zwischen Dingen aufzufassen, und sie in diesem Sinne sei es beweisen, sei es widerlegen zu wollen. Eine solche Problemstellung ist durch Hume und Kant veraltet; sie kann zum mindesten / keinen Anspruch darauf erheben, den wissenschaftlichen Sinn und Gebrauch des Kausalbegriffs adäquat zum Ausdruck zu bringen. Daß sie nichtsdestoweniger sowohl in der philosophischen wie in der physikalischen

[19] Krit. d. r. Vern., erste Aufl., S. 100 (Ausg. Cassirer, III, 613).

[20] Eine vollständige historische Analyse von Kants Theorie der Kausalität war hier nicht beabsichtigt; es sollten nur einige Momente herausgehoben werden, die im Hinblick auf die moderne Diskussion bedeutsam sind. Was die erstere Aufgabe betrifft, so verweise ich hierfür auf frühere Darstellungen: Das Erkenntnisproblem, Bd. II, u. Kants Leben und Lehre, Berl. 1918.

Diskussion noch keineswegs völlig überwunden ist, sondern immer von neuem wiederkehrt: dies kann nicht Wunder nehmen, wenn man bedenkt, daß der gewöhnliche Gebrauch des Kausalbegriffs, der Gebrauch des täglichen Lebens, sich fast ausschließlich in diesem Kreise bewegt. In all unserem praktischen Verkehr mit der Natur, in all unserm Handeln, kommt es uns immer wieder darauf an, auf sie in dem Sinne einzuwirken, daß wir bestimmte Veränderungen in der Dingwelt setzen; — daß wir den einen Zustand der Dinge in einen anderen übergehen lassen. Und so drängt sich uns unwillkürlich auch in aller theoretischen, aller rein „erkenntniskritischen" Untersuchung immer wieder dieser Gesichtspunkt auf. Und doch kann er, wie die schärfere Analyse zeigt, nur eine erste und ungenügende Formel liefern, die keineswegs zu einer exakten Definition und zu einer wirklichen wissenschaftlichen Legitimation des Kausalbegriffs ausreicht. Die Dinge des „common sense", der täglichen Erfahrung, die wir so rasch und unbedenklich als „Ursache" ansetzen, verlieren diesen Anspruch zumeist, sobald die streng wissenschaftliche Erkenntnis sich ihnen zuwendet und sie sub specie ihrer Grundbegriffe betrachtet. Zum mindesten zeigt sich, daß, was diese Erfahrung als ein Ding, als ein für sich bestehendes ungeteiltes Ganze zu nehmen pflegt, in Wahrheit in sich verschiedenartig und vielfältig — daß es ein sehr komplexer Inbegriff, nicht sowohl von „Dingen", als vielmehr von „Bedingungen" ist. Diese Bedingungen müssen wir einzeln verfolgen und bis in ihre Elemente auflösen, wenn wir zu echten wissenschaftlich brauchbaren Kausalurteilen gelangen wollen. Hume und Kant sind sich dieses Sachverhalts völlig bewußt — aber auch sie fahren freilich fort, die Sprache des täglichen Lebens zu sprechen. Dies geschieht vor allem dort, wo sie das Kausalverhältnis an konkreten Beispielen zu erörtern suchen. Hier bemüht sich Hume, schon aus seiner allgemeinen methodischen Haltung heraus, dem Kreis des unmittelbar-Vertrauten, des durch die Sinneswahrnehmung „Gegebenen", so nahe als irgend möglich zu bleiben. Er stellt den Grundsatz auf, daß zwischen „Ursache" und „Wirkung" ein unmittelbarer, gleichsam sicht- und greifbarer Zusammenhang bestehen müsse: daß beide durch ihre direkte Nachbarschaft im Raume und ihre unmittelbare Folge in der Zeit miteinander / verbunden sein müssen. Nur bei einer solchen „Kontiguität" kann der Prozeß der Assoziation, auf dem die Bildung des Kausalbegriffs beruht, sich geltend machen. „Whatever objects are consider'd as causes or effects, are *contiguous;* and nothing can operate in a time or place, which is ever so little remov'd from those of its existence. We may therefore consider the relation of Contiguity as essential to that of causation[21]." Auch Kant spricht nicht selten so, als genüge es, um einen kausalen Zusammenhang zu definieren, verschiedene Zustände ein und desselben Dinges in ihrer einfachen Abfolge zu betrachten, und als könnten wir bei dieser Betrachtung einen früheren Zustand unmittelbar als „Ursache" des späteren bestimmen. Sehen wir etwa ein Schiff den Strom herabtreiben, so können wir die Wahrnehmungen, die wir von ihm in verschiedenen Zeitpunkten haben, nicht beliebig vertauschen. Die Wahrnehmung seiner Stelle unterhalb folgt vielmehr stets auf die Wahnehmung desselben oberhalb dem Laufe des Flusses: und diese „objektive" Folge, die sich von der bloß-subjektiven Apprehension unterscheidet, ist nur dadurch fixierbar, daß der eine Zustand als „Ursache", der andere als „Wirkung" gesetzt wird. Aber es ist leicht einzusehen, daß dieses Beispiel, vom Standpunkt der wissenschaftlichen Kausalerklärung aus, eine unzulässige Vereinfachung ist. Um die beiden Stellen oberhalb und unterhalb miteinander zu verknüpfen, können wir uns ja nicht damit begnügen, sie einfach zeitlich zu verfolgen, sondern wir müssen nach den „Kräften" fragen, mit denen wir es hier zu tun haben. Schalten wir aus der Vorstellung dieser „Kräfte" alle dinglich-substantiellen Nebenvorstellungen aus, so sehen wir uns schließlich auf gewisse allgemeine Gesetze – auf das Gravitationsgesetz, auf Gesetze der Hydrostatik und Hydrodynamik usw. – geführt, durch die wir die Bewegung des Schiffes bestimmt denken. Diese Gesetze sind die eigentlichen Komponenten des angenommenen Kausalverhältnisses; aber um sie exakt zu formulieren, muß die Physik sich ihrer eigenen symbolischen Sprache bedienen, die von der Sprache der „Dinge" weit entfernt ist.

Eine weitere Folgerung, die wir aus den bisherigen Betrachtungen zu ziehen haben, betrifft das Problem, von dem wir unseren Ausgang genommen haben: die Frage der „Laplaceschen Weltformel". Diese Formel rückt jetzt in einen neuen Zusammenhang. Sie hört auf, ein bloßer Einzelfall zu sein, sie wird zu einem typischen Fall, an dem / wir den Charakter und die Bildung bestimmter metaphysischer Begriffsbildungen allgemein studieren können. Die Laplacesche Formel tut nichts anderes, als daß sie den empirischen Gebrauch eines bestimmten Begriffs festlegt, dann aber diesen Gebrauch „ins Unbedingte" steigert, indem sie ihn bis

[21] Treatise of human nature, Book I, Part. III, sect. II.

über die in der Erfahrung stets vorhandenen Grenzen weiterverfolgt und ihn schließlich von allen Schranken der Empirie befreit. Aber damit ist genau jene Form des „Übergangs zur Grenze“ bezeichnet, deren Berechtigung die kritische Analyse verneint und bestreitet. Einer der Hauptteile der „Kritik der reinen Vernunft“, die transzendentale Dialektik, ist der Aufweisung der Widersprüche und der „Subreptionen“ gewidmet, in welche die Vernunft bei diesem Verfahren gerät. Nach der Seite des Weltbegriffs wie des Seelen- oder Gottesbegriffs werden diese Widersprüche verfolgt. Und doch handelt es sich andererseits nach Kant in diesem Grenzübergang nicht um einen bloßen Denk- und Schlußfehler, sondern um eine fast unvermeidliche Täuschung. Diese Täuschung ist es, die uns zwingt, der „transzendentalen Logik“, als einer Logik der Wahrheit, eine andere: die „Logik des Scheins“ zur Seite zu stellen. Diese letztere muß darauf gerichtet sein, „als eine Kritik des Verstandes und der Vernunft in Ansehung ihres hyperphysischen Gebrauchs“ zu dienen[22]. Man erkennt sofort, daß dieser „hyperphysische“ Gebrauch eines Grundsatzes, der scheinbar einen rein physischen und physikalischen Inhalt hat, das eigentliche Kennzeichen der Laplaceschen Formel ist. Die Aufstellung dieser Formel folgt durchaus dem Wege dogmatischer Begriffsbildung, den Kant schon auf den ersten Seiten der „Kritik der reinen Vernunft“ beschrieben hat. Die Vernunft fängt mit Grundsätzen an, deren Gebrauch im Laufe der Erfahrung unvermeidlich und zugleich durch diese hinreichend bewährt ist. Mit diesen steigt sie immer höher zu entfernteren Bedingungen, um schließlich zu Sätzen zu gelangen, die allen möglichen Erfahrungsgebrauch überschreiten und gleichwohl so unverdächtig erscheinen, daß auch die gemeine Menschenvernunft damit im Einverständnis steht. Dadurch aber stürzt sie sich in Dunkelheit und Widersprüche, da sie jetzt zu Folgerungen weitergetrieben wird, die keinen „Probierstein der Erfahrung“ mehr anerkennen. „Der Kampfplatz dieser endlosen Streitigkeit heißt Metaphysik“. Wollen wir diese unlöslichen Fragen und diese hoffnungslosen Kämpfe vermeiden, so bleibt nichts übrig, als die Frage / wieder zu ihrem ursprünglichen Bereich zurückzulenken und sie streng innerhalb desselben festzuhalten. Das Kausalproblem muß als ein Problem des „diskursiven“, nicht des „intuitiven“ Verstandes, — des endlichen, nicht des unendlichen Intellekts, gefaßt werden. Wenn dieser endliche Intellekt „begrenzt“

---

[22] Krit. d. r. Vern., 2. Aufl., S. 88 (Ausg. Cassirer III, 88).

ist, — so bedeutet doch diese Begrenzung keineswegs ein bloß negatives, sondern ein positives Merkmal. Sie zeigt nicht nur eine zufällige und äußerliche Schranke in ihm an; sondern sie ist die notwendige Bedingung seiner Wirksamkeit und seiner Fruchtbarkeit. Die Schranke darf nicht als bloßes Hemmnis gedacht werden, dem wir uns, so schnell und so weit als möglich, zu entziehen haben: sie grenzt vielmehr jenes Gebiet ab, in dem sich unser Denken und Erkennen allein erfüllt, — in dem es seine konkrete Bedeutung gewinnt.

Die „Restriktion" des Verstandes auf die Bedingungen und die Grenze möglicher Erfahrung ist daher zugleich seine einzige „Realisation". Von diesem Standpunkt aus, vom Standpunkt des „kritischen Determinismus", läßt sich jetzt der Mangel der Laplaceschen Formel bestimmt bezeichnen. Diese Formel hebt die „Restriktion" des kausalen Erkennens auf — aber sie geht damit auch ihrer „Realisation", ihrer einzig möglichen empirischen Verwirklichung verlustig[23]. Ein Begriff wie der des „Laplaceschen Geistes" ist somit zwar logisch unanfechtbar, sofern er keinen unmittelbaren Widerspruch in sich schließt. Aber er bleibt nichtsdestoweniger ein „leerer Begriff" — ein Begriff, dem kein empirischer Gegenstand entspricht, und der auch als Ideal, als methodische Maxime und Richtlinie für unsere Erkenntnis nicht zu brauchen ist. Als reines Gedankending, als Noumenon, mag er zugelassen werden; aber er bleibt alsdann — in der Sprache der „Kritik der reinen Vernunft" ausgedrückt — ein Noumenon im negativen, nicht im positiven Verstande. Wir können uns eine Intelligenz denken, die, statt auf die mühsame Form unserer Kausalschlüsse angewiesen zu sein und durch sie von einer Erscheinung zur anderen weitergeführt zu werden, die Totalität der Erscheinungen, die Gesamtheit aller möglichen Weltzustände, mit einem Blicke überschaut. Aber wir gelangen damit nicht einen Schritt weiter: wir gewinnen dadurch keinen besonderen „intelligiblen Gegenstand", sondern „ein Verstand, vor den ein solcher Gegenstand gehörte, ist selbst ein Problema, / nämlich nicht diskursiv durch Kategorien, sondern intuitiv in einer nichtsinnlichen Anschauung seinen Gegenstand zu erkennen, als von welchem wir uns nicht die geringste Vorstellung seiner Möglichkeit machen können[24]." Die Leibnizische Konzeption des „Verhängnisses",

---

[23] Über „Restriktion" und „Realisation" vgl. bes. Krit. d. r. Vern., 2. Aufl., S. 185 (Ausg. Cassirer. III, 146 f.).

[24] Krit. d. r. Vern., 2. Aufl., S. 311 (Ausg. Cassirer IV, 222).

als einer durchgehenden zugleich-mathematischen und metaphysischen Determination des Weltgeschehens, hat daher jetzt ihre Bedeutung und ihre Anwendungsmöglichkeit verloren: sie ist als die unzulässige Hypostase eines Ideals der reinen Vernunft erkannt. Sòlche Hypostasen sind verlockend, weil es scheint, als könnten wir mit ihnen zum Ziel, zur „Vollendung" der Erkenntnis gelangen: aber gerade diese angebliche Vollendung löst sich in ein Blendwerk auf. Eine Formel, wie die von Laplace, scheint all die verstreuten Strahlen unserer empirisch-kausalen Erkenntnis in einen Brennpunkt zu vereinen: aber dieser Punkt erweist sich, bei schärferer Betrachtung, als ein bloß imaginärer Punkt, als ein „*focus imaginarius*"[25]. Jener einfache Weg, den der metaphysische Determinismus einschlagen zu können glaubte, um durch einen schlichten Grenzübergang von der Welt des „Bedingten" in die Welt des „Unbedingten" zu gelangen, beruht danach auf einer „falschen Selbstbefriedigung der Vernunft": „denn alle Bedingungen, die der Verstand jederzeit bedarf, um etwas als notwendig anzusehen, vermittelst des Worts „Unbedingt" wegzuwerfen, macht mir noch lange nicht verständlich, ob ich alsdann durch einen Begriff ... noch etwas oder vielleicht gar nichts denke[26]."

Ich breche damit diese historischen Betrachtungen ab, die hier nicht um ihrer selbst willen, sondern zu dem Zwecke angestellt wurden, eine bestimmte Richtschnur für die folgende systematische Untersuchung zu gewinnen. Diese Untersuchung hat es nicht mit dem Kausalproblem als Ganzem, sondern mit dem physikalischen Kausalproblem zu tun. Für sie kann demnach nur der „kritische", nicht der „metaphysische" Determinismus den Ausgangs- und Ansatzpunkt bilden. Ob der letztere außerhalb des Bereichs der Physik eine selbständige Bedeutung besitzt, — diese Frage soll hier vorerst nicht aufgeworfen werden. Im folgenden soll das Kausalproblem ausschließlich auf seine erkenntniskritische Bedeutung beschränkt, soll es als eine Frage der physikalischen Methodenlehre verstanden / werden. Für diese Betrachtung brauchen wir nicht hinter jene Fassung zurückzugehen, die dem Kausalprinzip in den kritischen Untersuchungen Humes und Kants gegeben worden ist. Aber wir können uns andererseits mit dieser abstrakten und allgemeinen Fassung nicht begnügen, sondern müssen den Kausalbegriff überall bis in seine

---

[25] Vgl. Kritik d. r. Vern., 2. Aufl., S. 672 (Cassirer III, 441).

[26] ibid., S. 621 (Cassirer III, 410).

bestimmten Anwendungen hinein verfolgen und bis in die Besonderung, die er durch sie erfährt. An diesen Besonderungen erst tritt deutlich sein eigentümlicher Gebrauch und seine eigentümliche Begrenzung hervor: – ein Gebrauch und eine Begrenzung, die nicht willkürlich, sondern durch die Aufgabe der physikalischen Erkenntnis, durch ihr Ideal des empirisch-gegenständlichen Wissens, vorgezeichnet sind.

II.

DAS KAUSALPRINZIP DER KLASSISCHEN PHYSIK

I.

Die Grundtypen physikalischer Aussagen

I. Die Maßaussagen

Wenn wir, gemäß den Ergebnissen der Humeschen Analyse, den Kausalbegriff nicht in dem Sinne als einen empirischen Begriff ansehen, daß er unmittelbar zum Bestand des „Gegebenen" gehört und sich als das direkte Abbild einer einfachen „Impression", oder „Perzeption" aufweisen läßt — wenn wir ihn andererseits nicht als einen apriorischen Begriff in dem Sinne verstehen können, daß er eine unbedingt-gewisse und notwendige Aussage über „alle Gegenstände überhaupt" enthält: so bleibt nur übrig, ihn nicht als eine den Dingen, sondern nur der Erfahrung anhängende Bedingung zu denken. Der Grundsatz der Kausalität sagt alsdann nichts über das metaphysische „Wesen" der Dinge, über das „substantielle Innere der Natur" aus; er gibt lediglich die Anweisung, „wie man allererst von dem, was geschieht, einen bestimmten Erfahrungsbegriff bekommen könne" (S. ob. S. 150ff.). Aber mit solch einer generellen Anweisung ist es freilich nicht getan. Jetzt entsteht erst die Aufgabe, zu verfolgen, wie sie sich *in concreto* auswirkt — wie sie im Aufbau und im Fortgang der physikalischen Forschung ein selbständiges Leben gewinnt. Welchen Weg schlägt die Physik ein und welchen methodischen Richtlinien folgt sie, um das, was geschieht, nicht nur vage, mit den Begriffen der alltäglichen Erfahrung und mit den gewöhnlichen Sprachbegriffen, zu beschreiben, sondern um von ihm einen wahrhaft-bestimmten, einen exakten Erfahrungsbegriff zu bekommen? Und welche Rolle kommt in diesem Verfahren dem Kausalsatz zu? Es scheint, als lasse diese Frage eine einfache Lösung zu: denn wir brauchen ja nur das tatsächliche Verfahren der Physik, das in ihrer Geschichte offen vor uns liegt, zu analysieren; wir brauchen nur das wissenschaftliche „Faktum" der Physik zu befragen, um Auskunft über die methodischen Prinzipien zu erhalten, die ihm zugrunde / liegen. Aber hier setzt freilich eine neue Schwierigkeit ein. Denn wenn wir die Reihe der großen Naturforscher an uns vorüberziehen lassen, die an dem Bau der klassischen Physik mitgewirkt und die ihn in stetiger gemeinsamer Arbeit errichtet haben, so finden wir, wie wenig sie in Bezug auf unsere Frage mit einander übereinstimmen. Sie alle waren nicht damit zufrieden, einfach ihre Leistung als physikalische Beobachter und als Theoretiker der Physik zu vollbringen, sondern sie suchten sie zugleich erkenntniskritisch zu verstehen und zu rechtfertigen. Aber als Erkenntnistheoretiker scheinen sie nicht selten den gemeinsamen Boden, auf dem sie stehen, völlig zu verlassen und zu vergessen. Sie trennen sich in verschiedene „Richtungen" und „Schulen", die kaum mehr durch das Band einer gemeinsamen Aufgabe zusammengehalten zu werden scheinen. Galilei und Kepler, Huyghens und Newton, Robert Mayer und Helmholtz, Kirchhoff und Mach haben sämtlich über die Eigenart der physikalischen „Erklärung" reflektiert, sie haben versucht, das Prinzip aufzufinden und zu definieren, das dieser Erklärung zugrunde liegt. Aber diese Definitionen lassen sich nicht auf *einen* Nenner bringen; sie weichen in wichtigen und wesentlichen Bestimmungsstücken voneinander ab. Und doch ist andererseits die Physik durch diese Differenzen und Divergenzen in ihrem „stetigen Gang" zur Wissenschaft nicht gehemmt und nicht von ihrem Ziel abgelenkt worden. Ihr Tun weist hier eine eigene innere Stetigkeit, eine immanente methodische Geschlossenheit auf, die sich zuletzt immer wieder durchsetzt – auch dort, wo die *Urteile* über dieses Tun sich weit voneinander unterscheiden. Auch wir müssen daher mit diesem Tun beginnen und es unmittelbar befragen. Wenn wir, statt den Theorien *über* die Physik, vielmehr dem Prozeß der physikalischen Begriffsbildung selbst folgen, so werden wir vielleicht erwarten und hoffen dürfen, in ihm gewisse Grundbestimmungen aufzufinden, die gegenüber dem Wechsel der verschiedenen erkenntnistheoretischen Bezugssysteme invariant sind.

Ehe wir indes in diese Betrachtung eintreten, müssen wir noch auf einen anderen, allgemeineren Sachverhalt hinblicken. Ein nicht geringer Teil der Schwierigkeiten, mit denen die moderne Diskussion des Kausalproblems der Physik zu kämpfen hat, beruht, meiner Überzeugung nach, darauf, daß die allgemeine Erkenntnistheorie es bisher nicht zu einer scharfen und klaren Unterscheidung der verschiedenen Typen physikalischer Aussagen gebracht hat. / Hier besteht eine Lücke, die sich immer wieder fühlbar macht und die den Einblick in die „Artikulation", in den methodischen Gliederbau des Systems der Physik erschwert. Wie sehr in den verschiedenen Gebieten der Erkenntnis solche „typentheoretischen" Betrachtungen erforderlich sind: darüber hat uns die moderne Entwicklung der Mathematik und der mathematischen Logik belehrt. Es ist bekannt, daß die „Grundlagenkrise", in die die Mathematik geraten ist, von den Begriffsbildungen der Mengenlehre ihren Ausgang genommen hat, und daß einer der wesentlichen Mängel dieser Begriffsbildungen darin bestand, daß in der Klassenbildung gewisse Bedingungen außer acht gelassen worden waren, die, wie sich später erwies, für eine korrekte Mengendefinition unerläßlich sind. Die Mängel, die hierdurch entstanden, und die zu den Paradoxien der Mengenlehre führten, hat Russel durch die Aufstellung seiner „Typentheorie" zu heilen gesucht. Hier wurde scharf darauf gedrungen, daß nicht beliebige Elemente zu Klassen zusammengefaßt werden dürfen, sondern daß über das Recht dieser Zusammenfassung nach bestimmten Kriterien entschieden werden müsse. Vor allem zeigte es sich, daß es nicht zulässig ist, Elemente und Klassen als Gegenstände gleicher Ordnung zu behandeln – daß sie vielmehr einander heterogen und „sphärenfremd" sind. Nur durch die Vorschrift, daß die Elemente einer Klasse nicht verschiedenen Typen angehören dürfen, und durch den vollständigen Aufbau einer bestimmten „Hierarchie der Typen", durch die Unterscheidung von Individuen einerseits, von Klassen erster Stufe, zweiter Stufe usw. andererseits, gelang es, die mengentheoretischen Antinomien zu vermeiden[1]. Ich gehe hier der Entwicklung dieser Theorie nicht nach; ich benutze sie nur, um darauf hinzuweisen, daß auch die physikalischen Aussagen zu einem ähnlichen Problem hinleiten. Denn auch von ihnen zeigt sich, wenn man sie erkenntniskritisch betrachtet und analysiert, daß sie keineswegs sämtlich derselben Ebene des Wissens angehören. Auch hier waltet vielmehr ein scharfer Unterschied – ja, eine Art von „Heterogeneität", die nur darum oft übersehen oder gering geachtet

[1] Zur Typentheorie Russels s. Principia Mathematica, Cambridge 1910. I, 39 f.; 168 ff. und Introduction to Mathematical Philosophy, Sec. edit., Lond. 1920 S. 135 ff. Zum Begriff der „Sphärenfremdheit" und „Sphärenvermengung" s. Carnap, Der logische Aufbau der Welt, Berlin 1928, § 29, 30.

wird, weil wir gewohnt sind, alle physikalischen Urteile ohne nähere Unterscheidung einem gemeinsamen Oberbegriff, dem Begriff des „Erfahrungsurteils" zuzuweisen und sie unter ihm zu subsumieren. Das Recht zu dieser Subsumption soll nicht bestritten werden: denn die Beziehung aller physikalischen Aussagen auf die Erfahrung ist in der Tat ein gemeinsames, ihnen allen wesentliches Element. Aber gerade diese Beziehung läßt sich nicht durch eine einfache Summierung von Einzeldaten gewinnen, sondern sie erfordert das Ineinandergreifen von Momenten, die verschiedenen Typen und Ordnungen des Wissens angehören, und die demgemäß sorgfältig auseinandergehalten werden müssen.

Als die erste Form physikalischer Urteile treten uns jene Aussagen entgegen, die man allgemein als „Maß-Aussagen" bezeichnen kann. Sie stellen den ersten Schritt in jenem entscheidenden Übergang dar, der uns von der Welt des „Gegebenen" zur Welt der naturwissenschaftlichen Erkenntnis, von der „Sinnenwelt" zur „physikalischen Welt" hinüberführt. Die Umsetzung der unmittelbaren Wahrnehmungsdaten in solche Bestimmungen, in die Begriffe von Maß und Zahl eingehen, ist die Bedingung für jedes physikalische Urteil; sie ist konstitutiv für den „Sinn", in welchem dieses Urteil genommen werden muß, und dem gemäß es zu deuten und zu verstehen ist. Daß schon diese erste Sinn-Definition eine Fülle logischer und methodologischer Probleme in sich schließt, ist ersichtlich. Jener Empirismus, der glaubte, die physikalischen Aussagen einfach als eine unmittelbare Wiedergabe der Sinnesdaten, als eine „Kopie" bestimmter „Impressionen" deuten zu können, bedarf heute keiner eingehenden Widerlegung mehr. Schärfer als je zuvor hat sich uns, gerade durch die Entwicklung, die die Physik in den letzten Jahrzehnten genommen hat, gezeigt, wie wenig diese einfache Theorie der „Reproduktion" genügt. Es besteht ein weiter Abstand zwischen den ersten Maßaussagen der Physik und dem, was uns in der einfachen Beobachtung gegeben und in der Sprache dieser Beobachtung beschreibbar ist. Um diesen Abstand zu durchmessen und um diesen Gegensatz zu überbrücken, dazu bedarf es höchst komplexer gedanklicher Prozesse, deren „Form" festzustellen in jedem Fall eine eigene und selbständige erkenntniskritische Aufgabe ist. Aber für die folgende Untersuchung können wir von dieser Aufgabe absehen. Ihre Lösung geht das Problem der physikalischen Begriffsbildung an[2] — während wir es im folgenden im wesentlichen mit / der Frage der physikalischen Urteilsbildung zu tun haben werden. Um hier zu einer Entscheidung zu gelangen, brauchen wir hinter die physikalischen Maßaussagen nicht zurückzugehen; denn diese bilden gewissermaßen den Grundstoff, aus dem der Physiker seine Welt aufbaut, sie sind die einfachen Elemente jener „Wirklichkeit", die er in seinen Urteilen zu bezeichnen und zu bestimmen sucht.

Der Übergang von der unmittelbaren sinnlichen Auffassung zur experimentellen Beobachtung und ihrer methodisch-systematischen Auswertung stellt, rein extensiv betrachtet, eine außerordentliche Bereicherung unseres Wissens dar. Von den zufälligen Schranken, die in unserer Organisation, in der Bindung an die einzelnen Sinnesorgane gegeben sind, werden wir in diesem Übergang befreit. Man kann versuchen, diese Erweiterung geradezu als den wesentlichen Fortschritt und als den eigentlichen Sinn der physikalischen Forschung zu erklären. Herbert Spencer hat in seinen „Prinzipien der Psychologie" die These durchzuführen gesucht, daß alle unsere physikalischen Instrumente nichts anderes als „künstliche Ausdehnungen unserer Sinnesorgane" sind — ebenso wie alle unsere Hebel und Schrauben, unsere Keile und Drehbänke künstliche Ausdehnungen unserer Glieder sind. „Das Vergrößerungsglas fügt zu der in unserem Auge vorhandenen Linse nur eine weitere Linse hinzu; ebenso wie das Brecheisen zu jener Reihe von Hebeln, die der Arm und die Hand bilden, nur einen Hebel mehr hinzubringt. Und die Verwandtschaft, die in diesen ersten Schritten so deutlich und handgreiflich ist, gilt ganz allgemein[3]." Der wichtigste Erfolg der physikalischen Maßinstrumente würde somit darin bestehen, daß wir durch sie jene Schranke aufzuheben vermögen, die uns durch unsere organische Konstitution, durch Art und Bau unserer Sinneswerkzeuge, aufgezwungen wird. Als psycho-physischer Prozeß ist die Wahrnehmung den psycho-physischen Grundgesetzen, insbesondere dem Fechner-Weberschen Gesetz der Reizschwelle und der Unterschiedsschwelle unterworfen. Der Fortgang zur

---

[2] Für dieses Problem weise ich auf frühere Darlegungen in meiner Schrift „Substanzbegriff und Funktionsbegriff" (Berl. 1910), Cap. IV, hin. Aus der neueren Literatur über den Gegenstand sei vor allem auf die Schriften von R. Carnap, Physikalische Begriffsbildung, Karlsruhe 1926, sowie auf die Darlegungen von Herm. Weyl, Philos. der Mathematik u. Naturwissenschaft (Handbuch der Philosophie) 1926, S. 106 ff. verwiesen.

[3] Spencer, Principles of Psychology, Lond. 1870; I, § 164.

physikalischen Beobachtung scheint uns von dieser Bedingung zu emanzipieren. Die „Empfindlichkeit“ unserer Sinne wird durch die Empfindlichkeit unserer physika/lischen Apparate ersetzt — und diese scheint einer fast unbegrenzten Erweiterung fähig zu sein. Das Auge kann zwei Striche von $^1/_{40}$ mm Abstand in 10 cm Entfernung eben noch unterscheiden, während mit dem Mikroskop die Auflösung noch bei $^1/_{7000}$ mm Abstand gelingt — das Ohr kann einen Zeitunterschied von $^1/_{500}$ Sekunden zwischen zwei elektrischen Funken bemerken, während mittels eines rotierenden Spiegels auf optischem Wege Zeitmessungen bis zu $\left(\frac{1}{10}\right)^8$ Sekunden möglich sind[4]. Aber diese Verschärfung der Sinneswahrnehmung und der durch sie gegebene Zuwachs, diese Ausdehnung unseres gesamten Wirklichkeits*horizontes*, ist nichtsdestoweniger nur das *eine*, und keineswegs das allein-maßgebende Motiv des physikalischen Denk- und Forschungsprozesses. Nicht minder wichtig und wesentlich ist ein anderer Zug, der auf den ersten Blick diesem Motiv geradezu entgegengesetzt zu sein scheint. Denn jener *Erweiterung* des Weltbildes, die sich in der Physik vollzieht, entspricht auf der anderen Seite eine höchst bedeutsame *Konzentration*. Der neue Stoff, der sich jetzt von allen Seiten zudrängt, führt keineswegs zu einer Lockerung der Form, sondern zu einer viel schärferen und strafferen Formung. Dem wachsenden *extensiven* Umfang des Wissens entspricht seine immer stärkere *intensive* Durchdringung und Bewältigung. Indem diese beiden Momente sich nicht nur das Gleichgewicht halten, sondern indem sich das eine dem anderen überlegen erweist, indem es, als organisierendes Prinzip, die Mannigfaltigkeit der Einzelbeobachtungen durchdringt und gestaltet, setzt sich die Grundform der physikalischen Erkenntnis durch. Jeder Schritt zur Vermannigfaltigung ist zugleich die Aufforderung zu einer neuen Einheitsbildung und weist den Weg zu einer solchen Einheitsbildung. Hierdurch unterscheidet sich die „physikalische“ Welt von der „Sinnenwelt“ in einer Richtung, die der zuerst betrachteten direkt entgegengesetzt ist. Die Sinnenwelt scheint, je weiter der physikalische Denkprozeß fortschreitet, mehr und mehr zu verblassen; sie scheint all ihre anfängliche Fülle und ihre ursprüngliche „Buntheit“ zu verlieren. Verglichen mit dieser Buntheit und Fülle erscheint die physikalische

---

[4] Näheres in der Vorlesung von O. *Wiener*, Die Erweiterung der Sinne, Lpz. 1900, sowie bei E. *Mach*, Erkenntnis und Irrtum, Lpz. 1905, S. 144f.

Welt, die Welt der physikalischen Maß- und Gesetzesbegriffe, nur noch wie ein „Reich der Schatten"[5]. / Aber auf diesem rein symbolischen Charakter beruht gerade ihre Bestimmtheit und ihre spezifische Leistungsfähigkeit. Während die sinnliche Beschreibung im allgemeinen dabei stehen bleibt, die verschiedenen „Merkmale" eines Gegenstandes einfach nebeneinander zu stellen, so begnügt sich die physikalische Beschreibung niemals mit einem derartigen Nebeneinander. Sie strebt vom „Aggregat" zum „System"; sie will die Fülle der besonderen Erscheinungen und der besonderen „Eigenschaften" auf eine kleine Zahl von Grundbestimmungen zurückführen und aus diesen Grundbestimmungen ableiten.

Diese Reduktion, diese eigentümliche, fast gewaltsame „Verdichtung" ist ein typischer Zug aller physikalischen Begriffs- und Urteilsbildung. Im System der „Weltmechanik", wie es von Newton in einem ersten grandiosen Entwurf hingestellt und wie es sodann zum logischen Vorbild und Muster aller Naturerklärung erhoben wurde, schien dieser Prozeß schon unmittelbar vor seinem endgültigen Abschluß zu stehen. Die Beschreibung nimmt hier die denkbar einfachste Form an. Legt man die „Definitionen" und „Axiome" zu Grunde, wie sie Newton in seinen „Philosophiae naturalis principia mathematica" aufgestellt hat, so hat man damit das Grundgerüst für jeglichen Aufbau der Naturerkenntnis gewonnen. Denn die in der Natur vorhandenen „Kräfte" werden hier durch die Beschleunigungen gemessen, die sie den einzelnen Massenpunkten erteilen – und diese Beschleunigungen gelten als Funktionen der Entfernung der Massen und ihrer relativen Geschwindigkeiten. Durch die Angabe weniger Größen ist also der gegenwärtige Zustand eines physikalischen Systems, sowie seine Vergangenheit und Zukunft, sein „Sein" und sein „Schicksal" bestimmt. Ein neues Problem entstand, als die Physik sich von der Beschreibung der mechanischen Phänomene zu der der elektromagnetischen Phänomene hinüberwandte. Hier trat eine neue physikalische Realität, die Realität des „Feldes" auf, dessen Zustände sich nicht mehr einfach auf die Bewegungen der Massenteilchen zurückführen ließen. Schon in dem Grundgesetz, das Coulomb für die elektrostatische Anziehung und Abstoßung aufgestellt hat (1785) und das formal durchaus nach dem Vorbild des Newtonschen Gravi-

[5] Ein Ausdruck Eddingtons; vgl. die Einleitung zu seinem Werk 'The Nature of the physical world', deutsche Ausg. Braunschweig 1931, S. 6 ff.

tationsgesetzes gebaut ist, tritt ein neuer charakteristischer Zahlwert auf. Die Coulombsche Formel $K = f \frac{e_1 e_2}{r^2}$ lehrt die Kraft berechnen, mit der zwei elektrische Ladungen sich anziehen oder abstoßen. Je mehr dieser neue Zahlwert in den Mittelpunkt der Betrachtung rückte, und je / schärfer er analysiert wurde, umso mehr sah sich dadurch die Physik auf den Weg gewiesen, auf dem sie schließlich von der älteren Substanztheorie der Materie zur modernen Feldtheorie geführt wurde. Hierbei herrscht anfangs noch eine dualistische Vorstellung vor: „Materie" und „Feld" stehen zwar miteinander in ständiger Wechselwirkung, aber jedes von ihnen folgt seinen eigenen Gesetzen. Eine spätere Auffassung hat dann auch diese Zweiheit zu überwinden gesucht; sie betrachtet die Materie nicht länger als ein selbständiges Sein, sondern sucht alle Charakteristika dieses Seins aus den Feldgesetzen abzuleiten und damit die Materie als eine „Ausgeburt des Feldes" zu verstehen[6]. Auch hier zeigt die physikalische Beschreibung und die physikalische Theorie wiederum jene bewunderungswürdige Gabe der Konzentration. Denn um den Zustand des Feldes festzulegen und seine Fortpflanzung zu bestimmen, genügt die Kenntnis weniger einfacher Größen, der Größen der elektrischen und der magnetischen Feldstärke. Treten zu ihnen alsdann noch die Feldgrößen der Gravitation hinzu, so ergibt sich der Ausblick darauf, mit einer relativ kleinen Zahl von Elementen, mit der Kenntnis weniger charakteristischer Größen, das Naturgeschehen in seiner ganzen Weite zu umfassen und es in seinen feinsten Zügen zu bestimmen.

Wenn wir in diesem Sinne die Maßaussagen der Physik als „Aussagen erster Stufe" bezeichnen, um damit auszudrücken, daß alle anderen physikalischen Urteile auf sie angewiesen sind und sich in ihnen zu bewähren haben, so müssen wir jedoch, um ein Mißverständnis abzuwehren, sogleich eine wichtige Einschränkung hinzufügen. Das Verhältnis zwischen diesen „ersten" Aussagen und den Aussagen „höherer Ordnung" darf nicht so verstanden werden, wie es das rein räumliche Bild nahelegt. Alle Aussagen der Physik sind vielmehr durch einander bestimmt: sie bedingen und stützen sich gegenseitig, und ihre spezifische „Wahrheit" besteht eben in dieser korrelativen Bindung. In dieser

---

[6] Für diesen Übergang von der Substanztheorie der Materie zur Feldtheorie vgl. die in historischer wie systematischer Hinsicht gleich aufschlußreichen Darlegungen von Herm. Weyl in seiner Schrift „Was ist Materie? Zwei Aufsätze zur Naturphilosophie", Berlin 1924.

wechselweisen Verflechtung und Verschränkung besteht einer der Grundzüge des physikalischen Systems. Es gibt daher innerhalb desselben keinen eigentlichen substantiellen Träger — kein Etwas, was *„per se est et per se concipitur"*; es gibt nur eine funktionelle Zuord/nung, an der alle Elemente, alle Bestimmungsstücke der physikalischen Wahrheit, gleichmäßig Anteil haben. In den „unteren" Stufen sind daher die „oberen" bereits impliziert und in bestimmter Hinsicht vorausgesetzt. Wenn wir für die Struktur der Physik ein räumliches Analogon wählen wollen, so dürfen wir uns diese Struktur nicht gleich einer Pyramide denken, die auf einer breiten Unterlage von unmittelbar gegebenen, für sich bestehenden „Tatsachen" ruht und von ihr allmählich immer höher steigt, um zuletzt vielleicht in einer obersten Spitze, einer einfachen „Weltformel" zu enden. Denn hierbei wäre eben jene korrelative „Verschränkung" übersehen; es wäre übersehen, daß „alles Faktische schon Theorie ist". Es bestünde immer die Möglichkeit, die höheren Schichten abgetragen zu denken, ohne daß dabei die Grundschicht selbst zerstört oder auch nur wesentlich verändert würde. Aber wir werden später im einzelnen nachzuweisen suchen, daß und warum eine solche Annahme für das Ganze der physikalischen Erkenntnis unzulässig und undurchführbar ist. Das Sein der Physik wäre demnach — sofern wir überhaupt ein räumliches Symbol als zureichend und zulässig für dasselbe ansehen wollen — statt einer Pyramide vielmehr jener „wohlgerundeten Kugel" zu vergleichen, durch die Parmenides seine „Welt" beschreibt: εὐκύκλου σφαίρης ἐναλίγκιον ὄγκῳ μέσσοθεν ἰσοπαλὲς πάντηι. Dies kann und darf uns freilich nicht hindern, ihm einen bestimmten Aufbau, eine Über- und Unterordnung der Elemente zuzusprechen; aber diese logische Unterscheidung der Elemente darf nicht als die Möglichkeit ihrer sachlichen Trennung, ihres selbständigen Bestandes gedeutet werden.

Mit diesem methodischen Vorbehalt lassen sich indes die Maßaussagen in der Tat als das A und O der Physik, als ihr Anfang und ihr Ende, bezeichnen. Von ihnen gehen alle ihre Urteile aus, und zu ihnen müssen sie wieder zurückleiten. Das System der Physik läßt sich freilich nicht als ein bloßes Nebeneinander, als eine einfache Summe dieser Aussagen verstehen. Es gründet sich auf eigentümliche Formelemente, deren explizite Heraushebung und Verdeutlichung eine selbständige Aufgabe der logischen Analyse bildet. Aber auch diese Formen finden ihre eigentliche „Erfüllung" erst in jenen konkreten Feststellungen, die die Maßaussagen gewähren. Durch ihre Vermittlung allein lassen sich die physikalischen Begriffe und Urteile „auf einen Gegenstand beziehen" und zur objektiven Bedeutung und Geltung erheben. Was die Physik einen „Gegenstand" nennt, das geht zuletzt in einen Inbegriff / charakteristischer Zahlwerte auf. Kein „Sein" und keine „Eigenschaft" kann anders als durch die Angabe solcher charakteristischen Zahlen definiert werden. Indem wir auf diese Weise den Druck, das Volumen, die Temperatur eines Gases, die potentielle oder kinetische Energie eines Systems, die elektrische oder magnetische Feldstärke bestimmen, haben wir an diesen Bestimmungen das, was die Physik unter ihren verschiedenen Objekten versteht; wir brauchen es nicht hinter ihnen, als ein Abgesondertes, An-Sich-Seiendes, vorauszusetzen. Was hierbei die Aussagen „erster Stufe" auszeichnet und was sie gegen alle anderen scharf abhebt, ist der Zug der Individualität, der ihnen eignet. Sie alle gehen auf ein bestimmtes Hier und Jetzt; sie sind auf einen gewissen Raum- und Zeitpunkt bezogen und an ihn gleichsam angeheftet. In der Feldtheorie besteht die Weltbeschreibung, um einen Terminus von Hilbert zu gebrauchen, aus den „Hier – So-Relationen": das „Hier" vertreten durch die Raumzeitkoordinaten, das „So" durch die Zustandsgrößen[7]. Aber damit sehen wir uns sogleich um einen Schritt weiter geführt: denn das bloß Individuelle kann zwar den Inhalt einer bestimmten Kenntnis ausmachen; aber es erschöpft bei weitem nicht den Sinn dessen, was wir unter „physikalischer Erkenntnis" verstehen. Die „Erkenntnis" geht in keinem Gebiet, geschweige im Gebiet der Physik, in einer bloßen Sammlung von individuellen Feststellungen, von Aussagen über ein Hier und Jetzt, auf. Sie geht auf die Art, wie diese Feststellungen sich gegenseitig bedingen, wie sie miteinander verknüpft und aneinander gebunden sind. Für diese Beziehung bedarf es neuer und eigener Mittel, deren Betrachtung wir uns nunmehr zuwenden.

[7] Vgl. Weyl, Was ist Materie?, S. 42f.

II.

Die Gesetzes-Aussagen

Ein wesentliches Moment und ein wesentlicher logischer Gewinn des Fortgangs von der „Sinnenwelt“ zur physikalischen Welt besteht, wie unsere bisherige Betrachtung zu zeigen versuchte, darin, daß hierbei dem wachsenden Umfang des Wissens eine fortschreitende intensive Zusammendrängung entspricht. Erst vermöge dieser Kompensation gelingt, es, dem Wissen, bei einer fast schrankenlosen Ausbreitung, seine feste Gestalt und Bestimmtheit zu wahren. Der gleiche charakteristische Doppelprozeß läßt sich auch bei all den weiteren Entwicklungen aufzeigen, die sich im Innern des physikalischen Denkens abspielen. Jeder Ausdehnung der Kenntnisse, die durch die ständige Vermehrung der Beobachtungsdaten und durch die Vervollkommnung der Maßinstrumente erreicht wird, entspricht auf der anderen Seite eine eigentümliche Vereinfachung. Je reicher das empirische Material wird, um so leichter und ungezwungener fügt es sich in wenige große Grundformen ein. Die Vielfältigkeit ist nicht Disparatheit; sie ist die Aufforderung zu neuen Einheitsbildungen, und sie ist es, die derartige Bildungen erst ermöglicht. Wie die Fülle der „Eigenschaften“, die die Wahrnehmungswelt uns darbietet, sich auf bestimmte Maß- und Zahlwerte zusammenzieht, die sich in gewisse Klassen einordnen und sich hierdurch völlig übersehen lassen—so zeigt sich auch an diesen Werten selbst wieder die Möglichkeit zu einer weiteren Verdichtung. Denn sie stehen nicht für sich allein; sie sind nicht Elemente des Wirklichen, die gegeneinander isoliert oder voneinander dinglich abgeschieden sind. Schon in der antiken Naturphilosophie tritt die Forderung auf, die Grundelemente, aus denen der Kosmos sich aufbaut, nicht als voneinander gesondert und gleichsam „mit dem Beile abgehauen“ zu denken. Es wird vielmehr behauptet, daß in der physischen Wirklichkeit „alles in allem“ sei (ἐν παντὶ πάντα); daß es keine streng gesonderte Einzelexistenz gebe, sondern alles an allem teilhabe (οὐδὲ χωρὶς ἔστιν εἶναι, ἀλλὰ πάντα παντὸς μοῖραν μετέχει). Anaxagoras, der diesen Gedanken zum Grundprinzip der Naturerklärung macht[8], denkt hierbei das Sein streng qualitativ und substantiell; die Behauptung dieser allgemeinen „Teilhabe“ muß sich für ihn also zu der Vorstellung zusammenfassen, daß in jedem scheinbaren Sondersein

---

[8] Anaxagoras (Diels 46, B.); Fragm. 6 und 8.

alle Seinselemente real-enthalten und gewissermaßen stückhaft vorhanden seien. Jedes sogenannte Einzelding ist eine „Panspermie"; es enthält in sich alle Keime, aus denen das Universum als Ganzes sich zusammensetzt, so daß Fleisch nicht nur Fleisch, sondern zugleich auch Blut und Knochen, und Blut und Knochen zugleich auch Fleisch sind[9]. Diese Verschmelzung der Seinselemente ineinander muß einer anderen Auffassung weichen, sobald die Wissenschaft sich von dem naiven Ding- und Substanz-Schema freimacht. Dem Postulat des „Alles in Allem" kann jetzt nicht mehr auf dem Wege eines Ineinander von Dingen oder ursprünglichen Qualitäten, sondern nur auf dem Wege eines Ineinander von Gesetzen genügt werden. Die Gesetzes-Aussagen sind jetzt der einzige und der allein-zulässige Weg, um das Einzelne an das Ganze anzuschließen und das Ganze mit dem Einzelnen zusammenzuschließen und so jene „Harmonie", zwischen ihnen herzustellen, die das eigentliche Ziel aller Naturerkenntnis bildet.

Seit der Renaissance, seit Kepler und Galilei, Descartes und Leibniz hat sich das wissenschaftliche und philosophische Denken im mathematischen Funktionsbegriff das ideale Mittel geschaffen, um dieser Forderung zu genügen. Mit ihm ist eine universelle Form gegeben, in die ständig neuer Inhalt einströmen kann, ohne sie zu sprengen — ja ohne sie auch nur in ihren wesentlichen Zügen zu verändern. Bei Galilei sind es Fallräume und Fallzeiten, bei Kepler sind es Abstände und Geschwindigkeiten, bei Huyghens sind es Länge und Schwingungsdauer des Pendels, bei Boyle, Mariotte, Gay Lussac ist es das Volumen, der Druck, die Temperatur eines idealen Gases, was durch diese Form erfaßt und in seiner gegenseitigen Beziehung bestimmt wird. Aber auch beim Übergang zu ganz neuen Gruppen von Phänomenen und bei völliger Wandlung der theoretischen Voraussetzungen der Naturbeschreibung wird dieser allgemeine und grundlegende Modus der physikalischen Aussage nicht geändert. Die partiellen Differential/gleichungen, durch die Maxwell die Zustände des elektromagnetischen Feldes und ihre wechselseitige Abhängigkeit beschreibt, sind in ihrer Struktur nicht wesentlich unterschieden von den Lagrangeschen Bewegungsgleichungen, die das Grundgerüst der klassischen Mechanik bilden. Die Phänomene der Natur sind, sobald sie einmal in diese Form eingegangen sind, be-

[9] Näheres in m. Darstellung der griechischen Philosophie im Lehrbuch der Philosophie, hg. von Max Dessoir I, 59 ff.

festigt in „dauernden Gedanken“ – in Gedanken, deren Dauer oft weit über dasjenige hinausgreift, was den ersten Anlaß zur Aufstellung der bestimmten Formen gebildet hat. So hat z. B. Fourier in seiner »Théorie analytique de la chaleur« (1822) eine Theorie der Wärmeleitung aufgestellt, die ganz auf der Vorstellung aufgebaut war, daß die Wärme als eine Flüssigkeit angesehen werden kann, die zwischen verschiedenen Körpern hin und her strömt[10]. Aber die mathematische Beschreibung, die er auf Grund dieser Ansicht von den Tatsachen der Wärmeleitung gab, erwies sich als völlig unabhängig von seinen besonderen hypothetischen Voraussetzungen. Sie faßte die Erscheinungen als Resultat rein geometrischer Verhältnisse und war demgemäß nicht an eine spezielle Annahme über die „Natur“ der Wärme gebunden. Beim Übergang zur modernen kinetischen Theorie konnten daher die Grundgleichungen Fouriers beibehalten werden; nur in einzelnen extremen Fällen, wie bei äußerst verdünnten Gasen, mußten sie modifiziert oder durch andere Bestimmungen ersetzt werden. Auf Grund dieses Tatbestandes hat W. Nernst einmal von den Fourierschen Formeln gesagt, daß sie gewissermaßen „Ewigkeitswerte“ enthielten, die ihrem Schöpfer als solche noch gar nicht zum Bewußtsein kommen konnten. Diese Bemerkung von Nernst findet sich in einem Aufsatz aus dem Jahre 1922[11] – und wenige Jahre darauf erlebten Fouriers Formeln abermals eine Wiederauferstehung, indem sie von Heisenberg zum Ausgangspunkt der neuen Quantenmechanik gemacht, also auf ein Gebiet angewandt wurden, das dem, in welchem sie sich zuerst bewährt hatten, völlig fern lag. Diese Eigenbedeutung der Formeln und diese „Spürkraft“, die ihnen innewohnt, ist eines der merkwürdigsten und reizvollsten Probleme der Erkenntnistheorie der Naturwissenschaft. Aber / hinter alledem steht nun erst die eigentlich entscheidende Frage. Wie vollzieht sich der Übergang zwischen den verschiedenen Typen der physikalischen Aussagen, und wie ist er logisch verständlich zu machen: wie lassen sich aus „Maßaussagen“ jene anderen Urteile ableiten, die eine exakte Beziehung zwischen verschiedenen Gruppen von Maßaussagen behaupten, und die wir allgemein als „Gesetzes-Aussagen“ bezeichnen?

Die traditionelle Antwort, die auf diese Frage gegeben zu werden

---

[10] Über den Inhalt und die historische Entwicklung der Fourierschen Theorie der Wärme s. Mach, Die Prinzipien der Wärmelehre, Lpz. 1896, S. 82ff. Vgl. auch Auerbach, Entwicklungsgeschichte der modernen Physik, Berlin 1923, S. 92ff.

[11] Zum Gültigkeitsbereich der Naturgesetze, Naturwiss. X (1922), S. 489.

pflegt, ist einfach; aber sie ist gerade in dieser Einfachheit unbrauchbar. Der Übergang von den Maßaussagen zu den Gesetzes-Aussagen soll durch den sogen. „Induktionsschluß" zustande kommen und durch ihn gerechtfertigt werden. Aber wenn wir weiter nach dem Wesen dieses Induktionsschlusses fragen, so zeigt es sich, daß wir nicht von zwei Logikern die gleiche Antwort erhalten. Das Problem der Induktion ist mehr und mehr zum eigentlichen Stein des Anstoßes für die gesamte Erkenntnistheorie und für die Philosophie der Naturwissenschaften geworden. Um die Mitte des 19. Jahrhunderts war freilich einmal ein Punkt erreicht, an dem es schien, als könne das Problem durch eine Art Umkehrung gelöst werden: als ließe sich zwar nicht die Induktion auf eine Grundform des logischen Denkens, wohl aber alles logische Denken auf Induktion zurückzuführen. Aber die Logik John Stuart Mills, der diese These vertrat, hat trotz all ihren Bemühungen ihr Ziel nicht erreicht. Gerade die entschiedensten und konsequentesten Anhänger des Empirismus sahen sich genötigt, die von Mill eingeschlagene Bahn wieder zu verlassen: denn es zeigte sich, daß auf ihr ein Anschluß an das wirkliche naturwissenschaftliche Denken, insbesondere an das Denken der exakten Physik, nicht zu erreichen war. Die berühmten fünf Grundregeln der Induktion, die Mill gegeben hat (Method of Agreement, Method of Difference, Joint Method of Agreement and Difference, Method of „Residues" and „Concomitant Variations"): sie alle sind mit großem Scharfsinn aufgestellt und durchgeführt. Aber diese Regeln, die als Richtschnuren *(Canons)* für die Induktion gedacht waren, sind im Grunde doch nur methodologische Fiktionen geblieben. Das wirkliche induktive Denken und Schließen bewegt sich in völlig anderen Bahnen, als sie hier vorgezeichnet wurden. Zudem verfing sich die „Induktive Logik" Mills wieder in jenen Zirkel, den schon Hume aufgedeckt und den er in aller Schärfe kritisiert hatte. Sie nahm als „Grund der Induktion" den Satz an, daß / der Lauf der Natur gleichförmig ist, und sie bezeichnete diesen Satz als Fundamentalprinzip oder allgemeines Axiom der Induktion. Aber sie erklärte auf der anderen Seite, daß eben jene Verallgemeinerung, die uns zu der Überzeugung von der Gleichförmigkeit des Naturlaufs führt, selbst eine Art von Induktion sei – und zwar eine Induktion, die nicht von der klarsten und durchsichtigsten Art sei[12].

[12] John Stuart Mill, A system of Logic Ratiocinative and Inductive, Book III, Ch. III, 7th ed., London 1868, p. 342 f.

Spätere Theorien jenes Induktionsschlusses, kraft dessen wir vom Besonderen zum Allgemeinen, von den Tatsachen zu den Gesetzen geführt werden sollen, haben den Zirkel zu vermeiden gesucht; aber sie sahen sich damit genötigt, auf jede eigentliche Rechtfertigung der objektiven Gültigkeit des Schlusses zu verzichten. Die Frage nach dem „quid juris" wurde stillschweigend fallen gelassen und durch psychologische Erwägungen verdrängt und ersetzt. Die „Induktionslogik" ist also selbst weit mehr ein Rätsel, als daß sie eine in sich konsequente und bestimmte Lösung wäre; auf sie können wir uns nicht stützen, wenn wir den Übergang von den physikalischen Aussagen des ersten Typus zu denen des zweiten Typus, von den Maßaussagen zu den Gesetzesaussagen verstehen wollen.

Gegen die Vorstellung Mills, daß ein Naturgesetz stets nur ein „Aggregat besonderer Wahrheiten" sein könne, ist schon zu Beginn der modernen Naturwissenschaft von Galilei ein entscheidender Einwand erhoben worden. Wäre es so — so erklärt Galilei — so wären allgemeine Urteile über die Wirklichkeit entweder unmöglich oder unnütz. Sie wären unmöglich, wenn die Reihe der Einzelfälle, die wir betrachten, unendlich ist, denn eine solche Reihe läßt sich nicht durch Aufzählung (per enumerationem simplicem) erschöpfen; sie wären überflüssig, wenn die Reihe begrenzt wäre, denn in diesem Falle könnten wir uns ja damit begnügen, die Feststellung an jedem ihrer Einzelglieder im besonderen zu treffen[13]. Mills Satz: „All inference is from particulars to particulars" wird damit, wenigstens für das Gebiet der exakten Physik, als unzulässig erklärt. Das bloße „Hier — So", das in den einzelnen Maßaussagen enthalten ist, erfährt in den Gesetzes-Aussagen eine charakteristische Umformung: es wird in ein „Wenn — So" verwandelt. Und dieses Wenn — So, dieses hypothetische Urteil: *Wenn x, so y*, verknüpft nicht / mehr bloße Einzelgrößen, die wir bestimmten Raum-Zeitpunkten zugehörig und in ihnen lokalisiert denken, sondern es betrifft ganze Größenklassen, die im allgemeinen aus unendlich vielen Elementen bestehen. Wie, nach der Typentheorie Russells, die Klassen von völlig anderer Art als ihre Elemente sind und keineswegs als bloße Aggregate derselben gedacht werden dürfen[14], so läßt sich auch nicht die Millsche Auffassung durchführen, daß die Gesetzesaussagen nichts als ein zusam-

[13] Galilei, Opere, ed. Albèri, XII, 513.

[14] Vgl. hierzu z. B. Carnap, Der log. Aufbau der Welt, § 37.

menfassender Ausdruck seien, durch den eine unbestimmte Anzahl individueller Tatsachen auf einmal behauptet oder geleugnet wird (a comprehensive expression, by which an indefinite number of individual facts are affirmed or denied at once). Denn immer bleibt hier die Frage offen, mit welchem Recht über eine „unbestimmte Zahl von Einzelfällen“ überhaupt etwas ausgesagt werden darf, wenn nicht zuvor jeder von ihnen geprüft und untersucht worden ist. Daß aber das physikalische *Experiment*, das die eigentliche und einzig legitime Grundlage aller Gesetzesaussagen ist, eine *solche* Prüfung nicht nur nicht enthält, sondern daß es sie geradezu ausschließt, ist ersichtlich. Der *Anspruch*, den das Experiment in sich schließt, besteht ja eben darin, an eine Feststellung, die an und für sich auf ein individuelles Hier und Jetzt bezogen und an dasselbe gebunden ist, eine Folgerung anknüpfen zu dürfen, die von dieser Schranke frei ist — die übertragbar ist auf andere Raum- und Zeitstellen. Ein Versuch, der nur die Vorgänge in einem bestimmten Laboratorium und im Augenblick der Ablesung bestimmter Instrumente beschreiben wollte, hätte methodologisch offenbar keinerlei Wert: er würde lediglich einen singulären Fall bezeichnen, der sich der Kette der stetigen physikalischen Beobachtung und Schlußfolgerung nicht einreihen ließe. Für diese Einreihung bedarf es der Voraussetzung, daß wir das, was im Einzelexperiment festgestellt wurde, von Ort zu Ort, von Augenblick zu Augenblick übertragen, daß wir es gewissermaßen frei verschieben können, ohne dadurch etwas an der „Natur“, an der Wahrheit der Feststellung zu ändern. Der fragwürdige und prekäre Schluß von „einigen“ Fällen auf „viele“, von „vielen“ auf „alle“, tritt hierbei nirgends auf: denn in dem, was das Experiment aussagt, wird nicht sowohl von einem Hier auf ein Nicht-Hier, von einem Jetzt auf ein Nicht-Jetzt *geschlossen*, sondern es wird bewußt über den *Gesichtspunkt* des bloßen Hier und Jetzt hinausge/gangen. Es findet nicht eine Erweiterung innerhalb der räumlichzeitlichen Sphäre, sondern gewissermaßen eine Aufhebung dieser gesamten Sphäre, es findet der Fortgang in eine neue *Dimension* statt: und diese Änderung der Dimension ist es, die die Gesetzesaussagen von den bloßen Maßaussagen unterscheidet.

Unter den großen Naturforschern ist es *Maxwell* gewesen, der diesen Übergang, diese eigentümliche μετάβασις εἰς ἄλλο γένος, die jede strenge Formulierung eines Naturgesetzes in sich enthält, am schärfsten erfaßt und das erkenntniskritische Problem, das hier vorliegt, auf den prägnantesten Ausdruck gebracht hat. Maxwell sieht in diesem Übergang geradezu den wesentlichen Sinn und Gehalt des allgemeinen Kausalprinzips. „Der Unterschied zwischen zwei Ereignissen“ – so formuliert er dieses Prinzip – „hängt nicht ab von dem reinen Unterschiede der Zeiten oder der Orte, in denen und an denen sie stattfinden, sondern nur von Unterschieden in dem Wesen, der Konfiguration oder der Bewegung der betreffenden Köper.“ Diese Formulierung schließt die Voraussetzung in sich, daß es möglich ist, aus dem kontinuierlichen „Strom des Werdens“, aus dem heraklitischen Fluß des Geschehens, ein solches „Wesen“ der Körper überhaupt herauszuschälen – daß wir die „Materie“ durch Eigenschaften und Beziehungen kennzeichnen können, die invariant sind gegenüber den Änderungen der einzelnen Raum- und Zeitstelle. In die Funktionsgleichungen, vermöge deren wir die verschiedenen Klassen von Maßgrößen miteinander verknüpfen, dürfen demgemäß die Werte für diese Stellen nicht explizit eingehen. Wenn z. B. die Beziehung, die zwischen dem Druck, dem Volumen, der Temperatur eines idealen Gases besteht, von dem absoluten Wert der Raum-Zeitkoordinaten abhinge und mit diesen veränderlich wäre, so würde ersichtlich die Feststellung, daß sie an bestimmten Stellen durch die Boyle-Mariottesche oder Gay-Lussacsche Formel ausdrückbar ist, nichts besagen, – so würde sie nur noch eine Maßaussage, aber keine Gesetzesaussage mehr sein. Eine im Prinzip mit Maxwell übereinstimmende Definition dessen, was wir unter einem Naturgesetz und allgemein unter physikalischer Kausalität zu verstehen haben, hat Painlevé in einer Abhandlung über Mechanik gegeben. „Lorsque les mêmes conditions sont réalisées, à deux instants différents, en deux lieux différents de l'espace, les mêmes phénomènes se reproduisent transportés seulement dans l'espace et le temps.“ Wenn man z.B. an irgendeinem Tage, / in Paris oder Versailles, 1 g Zink in Plättchen in 1 Liter Vitriol legt, so wird, unter Voraussetzung, daß die Temperatur- und Druckbedingungen die gleichen sind, das Gramm Zink die gleiche Zeit brauchen, sich aufzulösen und dasselbe Salz ergeben[15]. Gegen die Bündigkeit dieser Formel ist zuweilen eingewandt worden, daß sie zu weit gefaßt sei. Eine Natur, die ihr nicht gehorchte, – so hat man gesagt – müßte darum nicht not-

[15] Maxwell, Substanz und Bewegung, Art. XIX, Deutsche Ausg., Braunschweig 1881. S. 14f.; Painlevé, Mécanique in dem Sammelband „De la Méthode dans les sciences“, Paris (Alcan) 1909, S. 371f.

wendig aufhören, in irgendwelchen Gesetzen beschreibbar zu sein. Es wäre denkbar — so argumentiert Schlick — daß regelmäßige Messungen der Elektronen-Ladung für diese Größe Werte ergeben würden, die ganz gleichmäßig etwa in jeweils 7 Stunden und wieder 7 Stunden, und dann in 10 Stunden um 5% auf und ab schwanken, ohne daß man auch nur die geringste Ursache dafür finden könnte. Auch mit einer solchen Schwankung müßten wir uns schließlich abfinden; wir könnten sie nur schlicht-konstatierend hinnehmen[16]. Aber wenn, wie Schlick selbst betont, kein Forscher jemals den Versuch gemacht hat, Gesetze zu finden, die einer solchen „Hypothese" entsprächen, so muß dies doch wohl einen tieferen Grund haben: — einen Grund, der irgendwie mit der Gesamtform unserer Erfahrung zusammenhängt, und der somit, wo nicht auf eine „metaphysische", so doch auf eine methodologische Eigenart von ihr zurückgeht. Und ein solcher Zusammenhang läßt sich in der Tat aufweisen. Denn um Gesetzesbegriffe der zuvor bezeichneten Art anwenden, um sie auf das empirische Geschehen beziehen zu können, müßten wir zunächst ein Wissen darüber besitzen, in welcher Phase des Weltgeschehens wir uns jeweilig befinden — wir müßten also nicht nur relative, sondern absolute Raum- und Zeitbestimmungen besitzen. So würden wir durch die hier angenommene Weltstruktur zu einem Widerstreit gegen eine bestimmte Erkenntnisstruktur gelangen — zu einer Annahme, die gegen gewisse, ganz allgemeine Bedingungen der empirischen Feststellung von Raum- und Zeitwerten stritte. Denkt man den Einwand Schlicks zu Ende, so folgt daher, soviel ich sehe, nicht, daß das Kriterium Maxwells entbehrlich oder ungültig, sondern nur, daß es für sich allein nicht hinreichend ist. Es muß durch ein / anderes Kriterium ergänzt werden, das in dem schon von Leibniz aufgestellten „Prinzip der Beobachtbarkeit" *(principe de l'observabilité)* gegeben ist[17]. Maxwell scheint übrigens ein sehr klares Bewußtsein von diesem methodischen Zusammenhang besessen zu haben; denn, wenngleich er in seiner Schrift „Substanz und Bewegung" im allgemeinen durchaus an den „orthodoxen" Newtonischen Begriffen des absoluten Raumes und der absoluten Zeit festhält, so fügt er doch an der Stelle, an der er die erwähnte Erklärung der Kausalität gibt, eine merkwürdige, sehr

[16] Vgl. Schlick, Die Kausalität in der gegenwärtigen Physik, Naturwissenschaften Bd. 19, 1931, S. 148.

[17] Über dieses Prinzip s. später S. 270ff.

„relativistisch"-klingende Bemerkung hinzu. Er erklärt nämlich, daß „ein jeder, der einmal versucht habe, sich den Zustand eines Geistes vorzustellen, welcher sich der Kenntnis der absoluten Lage eines Punktes bewußt ist, für alle Zeit nachher mit unserer relativen Kenntnis zufrieden sein werde"[18].

Der Übergang von den individuellen Maßaussagen zu den allgemeinen Gesetzes-Aussagen bildet ein integrierendes Moment des physikalischen Erkenntnisprozesses; aber er bildet noch keineswegs seinen Abschluß. Denn auch die Gesetzes-Aussagen besitzen eine innere Gliederung – eine Über- und Unterordnung, die es zu entdecken und sicherzustellen gilt. Und auch diese Aufgabe ist durch eine bloße Verbreiterung der Basis des Wissens nicht lösbar, sondern sie erfordert abermals eine Änderung des Gesichtspunkts der Betrachtung; sie erfordert eine neue intensive Durchdringung des in den Gesetzen gegebenen Wissensstoffes. Hier setzt jene nie abbrechende Arbeit ein, die Hilbert als die „Tieferlegung der Fundamente" bezeichnet hat, und in der er die eigentliche Aufgabe jeder Wissenschaft erblickt. Die / Synthese bezieht sich nicht mehr auf einzelne Tatsachen oder auf bestimmte Tatsachenklassen, sondern sie erfaßt ganze Gebiete des physikalischen Wissens – Gebiete, wie wir sie durch die Ausdrücke der Mechanik, der Optik, der Elektrodynamik zu bezeichnen pflegen. Die Scheidung dieser Gebiete wird als eine bloß relative erklärt; es wird nach einem Prinzip verlangt, das diese Scheidung zwar bestätigt, das sie aber andererseits aus einer übergreifenden Einheit erklärt. Die Sätze, die diese übergreifende Einheit feststellen, gehören wiederum einem neuen Typus der physikalischen Erkenntnis an, dessen Betrachtung wir uns nunmehr zuzuwenden haben.

---

18 Auf die Bedeutung des „Maxwellschen Prinzips" für die allgemeine Theorie der Induktion und der Kausalität habe ich bereits früher hingewiesen. (Substanzbegriff und Funktionsbegriff, 1910, S. 330 ff.). Ich finde aber nicht, daß in den modernen Diskussionen über den Gegenstand die Bedeutung des Prinzips in vollem Maße anerkannt und gewürdigt worden ist. Eine Ausnahme scheint hier nur Keynes zu bilden, der in seinem „Treatise on probability" in der Behandlung des Induktionsproblems den Grundgedanken Maxwells wieder aufgenommen hat. Er sieht in dem „Prinzip der Gleichförmigkeit der Natur" nichts anderes als den Ausdruck der methodischen Überzeugung, daß der bloße Unterschied der Lage in Raum und Zeit keinen kausalen Bestimmungsgrund einschließen könne „Mere position in time and space cannot possibly affect, as a determining cause, any other characters". „A generalisation which is true of one instance must be true of another which only differs from the former by reason of its position in time or space". Vgl. Keynes, A Treatise on Probability, London 1921, S. 255 f.

III.

Die Prinzipien-Aussagen

Die physikalische Forschung begnügt sich niemals damit, beobachtete Tatsachen zu Gesetzen zusammenzufassen und diese in einer bestimmten Ordnung neben einander hinzustellen. Sie fragt danach, wie die Gesetze aus einander hervorgehen; sie forscht nach einer Regel, durch deren Variation das Denken von einem Gesetz zum andern hingeleitet wird. Diese „Hinleitung" stellt eine neue fundamentale Form der „Induktion" dar, die jenem induktiven Prozeß, der von Besonderheit zu Besonderheit *(from particulars to particulars)* führt, nicht gleichzustellen und mit ihm nicht zu verwechseln ist. Es war eine solche Induktion, die Maxwell befähigte, in seiner Theorie jenen Zusammenschluß zwischen Licht und Elektrizität vorzunehmen, der erst später durch Heinrich Hertz experimentell bestätigt und bewiesen wurde; es war eine solche Induktion, kraft deren Schrödinger, von optischen Tatsachen ausgehend und auf das Fermatsche Prinzip der kürzesten Lichtzeit gestützt, eine neue Form der Wellenmechanik aufbauen konnte. Den Leitfaden für derartige kühne Übergänge bilden nicht sowohl die Tatsachen der einzelnen Gebiete, als vielmehr die Gleichungen, in denen sich die Gesamtstruktur der betreffenden Gebiete darstellt. Aus der Form dieser Gleichungen und aus den in ihnen auftretenden Konstanten hat Maxwell unmittelbar die Identität des „Wesens" von Licht und Elektrizität abzulesen vermocht. Wir können das gleiche logische Prinzip bis in die ersten Anfänge exakter physikalischer Forschung zurückverfolgen. Kaum daß die erste Zusammenfassung von Tatsachen zu Gesetzen gelungen ist, regt sich der andere, nicht minder starke Trieb, die letzteren zu Prinzipien zu vereinen und als Sonderfälle von ihnen zu begreifen. In der Mechanik bildet die Geschichte des „virtuellen Prinzips" ein Beispiel für diese Entwicklung. Die Statik hatte schon bei Archimedes, bei Galilei und bei Stevin bestimmte Gesetze des Gleichgewichts für ein/zelne Fälle, für den Hebel, für den Flaschenzug, für die schiefe Ebene usw. formuliert. Aber erst durch d'Alembert und Lagrange wird ein Prinzip, das „Prinzip der virtuellen Verschiebungen", aufgestellt, das nicht nur alle diese verschiedenen statischen Phänomene unter einen Gesichtspunkt rückt, sondern das mit einem Schlage auch die Brücke zwischen Statik und Dynamik schlägt — das statische und dynamische Erscheinungen ein und derselben Regel unterwirft. Ein wirklicher Beweis für diese Regel kann durch die bloße

Zusammenstellung der Sonderfälle nicht erbracht werden: „man wird so genötigt, das Prinzip für den Fall ganz unbestimmt gelassener Bedingungsgleichungen als eine Regel anzusehen, deren Folgen tatsächlich mit der Erfahrung im Einklang sind"[19]. Nicht minder klar tritt dieser Grundzug in der Entwicklung desjenigen Prinzips hervor, das dazu bestimmt war, den Übergang von der Mechanik zur allgemeinen Physik zu vollziehen. Folgt man der Entstehungsgeschichte des Energieprinzips, wie sie z. B. Mach in seiner Schrift „Die Geschichte und die Wurzel des Satzes von der Erhaltung der Arbeit" (1872) dargestellt hat, so fällt ein Moment auf, das auch Mach trotz seiner radikal „empiristischen" Tendenz durchaus anerkennt und, mit der ihm eigenen Unbefangenheit und Sachlichkeit, hervorhebt. Zur Zeit, als das Energieprinzip hervortrat, war sein rein experimenteller Beweis noch keineswegs sichergestellt. Dies tritt mit besonderer Schärfe und Deutlichkeit in der Ableitung und Begründung bei Robert Mayer hervor. Während bei Helmholtz das theoretische Interesse, bei Joule das empirisch-experimentelle Interesse überwiegt, ist Robert Mayer von Anfang an einen anderen, ihm eigentümlichen Weg gegangen. Er ist zur Überzeugung von der Wahrheit seines neuen Prinzips nicht durch umfassende experimentelle Untersuchungen, sondern auf Grund einer einzigen Beobachtung hingeführt worden: einer Beobachtung, die zudem nicht dem Kreise der Physik, sondern dem der Physiologie angehörte. Er beobachtete bei Aderlässen, die er als Schiffsarzt in Java vorzunehmen hatte, die weit stärkere Rötung des venösen Blutes; — und er führte diese Erscheinung, im Einklang mit Lavoisiers Theorie, nach der die tierische Wärme aus einem Verbrennungsprozeß stammt, darauf zurück, daß im südlichen Klima, in dem der Wärmeverlust des / Körpers durch die Umgebung geringer ist, auch der Verbrennungsprozeß, durch den die tierische Wärme entsteht, sich vermindern müsse. Durch diese Beobachtung fühlte sich Mayer „gleichsam inspiriert"; sie schloß ihm mit einem Schlage eine völlig neue Welt auf[20]. Man hat dies nicht selten als einen Mangel seiner Denkweise empfunden; man hat erklärt, daß er sein Prinzip weder theoretisch bewiesen, noch induktiv abgeleitet, sondern es nur intuitiv, also

---

[19] A. Voss, Die Prinzipien der rationalen Mechanik (Enzyklop. d. Math. Wissensch. IV, 1), S. 57.

[20] Vgl. Mayers Brief an Griesinger vom 16. Juni 1844; Schriften u. Briefe hg. von Weyrauch, Stuttg. 1893, S. 213.

„nicht durch wissenschaftliche Methoden“ erlangt habe[21]. Aber ein solches Urteil beruht auf einer ganz unzulässigen Verengung dessen, was wissenschaftlich erlaubt und wissenschaftlich zulässig ist. Mach urteilt hier wesentlich gerechter und freier; er erklärt, daß „kaum jemals ein anderer Naturforscher einen wichtigeren und umfassenderen Blick getan hat“, und er führt diesen Blick auf den gewaltigen „formalen Instinkt“ zurück, der Mayer geleitet habe[22]. Aber wie bloßer Instinkt eine physikalisch-zutreffende und eine physikalisch-grundlegende Einsicht hervorbringen konnte: das bleibt ein ungelöstes Problem. In Wahrheit steht Rob. Mayer mit seiner Denk- und Forschungsweise im Kreise der großen Naturforscher keineswegs allein — und es wäre ganz verfehlt, wenn man dieselbe lediglich psychologisch erklären und sie sozusagen als Ausfluß einer persönlichen „Idiosynkrasie“ betrachten wollte. Wo immer es sich vielmehr um den Übergang zu „Prinzipien“, zu einem neuen Typus physikalischer Erkenntnisse, handelt: da finden wir diese Denkweise wirksam und bewährt. „Wer nicht gewahr werden kann“ — so sagt Goethe in seiner Kritik der Baconischen Induktionsmethode — „daß ein Fall oft tausende wert ist und sie alle in sich schließt, ... der wird weder sich noch anderen jemals etwas zur Freude und zum Nutzen fördern können.“ Und von Galilei, dessen Denkart er der „Verulamischen Zerstreuungsmethode“ entgegenstellt, rühmt er, daß er schon in früher Jugend bewiesen habe, daß „dem Genie ein Fall für tausend gelte“, indem er sich aus schwingenden Kirchenlampen im Dom zu Pisa die Lehre des Pendels entwickelte. „Alles kommt in der Wissenschaft auf das an, was man ein Aperçu nennt, auf ein Gewahrwerden dessen, was eigentlich den Erscheinungen zum Grunde liegt. Und ein solches Gewahrwerden ist bis ins Unend/liche fruchtbar“[23]. Ein solches Aperçu war es, auf dem Rob. Mayer auf- und weiterbaute. Er selbst hat einmal gesagt, daß er die neue Lehre gefunden habe, weil er das Bedürfnis derselben lebhaft erkannt habe[24]: und dies Bedürfnis entsprang einer methodisch-universellen Forderung, der Forderung einer durchgehenden Einheit des physikalischen Weltbildes.

Ich begnüge mich, die typische Form der physikalischen Prinzipien und das erkenntnistheoretische Problem, das in dieser Form latent ist,

[21] L. Königsberger, Helmholtz, Braunschweig 1902, I. 87.

[22] Mach, Prinzipien der Wärmelehre, S. 252, 248.

[23] Zur Farbenlehre, Histor. Teil, Weim. Ausg., Abt. II, Bd. 3, S. 236, 246 f.

[24] Brief an Griesinger vom 5. u. 6. Dez. 1842. (Ausg. Weyrauch, S. 194.)

an einem Einzelbeispiel, am Prinzip der kleinsten Wirkung, zu beleuchten. In seiner Anwendung auf Einzelfälle ist dieses Prinzip schon im Altertum bekannt. Schon Heron von Alexandria hat es benutzt, um die Gesetze der Reflexion von Lichtstrahlen zu finden; er leitete sie aus der Annahme ab, daß der Weg des Lichts ein Minimum sein müsse. In erweiterter und vertiefter Fassung erscheint das Problem bei Fermat, der aus der Voraussetzung, daß das Licht beim Übergang von einem Punkt zum andern stets die kürzeste mögliche Zeit gebrauche, das Brechungsgesetz in der einfachsten Weise abzuleiten vermochte. Die mechanische Bedeutung des Wirkungsprinzips ist zuerst von Leibniz erkannt worden, der sich sowohl in einer Abhandlung über Dynamik vom Jahre 1689[25], sowie in seiner wissenschaftlichen Korrespondenz[26] über sie ausgesprochen hat. Leibniz stellt den Satz auf, daß in allen mechanischen Wirkungen die Größe der Aktion, die durch das Produkt aus der Masse, der Weglänge und der Geschwindigkeit des bewegten Körpers oder auch durch das Produkt aus der lebendigen Kraft und der Zeit zu messen sei, ein Maxi/mum oder Minimum werde. Allgemein bekannt wurde das „Prinzip der kleinsten Aktion“ erst, als Maupertuis es im Jahre 1756 zur Grundlage eines neuen Gottesbeweises zu machen versuchte, den er als den allein exakten und als den einzig zwingenden Beweis bezeichnete. Aber, abgesehen von dieser rein metaphysischen Verwendung des Prinzips, wies schon seine Formulierung so große Unklarheiten und Ungenauigkeiten auf, daß es dadurch für jede bestimmte mathematisch-physikalische Anwendung unbrauchbar wurde[27]. Erst

[25] Die Abhandlung, die Fragment geblieben und von Leibniz selbst nicht veröffentlicht worden ist, findet sich jetzt in Gerhardts Ausgabe von Leibniz' Mathematischen Schriften, 2. Abteil., Bd. II, S. 281 ff.

[26] Vgl. besonders den Brief, den König im Jahre 1751 veröffentlicht hat: eine Veröffentlichung, die dann zu dem bekannten Streit mit Maupertuis und der Berliner Akademie geführt hat. Über die Echtheit dieses Briefes vgl. die Darlegungen von Helmholtz, Zur Geschichte des Prinzips der kleinsten Aktion, 1887, Wiss. Abhandl. III, 249 ff.; s. auch Couturat, La Logique de Leibniz, Paris 1901, Note XVI, S. 577 ff. Der Brief ist wahrscheinlich nicht, wie König glaubte, an den Basler Mathematiker Hermann gerichtet, sondern gehört zu dem Briefwechsel mit Varignon; Näheres hierüber bei Gerhardt, Sitzungsberichte der Akad. d. Wiss. zu Berlin, 23. Juni 1898 und in meiner Ausgabe von Leibniz' Hauptschriften, Philos. Bibl. Bd. 108, II, 24.

[27] Maupertuis' Formulierung ist zuerst im Jahre 1744 der Pariser Akademie vorgelegt und später in den Abhandlungen der Berliner Akademie und in seinem Essai de Cosmologie (Oeuvres, Lyon 1756, I, 3 ff.) behandelt worden; Näheres über sie in meiner Schrift über das Erkenntnisproblem, 2. Aufl., II, 424 ff.

durch eine Reihe von Arbeiten Eulers erhielt das Aktionsprinzip eine strengere Fassung und einen exakten physikalischen Sinn. Die erste vollständige und genaue Darstellung desselben ist von Lagrange gegeben worden[28]. Seitdem hat das Prinzip in den verschiedenen Formen, in denen es von Gauss, von Hamilton, von Jacobi, von Dirichlet gebraucht wurde, die gesamte Weiterentwicklung der wissenschaftlichen Mechanik beherrscht: in der Form des „Hamiltonschen Prinzips" ist es geradezu zum Fundamentalsatz der Mechanik geworden.

Von einer metaphysischen Begründung des „Prinzips der kleinsten Wirkung" war hierbei mehr und mehr abgesehen worden. Lagrange erklärt in der „Mécanique analytique", daß die Anwendungen, die Maupertuis von seinem Prinzip gemacht habe, zu speziell seien, als daß sie die Wahrheit eines allgemeinen Grundsatzes erweisen könnten; auch hätten sie etwas Vages und Willkürliches, was die Strenge des Prinzips nur verdächtig machen könne. Er gibt alsdann seine eigene präzise Formulierung, fügt aber hinzu, daß er mit ihr nicht ein metaphysisches Prinzip behaupten, sondern nur ein einfaches und allgemeines Ergebnis der Gesetze der Mechanik aussprechen wolle[29]. Aber wenngleich die exakte Wissenschaft sich jetzt bewußt von allen voreiligen metaphysischen Erörterungen fernhielt, so trat doch die methodische und erkenntniskritische Allgemeinheit des Prinzips immer deutlicher und zwingender hervor. In eine ganz neue Phase seiner Entwicklung trat das Prinzip ein, als Helmholtz es in seinen „Studien / zur Statik monozyklischer Systeme" und kurz darauf in seinem Aufsatz „Über die physikalische Bedeutung des Prinzips der kleinsten Wirkung" (1886) von der Beschränkung auf die Mechanik wägbarer Körper befreite und es als einen ganz allgemeingültigen physikalischen Satz aussprach. Im Energiesatz und im Wirkungsprinzip sah Helmholtz um diese Zeit das Ganze des Naturgeschehens zusammengefaßt. „Alles Geschehen" – so sagt er in seiner Akademierede zur Geschichte des Prinzips der kleinsten Aktion – „wird dargestellt durch das Hin- und Herfluten des ewig unzerstörbaren und unvermehrbaren Energievorrates der Welt, und die Gesetze dieses Flutens sind vollständig zusammengefaßt in dem Satze der kleinsten Aktion[30]." Dieser Satz tritt also als komplementärer Grund-

---

[28] Über Lagranges Ableitung s. Helmholtz, a. a. O., Wiss. Abh. III, 257 ff.

[29] Mécanique analytique, Seconde Partie, Sect. première § 17 (Oeuvres, ed. Serret, Paris 1888, XI, 261 f.).

[30] Die Rede wurde zu Helmholtz' Lebzeiten nicht gedruckt und fehlt auch in

satz neben das allgemeine Erhaltungsgesetz der Energie; ja er erweist sich diesem noch überlegen: denn, wie Helmholtz zeigt, läßt sich der Energiesatz aus dem Wirkungsprinzip, nicht aber umgekehrt dieses aus jenem ableiten. Helmholtz schließt daraus, daß der Gültigkeitsbereich des Prinzips weit über die Grenze der Mechanik hinausgewachsen sei; es sei schon jetzt als höchst wahrscheinlich zu betrachten, daß es Elektrodynamik und Thermodynamik mitumfasse. „Jedenfalls" — so faßt er seine Betrachtungen zusammen — „scheint mir die Allgemeingültigkeit des Prinzips so weit gesichert, daß es als heuristisches Prinzip und als Leitfaden für das Bestreben, die Gesetze neuer Klassen von Erscheinungen zu formulieren, einen hohen Wert in Anspruch nehmen darf[31]."

Die hohen „heuristischen" Erwartungen, die Helmholtz an das Prinzip knüpfte, haben sich überraschend schnell erfüllt. Als Planck, im Jahre 1915, einen zusammenfassenden historischen und systematischen Überblick über das Wirkungsprinzip gab, da erklärte er, daß man sich einer Einseitigkeit schuldig machen würde, wenn man daran festhalten wollte, das Prinzip noch länger als ein spezifisch-mechanisches anzusehen[32]. Er sieht in ihm vielmehr das oberste physikalische Gesetz, welches die vier Weltkoordinaten in vollkommen symmetrischer / Anordnung enthält und sich damit als die „Krone des ganzen Systems der Physik" erweist[33].

Die neueste Entwicklung der Physik hat, sowohl in der allgemeinen Relativitätstheorie wie in der Quantenmechanik, diese Auffassung bestätigt und ihr neue überraschende Beweise hinzugefügt. Die allgemeine Relativitätstheorie ist von dem Hamiltonschen Prinzip ausgegangen, um daraus die Eigenschaften der Größen abzuleiten, die das „metrische Feld" bestimmen; und sie ist auf diesem Wege zu ihrem „verallgemeinerten Trägheitsgesetz" gelangt, das es erlaubt, die Phänomene der Trägheit und der Gravitation in einem Ausdruck zu vereinen. Ganz allgemein gilt jetzt für jede Bewegung eines Punktes unter dem Einfluß von Träg-

---

seinen „Wissenschaftl. Abhandlungen"; sie wurde später von Harnack im zweiten Band seiner Geschichte der Berliner Akademie veröffentlicht (s. dort S. 287).

[31] Die physikal. Bedeutung des Prinzips der kleinsten Wirkung, Wissenschaftl. Abhandlungen, Lpz. 1895, III. 210.

[32] Kultur der Gegenwart 1915; jetzt in „Physikalische Rundblicke", Lpz. 1922, S. 117 f.

[33] Planck, Die Stellung der neueren Physik zur mechanischen Naturanschauung (1910); Physikal. Rundblicke S. 58.

heit und Schwere, daß seine Weltlinie stets eine „geodätische Linie“ im Raum—Zeit—Kontinuum sei[34]. Was die Quantenmechanik angeht, so knüpft Schrödinger unmittelbar an das Fermatsche Prinzip an und vollzieht von hier aus den Übergang von Fermats geometrischer Strahlenoptik zu einer neuen „physikalischen Wellenoptik“, in der die Materie selbst als Wellenvorgang erklärt wird. Er schlägt die Brücke zwischen Fermats optischem Prinzip und dem allgemeinen Satz, den Hamilton für die Mechanik aufgestellt hatte. Damit gelingt eine Verallgemeinerung der letzteren, die es erlaubt, materielle Bewegungsvorgänge und Wellenvorgänge als unmittelbar miteinander verwandt und als den gleichen Gesetzen unterworfen zu denken. Der Schrödingersche Ansatz verschmilzt zwei Gleichungen, die sich bisher auf ganz getrennte Klassen von Phänomenen zu beziehen schienen, zu einer einzigen; er stellt eine vollkommene Koinzidenz zwischen den dynamischen Gesetzen der Bewegung eines Massenpunktes und den optischen Gesetzen der Bewegung eines Lichtstrahls fest[35]. Damit ist die Materie zur Welle „geworden“ — denn das Sein eines physikalischen Gegenstandes ist durch nichts anderes bestimmt, als durch die Gesetze, denen er gehorcht. /

Aber ich verfolge das Wirkungsprinzip nicht weiter in seine physikalischen Anwendungen; denn hier sollte es von Anfang an nur als eine methodische Instanz benutzt werden; als ein Paradigma, an dem sich die Eigenart der Prinzipien-Aussagen, der „Aussagen dritter Stufe“ aufweisen und studieren läßt. Die „Universalität“ des Wirkungsprinzips scheint auf den ersten Blick keineswegs unbedenklich zu sein. Sie ließ sich nur durchführen, indem man einen Umstand in Kauf nahm, der gerade vom rein-physikalischen Standpunkt aus immer wieder zu Schwierigkeiten hinführte und zu Zweifeln Anlaß gab. Denn je allgemeiner das Prinzip gefaßt wurde, um so schwerer wurde es, seinen eigentlichen konkreten Inhalt scharf zu bezeichnen. Das Wirkungsprinzip wird zuletzt zu einem Proteus, der auf jeder neuen Stufe naturwissenschaftlicher Erkenntnis ein neues Gesicht zeigt. Auf die Frage, was eigentlich jenes „Etwas“ sei, dem die Eigenschaft des Maximum oder Minimum zukommen solle, erhalten wir keine bestimmte und eindeutige Antwort. Das „Subjekt“ der verschiedenen Wirkungssätze wech-

---

[34] Vgl. Einstein, Die Grundlage der allgemeinen Relativitätstheorie, 1916, § 15.

[35] Näheres bei Schrödinger, Vier Vorlesungen über Wellenmechanik, Berlin 1928, Erste Vorles., und bei de Broglie, Einführung in die Wellenmechanik, Leipzig 1929, Kap. 3.

selt von Epoche zu Epoche. Vielleicht war es diese schillernde Unbestimmtheit, die manche Naturforscher an dem Wert des Prinzips überhaupt zweifeln ließ: Poisson erklärte noch im Jahre 1837, es sei „nur eine unnütze Regel“[36]. In der Tat scheint eine Regel wenig zu bedeuten, wenn sie nicht einen besonderen Gegenstand bezeichnet, von dem sie gelten will. Und ein solcher war kaum anzugeben: von Fermat zu Leibniz, von Maupertuis zu Euler, zu Hamilton, zu Gauß, zu Helmholtz wird er jeweilig an anderer Stelle gesucht. Bei Heron von Alexandrien war es der Lichtweg, bei Fermat die Lichtzeit, denen die Minimumeigenschaft zugesprochen wurde. Bei Maupertuis ist es das Produkt aus Geschwindigkeit und Weglänge, das als die maßgebende Bestimmung für die „Ökonomie der Natur“ erscheint, während Euler in dem Aufsatz vom Jahre 1751[37], in welchem er den Maupertuisschen Ansatz zu verbessern sucht, von der Annahme ausgeht, daß in der Bewegung der zeitliche Mittelwert der potentiellen Energie insoweit ein Minimum werde, als es nach den für die Bewegung geltenden Bedingungen möglich sei. Hierbei hat er die allgemeine Bedingung noch nicht gefunden, die beim Vergleich der wirklichen und der abgeänderten Bahnen maß/gebend ist: daß nämlich alle diese Bewegungen von der Art sein müssen, daß die Größe der gesamten Energie nicht geändert wird. Durch die Hinzufügung dieser Bedingung erreicht Lagrange die exakte Formulierung des Prinzips[38]. Bei ihm müssen die virtuellen Bewegungen dem Energiesatz genügen, sie dürfen dagegen beliebige Zeit in Anspruch nehmen. In der Darstellung von Lagranges „Mécanique analytique“ ist es die Summe der Produkte der Massen in die Integrale der Geschwindigkeit multipliziert mit den Elementen der durchlaufenen Räume, die zum Maximum oder Minimum werden soll. Gauß’ Prinzip des kleinsten Zwanges besagt, daß bei der unfreien Bewegung die Summe der Produkte der Massen in die Quadrate der Abweichungen von der freien Bewegung in jedem Augenblick ein Minimum sei. In der Hamiltonschen Formel tritt, statt der Summe der kinetischen und potentiellen Energie, ihre Differenz auf: der Überschuß der kinetischen über die potentielle Energie ist das bestimmende Moment. Hieran knüpft Helmholtz an, der die Größe,

[36] Vgl. Planck, Phys. Rundbl., S. 114.

[37] Harmonie entre les principes généraux de repos et de mouvement de M. de Maupertuis, Berliner Akademie 1751.

[38] Näheres in Helmholtz’ Rede über die Geschichte des Prinzips der kleinsten Aktion (Bei Harnack II, 293).

deren Zeitintegral die Hamiltonsche Aktion darstellt, als das „kinetische Potential“ bezeichnet, und sodann den Satz ableitet, daß der für gleiche Zeitelemente berechnete negative Mittelwert des kinetischen Potentials auf dem wirklichen Wege eines bewegten Systems ein Minimum (bzw. für längere Strecken ein Grenzwert) ist im Vergleich mit allen anderen benachbarten Wegen, die in gleicher Zeit aus der Anfangslage in die Endlage führen[39].

So ergibt sich hier eine außerordentliche Vielfältigkeit, ja Disparatheit der Ansatzpunkte; aber diese Vielfältigkeit ist keineswegs ein bloßer Mangel, sondern sie erweist sich als äußerst fruchtbar für die tiefere Erfassung des Gehalts und des methodischen Charakters des Prinzips selbst. Immer wurde beim Übergang zu jedem neuen Gebiet, insbesondere beim Fortgang über die bloße Punktmechanik, die Definition einer gewissen Größe gefordert, die durch ihre Extreme oder ausgezeichneten Werte den Verlauf einer gewissen Erscheinungsgruppe richtig ergibt. In dieser Hinsicht ergab sich eine ähnliche Aufgabe wie bei den Anwendungen des Energieprinzips, wo gleichfalls die Äquivalente für einen bestimmten Betrag mechanischer Arbeit nicht ohne weiteres gegeben sind, sondern in jedem Gebiet / erst eine gewisse Größe gefunden werden muß, die sich gegen die mechanische Energie nach dem Erhaltungssatz umsetzt[40]. Hier zeigt sich in der Tat ein methodischer Grundcharakter, der allen echten Prinzipienaussagen gemeinsamen ist. Die Prinzipien stehen den Gesetzen, die Aussagen über bestimmte konkrete Phänomene sind, nicht gleich. Sie sind nicht selbst Gesetze, sondern sie sind Regeln, gemäß denen nach Gesetzen zu suchen und nach denen diese zu finden sind. Dieser heuristische Gesichtspunkt ist für alle Prinzipien maßgebend. Sie gehen von der Voraussetzung gewisser gemeinsamer, für alles Naturgeschehen gültiger Bestimmungen aus, und sie fragen, ob sich in den einzelnen Gebieten etwas antreffen läßt, was diesen Bestimmungen entspricht, und wie es im besonderen zu definieren ist.

Auf dieser Fähigkeit zur „Synopsis“, zur Zusammenschau ganzer Gebiete der Wirklichkeit, beruht die Kraft und der Wert der physikalischen Prinzipien. Als Helmholtz’ Abhandlung „Über die physikalische

---

[39] Wiss. Abhandl. III, 203, ff.

[40] Auf dieses Moment und seine erkenntnistheoretische Bedeutung hat insbesondere Adolf Kneser in seiner Schrift „Das Prinzip der kleinsten Wirkung von Leibniz bis zur Gegenwart“ (Wissensch. Grundfragen hg. von R. Hönigswald, IX, bes. S. 29 f.) hingewiesen.

Bedeutung des Prinzips der kleinsten Wirkung" erschien, da erklärte Heinrich Hertz, daß schon die Aufgabe, die Helmholtz sich in dieser Abhandlung gestellt habe, eine Entdeckung bedeute: „denn einer Entdeckung bedurfte in der Tat die Erkenntnis, daß aus so allgemeinen Voraussetzungen sich so besondere, richtige und zutreffende Folgerungen ziehen lassen"[41]. Prinzipien sind stets derartige kühne Antizipationen, die sich an dem bewähren, was sie für den Aufbau und die innere Organisation des gesamten Wissensstoffes leisten. Sie beziehen sich nicht direkt auf die Phänomene, sondern auf die Form der Gesetze, nach denen wir diese Phänomene ordnen. Ein echtes Prinzip steht daher nicht einem Naturgesetz gleich; es ist vielmehr die Geburtsstätte für Naturgesetze; es ist gleichsam eine Matrix, aus der sich immer wieder neue Naturgesetze gebären können. Daraus ergibt sich unmittelbar, daß und warum ein Prinzip nicht als ein bloßes Kollektiv von Gesetzesaussagen zu verstehen ist. Wie die Gesetze (die „Aussagen zweiter Stufe") nicht einfach durch Summierung individueller Maß-Aussagen entstehen, sondern als Klassen eine / selbständige Bedeutung, ein logisches Sein *sui generis* besitzen, so gilt dies auch von den Prinzipien relativ zu den Gesetzen. Auch diese „Klassen von Klassen" haben einen charakteristischen Eigengehalt: mit ihnen treten wir abermals in eine neue „Dimension" über. Der strikte Empirismus hat, soweit er auf sensualistischer Grundlage ruht, immer wieder versucht, diese eigentümliche Mehrdimensionalität zu bestreiten oder zu verwischen. Er glaubte mit einer *einzigen* Ebene, jener Ebene, der die unmittelbare Sinneswahrnehmung angehört, auslangen zu können – und er rief das physikalische Denken immer wieder auf sie zurück. Bacon bezeichnete es als absurd, daß man den Menschen anrate, hohe Türme zu besteigen, um von dort aus die Gegenstände zu beobachten, statt direkt auf die Dinge loszugehen und sie aus unmittelbarer Nähe zu betrachten[42]. Ebenso erklärt Mill, daß das Wissen von den individuellen Fällen die einzige sichere Kenntnis bilde, die durch keine logische Form, in die wir sie fassen, vergrößert werden könne. „Ich sehe daher nicht ein – so fügt er spöttisch hinzu – warum es verboten sein sollte, den kürzesten Weg zu wählen, und weshalb wir durch irgendeinen Machtspruch der Logiker gezwungen sein sollten, durchaus auf dem Höhenweg des a priori (*„the high priori road"*) zu

[41] Heinr. Hertz, Die Prinzipien der Mechanik, S. 20.

[42] Redargutio philosophiarum (Works ed. Ellis-Spedding III, 581).

reisen. Ich sehe nicht ein, warum es unmöglich sein sollte, von einem Ort zum andern zu reisen, außer in der Art, daß wir den Hügel auf der einen Seite hinaufgehen, um ihn auf der andern wieder herabzuschreiten[43]." Aber auf diese Frage läßt sich eine klare und bestimmte Antwort geben. Es wäre vielleicht ratsam, den Weg Mills, den Weg *„from particulars to particulars"* zu wählen und auf diese Weise den mühseligen und gefahrvollen Höhenweg der Erkenntnis zu meiden. Aber dies könnte nur geschehen, wenn das Ziel, das es zu erreichen gilt, schon feststünde, und wenn wir den Ort, bei dem wir anlangen wollen, im voraus kennten. Und eben diese Erkenntnis ist es, die uns mangelt. Wir können nur eine bestimmte Richtung einschlagen, in der Hoffnung, daß sie uns einem gewissen von uns vermuteten Ziel näher bringen werde; aber den genauen Ort dieses Zieles können wir nicht im voraus festlegen. Und darum bedarf es der Höhenwege: sie sind für unsere Orientierung in dem Gelände, das wir zu durchschreiten haben, unerläßlich. Die Prinzipien der Physik sind im Grunde nichts / anderes als solche Orientierungsmittel: Mittel der Umschau und Überschau. Sie gelten zunächst hypothetisch; sie können nicht von Anfang an ein bestimmtes Resultat der Forschung dogmatisch fixieren, aber sie lehren uns die Richtung finden, in der wir weiter zu gehen haben. Wir müssen uns immer wieder über die Ebene der unmittelbaren Wahrnehmungen, ja auch über die Ebene der experimentellen Daten und der einzelnen Gesetzesbestimmungen erheben, um dann innerhalb aller dieser Ebenen wieder festen Fuß zu fassen. Das Hinaus- und Hinaufgehen, das hier erfordert wird, dient also nicht den Zwecken irgendeiner Art von Transzendenz, sondern der reinen Immanenz: dem Ausbau und der Sicherung der Erfahrung.

Überblicken wir jetzt noch einmal die Stufen physikalischer Aussagen, die wir voneinander unterschieden haben, und versuchen wir sie in rein formaler und methodischer Hinsicht zu charakterisieren, so läßt sich sagen, daß die Maßaussagen individuell, die Gesetzesaussagen generell, die Prinzipien universell sind. Man könnte hiergegen einwenden, daß es sich ja in allen drei Klassen zweifellos um empirische Aussagen handele, die also keiner strengen Allgemeinheit und Notwendigkeit fähig seien. Aber dieser Einwand beruht auf einer Doppeldeutigkeit im Begriff des Empirischen selbst. Wir können freilich für kein Erfahrungsurteil, wie hoch es in der Ordnung der empirischen Erkenntnis auch

[43] Mill, System of Logic, B. II, Ch. 3, § 3 (I, 207 f.).

stehen möge, den Charakter der „Absolutheit“, der Endgültigkeit in Anspruch nehmen; wir müssen immer die Möglichkeit offen halten, daß der Fortschritt der Erkenntnis uns zu einer Ergänzung oder Berichtigung desselben hinführen werde. Aber das bedeutet keineswegs, daß wir innerhalb der empirischen Erkenntnis alle logischen Unterschiede verwischen und nivellieren dürften. Gerade der Prozeß der Erfahrung, von dem alle Möglichkeit der Berichtigung abhängt, wäre nach einer solchen Verwischung nicht länger durchführbar: denn dieser Prozeß kann sich nicht anders als in einem bestimmten logischen Rhythmus, im Dreischritt von „Tatsachen“, „Gesetzen“ und „Prinzipien“ vollziehen. Dieser Rhythmus drückt eine Gliederung innerhalb der empirischen Erkenntnis aus, die zu ihrem vollen Begriff gehört und für ihn unentbehrlich ist. Der Mangel des dogmatischen Empirismus besteht nicht darin, daß er alles Wissen an der Erfahrung festhalten will und diese als alleiniges Kriterium der Wahrheit anerkennt, sondern darin, daß er die Analyse der Erfahrung nicht weit genug treibt und daher bei einem unge/klärten Begriff von ihr stehenbleibt. Er wird hierzu nicht selten durch eine vage Kontinuitätsannahme veranlaßt; er will die verschiedenen Erkenntnisstufen nicht streng voneinander scheiden, um sie stattdessen auseinander entwickeln zu können. Aber diese Entwicklung ist trügerisch, wenn man sie als eine bloße Reproduktion des Gleichartigen zu verstehen sucht. Irgendwo müssen wir im Fortgang der Erkenntnis eine echte „Mutation“ anerkennen, die zu etwas Neuem und Selbständigem hinüberführt. Auch unser Denken bewegt sich gleichsam in „diskreten Bahnen“ – und jede von ihnen schreibt ihm eine ganz bestimmte Haltung vor. Will es von der einen dieser Bahnen zur andern übergehen – will es von den Maßaussagen zu Gesetzen, von diesen zu Prinzipien aufsteigen – so kann dies immer nur durch einen „Sprung“ geschehen, der das Aufgebot einer bestimmten geistigen Energie verlangt. Dieser Sprung läßt sich nicht vermeiden – und wir dürfen uns nicht dazu verleiten lassen, ihn, einer vorgefaßten erkenntnistheoretischen Meinung zuliebe, einfach „wegerklären“ zu wollen. Occams „Rasiermesser“ ist sicher ein wertvolles und ein für die gesamte Erkenntnistheorie unentbehrliches Instrument; aber, wenn es an falscher Stelle angesetzt wird, so geraten wir damit in Gefahr, die natürlichen Bänder und Sehnen zu zerschneiden, die den Organismus der Erkenntnis zusammenhalten.

Ein historisches Kriterium für die Eigenart der Prinzipien kann auch darin gefunden werden, daß immer wieder in der Geschichte des philosophischen und naturwissenschaftlichen Erkennens der Versuch hervortritt, ihnen die höchste Form der „Universalität" zuzusprechen, d. h. sie in irgendeiner Weise mit dem allgemeinen Kausalsatz selbst zu identifizieren oder aus ihm unmittelbar abzuleiten. Es zeigt sich hierbei stets von neuem, daß und warum eine solche Ableitung nicht gelingen kann — aber die Tendenz zu ihr bleibt nichtsdestoweniger fortbestehen. Je höher wir in der „Hierarchie" der naturwissenschaftlichen Sätze hinaufsteigen, um so schwerer wird es, diese Sätze gegen die Spitze dieser Hierarchie, gegen das Prinzip der Kausalität, zu unterscheiden. In den Anfängen der neuen Naturwissenschaft, in der Grundlegung der Dynamik, ist es das Trägheitsprinzip, dem eine dominierende Stellung zukommt. Und alsbald setzen auch die Versuche ein, es mit dem Kausalsatz in irgendeiner Weise verschmelzen zu lassen. Man erklärt, ein sich selbst überlassener Körper *müsse* in seinem Zustand der Ruhe oder der gleichförmigen, / geradlinigen Bewegung verharren, weil jede Abweichung von dieser Bewegung ein „grundloses" und somit unmögliches Geschehen in sich schließen würde. Selbst Leibniz, der ständig auf die scharfe Unterscheidung zwischen „Tatsachenwahrheiten" und „Vernunftwahrheiten", zwischen *vérités de fait* und *vérites de raison* hinweist, neigt einer solchen Argumentation zu. An verschiedenen Stellen seiner Schriften greift Leibniz, um ein Beispiel dafür zu geben, was unter einem „Wunder" zu verstehen sei, auf das Beharrungsgesetz zurück. Wenn Gott es so einrichten wollte — so erklärt er z. B. im Briefwechsel mit Clarke —, daß ein freier Körper sich im Äther um einen festen Mittelpunkt herumbewegte, ohne daß irgendetwas anderes auf ihn einwirkte, so wäre dies nur durch ein Wunder möglich. Denn ein Wunder ist alles, was sich aus der Natur der Körper nicht erklären läßt, und diese Natur verlangt, daß ein freier Körper sich in der Richtung der Tangente von der Kurve entfernt[44]. Eine derartige Äußerung beweist, wie tief zur Zeit von Leibniz der Trägheitssatz schon im allgemeinen philosophischen und wissen-

[44] Briefwechsel mit Clarke, 3. Schreiben, § 17 s. Hauptschriften (Ausg. Cassirer) I, 139; vgl. 4. Schreiben, § 45 (Hauptschr. I, 152); s. auch Hauptschr. II, 218, 281 und den Brief an Hartsoeker vom 6. Februar 1711, Philos. Schriften (Gerhardt) III, 518. — Versuche, den Trägheitssatz als ein unmittelbares Korollar zum allgemeinen Kausalsatz aufzufassen und ihn aus diesem abzuleiten, sind auch später vielfach gemacht worden; man vgl. z. B. Schopenhauer, Über die vierfache Wurzel des Satzes vom zureichenden Grunde, und Apelt, Theorie der Induktion (1854) S. 60 f., 93 ff.

schaftlichen Bewußtsein wurzelte: eine Tatsache, die um so bemerkenswerter ist, wenn man bedenkt, wie paradox er noch wenig Jahrzehnte zuvor erschien. Als Galilei ihn zuerst aussprach, erschien er seinen peripatetischen Gegnern als eine unerhörte und kühne Neuerung – und auch Galilei selbst scheint nur langsam und schrittweise zu der Überzeugung von seiner Wahrheit und zu seiner allgemeinen Formulierung vorgedrungen zu sein[45]. Was das Wirkungsprinzip betrifft, so hat man heute wohl allgemein auf die früher üblichen teleologischen Deduktionen verzichtet, nachdem kritische Geister wie Heinrich Hertz nachdrücklich vor solchen falschen „Seitenblicken" gewarnt hatten[46]. Aber / selbst im Kreise des strengsten Positivismus hat man die Bedeutung der verschiedenen Maxima- und Minimaprinzipien häufig darin gesehen, daß durch sie nichts anderes als das Postulat der Eindeutigkeit des Geschehens festgestellt, also im wesentlichen einer Forderung Ausdruck gegeben werde, die für alles kausale Begreifen unentbehrlich sei. So erklärt z. B. Petzoldt, daß irgendwelche theologische oder teleologische Spekulationen weder in der Eulerschen, noch in der Hamilton-Gaußschen Fassung des Wirkungsprinzips die geringste Stütze fänden; denn alle diese Sätze seien nichts anderes als analytische Ausdrücke für die Erfahrungstatsache, daß die Naturvorgänge eindeutig bestimmt sind. „Wir erblicken durch alle die berührten Sätze . . . hindurch die Tatsache der Eindeutigkeit der Vorgänge . . . Durch sie allein aber wird die Wissenschaft ermöglicht; wäre sie nicht vorhanden, dann könnte von Naturgesetzen nicht die Rede sein. . . Daher kann man das Prinzip der kleinsten Aktion und die ihm verwandten Sätze innerhalb ihres Geltungsbereiches auch als analytische Ausdrücke für den Satz vom zureichenden Grunde auffassen[47]." Auch Mach schließt sich dieser Auffassung an; er erklärt, daß das Prinzip der kleinsten Wirkung, und so auch alle anderen Minimaprinzipien der Mechanik nichts anderes ausdrücken, als

[45] Näheres bei Emil Wohlwill, Die Entdeckung des Beharrungsgesetzes, Zeitschr. f. Völkerpsychol., XIV u. XV (1883—84).

[46] „Gewiß" — so bemerkt Heinr. Hertz, im Hinblick auf die Gaußsche Benennung des Prinzips als „Prinzip des kleinsten Zwanges" — „liegt gerade ein besonderer Reiz in derartigen Seitenblicken, und dies hat Gauß selbst in gerechter Freude an seiner schönen . . . Entdeckung hervorgehoben. Aber doch müssen wir uns gestehen, daß dieser Reiz nur ein Spiel mit dem Geheimnisvollen ist, im Ernste glauben wir selbst nicht an unser Vermögen, durch derartige Andeutungen halb schweigend das Welträtsel zu lösen." Prinzipien der Mechanik, S. 38.

[47] Petzoldt, Maxima, Minima und Oekonomie, Altenburg 1891, S. 12 ff.

daß in den betreffenden Fällen gerade soviel geschieht, als unter den gegebenen Umständen geschehen kann, als durch dieselben bestimmt und eindeutig bestimmt ist[48]. Aber daß er sich mit dieser Erklärung in einen Zirkel verstrickt, ist ersichtlich. Denn das „*Kann*" darf, wenn wir Mach folgen, natürlich nicht rationalistisch oder metaphysisch verstanden werden; es bleibt also nur übrig, es rein empirisch zu deuten, es also auf eben jene Sätze zurückzuführen, deren Begründung hier in Frage steht. So bleibt der Unterschied zwischen noch so allgemeinen Prinzipien-Aussagen und dem Kausalsatz selbst unverwischbar. Auch das Energieprinzip, so sehr es sich in seiner Allgemeinheit bewährt hat, ist und bleibt ein „besonderes Naturgesetz", dessen Negation keines/wegs der Aufhebung des „Kausalsatzes überhaupt" gleichkäme. Zu dem letzteren können wir daher, auch von der Ebene der universellen Prinzipien aus, immer nur durch einen „Sprung" gelangen: durch eine μετάβασις εἰς ἄλλο γένος, die derjenigen entspricht, durch welche wir von den Maß-Aussagen zu den Gesetzes-Aussagen, von den Gesetzes-Aussagen zu den Prinzipien-Aussagen hingeführt werden. /

IV.

Der allgemeine Kausalsatz

Der Übergang zum allgemeinen Kausalsatz stellt uns vor ein weit ernsteres und schwierigeres Problem, als es bei den analogen Übergängen von den „Tatsachen" zu den „Gesetzen", von diesen zu den „Prinzipien" auftrat. Er erscheint gewissermaßen als ein Sprung ins Nichts; denn was erreichen wir, wenn wir alle Besonderheit der physikalischen Tatsachen wie der physikalischen Gesetze und Prinzipien hinter uns lassen? Geraten wir damit nicht völlig ins Leere, können wir irgendetwas über die physikalische Wirklichkeit aussagen, ohne daß diese Aussage die Form eines bestimmten experimentellen Befundes oder eines bestimmten Gesetzes hat, das die Abhängigkeit zwischen gewissen Klassen von Maßgrößen ausspricht? Bleibt, nachdem dies geschehen, und nachdem ihrerseits die Gesetze wieder zu Prinzipien zusammengefaßt und vereint worden sind, noch irgendeine Warum-Frage übrig? In der Tat muß man

[48] Die Mechanik in ihrer Entwicklung, Kap. 3.

zugestehen, daß der Kausalsatz kein „Naturgesetz" im üblichen Sinne des Wortes ist. In dieser Hinsicht behält der Satz Machs recht, daß es in der Natur keine Ursache und keine Wirkung gebe, da die Natur nur einmal dasei, und nicht in ihr, sondern nur in unserem schematischen Nachbilden jene „gleichen Fälle" bestehen, auf die wir hinweisen, indem wir sagen, daß unter gleichen Umständen gleiche Erfolge eintreten[49]. Aber was bleibt von der Kausalität, wenn wir sie weder unmittelbar als Naturaussage, noch auch als metaphysische Aussage, als eine Aussage über die Welt der „absoluten Dinge" verstehen dürfen? Sie kann nur als „transzendentale" Aussage verstanden werden, die sich nicht sowohl auf Gegenstände, als vielmehr auf unsere Erkenntnis von Gegenständen überhaupt bezieht (s. oben S. 151). Statt eine direkte Aussage über Dinge zu sein, muß sie als eine Aussage über die empirische Erkenntnis der Dinge, über die Erfahrung gefaßt werden. / Die Befürchtung, daß sie durch diese Mittelbarkeit irgendetwas von ihrer objektiven Bedeutung verlieren könne, wird durch die kritische Analyse des Gegenstandsbegriffs widerlegt. Denn diese zeigt, daß alle Objektivität dieselbe charakteristische Bindung zeigt, ja auf dieser Bindung beruht. Die Erfahrung zeigt sich als definierendes Moment der Gegenständlichkeit – und ihre Bedingungen erweisen sich demnach *eo ipso* als Bedingungen der Möglichkeit der Gegenstände der Erfahrung; sie konstituieren erst diese Gegenstände.

Der „kritische Determinismus" zum mindesten kennt keine andere Art der „Begründung" eines allgemeinen Grundsatzes der Naturerkenntnis. Er kann solche Grundsätze nicht auf Treu und Glauben hinnehmen; er kann sich für sie nicht auf einen bloßen Denkzwang, auf eine in unserer geistigen „Organisation" gegründete Notwendigkeit berufen. Eine solche Berufung, in der man nicht selten das Wesen des Kantischen a priori und der Kantischen Lösung des Kausalproblems gesehen hat, lag Kant ganz fern – und sie ist von ihm energisch abgewehrt worden. Wollte jemand – so erklärt er ausdrücklich – „die Kategorien als subjektive uns mit unserer Existenz zugleich eingepflanzten Anlagen erklären, die von unserem Urheber jedoch so eingerichtet wären, daß sie mit den Gesetzen der Erfahrung und somit mit der Natur genau übereinstimmten, so könnte er ihnen auf diese Weise niemals eine wahrhafte objektive

[49] Die ökonomische Natur der physikal. Forschung, Populärwissensch. Vorlesungen, 2. Aufl. 1892, S. 221.

Notwendigkeit zusprechen. Denn z. B. der Begriff der Ursache . . . würde falsch sein, wenn er nur auf einer beliebigen, uns eingepflanzten subjektiven Notwendigkeit . . . beruhte. Ich würde nicht sagen können: die Wirkung ist mit der Ursache im Objekte (d. i. notwendig) verbunden, sondern ich bin nur so eingerichtet, daß ich diese Vorstellung nicht anders als so verknüpft denken kann, welches gerade das ist, was der Skeptiker am meisten wünscht[50]." Das Kausalgesetz darf also nicht im Sinne einer „idea innata" verstanden werden, der wir auf ihre „Evidenz" hin vertrauen dürfen; seine Gültigkeit muß vielmehr für die „Natur", für die Erfahrungsdinge erwiesen, zugleich aber auch auf diese letzteren eingeschränkt werden. Im Kantischen Sinne bedeutet diese Einschränkung keine Minderung: denn über den Bereich der Erfahrung können wir den Begriff der Gegenständlichkeit nicht hinaustreiben. „Wo Wahrnehmung und deren Anhang nach empirischen Gesetzen hinreicht, dahin reicht auch unsere Erkenntnis vom Dasein der Dinge. Fangen / wir nicht von Erfahrung an oder gehen wir nicht nach Gesetzen des empirischen Zusammenhangs der Erscheinungen fort, so machen wir uns vergeblich Staat, das Dasein irgendeines Dinges erraten oder erforschen zu wollen[51]."

Aber wir haben bereits gesehen, daß Kant den Weg, den er in der Auflösung des Humeschen Problems beschritten hatte, nicht bis zu Ende verfolgt hat. In der „Deduktion" des Kausalprinzips, die er in den „Analogien der Erfahrung" gegeben hat, richtet er die Frage wieder an die empirischen Dinge und Ereignisse, statt sie ausschließlich an die empirischen Erkenntnisse, an die „Form der Erfahrung" zu richten (s. ob. S. 156). Stellen wir das Problem ausschließlich in diesem Sinne: was besagt alsdann das Kausalprinzip und welche neue Einsicht fügt es dem hinzu, was uns die bisherige erkenntniskritische Analyse gelehrt hat? Welcher weitere Schritt ist noch zu tun, und welche neue Belehrung über die Naturerkenntnis haben wir noch zu erwarten, nachdem wir die früheren Stufen durchlaufen haben, – nachdem wir von den Maßaussagen zu den Gesetzes-Aussagen und von diesen zu den Prinzipien-Aussagen fortgeschritten sind? Auf diese Frage möchte ich eine Antwort geben, die auf den ersten Blick vielleicht paradox erscheint. Es bleibt in der Tat nichts übrig; es läßt sich der Beschreibung des Erkenntnisprozesses und

[50] Krit. d. r. Vern., 2. Aufl., S. 167. (Ausg. Cassirer, III, 136).
[51] ibid., 273 (III, 199).

der Erkenntnisstruktur der Naturwissenschaft kein prinzipiell-neues Moment hinzufügen. Was der Kausalsatz besagt – das ist die These, die ich im folgenden erläutern und begründen will – ist keine inhaltlich-neue, sondern lediglich eine methodisch-neue Einsicht. Er fügt kein weiteres Bestimmungsstück hinzu, das den früheren homogen ist und ihnen als sachliche Ergänzung zur Seite tritt. Der Kausalsatz geht, rein inhaltlich gesehen, über das bereits Gewonnene nicht hinaus; er bestätigt es nur und drückt ihm gewissermaßen erkenntniskritisch das Siegel auf. In diesem Sinne gehört er, wenn man es in der Sprache Kants ausdrücken will, zu den modalen Grundsätzen: er ist ein „Postulat des empirischen Denkens". Und dieses Postulat besagt im Grunde nichts anderes, als daß der Fortgang, den wir im einzelnen zu beschreiben versucht haben, unbeschränkt-möglich ist. Daß der Prozeß der Umsetzung der Beobachtungsdaten in exakte Maßaussagen, der Zusammenfassung der Meßresultate in Funktionsgleichungen und der systematischen Vereinigung dieser Gleichungen kraft allgemeiner / Prinzipien jemals abgeschlossen ist: das wird von dem Kausalsatz nicht behauptet. Was er verlangt und was er axiomatisch voraussetzt, ist nur dies, daß der Abschluß gesucht werden darf und muß, daß die Erscheinungen der Natur nicht so geartet sind, daß sie sich der Ordnungsmöglichkeit durch den angegebenen Prozeß prinzipiell entziehen oder widersetzen. In diesem Sinne wollen wir den Kausalsatz verstehen: und in ihm wollen wir ihn im folgenden einer kritischen Prüfung unterziehen. Der Kausalsatz gehört für uns insofern einem neuen Typus physikalischer Aussagen an, als er eine Aussage *„über"* Maßbestimmungen, *„über"* Gesetze und Prinzipien ist: er besagt, daß alle diese Momente sich so aufeinander beziehen und so miteinander verknüpfen lassen, daß aus dieser Verknüpfung ein System der physikalischen Erkenntnis, nicht ein bloßes Aggregat von Einzelkenntnissen resultiert[52].

---

[52] In der Auffassung, daß die Kausalität, „nicht sowohl ein ‚Gesetz', als vielmehr ein ‚Gesichtspunkt' ist, um von Gesetzen zu reden", stimme ich mit R. Hönigswald überein; vgl. seinen Aufsatz „Kausalität und Physik", Sitzungsber. der Akad. der Wiss. in Berlin, Phys.-math. Klasse, 1933, XVII, S. 568 ff. Es erklärt sich hieraus, daß in die Darstellung des objektiven Lehrgehalts der Physik der allgemeine Kausalsatz nicht einzugehen braucht, ja, daß er in ihn nicht eingehen kann. Dieser Umstand darf aber nicht dazu benutzt werden, um daraus – wie es bisweilen geschehen ist – auf die Unfruchtbarkeit und Entbehrlichkeit dieses Satzes zu schließen. In einer Erörterung des Problems des „Determinismus" führt Eddington als Beweis dafür, daß die moderne Physik sich endgültig vom Determinismus abzu-

Aber ehe wir in unserer Untersuchung fortschreiten, müssen wir noch einem möglichen Einwand begegnen. Ist diese Erklärung der Kausalität – so kann vielleicht gefragt werden – nicht eine willkürliche Nominaldefinition, trifft sie das und erschöpft sie das, was die tatsächliche physikalische Erkenntnis unter dem „Kausalgesetz" versteht? In der Beantwortung dieser Frage beschränke ich mich zunächst auf den Kreis der „klassischen Physik": die neuen Probleme, / die durch die Quantentheorie und die moderne Atomphysik geschaffen worden sind, sollen erst später zur Sprache kommen. Nun läßt sich freilich auch innerhalb der klassischen Physik schwerlich ein einheitlicher Sprachgebrauch feststellen, der den in ihr verwendeten Kausalbegriff eindeutig festlegt. Die Erklärungen, die die einzelnen Forscher von ihm gegeben haben, weichen weit voneinander ab. Aber das Tun der Physik folgt nichtsdestoweniger einer einheitlichen Richtung; und aus ihr, nicht aus den Worten der einzelnen Forscher, können wir ihre grundlegende Anschauung ablesen (vgl. ob. S. 162). Die Reflexion über dieses Tun ist zu höchster Klarheit und Schärfe von Helmholtz gebracht worden. An ihn können wir uns daher wenden: seine Formulierungen stellen die letzten und reifsten Erkenntnisse dar, zu denen es die klassische Physik in ihren Begriffsbestimmungen von „Ursache" und „Wirkung" gebracht hat. Es ist seltsam und auffallend, daß in den modernen Diskussionen über das Kausalproblem der Name Laplace fast stets, der Name du Bois-Reymonds sehr häufig, aber der Name Helmholtz selten oder nie begegnet. Das ist, wie mir scheint, ein fühlbarer Mangel: denn an kritischer Einsicht und Tiefe läßt sich kaum irgendein anderer Naturforscher des 19. Jahrhunderts mit Helmholtz vergleichen. Helmholtz ist der eigentlich-klassische Vertreter des modernen Empirismus: denn auf der einen Seite umfaßt er das ganze Gebiet der Naturwissenschaft – er ist Physiker, Elektrochemiker, Physiologe, Psychologe –; auf der anderen Seite geht er in all

---

wenden beginne, den Umstand an, daß in einem Werk, wie Diracs Quantenmechanik, das „Kausalprinzip" nirgends mehr als besonders Axiom erwähnt werde. (Vgl. Eddington, New Pathways in Science, Cambridge 1935, S. 81). Aber dieses Argument ist offenbar nicht stichhaltig. Denn vermöge des angeführten methodischen Sachverhalts pflegte, auch innerhalb der Gedankenwelt der klassischen Physik, der Kausalsatz nicht explizit als ein bestimmter „Lehrsatz", als Teil der physikalischen „Doktrin" zu erscheinen. Als solcher fehlt er nicht nur in den modernen Darstellungen, sondern auch in den früheren „klassischen" Systemen — bei Newton und Euler, bei d'Alembert und Lagrange.

seinen besonderen Forschungen darauf aus, die Beweise des Empirismus zu erweitern und zu verschärfen. In diesem Sinne hat er das allgemeine Raumproblem, sowie die Frage der Grundlagen der Geometrie unter streng erkenntniskritischen Gesichtspunkten behandelt. Suchen wir also nach einem wahrhaft „repräsentativen" Ausdruck dafür, was die klassische Physik unter dem Kausalbegriff verstanden und in welchem Sinne sie ihn gebraucht hat, so dürfen wir hoffen, ihn, wenn irgendwo, an dieser Stelle anzutreffen. Nun ist freilich Helmholtz nicht von Anfang an von einem fertig-gegebenen Begriff der Kausalität ausgegangen; sondern dieser hat sich ihm erst allmählich, an der Hand der konkreten Forschungsarbeit, gebildet. In seiner Jugend folgt er der Auffassung, die die gesamte Physik der Epoche beherrschte: er ist überzeugter Newtonianer und strenger Mechanist. Unter diesem Gesichtspunkt entwirft er in der Einleitung zu seinem Vortrag „über / die Erhaltung der Kraft" (1847) ein vollständiges Programm der Naturwissenschaft. Das theoretische Hauptziel der Naturwissenschaft läßt sich dahin zusammenfassen, die unbekannten Ursachen der Vorgänge aus ihren sichtbaren Wirkungen zu finden: und dies kann in vollkommen befriedigender Weise nur geschehen, wenn es uns gelingt, alle Naturerscheinungen auf Bewegungen von Materien mit unveränderlichen Bewegungskräften zurückzuführen, welche nur von den räumlichen Verhältnissen abhängig sind. Die Aufgabe der physikalischen Erkenntnis bestimmt sich also dahin, die Naturerscheinungen zurückzuführen auf unveränderliche, anziehende und abstoßende Kräfte, deren Intensität von der Entfernung abhängt; die Lösbarkeit dieser Aufgabe ist zugleich die Bedingung der vollständigen Begreiflichkeit der Natur. Viel freier und weiter, viel weniger an besondere hypothetische Voraussetzungen gebunden, ist die Auffassung des Kausalproblems, die Helmholtz, ein Menschenalter später, in seiner Rede über „die Tatsachen in der Wahrnehmung" (1878) entwickelt und eingehend begründet hat. Wir wissen aus seinen Briefen, wie intensiv ihn das Thema dieser Rede beschäftigt hat und welche fundamentale Bedeutung er ihm beilegte[53]. Hier ist jede spezielle Annahme über die Form des Naturgeschehens aus der allgemeinen Aussage des Kausalgesetzes ausgeschieden. Was wir unzweideutig und als Tatsache ohne hypothetische Unterschiebung finden können — so wird erklärt — ist das Gesetzliche in den Erscheinungen. Es ist das erste Produkt des denkenden Begreifens der Natur. Was

[53] Vgl. Königsberger, Helmholtz, II, 246.

wir „Ursache“ nennen, kann nur in diesem Sinne verstanden und gerechtfertigt werden, wenn auch der gemeine Sprachgebrauch das Wort in sehr verwaschener Weise für Antecedens oder Veranlassung verwendet. Mehr als die Kenntnis der gesetzlichen Ordnung im Reiche des Wirklichen, freilich nur dargestellt in dem Zeichensystem unserer Sinneseindrücke, ist uns nicht erreichbar. Jede richtig gebildete Hypothese stellt ihrem tatsächlichen Sinne nach ein allgemeineres Gesetz der Erscheinungen hin, als wir bisher unmittelbar beobachtet haben, sie ist ein Versuch, zu immer allgemeinerer und umfassenderer Gesetzlichkeit aufzusteigen. Wieweit dieser Versuch gelingen werde, läßt sich nicht von vornherein bestimmen; die Entscheidung hierüber müssen wir in jedem Einzelfalle der Erfahrung überlassen. Aber das Suchen nach immer allgemeineren Gesetzen ist ein Grundzug, ein regulatives / Prinzip unseres Denkens. Eben dieses regulative Prinzip, und nichts anderes, ist das, was wir das Kausalgesetz nennen. In diesem Sinne ist es ein a priori gegebenes, ein transzendentales Gesetz: denn ein Beweis desselben aus der Erfahrung ist nicht möglich. Aber auf der anderen Seite gilt, daß wir für seine Anwendbarkeit keine andere Bürgschaft als seinen Erfolg haben. Wir könnten in einer Welt leben, in der jedes Atom von jedem anderen verschieden wäre; in ihr wäre keinerlei Regelmäßigkeit zu finden und unsere Denktätigkeit müßte ruhen. Aber der Forscher rechnet nicht mit einer solchen Welt; er vertraut auf die Begreifbarkeit der Naturerscheinungen, und jeder einzelne Induktionsschluß wäre hinfällig, wenn ihm nicht dieses allgemeine Vertrauen zugrunde läge. „Hier gilt nur der eine Rat: Vertraue und handle! — das Unzulängliche, dann wird's Ereignis[54].“

Durch diese Formulierung des Kausalprinzips der klassischen Physik wird, wie man sieht, das Ergebnis unserer früheren Analyse in jedem Einzelzuge bestätigt. Was Helmholtz fordert und was er als notwendige und hinreichende Bedingung für die Gültigkeit des Prinzips ansieht, ist eben jener Stufengang der Erkenntnis, den wir im einzelnen darzulegen gesucht haben: der Fortgang von dem experimentellen Befund und seiner exakten Formulierung zu immer strengeren Gesetzes-Aussagen und immer allgemeineren Prinzipien-Aussagen. Eine Berufung auf die

---

[54] Die Tatsachen in der Wahrnehmung (1878), Vorträge u. Reden, 4. Aufl., Braunschweig 1896, II, 240 ff., s. auch Handbuch der Physiolog. Optik, 2. Aufl. 1896, II, 591 ff.

„Laplacesche Weltformel" findet sich bei Helmholtz nicht. Er hat diese Formel, die seit Dubois-Reymonds Rede wieder im Mittelpunkt der Diskussion stand, offenbar geflissentlich vermieden, um seine kritische Analyse nicht mit metaphysischen Problemstellungen zu vermengen und zu belasten. Auch das Moment der vollständigen Voraussage des Künftigen aus dem Vergangenen spielt in Helmholtz' Erwägungen keine entscheidende Rolle. Man hat dieses Moment oft als die wesentliche, ja als die einzige Bestimmung in der Formulierung des Kausalgesetzes betrachtet; man hat gemeint, daß Voraussage ein „hinreichendes Merkmal der Kausalität" sei, wobei man freilich hinzufügen mußte, daß das Eintreffen einer Prophezeiung ein Letztes, nicht weiter Analysierbares sei[55]. Wäre dem so, so so müß/ten wir den Kausalsatz in dem Moment aufgeben, in dem die Physik vor einer Erkenntnis-Situation stünde, die ihr innerhalb bestimmter Bereiche absolut-genaue Voraussagen nicht länger ermöglichte. Mir scheint indes, daß hierbei die theoretische Bedeutung des Moments der Voraussage weit überschätzt wird. Der Wunsch, die Zukunft in irgendeinem Sinne vorauszubestimmen, ist freilich eines der wichtigsten Motive, das uns dazu treibt, „kausale" Schlußreihen zu bilden; aber es ist keineswegs der einzige Sinn, der ausschließliche gedankliche Gehalt dieser Schlußreihen. Wollten wir dieses Motiv zum *Prinzip* erheben, so würden wir damit in einen jener Anthropomorphismen verfallen, deren Ausschaltung das theoretische System der Physik sich zur Aufgabe macht. Wo immer der Mensch in den Kausalzusammenhang des Geschehens eingreift, wo immer es ihm darum zu tun ist, eine bestimmte „Wirkung" zu erzielen — da ist dies freilich nur dadurch möglich, daß er diese Wirkung zuvor in der Vorstellung „vorwegnimmt". Er muß in Gedanken mit der Zukunft experimentieren; er muß sich ausmalen, wie sie sich, unter der Voraussetzung bestimmter Maßnahmen von seiner Seite, gestalten werde. Zukunftsvoraussagen sind also ein unentbehrlicher Faktor in jeder technischen Beherrschung der Natur, sie sind ein notwendiger Bestandteil für jedwede praktische Orientierung in der Welt. Daß man diesen Faktor für das Ganze nimmt, daß man in ihm das Ziel der kausalen Erkenntnis erschöpft sieht: das liegt daran, daß man sich, seit Beginn des „technischen Zeitalters", allzusehr daran gewöhnt hat, die Bedeutung von Begriffen ausschließlich durch ihren

---

[55] S. Schlick, Die Kausalität in der gegenwärtigen Physik, Naturwissenschaften Bd. 19 (1931), S. 150f.

Gebrauch zu definieren – daß man ihren logischen Sinn mit ihrem pragmatischen verwechselt. Bacon ist hier mit seinem Wahlspruch: *„scientia propter potentiam“* vorangegangen. Er bekämpft die verderbliche Gewohnheit, die Wissenschaft mit einem rein „kontemplativen“ Teil beginnen und sie erst von ihm aus zum „aktiven“ Teil fortschreiten zu lassen; er fordert die umgekehrte Stufenordnung und die umgekehrte Rangordnung[56]. Die Macht des Menschen über die Natur soll begründet werden, indem wir anstelle der alten Logik eine neue: die „Logik des Erfindens“ setzen. „Quod in religione verissime requiritur, ut fidem quis ex operibus monstret: idem in naturali Philosophia competit, ut scientia simpliciter ex operibus monstretur[57].“ /

Der moderne Positivismus hat diese Bestimmung in vollem Umfange übernommen; er hat nicht nur die Forderung des *„savoir pour prévoir“* gestellt, sondern er hat zuletzt geradezu das *savoir* durch das *prévoir* erklärt. Helmholtz dagegen ist eine derartige pragmatische Beschränkung fremd. Er vertritt ein rein theoretisches, ein echt-„kontemplatives“ physikalisches Wahrheitsideal, und dieses Ideal bildet auch für seine Analyse des Kausalbegriffs die Richtschnur. „Jede einzelne Tatsache für sich genommen“ – so sagt er einmal – „kann allenfalls unsere Neugier, unser Staunen erregen oder uns nützlich sein für praktische Anwendung. Eine geistige Befriedigung aber gewährt erst der Zusammenhang des Ganzen, eben durch seine Gesetzlichkeit[58].“ Das Wissen von dieser Gesetzlichkeit beweist und bewährt sich in der Voraussage der Zukunft; aber diese Voraussage und die auf sie gegründete technische Beherrschung der Natur ist nicht sein einziger und wesentlicher Gehalt. So hat denn auch die klassische Physik innerhalb ihres Lehrgebäudes den Kausalbegriff niemals so eng gefaßt, daß sie sich den Gebrauch dieses Begriffs in solchen Gebieten versagte, in denen aus irgendwelchen Gründen die praktische Möglichkeit, strenge Voraussagen zu machen, nicht bestand. Zu solchen Voraussagen gehört ja stets nicht nur die Kenntnis der allgemeinen Gesetze, sondern die exakte Kenntnis der Anfangsbedingungen, die immer nur mit bestimmten Einschränkungen erreichbar ist. Das strenge „Laplacesche Ideal“ hat daher stets nur innerhalb gewisser Einzelgebiete, wie etwa in der Astronomie, Geltung gehabt, während es

[56] Bacon, Novum Organon, Lib. II, Aphor. IV.

[57] Bacon, Cogitata et Visa, Opera omnia, Lips. 1694, fol. 593.

[58] Über die Erhaltung der Kraft, Vortragszyklus 1862, Vorträge u. Reden, I, 191.

in anderen Gebieten, wie z. B. in der Hydrodynamik oder Elastizitätslehre, diese Geltung verlor[59]. Planck ist in seinen bekannten Darlegungen über die Kausalität davon ausgegangen, zunächst versuchsweise eine Erklärung des Kausalbegriffs zugrunde zu legen, die besagt, daß ein Ereignis dann als kausal bedingt zu gelten habe, wenn es mit Sicherheit vorausgesagt werden könne. Aber er fügt sofort hinzu, daß diese einfache Erklärung nicht ausreiche. Denn die Möglichkeit, eine zutreffende Voraussage für die Zukunft zu machen, stelle freilich ein untrügliches Kriterium für das Walten eines Kausalzusammenhanges dar; daraus dürfe aber nicht umgekehrt geschlossen werden, daß sie mit dem letzteren gleich/bedeutend sei. Denn eine solche Folgerung würde im Grunde jeglichen Gebrauch des Begriffs illusorisch machen: sei es doch, selbst innerhalb der klassischen Physik, in keinem einzigen Falle möglich, ein physikalisches Ereignis wirklich genau vorauszusagen. Hier stehen wir somit, erkenntnistheoretisch betrachtet, vor einem eigentümlichen Dilemma: es wird ein Kriterium der Kausalität aufgestellt, das, wenn man es in wirklicher Strenge nimmt und bis in seine letzten Konsquenzen verfolgt, keinen einzigen Fall seiner konkreten Bewährung und Anwendung für sich anführen kann[60].

Aus diesem Dilemma werden wir befreit, wenn wir den Kausalsatz, gemäß den vorangehenden methodischen Erwägungen, in aller Strenge als einen Satz über Erkenntnisse fomulieren, statt ihn als einen Satz über Dinge und Ereignisse zu verstehen. Wir müssen ihn als einen Leitfaden denken, der uns von Erkenntnis zu Erkenntnis und dadurch erst mittelbar von Ereignis zu Ereignis führt; als einen Satz, der uns erlaubt, individuelle Aussagen auf generelle und universelle zurückzuführen und sie durch diese darzustellen. In diesem Sinne verstanden enthält jeder echte Kausalsatz, jedes Naturgesetz nicht sowohl eine Voraussage künf-

---

[59] S. hierzu die Darlegungen von Ph. Frank, Das Kausalgesetz und seine Grenzen, Wien 1932, S. 41 ff.

[60] Planck, Die Kausalität in der Natur, Wege zur physikal. Erkenntnis, Lpz. 1933, S. 236. — Daß das Kausalgesetz als solches vom „Kriterium seiner Anwendbarkeit" unterschieden werden muß, wird neuerdings auch von Grete Hermann, Die naturphilosophischen Grundlagen der Quantenmechanik, Berlin 1935, S. 50 ff. nachdrücklich betont. Hier wird jedoch — wie mir scheint, mit Unrecht — angenommen, daß wenigstens für das Gebiet der klassischen Physik „Kausalität" und „Vorausberechenbarkeit" noch ganz zusammenfallen, und daß erst die Quantenmechanik die erkenntnistheoretische Notwendigkeit, beide voneinander zu trennen, erwiesen habe (vgl. a. a. O. S. 11 ff.).

tiger Ereignisse als vielmehr ein Versprechen künftiger Erkenntnisse. Ein solches Gesetz geht „mit der Zukunft schwanger"; es ist *„praegnans futuri"* wie Leibniz sich auszudrücken liebte. Aber dies besagt in erster Linie, daß es eine Fülle von Wissen in sich birgt, das sich erst später ganz entfalten und zu voller Reife gedeihen wird. Das Wesentliche an der „Voraussage" ist die Extrapolation, deren ein Naturgesetz fähig ist. Sein Geltungsbereich beschränkt sich nicht auf diejenigen Beobachtungen, aus denen es unmittelbar abgeleitet wurde, sondern greift über diesen Kreis hinaus. Und seine eigentliche Bestätigung liegt darin, daß diese Erweiterung gelingt; daß es zu bisher unbekannten Phänomenen hinführt und neue Klassen von Gesetzen erschließt. Die Zeitrichtung dieses Er/schließens ist hierbei nicht von entscheidender Bedeutung: der Weg führt nicht von der Vergangenheit in die Zukunft, sondern er führt von einem beschränkten Bereich von Erkenntnissen zu einem weiteren Bereich. So enthielten z. B. die Maxwellschen Feldgleichungen implizit schon jenen ganzen Schatz an Erkenntnis, den Heinrich Hertz in seiner experimentellen Arbeit später gehoben hat. Hertz selbst hat einmal gesagt, man könne die Maxwellsche Theorie nicht studieren, ohne bisweilen die Empfindung zu haben, als wohne den mathematischen Formeln selbständiges Leben und eigener Verstand inne, als seien dieselben klüger als wir, klüger sogar als ihr Erfinder, als gäben sie uns mehr heraus, als seinerzeit in sie hineingelegt wurde[61]. Besonders deutlich und überzeugend tritt dies hervor, wenn eine Formel so beschaffen ist, daß sie nicht nur jenes Sondergebiet ausdrückt, für das sie zunächst aufgestellt wurde, sondern wenn sich ihre Geltung und Anwendbarkeit in weitentlegenen, ja ganz disparaten Gebieten erweist. Von dieser Art waren z. B. die Gleichungen, die Fourier für das Problem der Wärmeleitung aufgestellt hat[62]; aber auch sonst ist die Physik reich an derartigen Beispielen, in denen sich die eigentliche und eigentümliche Produktivität des physikalischen Denkens ausdrückt.

Dies stellt sich auch in der Forderung der „Einfachheit der Naturgesetze" dar – eine Forderung, deren rein erkenntnistheoretische Deutung und Begründung freilich auf eigentümliche Schwierigkeiten stößt. Man hat, um diesen Schwierigkeiten zu entgehen, bisweilen versucht, den gordischen Knoten zu zerhauen; man hat gemeint, daß die

---

[61] Hertz, Über die Beziehungen zwischen Licht und Elektrizität, Ges. Werke, I, 344.

[62] S. ob. S. 173 f.

Einfachheits-Forderung einer strengen Formulierung nicht fähig sei und daher aus der naturwissenschaftlichen Prinzipienlehre überhaupt ausgeschaltet werden müsse. Zum mindesten wollte man ihr innerhalb des logischen Bestandes dieser Lehre keine Stelle einräumen; man beschränkte sie auf einen rein ästhetischen Anspruch, der einer eigentlich objektiven Begründung nicht fähig sei[63]. Aber schon der historische Verlauf der physikalischen Erkenntnis spricht gegen eine derartige Auffassung; denn in der Entwicklung der Physik hat sich die Einfachheits-Forderung immer wieder durchgesetzt / und als ein eminent fruchtbares Moment bewährt. Von den ersten Anfängen exakter naturwissenschaftlicher Erkenntnis bis in die moderne Forschung läßt sich dieser Prozeß verfolgen. Galilei und Kepler verwenden das Kriterium der Einfachheit noch völlig unbefangen und noch unbeschwert von irgendwelchen erkenntnistheoretischen Skrupeln und Zweifeln. Sie sind von Anfang an überzeugt, daß die Einfachheit als Probierstein der Wahrheit benutzt werden dürfe. Insbesondere in der Verteidigung des Kopernikanischen Weltsystems spielt dieses Argument eine wichtige Rolle. „Hae Copernici hypotheses" — sagt Kepler — „non solum in naturam rerum non peccant, sed illam multo magis juvant. Amat illa simplicitatem, amat unitatem ... Penes usitatas hypotheses orbium fingendorum finis nullus est: penes Copernicum plurimi motus ex paucissimis sequuntur orbibus"[64]. Damit ist zugleich eine erste scharfe Bestimmung dessen erreicht, was unter dem methodischen Ideal der Einfachheit zu verstehen ist. Die Devise *„plurima ex paucissimis"* ist das Entscheidende: eine Fülle von Folgerungen soll aus einer möglichst geringen Zahl von Einzelannahmen ableitbar sein. Die Formulierungen dieses Postulats bei modernen Forschern sind vorsichtiger gehalten; aber sie besagen im Grunde dasselbe. „Das der Erfahrungswelt eindeutig zugeordnete Begriffssystem" — so hat Einstein in seiner Ansprache zu Plancks sechzigstem Geburtstag gesagt — „ist auf wenige Grundgesetze reduzierbar, aus denen das ganze System logisch entwickelt werden kann. Der Forscher sieht hier bei jedem neuen wichtigen Fortschritt seine Erwartungen übertroffen, indem jene Grundgesetze sich unter dem Drucke der Erfahrung mehr und mehr vereinfachen. Mit Staunen sieht er das scheinbare Chaos in eine sublime

---

[63] Dieser Standpunkt wird z. B. von Schlick vertreten, a. a. O., Naturwissensch. 19, 1931, S. 148.

[64] Mysterium Cosmographicum (1596), Cap. I; Opera (ed. Frisch), I, 113.

Ordnung gefügt, die nicht auf das Walten des eigenen Geistes, sondern auf die Beschaffenheit der Erfahrungswelt zurückzuführen ist."

So stark und so streng wird das Einfachheits-Prinzip noch in der modernen Physik festgehalten, und so unerschüttert ist der Glaube an seine „objektive" Bedeutung[65]. Wir müssen daher wohl zwischen dem bloß pragmatischen Anspruch des Prinzips und seinem rein methodi/schen, seinem Wahrheitsanspruch unterscheiden. Blicken wir auf unsere bisherigen Erwägungen zurück, so läßt sich schon aus ihnen eine bestimmte Seite dieses methodischen Anspruchs verstehen und begründen. Wir sahen, daß bei jedem Übergang zu einem neuen Typus physikalischer Aussagen ein doppelter Prozeß einsetzt: der extensiven Ausbreitung des Wissens entspricht auf der anderen Seite stets seine intensive Zusammendrängung. Jede Amplifikation führt zugleich zu einer vorher nicht gekannten Konzentration; und nur kraft dieser letzteren ist es möglich, des neu zudrängenden Stoffes Herr zu werden und ihn der Form des physikalischen Wissens einzufügen. So beginnt die „Vereinfachung", schon, wenn wir die Daten der „Sinnenwelt" zu physikalischen Begriffen zusammenfassen; und sie steigt mehr und mehr an, je höher wir uns in der Hierarchie dieser Begriffe erheben, je weiter wir in der Richtung auf die Gesetzes-Aussagen und die Prinzipien-Aussagen fortschreiten. Die Geschichte des Prinzips der kleinsten Wirkung hat uns z. B. gezeigt, wie sich kraft desselben die Gleichungen für die Bewegungen ganz verschiedenartiger und höchst verwickelter mechanischer Systeme in ein einziges Variationsprinzip zusammendrängen und aus ihm ableiten lassen. In dieser Hinsicht entspringt und entspricht die Einfachheits-Forderung der klaren und grundlegenden Forderung der „Axiomatisierung", wie sie Hilbert aufgestellt hat. „Ich glaube" – sagt Hilbert – „alles, was Gegenstand des wissenschaftlichen Denkens überhaupt sein kann, verfällt, sobald es zur Bildung einer Theorie reif ist, der axiomatischen Methode und damit mit-

[65] Von modernen Forschern hat insbesondere Hermann Weyl die Bedeutung der „Einfachsheits"-Forderung betont. „The assertion that Nature is governed by strict laws" — so sagt er — „is devoid of all content, if we do not add the statement that it is governed by mathematically simple laws ... One cannot help but admit that this working principle of simplicity has stood the test well. The astonishing thing ist not that there exist natural laws but that the further the analysis preceeds, the finer the details the finer the elements to which the phenomena are reduced, the simpler — and not the more complicated, as one would originally expect — the fundamental relations become and the more exactly they describe the actual occurrences". H. Weyl, The Open World, New Haven 1932, S. 40f.

telbar derMathematik"[66]. Die mathematische Fassung der physikalischen Urteile stellt daher schon für sich allein eine Bedingung und eine Gewähr für ihre fortschreitende Vereinfachung dar. Sie erlaubt und sie fordert, die einzelnen Sätze auf „Satzfunktionen", die Satzfunktionen auf Theorien-Funktionen *(doctrinal functions)* zurückzuführen[67] und damit eine ständig-fortschreitende „Tieferlegung der Fundamente" zu erreichen./

Diese Vertiefung wird verkannt, wenn man dem Prinzip der Einfachheit eine bloß-ökonomische Fassung gibt. Es ist keineswegs zutreffend, daß beim Übergang von einem Typus physikalischer Aussagen zum anderen gedankliche Arbeit gespart wird; es ist vielmehr für ihn jedesmal ein erheblicher *Aufwand* geistiger Energie erforderlich. Nur durch ihn läßt sich der „Sprung" von der Ebene der Maßaussagen zu der der Gesetzesaussagen, und von dieser zur Ebene der Prinzipien-Aussagen vollziehen (vgl. ob. S. 169f.). Machs Theorie will diesen Sprung vermeiden oder weginterpretieren, indem sie die „höheren" Dimensionen auf die „niederen" reduziert — indem sie darauf besteht, daß die Gesetzes- und Prinzipienaussagen nichts anderes als *Kollektivaussagen* sind. Aber Gesetzesbegriffe sind Klassenbegriffe; und „Klassen" lassen sich, gemäß einer Grundforderung der Typentheorie, niemals als bloße Aggregate von Elementen deuten. Auch die Physik verfällt in Widersprüche, wenn sie nicht sorgfältig die Stufenvermischung vermeidet, die darin besteht, daß anstelle der „intensiven" Einheit, die ein Gesetz besagt, die bloße Summe der Einzelheiten gesetzt wird. Ein Gesetz ist, seiner logischen *Intention* nach, etwas anderes und etwas mehr als ein bloßes Register, ein Katalog von Einzelfällen. Die Ableitungsregel, die Formel, das Gesetz — so erklärt Mach — „hat nicht im mindesten mehr sachlichen Wert als die einzelnen Tatsachen zusammen. Der Wert desselben liegt bloß in der Bequemlichkeit des Gebrauches. Es hat einen ökonomischen Wert[68]." Aber diese rein-subjektivistische und pragmatische Deutung verwickelt sich, wenn wir sie weiter verfolgen, schon in sich selbst in schwer zu lösende Widersprüche. Denn wenn wirklich die Aufgabe der Forschung darin bestünde, eine vollständige Kenntnis aller Einzeltatsachen zu gewinnen: wie dürfte sich alsdann die Forschung in der Erfüllung dieser Forderung

---

[66] Axiomatisches Denken, Mathemat. Annalen (1917, S. 415).

[67] Zur Theorie der „doctrinal functions" vgl. bes. die Darlegungen von Cassius J. Keyser, Mathematical Philosophy, New York 1922, Lecture III.

[68] Mach, Die Geschichte und die Wurzel des Satzes von der Erhaltung der Arbeit, S. 31.

irgendwelche Arbeit „sparen"? Wie dürfte sie den Prozeß des Durchlaufens der Einzelfälle vorzeitig abbrechen und sich mit einer allgemeinen Formel begnügen? Wäre diese angebliche „Allgemeinheit" etwas anderes als Oberflächlichkeit, als das Stehenbleiben bei einer vagen und willkürlichen Annahme, die durch keine tatsächliche Beobachtung gestützt und gerechtfertigt ist? Will man dieser Folgerung ausweichen, so sieht man sich immer wieder dazu gedrängt, die „Einfachheit" der Formel nicht in bloß subjektiv-psychologischem Sinne zu verstehen, sondern ihr irgendeine objektive / Bedeutung zu geben. Wird z.B. gesagt, daß durch solche Formeln eine fortschreitende „Anpassung des Denkens an die Tatsachen" erreicht wird[69], so wird ja hierbei die Ordnung, die Gliederung, der systematische Zusammenhang der Tatsachen wieder als etwas „Objektives" behandelt, dem der Gedanke gewissermaßen nachstreben und dem er sich „anpassen" kann. Die Beständigkeit und Einfachheit wird also in die Naturphänomene selbst, statt in unsere bloße Vorstellung verlegt; die subjektive Assoziation wird, mit Kant zu sprechen, durch die objektive „Affinität" erklärt.

Um zu einer befriedigenden Formulierung und zu einer wirklichen Analyse des Begriffs der Einfachheit zu gelangen, muß freilich in jedem Falle der Typenunterschied der physikalischen Aussagen sorgfältig beachtet werden. Wir können niemals einer *einzelnen* physikalischen Aussage, ja auch nicht einer ganzen Klasse derartiger Aussagen „Einfachheit" zusprechen; sondern diese ist ein Prädikat, das sich auf das Gesamtsystem bezieht. Dieses System ist in sich derart geschlossen, daß jeder Eingriff in irgendeinem seiner Teile sich alsbald dem Ganzen mitteilt und sich in ihm logisch fühlbar macht. Und es kommt wesentlich darauf an, an welcher Stelle wir hier den Hebel ansetzen. Es ist keineswegs selten, daß an einer gewissen Stelle des Erkenntnissystems der Physik eine Änderung eingeführt wird, die sich, vom Standpunkt dieser partikularen Stelle aus, durchaus nicht als eine Vereinfachung, sondern als eine sehr weitgehende Komplikation erweist. Wird durch diese Komplikation das Gesamtsystem nicht berührt, wird es vielmehr in sich geschlossener und übersichtlicher, so ist damit der Einfachheits-Forderung genügt. Denn diese bezieht sich nicht auf eine besondere Schicht des physikalischen Begriffs- und Erkenntnisapparats, sondern auf das Ineinander-

[69] Vgl. Mach, Über Umbildung und Anpassung im naturwissenschaftlichen Denken, Popul.-Wiss. Vorlesungen, S. 237 ff.

greifen all seiner Einzelmomente. Sobald wir diese Momente gegeneinander isolieren, läßt sich daher die Frage, ob eine bestimmte Änderung innerhalb des physikalischen Systems zu einer wahrhaften Vereinfachung desselben führt, nicht mehr in wirklicher Strenge und Eindeutigkeit beantworten. So ergibt sich z. B. eine verschiedene Beurteilung, je nachdem wir verlangen, daß die physikalischen *Vorgänge*, die wir den Empfindungsinhalten und den unmittelbaren Beobachtungsdaten als ihre begrifflichen Korrelate zuordnen, möglichst einfach sind, oder je nachdem wir die entsprechende / Forderung an die physikalischen *Axiome* stellen. Die Einführung der Riemannschen Geometrie, die in der allgemeinen Relativitätstheorie erfolgt, enthält zunächst eine Komplikation, da die Euklidische Geometrie gegenüber der Nicht-Euklidischen zweifellos den Vorzug der „Einfachheit" besitzt. Aber dieser scheinbare Mangel wird aufgewogen und mehr als ausgeglichen durch den Umstand, daß das Grundgesetz des Geschehens und die Zuordnungsdefinitionen bei Einführung der Riemannschen Geometrie eine besonders einfache Form erhalten[70]. Nach dem Prinzip der „wechselweisen Verschränkung" hängen Maßaussagen und Gesetzes- und Prinzipien-Aussagen gegenseitig voneinander ab. Die Forderung der Einfachheit kann also niemals an einen dieser Bestandteile allein gerichtet werden: sie besagt vielmehr, daß alle diese drei Momente derart aufeinander „abgestimmt" sein müssen, daß der Bedingung: *plurima ex paucissimis* genügt wird, daß ein möglichst großer Umkreis von Phänomenen mit den wenigst möglichen Bestimmungsstücken umfaßt und durch sie exakt beschrieben wird. Die Möglichkeit dieser Bestimmung ist und bleibt ein Problem; aber im Kausalsatz wird dieses Problem zum Postulat erhoben. Daß dieses Postulat den gesamten Aufbau der klassischen Physik bestimmt, und daß es der für ihr Denken entscheidende Impuls gewesen ist, ist unverkennbar. Wir stehen jetzt vor der Frage, ob sich die physikalische Forschung auch weiter diesem Impuls anvertrauen und von ihm leiten lassen kann, oder ob sie sich durch die neuen Aufgaben, die ihr gestellt sind, zu einer wesentlichen Umbildung des Kausalbegriffs, wenn nicht zu einer grundsätzlichen Abkehr von ihm, gezwungen sieht.

---

[70] Daß die Forderung der „Einfachheit" entweder auf den axiomatischen Teil der Physik bezogen werden kann oder auf die phänomenal-physikalischen Zuordnungen und damit auf den deskriptiven Teil, hat insbes. R. Carnap, Über die Aufgabe der Physik, Kant-Studien, Bd. 28, 1923, S. 90ff. treffend dargelegt.

III.

KAUSALITÄT UND WAHRSCHEINLICHKEIT

I.

Dynamische und statistische Gesetzmäßigkeit

1.

Das Verhältnis von Theorie und Erfahrung wird innerhalb des strengen Positivismus so verstanden, daß die Theorie nicht nur ein Ausdruck, sondern auch ein Abdruck der Erfahrung, d. h. des in den unmittelbaren Sinnesdaten Gegebenen sein soll. Die Wahrheit der Theorie besteht in ihrer möglichst nahen Anpassung an die Tatsachen: und keine Anpassung kann vollkommener sein, als diejenige, die den Tatsachen nichts Neues und Eigenes hinzufügt, sondern sie so getreu als möglich reproduziert. Theorien sind Gedächtnishilfen; sie stellen ein Inventar des Gegebenen dar. Und dieses Inventar ändert sich offenbar mit jedem neuen Element, das es in sich aufnimmt. Eine eigentliche „Beständigkeit" ist von der Erfahrung weder zu erwarten noch zu erhoffen. Sie wandelt unablässig ihre Form – in dem Maße, als der Kreis des Gegegebenen sich erweitert, als aus der Beobachtung neu und neuer Stoff sich andrängt. Dieses Wachstum ist eine reine „Epigenesis"; die Elemente werden von außen herangeführt und treten einzeln, Stück für Stück, aneinander heran.

Dieser Auffassung stellt die kritische Erkenntnistheorie eine prinzipiell-andere Grundanschauung gegenüber. Sie definiert die Erfahrung nicht durch ihren Stoff, sondern durch ihre Form – und sie sucht zu erweisen, daß diese Form ein für allemal an bestimmte Bedingungen gebunden ist. „Unsere Vernunft" – so sagt Kant gegen Hume – „ist nicht etwa eine unbestimmbar weit ausgebreitete Ebene, deren Schranken man nur so überhaupt erkennt, sondern muß vielmehr mit einer Sphäre verglichen werden, deren Halbmesser sich aus der Krümmung des Bogens auf ihrer Oberfläche (der Natur synthetischer Sätze a priori) finden, daraus aber auch der Inhalt und die Begrenzung derselben mit Sicherheit angeben läßt[1]." Die synthetischen Sätze a / priori geben der Erfahrung eine feste Gestalt und eine bestimmte Grenze. Sie legen sie nicht auf einen gewissen Besitzstand fest, sondern gestatten eine ständige Erweiterung; aber diese Erweiterung geht nicht ins Unbestimmte. Wieweit sich die Erfahrung auch auf immer neue und neue Gebiete erstrecken mag; sie ist nichtsdestoweniger sicher, auch in ihnen immer wieder „sich selbst", ihre eigene Struktur und ihre charakteristischen Aufbauprinzipien wiederzufinden.

Das System dieser Prinzipien hat Kant vollständig entwerfen zu können geglaubt. Für diesen Entwurf hat er sich auf der einen Seite auf die klassische Logik, auf der anderen Seite auf die klassische Mechanik gestützt. Wie er die Kategorien nach dem Vorbild der Urteilstafel bestimmt, so bestimmt er die synthetischen Gundsätze nach dem Vorbild der Newtonschen Bewegungsgesetze: des Trägheitssatzes, des Satzes von der Proportionalität zwischen der Änderung der Bewegung und der bewegenden Kraft, und des Satzes von der Gleichheit von Aktion und Reaktion. Gemäß diesem Grundschema vollzieht sich der Aufbau der „metaphysischen Anfangsgründe der Naturwissenschaft". Alle eigentliche Naturwissenschaft bedarf nach Kant eines reinen Teils, und in Ansehung der Methode ist es eine unerläßliche Pflicht, diesen Teil abgesondert und in seiner ganzen Vollständigkeit vorzutragen, „damit man genau bestimmen könne, was die Vernunft für sich zu leisten vermag und wo ihr Vermögen anhebt, die Beihilfe der Erfahrungsprinzipien nötig zu haben[2]." Wir erkennen heute, daß und warum dieser „reine Teil" die Aufgabe, die Kant ihm gestellt hat, nicht erreichen konnte. Er ist aufs engste an eine bestimmte Form der Naturerkenntnis gebunden, die dem klassischen Rationalismus als die „schlechthin-vernünftige" galt. Es steht für Kant fest, daß alle „Rationalität" in einem bestimmten Umkreis beschlossen ist, der auf der einen Seite durch die Axiome der Euklidischen Geometrie, auf der anderen Seite durch die Axiome der Newtonschen Naturlehre bestimmt wird. Läßt man also diese axiomatischen Bindungen fallen, so scheinen damit auch alle rationalen Züge für kraftlos erklärt zu werden.

---

[1] Krit. d. r. Vern., 2. Aufl., S. 790 (Ausg. Cassirer III, 514).

[2] Metaphys. Anfangsgründe der Naturwiss.; Werke (ed. Cassirer), IV, 371.

Aber dieser Schluß gälte offenbar nur dann, wenn die moderne Physik jene Voraussetzungen schlechthin beseitigt hätte, ohne etwas anderes an ihre Stelle zu setzen. In Wahrheit ist ja aber in ihr keineswegs eine derartige Elimination erfolgt. Sie hat die rationalen Momente nicht aufgegeben; / sie hat sie nur anders definiert, und sie hat sie in dieser Definition wesentlich verallgemeinert, indem sie sie von zufälligen Bindungen befreit hat. Wenn die Physik, auf Grund des neuen Tatsachenmaterials und der neuen theoretischen Aufgaben, vor die sie sich gestellt sah, ihren Begriffsapparat erweitert und umbildet, so gibt sie damit ihre allgemeine Struktur nicht auf. Nur zeigt sich jetzt, daß diese letztere nicht als starr, sondern als beweglich zu denken ist; daß ihre Bedeutung und Kraft nicht auf ihrer ein für allemal gegebenen substantiellen Festigkeit, sondern vielmehr gerade auf ihrer Plastizität, ihrer Bildsamkeit beruht. Das „a priori", das jetzt noch gesucht und an welchem allein festgehalten werden kann, muß dieser Bildsamkeit gerecht werden. Es muß in rein methodischem Sinne verstanden werden; es ist nicht auf den Inhalt eines bestimmten Axiomensystems festgelegt, sondern es bezieht sich auf den Prozeß, in dem, in fortschreitender theoretischer Arbeit, das eine System aus dem anderen hervorgeht. Dieser Prozeß hat seine Regel – und diese bildet die Voraussetzung und Grundlage für das, was wir die „Form der Erfahrung" nennen können. Schon beim Vergleich der verschiedenartigen empirischen Theorien zeigt sich, daß in ihrer Aufeinanderfolge nicht Regellosigkeit oder Willkür, sondern methodische Kontinuität waltet. Die späteren Theorien verdrängen und verwerfen nicht einfach die früheren, sondern sie nehmen ihren Gehalt in sich auf. Die Einsteinsche Theorie der Gravitation ist nicht aus einem Umsturz des Newtonschen Systems der Astronomie entstanden, sondern aus einer Weiterbildung desselben, die es gestattete, auch solche Phänomene, die die ältere Theorie nicht zu deuten vermocht hatte, in den Kreis der Erklärung einzubeziehen. In ihr erscheint z. B. die Perihelbewegung des Merkur nicht mehr als ein Einzelfall, als eine Anomalie, die nur durch spezielle, ad hoc eingeführte Annahmen zu erklären ist, sondern als eine allgemeine Eigenschaft der Bahnellipsen der Planeten, die theoretisch streng ableitbar ist, wenngleich die Rotation bei den anderen Planeten zu klein ist, um direkt beobachtet zu werden. Ebenso wird die Gleichheit der schweren und trägen Masse eines Körpers, die als Erfahrungstatsache bekannt und gesichert war, durch die allgemeine Relativitätstheorie begrifflich in ein völlig neues Licht gerückt: sie wird, wie Einstein gesagt hat, nicht nur registriert, sondern interpretiert[3]. In dieser ständigen Oszillation beweist und bewährt sich die Eigenart der „be/weglichen Form“ – einer Form, die den Stoff nicht einfach passiv empfängt und in sich aufnimmt, sondern ihn sucht und ihn kraft dieses Suchens gestaltet und organisiert.

Ich habe diese allgemeinen Bemerkungen vorausgeschickt, da sie uns als ein Leitfaden zur Beurteilung jener Umbildung des Kausalschemas dienen können, die in der neueren Physik einsetzt. Auch diese Umbildung ist nicht willkürlich, sondern „unter dem Drucke der Erfahrung“ erfolgt. Aber diesem Druck entspricht ein „Gegendruck“ von seiten der Theorie; und Aktion und Reaktion suchen sich auch hier miteinander ins Gleichgewicht zu setzen. Ob dieses Gleichgewicht in der heutigen Physik schon erreicht ist, steht dahin – aber als Aufgabe, als allgemeines methodisches Ziel steht es unverrückbar fest. Auch die allmähliche Entstehung und Entwicklung des Problems weist durchaus in diese Richtung. Wenn wir fragen, welche besonderen Probleme und Phänomene es gewesen sind, die hier den gedanklichen Prozeß eingeleitet haben, so sehen wir uns auf die Fragen hingewiesen, die ihren theoretischen Ausdruck im zweiten Hauptsatz der Thermodynamik gefunden haben. Dieser Satz ist zunächst aus ganz bestimmten Einzelerfahrungen erwachsen. Die grundlegende Abhandlung Sadi Carnots *„sur la puissance motrice du feu“* (1824), die dem zweiten Hauptsatz den Weg gebahnt hat, stellt sich ein scharfbegrenztes Sonderproblem, das von technischen Interessen seinen Ausgang nimmt. Sie untersucht die Arbeitsleistung der Wärme und stellt fest, daß jede derartige Arbeitsleistung an den Übergang von Wärme von einem wärmeren zu einem kälteren Körper gebunden ist. Indem Carnot zur Bestimmung des Arbeitsmaximum der Wärme den Gedanken des „umkehrbaren Kreisprozesses“ einführt, hat er damit zugleich ein neues theoretisches Instrument geschaffen, das sich in der weiteren Entwicklung als eminent fruchtbar bewährt hat. Aber die ganz allgemeine Bedeutung des Problems trat erst hervor, als Clausius den Grundbegriff der Entropie schuf und den Satz aufstellte, daß die Entropie der Welt einem Maximum zustrebe. Wir haben hier nicht jene Folgerungen aus dem Clausiusschen Satz im Auge, die zu den bekannten naturphilosophischen Spekulationen über den „Wärmetod der Welt“ geführt haben. Weit bedeutsamer als diese Spekulationen, die nicht selten in unklaren metaphysischen Folgerungen endeten, er-

[3] Einstein, Über die spezielle und die allgemeine Relativitätstheorie, § 19.

wiesen sich die neuen erkenntnistheoretischen Momente, die der Satz von Clausius in sich barg. Durch den zweiten / Hauptsatz und die theoretischen Erwägungen, die sich an ihn anschlossen, sah sich das naturwissenschaftliche Denken auf einen fundamentalen Unterschied innerhalb des Naturgeschehens hingewiesen, der im System der klassischen Mechanik keinen adäquaten Ausdruck gefunden hatte. Der Gegensatz zwischen „reversiblen" und „irreversiblen" Prozessen trat jetzt scharf und bestimmt hervor. Es war eine Richtung des Naturgeschehens im ganzen bezeichnet; eine gewisse Tendenz, die es unveränderlich in sich trägt. Diese Grundtatsache findet in der Clausiusschen Formel für die Entropievermehrung einen exakten Ausdruck; aber sie ist damit noch weit entfernt, im eigentlichen Sinne „begriffen" zu sein. Denn hierzu wäre erfordert, daß sie aus den Grundprinzipien der physikalischen Erkenntnis abgeleitet würde oder zum mindesten als mit ihnen ohne weiteres verträglich erschiene. Aber von diesen Prinzipien zu dem zweiten Hauptsatz der Thermodynamik scheint zunächst kein Weg hinzuführen. Wir müssen den Satz in seiner faktischen Gültigkeit anerkennen, ohne ihn, wenn wir an den bisherigen allgemeinen Voraussetzungen des Natursystems festhalten, theoretisch deduzieren, ja auch nur in strengem Sinne repräsentieren zu können. Die Differentialgleichungen der klassischen Mechanik bieten hier keinen Anhalts- und Ansatzpunkt; nach ihnen läßt sich der Lauf des Geschehens einfach dadurch umkehren, daß man den Geschwindigkeiten der einzelnen Massenpunkte das entgegengesetzte Vorzeichen gibt. Ebensowenig läßt sich in den Maxwellschen Gleichungen der Elektrodynamik irgendein Moment aufweisen, das auf jene charakteristische Richtungsbestimmtheit des Geschehens hinwiese, die in der Tatsache der Energiezerstreuung zum Ausdruck kommt. So bleibt also der Entropiesatz als eine Art irrationaler Rest, als ein Fremdling und Eindringling in das so sicher gefügte System der klassischen Mechanik und Elektrodynamik stehen.

Aber eben an diesem Punkte setzt nun wieder die selbständige „Reaktion" der Theorie, setzt eine gedankliche Arbeit ein, die bedeutsam ist in erkenntnistheoretischer wie in physikalischer Hinsicht. Es ist die Arbeit, die durch die kinetische Gastheorie geleistet wird, und die im wesentlichen an den Namen Ludwig Boltzmanns geknüpft ist. Boltzmann gelingt es, die Fremdheit und Paradoxie des Entropiesatzes zu beseitigen. Er ist einer der konsequentesten Vertreter der klassischen Mechanik; er muß also den Versuch unternehmen, das Phänomen der „Einseitigkeit" des Naturgeschehens der Mechanik einzuordnen und es / aus ihren Grundbegriffen begreiflich zu machen. Dieser Versuch gelingt, indem Boltzmann der „Vorliebe der Natur“ für einen bestimmten Zustand eine neue Deutung gibt. Eine Umkehrung des Geschehens wäre mit den mechanischen Prinzipien und mit dem Satz der Erhaltung der Energie verträglich; aber Boltzmann zeigt, daß und warum sie enorm unwahrscheinlich ist. „Die Tatsache, daß in der Natur die Entropie einem Maximum zustrebt, beweist, daß bei jeder Wechselwirkung (Diffusion, Wärmeleitung usf.) wirklicher Gase die einzelnen Moleküle den Wahrscheinlichkeitsgesetzen gemäß in Wechselwirkung treten[4].“ Mit dieser Deutung des zweiten Hauptsatzes als eines Wahrscheinlichkeitssatzes war schon Gibbs vorangegangen, und auf sie hatte er die neue Wissenschaft der statistischen Mechanik[5] gegründet; Boltzmann gibt ihr die exakte Form durch seinen Satz, daß die Entropie dem Logarithmus der Wahrscheinlichkeit proportional sei ($S = k \log W$).

Aber mit dieser Einsicht war freilich das Rätsel, in rein erkenntnistheoretischer Hinsicht, noch nicht gelöst, sondern nur um so eindringlicher gestellt. Denn Boltzmanns Lösung war nur dadurch gelungen, daß er eine neue Art physikalischer Gesetzlichkeit eingeführt und daß er sie den bisherigen „dynamischen“ Gesetzen als ebenbürtig zur Seite gestellt hatte. Die Wahrscheinlichkeitssätze, auf die er die kinetische Gastheorie gründete, haben nicht die gleiche erkenntnistheoretische Qualität und „Dignität“, wie man sie bisher den Naturgesetzen zuschrieb. Denn als ein Grundcharakter jedes Naturgesetzes war stets die ihm innewohnende Notwendigkeit angesehen worden: eine Notwendigkeit, die jede Ausnahme ausschloß. Gerade dieser Zug aber muß geopfert werden, wenn wir zu bloßen Wahrscheinlichkeitsgesetzen übergehen. Ein noch so unwahrscheinliches Geschehen ist kein unmögliches Geschehen; es kann nicht nur eintreten, sondern es wird im allgemeinen einmal eintreten, wenn wir unsere Beobachtung über einen genügend langen Zeitraum erstrecken. Man sieht hieraus, daß die physikalische Prinzipienlehre, indem sie das Entropiegesetz auf die Wahrscheinlichkeit zurückführte, damit in den Gesetzesbegriff selbst einen Dualismus

[4] Boltzmann, Vorlesungen über Gastheorie, § 9, Teil I, Lpz. 1896, S. 60.

[5] Näheres hierüber in Boltzmanns Abhandlung über „Statistische Mechanik“, Populäre Schriften, Lpz. 1905, S. 345 ff., sowie in Max v. Laues Artikel über „Statistische Physik“, Handwörterb. der Naturwissenschaften,[2] IX, 537 ff.

eingeführt hat, der seiner ursprünglichen Bedeutung / ganz fremd war. Dieser Dualismus wird beleuchtet durch das Bild jenes „Maxwellschen Dämons“, der, ohne irgendein dynamisches Gesetz zu verletzen, ohne den Gesetzen der Mechanik oder dem Prinzip der Erhaltung der Energie zuwider zu handeln, die Richtung des Weltgeschehens umkehren und so den Entropiesatz außer Kraft setzen könnte. Die neuen Probleme, die sich hier aufdrängen, sind darin begründet, daß wir es in den Wahrscheinlichkeits-Ansätzen der kinetischen Gastheorie nicht mehr mit einer Aussage über das Verhalten der einzelnen Teilchen zu tun haben, sondern daß für uns nur das Resultat aller Einzelbewegungen der Moleküle für das Gas als Ganzes in Frage kommt. Wir beschränken uns hier von vornherein auf gewisse Mittelwerte, wie die mittlere Geschwindigkeit, die mittlere Stoßzahl, die mittlere freie Weglänge der Moleküle, aus denen sich jedoch das Gesamtverhalten des Gases exakt ableiten und bestimmte Angaben über seinen Druck, seine Dichte, seine spezifische Wärme usf. gewinnen lassen. Die empirische Fruchtbarkeit der kinetischen Gastheorie ist dadurch erwiesen; aber das erkenntnistheoretische Problem, das sie in sich birgt, bleibt freilich bestehen. Denn eben der Umstand, daß so weitreichende Aussagen über ein physikalisches Ganzes unter Verzicht auf die Kenntnis der einzelnen Teile möglich sind, stellt vom Standpunkt der reinen Punktmechanik eine Paradoxie dar und enthält eine Umbildung des Erkenntnisideals, das sie bisher durchgeführt hatte.

Bei Boltzmann selbst tritt diese Umbildung noch nicht in voller Schärfe hervor: denn die Aufgabe, die er sich stellte, bestand eben darin, die völlige Harmonie zwischen Mechanik und Thermodynamik herzustellen, indem er den zweiten Hauptsatz aus mechanischen Voraussetzungen verständlich machte. Auch nach der Einführung des Wahrscheinlichkeitsbegriffs trennten sich daher für ihn die Gebiete der Anwendung statistischer und dynamischer Gesetze in einfacher Weise. Der statistische Gesichtspunkt trat lediglich in der Formulierung der Anfangsbedingungen hervor, während der weitere Verlauf des Geschehens vollständig durch strenge dynamische Gesetze, durch die Gesetze der Erhaltung der Energie und des Impulses beim Zusammenprall der Moleküle, beherrscht wird. Die „Einseitigkeit“ des Vorgangs, die im zweiten Hauptsatz festgestellt wird, konnte den für die Moleküle gültigen Bewegungsgleichungen nicht entnommen werden; denn diese ändern sich nicht, wenn wir das Vorzeichen der Zeit vertauschen. Sie war somit ausschließlich in den Anfangsbedingungen / zu suchen, was jedoch nicht so zu verstehen ist, als ob man für jeden Versuch wieder speziell annehmen müßte, daß diese Bedingungen gerade bestimmte und nicht die entgegengesetzten, ebensogut möglichen sind. Vielmehr genügte „eine einheitliche Grundannahme über die anfängliche Beschaffenheit des mechanischen Weltbildes", aus welcher dann mit logischer Notwendigkeit von selbst folgt, daß jedesmal, wo Körper in Wechselwirkung treten, ein Übergang von einem geordneten, unwahrscheinlichen zu einem ungeordneten, „wahrscheinlichen" Zustand erfolgt[6].

Verfolgt man freilich die Entwicklung der kinetischen Gastheorie, so zeigt sich, daß in ihr das erkenntnistheoretische Ideal, das Boltzmann vorschwebte, keine vollständige Erfüllung gefunden hat. Denn die verschiedenen Bestandteile, die in die Theorie eingehen, vermochten sich niemals ganz reibungslos nebeneinander zu behaupten. So außerordentlich die empirischen Erfolge waren, die die Theorie erzielte, indem es ihr z. B. gelang, das Verhältnis der spezifischen Wärmen, das Verhältnis der Koeffizienten von Wärmeleitung und innerer Reibung usf. streng exakt zu bestimmen, so hielt doch der rein prinzipielle Fortschritt mit dem empirischen nicht Schritt. Immer wieder ergaben sich gewisse Schwierigkeiten und Dunkelheiten in den Fundamenten der Theorie, die nur mühsam durch Einführung besonderer hypothetischer Hilfsannahmen zu beseitigen waren. Das Boltzmannsche *H-Theorem* schien dazu bestimmt, die Brücke zwischen den allgemeinen Prinzipien der Mechanik und dem zweiten Hauptsatz der Thermodynamik zu schlagen, da in ihm die Unumkehrbarkeit eines bestimmten mechanischen Vorgangs bewiesen wurde. Aber eben dieses Theorem war es, das auf der anderen Seite schwerwiegenden prinzipiellen Einwänden (wie dem Loschmidtschen „Umkehreinwand" und dem Zermeloschen „Wiederkehrseinwand") ausgesetzt war. Die speziellen statistischen Ansätze, von denen Boltzmann im Aufbau seiner Theorie ausging, behielten daher stets einen gewissen prekären, nicht streng beweisbaren Charakter. Mit besonderer Deutlichkeit traten die inneren Schwierigkeiten der Theorie hervor, als man sie auf ein neues Gebiet, auf das Gebiet der Strahlung, zu übertragen versuchte. Das Gleichverteilungsgesetz, das sich in anderer Hinsicht, wie z. B. in der Ableitung der Dulong-Petitschen Gesetze über die Atomwärme, in der Theorie der Brownschen Bewegung usf. her-/

[6] Vgl. Boltzmann, Vorles. über Gastheorie, II, § 87, S. 251 ff.

vorragend bewährt hatte, litt jetzt endgültig Schiffbruch[7]. Die Schwierigkeiten, die sich hier ergaben, konnten erst gelöst werden, als Planck im Jahre 1900 sein dynamisches Elementargesetz für die Schwingungen eines idealen Oszillators aufstellte. Durch dieses Gesetz konnten die Widersprüche zur Erfahrung, in die sich der Gleichverteilungssatz der klassischen statistischen Mechanik verwickelt hatte, mit einem Schlage behoben werden; aber die Auflösung dieser Widersprüche gelang nur, indem, mit der Annahme des „elementaren Wirkungsquantum", ein Fremdkörper in das System der Grundvoraussetzungen aufgenommen wurde. Bevor wir indes auf diese Anfänge der Quantentheorie eingehen, müssen wir noch einen anderen, in erkenntnistheoretischer Hinsicht bedeutsamen Versuch betrachten, die Frage nach dem Verhältnis von dynamischer und statistischer Gesetzmäßigkeit zu klären. Es ist der Versuch, den Franz Exner in seinen „Vorlesungen über die physikalischen Grundlagen der Naturwissenschaften" (1917) gemacht hat. Für die Entwicklung der neueren Quantenmechanik hat er insofern eine besondere Bedeutung, als Schrödinger in seiner Züricher Antrittsvorlesung vom Jahre 1922 auf ihn zurückgegriffen und im Hinblick auf ihn seine eigene Grundanschauung formuliert hat[8].

2.

Der zweite Hauptsatz der Thermodynamik und die Folgerungen, die sich an ihn anschlossen, hatte das naturwissenschaftliche Denken auf einen grundlegenden Gegensatz: auf den Gegensatz zwischen „umkehrbaren" und „nicht-umkehrbaren" Geschehen geführt. Die Wissenschaft brauchte ihm gegenüber nicht auf den Anspruch ihrer methodischen Einheit zu verzichten; aber sie konnte nicht länger hoffen, diesen Anspruch in derselben Weise und mit denselben Mitteln wie bisher aufrecht

[7] Auf die Einzelheiten gehe ich hier, da sie für unser allgemeines Problem nicht wesentlich sind, nicht näher ein; es sei für sie auf die knapp-zusammenfassende Darstellung M. v. Laues in seinem Artikel über „Statistische Physik" (s. ob. S. 215), verwiesen.

[8] Der Text dieser Züricher Antritts-Vorlesung Schrödingers ist später in den „Naturwissenschaften" (17. September 1929) erschienen; jetzt auch in englischer Übersetzung in der Sammlung: Science and the human temperament, London 1935, S. 107 ff.

zu erhalten. Wenn die Einheit sich behaupten ließ, so war doch jene Einerleiheit, wie sie innerhalb der klassischen / Mechanik herrschte, und wie sie auch die Energetik noch zu bewahren und durchzusetzen suchte, ein für allemal dahin. Als Planck, in seiner Leidener Vorlesung vom Jahre 1908, seine Auffassung von der Einheit des physikalischen Weltbildes entwickelte, da verfehlte er nicht zu erklären, daß der Gegensatz zwischen reversiblen und irreversiblen Prozessen in gewissem Sinne unüberbrückbar sei — daß er mit besserem Rechte als irgendein anderer zum vornehmsten Einteilungsgrund aller physikalischen Vorgänge gemacht werden dürfe und voraussichtlich in dem physikalischen Weltbild der Zukunft endgültig die Hauptrolle spielen werde[9].

Aber immer, wenn die Naturerkenntnis auf derartig fundamentale Differenzen im Inhalt der empirischen Wirklichkeit hingeführt wird, erwächst ihr daraus auch ein allgemeines methodisches Problem. Alles naturwissenschaftliche Denken wird beherrscht und geleitet von zwei entgegengerichteten Tendenzen, die in ständiger Auseinandersetzung miteinander begriffen sind. Die Forderung der „Spezifikation“ tritt dem Anspruch der „Homogeneität“ entgegen. Der Kampf zwischen beiden läßt sich nicht rein objektiv, vom Gegenstand her, entscheiden. Es ist ein Zwiespalt und Wettstreit, der nicht sowohl der Natur der Dinge, als vielmehr der wissenschaftlichen Vernunft selbst angehört. In diesem Sinne werden „Homogeneität“ und „Spezifikation“ in der Kantischen Vernunftskritik nicht als konstitutive Grundsätze der Gegenstandserkenntnis, sondern als regulative Prinzipien, als „Maximen“ der Forschung eingeführt. Sie sind „subjektive Grundsätze“, die nicht von der Beschaffenheit des Objekts, sondern von dem „Interesse der Vernunft“ hergenommen sind. Daher kann es nach Kant nicht wunder nehmen, wenn bei dem einen Forscher mehr das Interesse der Mannigfaltigkeit, bei einem anderen dagegen das Interesse der Einheit überwiegt. Ein wirklicher Widerstreit zwischen beiden Geboten besteht nicht: er kann nur eintreten, wenn man sie, die in Wahrheit nichts anderes als „logische Schulregeln“ sind, als „Sentenzen metaphysischer Weisheit“ mißversteht. In der wirklichen Arbeit der empirischen Forschung sind beide Richtungen nicht nur miteinander vereinbar, sondern aufeinander angewiesen; sie stehen nicht in einem gegensätzlichen, sondern in einem komplementären Verhältnis. „Auch äußert sich dieses an der sehr verschiedenen

---

[9] Wege zur physikal. Erkenntnis, Lpz. 1933, S. 15.

Denkungsart der Naturforscher, deren einige / (die vorzüglich spekulativ sind) der Ungleichartigkeit gleichsam feind, immer auf die Einheit der Gattung hinaussehen, die anderen (vorzüglich empirische Köpfe) die Natur unaufhörlich in soviel Mannigfaltigkeit zu spalten suchen, daß man beinahe die Hoffnung aufgeben müßte, ihre Erklärungen nach allgemeinen Prinzipien zu beurteilen[10]."

Legt man diese Einteilung zugrunde, so zeigt sich, daß Exners Versuch, den Begriff des „Naturgesetzes" neu zu formulieren, ein „spekulatives" oder, besser gesagt, ein rein methodologisches Moment in sich schließt. Er stützt sich nicht auf neue empirische Tatsachen, und er hätte, bei dem damaligen Stande der Forschung, auch kaum eine ausreichende Begründung in dem bloß-faktischen Bestand des Wissens finden können. Was Exner leitete, war vor allem jenes „Interesse der Vernunft", das an dem unaufheblichen Dualismus zwischen „dynamischen" und „statistischen" Gesetzen Anstoß nahm. Ein Ausweg aus diesem Dualismus schien sich nicht darzubieten, wenn man auf dem Boden der bisherigen Betrachtung stehenblieb, wenn man die dynamischen Gesetze als die eigentlichen und unentbehrlichen Fundamente aller wahrhaften Naturerkenntnis ansah. Denn der Gedanke, die statistischen Gesetze als bloß vorläufige anzusehen und sie dereinst durch dynamische Gesetze zu ersetzen, schien undurchführbar: die Theorie hatte gelehrt, daß für alle jene Erscheinungen, die durch den „zweiten Hauptsatz" zusammengefaßt werden, für alle irreversiblen Prozesse die statistischen Ansätze unentbehrlich seien. Sollte somit die Einheit wiederhergestellt werden, so konnte es nur auf dem umgekehrten Wege geschehen: die statistischen Gesetze mußten als der umfassende Gattungsbegriff betrachtet werden, der sich den dynamischen Gesetzen überordnet und sie als Spezialfall einschließt. Die These dieser Überordnung ist es, die von Exner verfochten und die von ihm in neuer und origineller Weise begründet wird. Wir müssen seinen Deduktionen im einzelnen folgen, da sie überall an das eigentliche erkenntniskritische Grundproblem rühren und für dessen Aufklärung von wesentlicher Bedeutung sind.

Die Geltung streng-universeller Naturgesetze wird von Exner zwar nicht verneint; aber sie wird für problematisch erklärt. Bei den Gesetzen

---

[10] Krit. d. r. Vern., 2. Aufl. S. 682 f. (Ausg. Cassirer III, 448). Vgl. Kritik der Urteilskraft, Einleitung V (V, 251).

der kinetische Gastheorie wissen wir, daß sie keine absolut-/exakte, sondern nur statistische Gültigkeit haben; daß sie uns nur Mittelwerte aus einer großen Zahl von Beobachtungen geben. Aber ist es bei den übrigen Gesetzen, bei den Gesetzen der klassischen Physik, anders? Gilt wirklich die Formel, die Galilei für den freien Fall der Körper aufgestellt hat, „immer und überall"? Wie könnten wir darüber entscheiden, da doch unsere Erfahrung sich immer nur auf den Durchschnitt einer Erscheinung während einer großen Zeitstrecke erstreckt? Vielleicht ist also die Beschleunigung nicht wirklich konstant, wie Galilei annahm. Wir können uns jedenfalls denken, daß sie sehr rasch um einen Mittelwert schwankt, und daß demgemäß die Bewegung des fallenden Körpers in kleinsten Zeiten nicht gleichförmig, sondern unregelmäßig beschleunigt ist. Der Körper würde sich dann in seinem Fall ruckweise, und nicht in einer Geraden, sondern in einer Zickzacklinie, bewegen. Und möglicherweise haben wir es stets, wo wir bisher Naturgesetze mit absoluter Gültigkeit zu erkennen glaubten, nur mit Durchschnittsgesetzen zu tun, die in zu kleinen Zeiten und Räumen ihre Geltung verlieren. Die dogmatische Behauptung ist hier jedenfalls nicht minder ungegründet als die dogmatische Verneinung: wir müssen die Frage offen lassen, wenn wir der Forschung keine willkürliche Fessel auferlegen wollen. Es bleibt gewiß richtig, daß die Forschung solche hypotetische Annahmen, wie über Kausalität oder über Kräfte, nicht entbehren kann, daß wir deren glücklicher Wahl vielmehr die größten Fortschritte und die schönsten Entdeckungen verdanken; „aber deshalb darf ihre Provenienz doch nicht vergessen und dürfen sie selbst nicht zu einem Teile der Natur gemacht werden[11]."

Zu einem „Teile der Natur" wollen nun auch wir die dynamischen Gesetze nicht machen – denn die Frage der Gesetzlichkeit ist, wie wir immer wieder hervorheben mußten, gar nicht direkt an die Dinge und Vorgänge der Natur, sondern an die Erkenntnis der Natur zu richten. Und was besagt nun Exners Problem, wenn wir es lediglich in diesem letzeren Sinne verstehen? Soll der Erkenntnis das Recht und die Möglichkeit bestritten werden, hypothetisch allgemeine und strenge Gesetze aufzustellen, aus dieser Annahme bestimmte Schlüsse zu ziehen und deren Ergebnisse sodann durch das Experiment zu prüfen? In der Tat

[11] Exner, Vorles. über die physikalischen Grundlagen der Naturwissenschaften, Wien 1919, 86. u. 87. Vorles., S. 647 ff.

war dies der einzige Weg, auf den Galilei, und / mit ihm die gesamte klassische Physik, glaubte, zu strengen Gesetzen gelangen und ihre empirische Wahrheit erweisen zu können. Daß Galilei eine „Induktion“ im Millschen Sinne nicht gekannt, daß er den Schluß von vielen Beobachtungen auf „alle“ Beobachtungen ausdrücklich verworfen hat, wurde schon früher hervorgehoben (Vgl. ob. S. 174ff.). Und was das Bedenken betrifft, das hier von Exner geltend gemacht wird, so hat er auch dieses im gewissen Sinne vorausgesehen. Aber er sucht es durch die Erklärung zu entkräften, daß seine Beweise als solche keineswegs ihre Bedeutung verlieren würden, wenn sich herausstellte, daß die Körper der Natur nicht mit streng gleichförmiger Beschleunigung fallen; denn diese Beweise schlössen nur eine hypothetische, keine assertorische Behauptung in sich[12]. Es geht hieraus hervor, daß Galilei für seine Gesetze die unbedingte „Exaktheit“ nur insofern in Anspruch nimmt, als es sich in ihnen um hypothetisch-exakte Ansätze handelt; nicht aber in dem Sinne, daß es sich um die kollektive Beschreibung „aller“ Einzelfälle, aller individueller Hier- und Jetzt-Aussagen handeln soll. Man könnte dies, einigermaßen paradox, so ausdrücken, daß Galileis Gleichungen nicht deshalb wahr zu sein beanspruchen, weil sie immer und überall gelten, und weil dieses „Immer“ und „Überall“ von ihm experimentell nachgewiesen worden wäre — sondern weil sie, streng genommen, nie gelten. Sie gehen auf „Idealfälle“, nicht auf unmittelbar-gegebene, empirisch-wirkliche Fälle. Und von der gleichen Art sind alle jene Gesetze, die die klassische Physik, nach dem Vorbild Galileis, aufgestellt hat. Selbst Mach hat diesen historischen und phänomenologischen Tatbestand durchaus anerkannt, obwohl seine eigene Erkenntnislehre im Grunde kein Mittel besitzt, ihn zu rechtfertigen. „Alle allgemeinen physikalischen Begriffe und Gesetze“, so sagt er, „der Begriff des / Strahles, die dioptrischen

---

[12] Galilei an Carcaville, Opere (Albèri) VII, 156f.: „Io argumento *ex suppositione*, figurandomi un moto verso un punto il quale partendosi dalla quiete vada accelerandosi, crescendo la sua velocità con la medesima proporzione con la quale cresce il tempo: e di questo tal moto io dimostro concludemente molti accidenti. Soggiungo poi, che se l'esperienza mostrasse, che tali accidenti si trovassero verificarsi nel moto dei gravi naturalmente discidenti, potremmo senza errore affermare questo esser il moto medesimo, che da me fu definito e supposto: quando che no, le mie dimostrazioni fabbricate sopra la mia supposizione, niente perderanno della sua forza e concludenza; siccome niente pregiudica alle conclusioni demostrate da Archimede circa la spirale, il non ritrovarsi in natura mobile che in quella maniera spiralmente si muova.“

Gesetze, das Mariottesche Gesetz usw. werden durch Idealisierung gewonnen. Sie nehmen dadurch jene einfache ... Gestalt an, welche es ermöglicht, eine beliebige, auch kompliziertere Tatsache durch synthetische Kombination dieser Begriffe und Gesetze zu rekonstruieren, d. h. sie zu verstehen[13]." Vom Machschen Standpunkt aus ist freilich dieses Zugeständnis einigermaßen problematisch. Denn da für ihn die Ableitungsregel, die Formel, das Gesetz „nicht im mindesten mehr sachlichen Wert hat als die einzelnen Tatsachen zusammen"[14], so ist es schwer begreiflich, wie wir uns, bei der Aufstellung dieser Regel, auch nur über einen einzigen Einzelfall hinwegsetzen, wie wir zu „Idealisierungen" fortschreiten dürften, die zuletzt doch immer als Vergewaltigungen der wirklichen Tatsachen erscheinen müßten. Für Galilei hingegen hat dieses Problem keine Schwierigkeit: denn er gewann den „Einzelfall" erst aus einer „Superposition" allgemeiner Gesetze, aus dem, was er die „resolutive und kompositive Methode" nannte. Für ihn ist somit das Besondere nicht von vornherein als Einzelpunkt gegeben, sondern es ist immer nur als Schnittpunkt allgemeiner Beziehungen bestimmbar. Die Galileischen Fallgleichungen beanspruchen schon deshalb nicht, eine Aussage über den „wirklichen" Fall der Körper zu sein, weil in ihnen das Moment des Luftwiderstandes nicht berücksichtigt ist, das zur Bestimmung des letzteren unentbehrlich ist. Aber Galilei erblickt hierin keinen Mangel seiner Aufstellungen; er sieht darin nur die Aufforderung, in der Determination einen Schritt weiter zu gehen und den Faktor des Luftwiderstandes durch neue, wiederum exakte Regeln zu repräsentieren. Dabei ist er sich bewußt, daß über das Recht dieses gesamten Prozesses, über die Möglichkeit der fortschreitenden Bestimmung des Besonderen durch das Allgemeine, zuletzt nur die Erfahrung entscheiden kann. Aber der Erfahrungsbeweis, auf den er hinausblickt und den er als bindend anerkennt, ist nicht derjenige, den Exner in seiner Darstellung und Kritik voraussetzt. Es trifft nicht zu, wenn Exner erklärt, daß Galilei auf rein induktivem Wege die Fallgesetze festgestellt habe, so genau dies eben zu seiner Zeit auf experimentellem Wege möglich gewesen sei, während Newton, gestützt auf die induktive Forschung Galileis, den Erscheinungen des Falles seine Theorie der Gravitation / als Hypothese zugrunde gelegt habe (S. 651). Das Verhältnis des „Hypo-

[13] Erkenntnis und Irrtum, S. 189.
[14] Vgl. oben S. 208.

thetischen“ und „Faktischen“, des „Deduktiven“ und „Induktiven“ ist vielmehr genau das gleiche bei Galilei, wie es bei Newton ist. Newton hat den Kreis der Anwendung der Galileischen Fallgesetze außerordentlich erweitert, indem er ganz neue Phänomene, wie die Mondbewegung, die Erscheinung von Ebbe und Flut usf. in diesen Kreis einbezog. Aber die Methodik der Galileischen Forschung brauchte hierbei keine Änderung zu erfahren. Sie ist schon in den ersten entscheidenden Versuchen Galileis festgelegt. Diese Versuche, die Beobachtungen an der schiefen Ebene, dienten der Nachprüfung der Galileischen Gesetze, nicht der Auffindung derselben, die auf ganz anderen Wegen erfolgt war. Sie gehören dem Prozeß der Verifikation an, der von der gewöhnlichen Form der Induktion, der *„inductio per enumerationem simplicem“*, streng zu scheiden ist.

Man könnte indessen einwenden, daß alle diese geschichtlichen Erwägungen den Kern des von Exner aufgeworfenen Problems nicht treffen. Seine Frage war ja nicht geschichtlicher, sie war ausschließlich systematischer Art. Zugegeben, daß die klassische Pysik auf ihrem Wege, dem Wege der „hypothetischen Deduktion“ die höchsten Erfolge erzielt hat: müssen wir darum für immer an diesem Forschungsweg festhalten? Oder ist es nicht geraten, sich darauf zu besinnen, daß andere Wege jedenfalls möglich und gangbar sind — daß die Zeit einmal kommen kann, in der sich die Physik genötigt sehen wird, endgültig den Schritt von den „dynamischen“ zu den „statistischen“ Gesetzen zu vollziehen? Wie wir gesehen haben, will auch Exner die Fruchtbarkeit der klassischen Methodik keineswegs leugnen; was er bezweifelt und bestreitet, ist lediglich ihre Endgültigkeit. Und hier muß jedenfalls eingeräumt werden, daß diese Endgültigkeit nicht durch „apriorische“ und spekulative Erwägungen gesichert werden kann. Wenn sich in irgendeinem Gebiet der Physik neue Tatsachen ergeben, von denen bewiesen und wahrscheinlich gemacht werden kann, daß sie sich auf dem bisherigen Wege, dem Wege der „Superposition“ strenger dynamischer Gesetze, nicht in begrifflicher Schärfe repräsentieren lassen — so läge hierin zweifellos ein neues Problem, das die Erkenntnistheorie nicht beiseite schieben dürfte, sondern mit dem sie ernsthaft zu rechnen hätte. Wir werden später zu fragen haben, ob diese Voraussetzung zutrifft — ob die Probleme / der neuen Atomphysik nicht zu einer Umkehr des bisherigen Forschungsweges und zu einer Art Abkehr von ihm nötigen. Aber Exner beruft sich in seinen Deduktionen nicht auf derartige empirische Erwägungen. Seine Fragestellung ist, wie wir gesehen haben, aus andersartigen, aus rein methodischen Betrachtungen erwachsen. Sie entsprang dem Wunsche, die Naturgesetze gewissermaßen wieder auf e i n e n Nenner zu bringen und den Dualismus zwischen dynamischen und statistischen Gesetzen zu beseitigen. Aber es ist klar, daß dieses an sich berechtigte „Interesse der Vernunft" keine endgültige empirische Beweiskraft besitzt. Ob und in welchem Sinne es zu befriedigen ist, kann vielmehr immer nur aufgrund des jeweiligen Standes der Forschung entschieden werden. Und hier tritt der Forderung der „Homogeneität" die Forderung der „Varietät" gleichberechtigt zur Seite: die „logische Schulregel": *„entia non sunt multiplicanda praeter necessitatem"* wird durch die andere, gleichberechtigte: *„entium varietates non temere esse minuendas"* ergänzt und gleichsam in Schach gehalten[15]. Sollte es sich also herausstellen, daß, beim Übergang von den Problemen der „Makrophysik" zu denen der „Mikrophysik" die bisherige Konformität in der Formulierung der Naturgesetze nicht aufrecht erhalten werden kann, so müßten wir diesem Umstand zweifellos Rechnung tragen. Aber dies würde noch keineswegs einen Verzicht auf den „klassischen" Gesetzesbegriff als solchen, sondern lediglich eine nähere logische Bestimmung desselben, keine „Abrogation", sondern eine „Spezifikation", bedeuten. Exners Betrachtungen sind dadurch wichtig und merkwürdig, daß sie gewisse Probleme vorwegnehmen, die später durch die Entwicklung der Quantenmechanik besonders deutlich und dringlich geworden sind; aber für eine sichere Entscheidung über diese Probleme reicht seine Form der Beweisführung nicht aus. Denn durch das Aufstellen bloßer M ö g l i c h k e i t e n ist das „Faktum" der klassischen Physik nicht zu beseitigen und nicht zu erschüttern. Dieses Faktum ist ein einziger fortlaufender Beweis für die Fähigkeit der physikalischen Erkenntnis, durch Aufstellung strenger, zunächst nur hypothetisch-gültiger Gesetze zu einer immer vollkommeneren Erfassung des Besonderen, ja des Einzelnen zu gelangen. Daß diese Entwicklung nicht stetig und gleichförmig verläuft, daß es in ihr Hemmungen und Umkehrpunkte gibt, ist freilich ersichtlich. Aber vom Standpunkt der klassischen Physik / aus bedeuten diese Hemmungen keine Schranke der Forschung, sondern stellen vielmehr einen wichtigen und unentbehrlichen Antrieb für sie dar. Immer, wo die Forderung, das Besondere durch das Allgemeine zu bestimmen, in Frage gestellt zu sein scheint, wo die Subsumption des

---

[15] Krit. d. r. Vern.; vgl. ob. S. 219 f.

faktisch-Gegebenen unter die hypothetische Regel nicht unmittelbar gelingt, setzt eine neue Begriffsbildung ein, die dazu bestimmt ist, den Widerstreit aufzuheben. Die scheinbare Lücke schließt sich, und jede derartige Schließung bedeutet einen neuen Schritt in der Richtung auf die Besonderung der Naturgesetze. So wird etwa in der Zustandslehre der Gase der Fortgang von dem Boyle-Mariotteschen Gesetz $vp = const$ zu dem Gesetz von Gay-Lussac $vp = RT$ und schließlich zu der Van der Waalsschen Zustandsgleichung $\left(p + \frac{a^2}{v^2}\right)(v-b) = RT$ vollzogen. Die letztere fügt in den beiden Konstanten a und b zwei neue Bestimmungsstücke hinzu, durch die das Verhalten der „wirklichen" Gase von dem der „idealen" Gase unterschieden wird. Ebenso müssen wir, wenn wir das Verhalten des Gases gegenüber elektrischen oder magnetischen Kräften studieren, neue „individuelle Konstanten", wie die Dielektrizitäts-Konstante und dgl. einführen; und jede dieser Einführungen gibt uns eine neue „Annäherung" an die Wirklichkeit. Eine andere „direktere" Erfassung der Wirklichkeit ist, innerhalb des Rahmens der physikalischen Begriffsbildung und der physikalischen Erkenntnis, nicht möglich. In alledem zeigt sich deutlich, daß es auf die fortschreitende Verschärfung der Begriffsmittel, nicht auf die bloße Häufung der Beobachtung und der Versuche ankommt. Wenn die Physik bestimmte Versuchsreihen wiederholt, so dient eben diese Wiederholung dem Zweck der Verschärfung. Das Experiment soll von allen „zufälligen" Nebenumständen, die sich anfangs störend eingemischt haben können, befreit und von möglichen Versuchsfehlern gereinigt werden. Ist diese Aufgabe gelöst, so ist der Punkt erreicht, wo dem Naturforscher „ein Fall für tausend gilt"; er kann jetzt den Schritt von der Individualität der Maßaussagen zu der Universalität der Gesetzes-Aussagen ohne Bedenken vollziehen.

Diesem Verfahren gegenüber verliert die Frage Exners ihr Recht, ob wir denn jeweils ganz sicher sein können, daß das „wirkliche" Geschehen der Natur dem entspricht, was wir in unseren allgemeinen Gesetzen / voraussetzen und festlegen. Gegen Plancks Auffassung, daß nur die streng dynamische Gesetzlichkeit den Anforderungen unseres Erkenntnistriebes voll genüge, während jedes statistische Gesetz im Grunde unbefriedigend sei, weil es anstelle einer bestimmten Antwort eine unbestimmte setze, wendet Exner ein, daß „die Natur gar nicht danach frage, ob der Mensch sie versteht oder nicht; auch haben wir keine unserem Verständnis adäquate Natur zu konstruieren, sondern wir haben uns lediglich mit der gegebenen abzufinden“ (S. 697). Aber das erkenntnistheoretische Problem besteht eben darin, wieweit uns überhaupt eine „Natur“ gegeben und was unter dieser Gegebenheit zu verstehen ist. Natur soll eine „objektive“ Ordnung der Phänomene bedeuten — und als solche wird sie auch von Exner verstanden und vorausgesetzt. Er betont, daß, auch wenn wir von der „absoluten“ Gesetzmäßigkeit zur statistischen übergehen, dieses Moment in voller Geltung bleibt. Denn auch der Begriff der „Wahrscheinlichkeit“ könne nicht in rein subjektivem Sinne gedeutet werden. Eine Wahrscheinlichkeit, die lediglich der Ausdruck für ein psychologisches Phänomen, für das Maß unserer „subjektiven Erwartung“ wäre, wäre für die Naturwissenschaft nicht brauchbar und nicht fruchtbar. „Die tatsächliche Bestätigung der Resultate der Wahrscheinlichkeitsrechnung durch die Erfahrung beweist, daß der „Zufall“ etwas vom Menschen und seinem Wissen gänzlich Unabhängiges ist, etwas in der Natur objektiv Gegebenes sein muß. Auch wäre es sonst nicht möglich, daß . . . physikalische Gesetze sich unter der Annahme des Zufalls ableiten ließen“ (S. 667). Aber damit kehrt ja das Problem wieder — denn mit welchem Recht behaupten wir denn, daß in der Natur kein völliges Chaos, sondern eine bestimmte Regelmäßigkeit herrscht, die sich in objektiv-statistischen Gesetzen ausspricht? Ein *Beweis* hierfür ist niemals zu führen, wenn man einmal die Natur als ein schlechthin absolutes Sein gesetzt hat, das gar nicht danach frage, ob es „verstanden“ oder „nichtverstanden“ werde. Man verwickelt sich eben immer wieder in Antinomien und Scheinprobleme, wenn man sich nicht entschließt, die „Kopernikanische Drehung“ in aller Strenge zu vollziehen. Die Natur fragt freilich nicht — denn die Funktion des Fragens ist der Erkenntnis vorbehalten. Die Erkenntnis fragt, ob und wieweit es möglich sei, eine objektive Ordnung und Bestimmtheit in den Erscheinungen aufzufinden: und alle ihre Einzelbegriffe sind nur Teilausdrücke für dieses einheitliche / Grundproblem. Zeigt sich, daß die physikalische Forschung, indem sie von allgemeinen hypothetischen Voraussetzungen ausgeht, diese so miteinander verknüpfen kann, daß daraus eine immer vollkommenere Kenntnis der besonderen Phänomene resultiert, so besitzen wir damit das, was wir als strenge dynamische Gesetzlichkeit überhaupt fordern und suchen können. Wenn also tatsächlich — wie Exner annimmt und voraussetzt — alle Messungen und alle experimentellen Prüfungen, die wir in den uns gezogenen Grenzen im Kreise der Makrophysik vornehmen können, die strenge Richtigkeit der Galileischen Gleichungen ergeben, so ist der Annahme, daß es in jenen Gebieten, zu denen keine Beobachtung mehr hindringt, anders sein könne, der Boden entzogen. Natürlich bleibt eine solche Annahme logisch möglich, aber sie bliebe zugleich leer, sofern man sie nicht durch bestimmte empirische Gründe stützen kann. Solche Gründe hat Exner nicht angeführt, da ihm lediglich darum zu tun war, die relative Berechtigung der statistischen Betrachtungsweise darzutun. Aber ein wirklicher Anlaß zu dieser Betrachtungsweise liegt doch nur vor, wenn wir es mit Phänomenen zu tun haben, die die Natur eines „Kollektivs" besitzen. Dieser Anlaß bestand in der kinetischen Gastheorie, wo es sich ja, gemäß deren atomistischen Voraussetzungen, um Massenerscheinungen handelt, die im einzelnen zu verfolgen weder möglich noch für die Bestimmung der gesuchten Gesetze erforderlich ist. Aber die Forderung einer Ausdehnung dieser Betrachtung über die gesamte Natur und auf alle Probleme der Makrowelt läßt sich von hier aus nicht begründen. In der Tat führt die Statistik in dem von Exner gezeichneten Bilde der Natur doch nur eine Art Schattendasein. Daß in den weitaus meisten Gebieten die „dynamischen" Ansätze sich bewährt, und daß wir ihnen die wichtigsten Fortschritte der Naturerkenntnis zu danken haben, wird nicht bestritten; was behauptet wird, ist nur, daß daraus nicht die Notwendigkeit dieser Ansätze folgt, und daß wir immer mit der Möglichkeit rechnen müssen, daß hinter der strengen Kausalität nur eine statistische Regelmäßigkeit liege. Damit bleibt die Statistik noch einigermaßen im Hintergrund; sie gleicht sozusagen den Göttern Epikurs, die nicht in der Welt selbst wohnen, sondern in den leeren Räumen zwischen den Welten, den „Intermundien", ihre Heimat haben. Exner betont, daß der Schein der exakten Gleichförmigkeit vielleicht verschwinden würde, wenn wir, statt nach Sekunden zu messen, auf Zeiten / zurückgingen, die nach Billiontel von Sekunden oder noch weniger zählen (S. 657). Aber da eine solche Verschärfung der Beobachtungsmittel uns versagt ist, so endet die Frage, empirisch betrachtet und beurteilt, mit einem *„non liquet": * sie weist auf bestimmte Möglichkeiten der physikalischen Fragestellung hin, ohne eine bestimmte Antwort, im positiven oder negativen Sinne, vorwegnehmen zu wollen. /

II.

Der logische Charakter statistischer Aussagen

Durch die Erwägungen, die an den zweiten Hauptsatz der Thermodynamik anknüpfen, erfährt das Weltbild der Physik nicht nur im materialen, sondern auch im formellen Sinne eine wichtige Umgestaltung. Der Unterschied zwischen umkehrbaren und nicht-umkehrbaren Prozessen betrifft nicht nur das Geschehen als solches; er weist zugleich darauf hin, daß die begriffliche Repräsentation dieses Geschehens auf zwei verschiedene Grundformen von Gesetzen angewiesen ist. Bei all jenen Vorgängen, die mit dem zweiten Hauptsatz in Verbindung stehen, zeigt sich die Notwendigkeit, zu einer Form von Aussagen überzugehen, die dem System der klassischen Mechanik fremd sind. Daß dieser Übergang, daß diese Anerkennung der Statistik als eines gleichberechtigten und unentbehrlichen Faktors der Naturerkenntnis nicht nur ein physikalisches, sondern auch ein tief-eingreifendes erkenntnistheoretisches Problem in sich schließt, kann in keiner Weise geleugnet werden. Aber für die weitere Verfolgung und Vertiefung dieses Problems erwies es sich als hemmend und schädlich, daß es zumeist in einer Form ausgesprochen wurde, die seinem eigentlichen Gehalt nicht gerecht wurde. Mit der Statistik war eine neue Weise und ein neues Instrument der Bestimmung in die Naturerkenntnis aufgenommen: ein Instrument, das sich auch dort als brauchbar und als eminent-fruchtbar erwies, wo die bisherigen „klassischen" Methoden versagten. Aber statt dieses neue Mittel in seiner Bedeutung zu verstehen und in seiner logischen Eigenart zu würdigen, statt ihm seinen festen Platz im systematischen Ganzen der physikalischen Determination zuzuschreiben, wählte man vielmehr den umgekehrten Weg. Dynamische und statistische Gesetze traten einander nicht als zwei Weisen und Richtungen, zwei Modi der Bestimmung gegenüber; sie wurden einander vielmehr als das „Bestimmte" und das „Unbestimmte" entgegengesetzt. So wurden die neuen Probleme, zu denen der zweite Hauptsatz und die Entwicklung der Quantentheorie hin/führte, unter dem Titel des „Indeterminismus" behandelt — ein Titel, der die gefährlichsten Äquivokationen in sich schließt. Ein *„liberum arbitrium indifferentiae"* schien sich damit aufzutun: eine „Freiheit", die von Willkür kaum noch zu unterscheiden war.

Solchen Folgerungen kann nur durch eine Analyse des einfachen und nüchternen Sinnes begegnet werden, den die Physik mit ihren Wahrscheinlichkeits-Aussagen verbindet. Die Erkenntnistheorie bewegt sich hier freilich auf einem schwierigen und unsicheren Boden. Die Definition des Wahrscheinlichkeitsbegriffs, wie sie in der „klassischen" Theorie von Laplace gegeben wurde und wie sie in fast alle Lehrbücher der Wahrscheinlichkeitsrechnung übergegangen ist, ist jetzt wohl allgemein als unzureichend erkannt. Die Erklärung der sogenannten „apriorischen" Wahrscheinlichkeit durch den Quotienten aus der Anzahl der günstigen Fälle durch die Anzahl der „gleichmöglichen Fälle" läuft auf einen Zirkel hinaus; der Ausdruck „gleichmöglich" besagt zuletzt nichts anderes als der Ausdruck „gleichwahrscheinlich[16]." So muß an diesem Punkte eine neue Grundlegung versucht werden, die einstweilen noch nicht zu einem völlig befriedigenden Abschluß gekommen zu sein scheint. Immerhin heben sich aus dieser Entwicklung immer klarer und bestimmter gewisse Grundzüge heraus, durch die sich der Charakter der naturwissenschaftlichen Wahrscheinlichkeits-Aussagen scharf begrenzen und auf bestimmte Bedingungen zurückführen läßt. Allgemein läßt sich sagen, daß in erkenntnistheoretischem Sinne der Begriff der Wahrscheinlichkeit den der „objektiven Wahrheit" niemals ersetzen oder verdrängen kann, weil er auf diesem letzteren aufgebaut ist und ihn als integrierendes Moment in sich enthält. Daß jede Wahrscheinlichkeit eine logische Funktion gewisser Wahrheiten ist und nur relativ zu ihnen besteht, ist wiederholt hervorgehoben worden. „To speak of the probability of an event, without naming the condition" — so sagt z. B. Ch. S. Pierce in einem Aufsatz über „Chance and Logic" — „really has no meaning at all"[17]. Auch der schärfste und konsequenteste Versuch zur Begründung einer rein „subjektiven" Wahrscheinlichkeitstheorie, der in neuerer Zeit von Keynes in seinem „Treatise on probabilitiy" unternommen wurde, hält durchaus / an dieser Voraussetzung fest. Keynes bestimmt die Wahrscheinlichkeit als einen „rationalen Glauben" *(rational belief)* und er sieht ihren numerischen Wert als das Maß für eine bestimmte „rationale Erwartung" *(rational expectation)* an. Aber schon das Beiwort des „Rationalen" soll hier jede Verwechslung mit bloß subjektiver Willkür ausschließen. „Wahrscheinlichkeit" — so betont Keynes — „kann subjektiv

[16] Zur Kritik der „klassischen" Wahrscheinlichkeitsdefinition vgl. bes. v. Mises, „Wahrscheinlichkeit, Statistik und Wahrheit", Wien 1928, S. 61 ff.

[17] Zitiert von E. Kaila, Die Prinzipien der Wahrscheinlichkeitslogik (Annales Univers, Fennicae Aboensis, Turku 1926), S. 32 f.

genannt werden, aber in dem Sinne, der für die Logik wichtig ist, ist sie nicht subjektiv. Sie ist keineswegs menschlichen Launen unterworfen. Ein Satz ist nicht deshalb wahrscheinlich, weil wir ihn dafür halten. Wenn einmal die Tatsachen gegeben sind, die unsere Erkenntnis bestimmen, so ist das, was unter Voraussetzung dieser Tatsachen wahrscheinlich oder unwahrscheinlich ist, objektiv fixiert und von unserer Meinung unabhängig. Die Theorie der Wahrscheinlichkeit ist deshalb eine logische Theorie, weil sie es mit dem Grade des Glaubens zu tun hat, den wir vernünftigerweise unter gewissen gegebenen Bedingungen aufrecht erhalten dürfen, nicht aber mit den wirklichen Glaubensakten besonderer Individuen. Wenn wir schließen, daß Darwin gültige Gründe dafür anführt, daß wir seine Theorie der natürlichen Zuchtwahl annehmen, so meinen wir damit nicht einfach, daß wir eine psychologische Neigung empfinden, ihm zuzustimmen. . . Wir glauben, daß eine reale objektive Beziehung zwischen den empirischen Zeugnissen, auf die Darwin sich stützt, und seinen Schlußfolgerungen besteht: eine Beziehung, die von der bloßen Tatsache unseres Glaubens ganz unabhängig, und die ganz so real und objektiv ist (obwohl in einem verschiedenen Grade), als sie es in dem Falle wäre, daß Darwins Argumente die strenge Beweiskraft eines Syllogismus besäßen[18]." Wir können daher „Wahrscheinlichkeit" niemals anders definieren als dadurch, daß wir sie auf einen bestimmten Inbegriff von Sätzen beziehen, denen wir Wahrheitswert zusprechen. Ohne die Angabe eines solchen „objektiven" Bezugssystems verliert die Wahrscheinlichkeits-Aussage ihren Sinn; der Satz „a ist wahrscheinlich", ist, wie Keynes hervorhebt, an sich so wenig verständlich, als es der Satz „a ist gleich" oder „a ist größer" ohne Angabe des Bezugspunktes ist, für den er gelten soll. Durch diesen Hinweis wird auch jene rein-negative Erklärung und Begründung der Wahrscheinlichkeitssätze abgewiesen, die sich auf das sogenannte „Prinzip des mangelnden Grundes" stützt — eine Auffassung, die z. B. zu der Folgerung führt, daß, wenn A und C zwei Gegenstände sind, / die uns vollkommen unbekannt sind, die Wahrscheinlichkeit, daß A mit C identisch ist, genauso groß wie die umgekehrte, also numerisch ausgedrückt = $^1/_2$ ist. Als „gleich möglich" wären danach Fälle zu bezeichnen, in bezug auf welche wir uns in gleicher Unwissenheit befinden; eine Gleichung, die dann und nur dann in voller Strenge gilt, wenn wir absolut nichts darüber wissen, welcher

[18] Keynes, A Treatise on Probability, London 1921, S. 4 ff.

von den unterscheidbaren Fällen eintreten wird[19]. Gegen dieses Prinzip des „mangelnden Grundes" oder der „absoluten Unkenntnis", wie man es auch genannt hat, entscheidet die Bemerkung, daß, wie Leslie Ellis es ausgedrückt hat, reine Unwissenheit niemals den Grund für irgendeine Schlußfolgerung bilden kann: *ex nihilo nihil*[20].

Aber um den Charakter der physikalischen Wahrscheinlichkeits-Aussagen zu verstehen, müssen wir noch einen Schritt weiter gehen. Hier genügt es nicht, diese Aussagen im subjektiven Sinne zu interpretieren — auch wenn man diese Subjektivität durch die weitere Bedingung der Rationalität einschränkt. Die Frage kann niemals allein an unsere Erwartung des Geschehens, sie muß an dieses selbst gerichtet werden. Die physikalische Wahrscheinlichkeit eines Ereignisses kann, wie man es ausgedrückt hat, „immer nur von den Bedingungen abhängen, welche sein Zustandekommen beeinflussen, aber nicht von dem Grade unseres Wissens[21]." Die Anwendung der Wahrscheinlichkeitssätze auf das empirische Geschehen ist daher immer nur durch den Übergang zu einer objektiven Interpretation verständlich zu machen: denn nur diese letztere kann die Frage nach dem *„quid juris"* dieser Sätze, nach ihrer Gültigkeit für die Gegenstände der Erfahrung aufhellen[22]. Die „subjektiven" Theo-

[19] In der neueren Literatur ist diese Auffassung z. B. von Stumpf vertreten worden, vgl. seine Abhandl. „Über den Begriff der mathematischen Wahrscheinlichkeit", Sitzungsber. der K. Bayer. Akad. der Wissensch.; Philos.-histor. Klasse 1892.

[20] Ellis, On the Foundations of the Theory of Probabilities, 1842, (Zit. nach Keynes, a. a. O. S. 85). — Zur Kritik des „Prinzips des mangelnden Grundes" vgl. bes. v. Kries, Die Prinzipien der Wahrscheinlichkeitsrechnung, Freiburg i./B. 1886, und „Logik", Tüb. 1916, S. 595 ff.

[21] Smoluchowski, Über den Begriff des Zufalls und den Ursprung der Wahrscheinlichkeitsgesetze in der Physik, Naturwissenschaften VI (1918) S. 253 ff.

[22] Aus eben diesem Grunde scheint es mir nicht möglich, in den statistischen Aussagen, statt Gegenstands- oder Sachverhalts-Urteile, bloß subjektive oder „reflexive" Meinungen „über" den Gegenstand zu sehen. So erklärt z. B. Fritz Medicus in seiner Schrift: „Die Freiheit des Willens und ihre Grenzen" (1925), / in der der Versuch gemacht wird, festzustellen, „welche Bedeutung der Physik der jüngsten Zeit für die philosophische Erfassung des Freiheitsgedankens zukommt", daß die statistischen Gedanken nichts anderes als „Gespinst einer subjektiven Reflexion" seien. „Die Statistik behandelt alles als Objekt, obwohl nichts von ihr als Objekt begriffen wird. Es gibt in ihr keine Wirklichkeitserkenntnis: statistische Gesetze bleiben stets im Bezirk des Abstrakten, des durch bloße Reflexion Gesetzten beschlossen. Statistische Urteile gelten nicht „objektiv", nicht von einer gegenständlichen Realität, sondern von einem durch gedankliche Operationen geschaffenen Gebilde" (a. a. O. S. 98 f.). Wäre diese Schlußfolgerung richtig, so wäre damit, wie mir

rien sind daher inner/halb der Naturwissenschaft mehr und mehr zurückgedrängt worden — an ihre Stelle ist der Versuch getreten, die Wahrscheinlichkeitssätze objektiv als Aussagen über die relative Häufigkeit bestimmter Ereignisse innerhalb einer Ereignisfolge zu deuten. Daß sich damit das Problem in erkenntnistheoretischem Sinne wesentlich verschärft und kompliziert, daß wir damit zu all den schwierigen Fragen über die Entscheidbarkeit der Wahrscheinlichkeitssätze hingeführt werden[23], ist nicht zu leugnen. Aber dieser Komplikation läßt sich nicht ausweichen: wir bedürfen ihrer vielmehr, um den physikalischen Gebrauch der Wahrscheinlichkeits-Aussagen zu charakterisieren und sicherzustellen. Solange wir uns noch im Umkreis der reinen Wahrscheinlichkeits-Rechnung halten, treten alle diese Probleme nicht auf. Denn diese Rechnung unterscheidet sich in ihrer logischen Struktur nicht wesentlich von den anderen mathematischen Disziplinen. Die Wahrscheinlichkeitsrechnung ist im 17. Jahrhundert als ein Zweig der reinen, oder, um den Ausdruck G. Cantors zu brauchen, als ein Zweig der „freien" Mathematik begründet worden. So viele und so verschiedenartige Gegenstandsbereiche ihr allmählich zugewiesen wurden, so konnte doch kein Zweifel daran bestehen, daß diese Besonderheit der Gegenstände ihren einheitlichen methodischen Charakter nicht aufhebt. Leibniz ist der erste Denker, der diesen methodischen Charakter scharf hervorhebt, der eine strenge Analyse der Wahrscheinlichkeitsaussagen verlangt, die nach ihm die Logik um einen neuen Zweig bereichern würde. Er betont, daß diese Logik ihre eigenen Regeln und Prinzipien hat, und daß sie ebenso ihren besonderen Symbolismus und Algorithmus haben müsse. Diese Grundgedanken gehen / bei Leibniz auf seine ersten wissenschaftlichen und logischen Entwürfe zurück, die ihn auf das Problem der Kombinatorik hinführen. Was der Kombinatorik ihre fundamentale philosophische Bedeutung verleiht, das ist nach Leibniz der Umstand, daß sie sich lediglich auf einem einzigen Grundbegriff, dem Begriff der Ordnung aufbaut, und daß dieser Begriff es ist, auf den all unser Wissen — das Wissen vom „Idealen", wie das vom „Realen", das Wissen vom „Notwendigen", wie das vom „Zufälligen" — beruht. So wird

---

scheint, jeder naturwissenschaftlichen Anwendung der Statistik der Boden entzogen: denn diese muß stets eine „objektive Gültigkeit" für ihre Aussagen in Anspruch nehmen.

[23] Vgl. hierzu Reichenbach, Kausalität und Wahrscheinlichkeit, Erkenntnis I, 1930/31, S. 158 ff.

denn auch von Leibniz, bei der ersten Aufstellung der Grundregeln der Kombinatorik, sofort auf bestimmte physikalische Probleme hingewiesen, in deren Dienst diese Regeln dereinst gestellt werden könnten[24]. Aber ungeachtet der ganz verschiedenartigen Anwendungen, deren die Wahrscheinlichkeitsrechnung fähig ist – Anwendungen, die sich schon im 17. Jahrhundert auf das Problem der Glücksspiele, wie auf Fragen der Bevölkerungs-Statistik, der Leibrenten usf. bezogen – bleibt doch ihr einheitlicher Sinn erhalten. Die Wahrscheinlichkeitsrechnung ist eine rein-mathematische Disziplin, insofern sie von bestimmten hypothetischen Ansätzen nach strengen Regeln weiterschließt – Regeln, die ebenso sichere Resultate, wie in den übrigen Teilen der Mathematik ergeben. Ihre Aufgabe besteht darin, aus gegebenen Wahrscheinlichkeiten innerhalb gewisser Ausgangskollektive die Wahrscheinlichkeit innerhalb eines aus jenen abgeleiteten Kollektivs zu berechnen – eine Aufgabe, die im wesentlichen auf vier Grundoperationen zurückgeführt werden kann, die sich als die Auswahl, die Mischung, die Teilung und Verbindung von Kollektiven bezeichnen lassen[25].

Der Fortgang zu den empirischen Wahrscheinlichkeits-Aussagen stellt uns dann freilich vor neue und schwierige erkenntnistheoretische Probleme. Aber diese Probleme sind denjenigen ganz analog, die sich bei jeder Anwendung exakter Begriffe auf die empirische Wirklichkeit ergeben. Sie nötigen demnach, soviel ich sehe, keineswegs zu jenem Ausweg, den einzelne Forscher vorgeschlagen haben: zu dem Aufbau / einer eigenen Wahrscheinlichkeits-Logik, die sich von den Prinzipien und Forderungen der „klassischen Logik" emanzipiert und innerhalb deren z. B. der Satz, daß jede Aussage wahr oder falsch sein müsse, seine Geltung verlieren würde. Zu einem derart verzweifelten Auskunftsmittel braucht man nicht zu greifen, solange noch irgendein anderer Weg offen steht. Die einfachste und konsequenteste Lösung scheint mir unter den neueren Theoretikern der Wahrscheinlichkeit R. v. Mises gegeben zu haben. v. Mises gründet seine Theorie auf den Begriff des Kollektivs, den er durch

[24] Es klingt fast wie eine Voraussage der kinetischen Gastheorie und der statistischen Physik, wenn Leibniz, als Zwanzigjähriger, in seiner Schrift „De arte combinatoria" (1666) schreibt: „Istis complicationibus non solum infinitis novis theorematibus locupletari geometria potest; ... sed et (si quidem verum est grandia ex parvis, sive haec atomos, sive moleculas voces, componi) unica ista via est in arcana naturae penetrandi" (Opera philosophica, ed. J. E. Erdmann, S. 19).

[25] Hierüber s. v. Mises, a. a. O., bes. S. 30 ff.

ganz bestimmte axiomatische Forderungen definiert. Derartige „synthetische Definitionen“ sind, wie er betont, unerläßlich, wo immer wir eine wissenschaftliche Theorie aufbauen wollen. In keinem Fall können wir uns hierbei auf den Kreis des unmittelbar-Gegebenen beschränken oder unsere Begriffe einfach dem vagen Sprachgebrauch des täglichen Lebens entnehmen. Es muß vielmehr eine exakte Abgrenzung, eine Fixierung und „Rationalisierung“ einsetzen, die erst jedem Gebrauch des Begriffs und jeder Anwendung desselben auf besondere Fälle den Weg weist. Im allgemeinen definiert v. Mises den Begriff des Kollektivs durch zwei Postulate: das Postulat des Bestehens eines „Grenzwerts der relativen Häufigkeit“ und das sogenannte „Regellosigkeits-Postulat“ oder als „Prinzip vom ausgeschlossenen Spielsystem“. Ohne zunächst auf den Inhalt beider näher einzugehen, fassen wir nur ihren allgemeinen methodischen Charakter ins Auge. Wenn v. Mises ein Kollektiv als eine Massenerscheinung oder als einen Wiederholungsvorgang, kurz als eine weit fortgesetzte Folge von Einzelbeobachtungen erklärt, bei der die Vermutung berechtigt erscheint, daß die relative Häufigkeit des Auftretens jedes einzelnen Beobachtungsmerkmals einem bestimmten Grenzwert zustrebt, so hebt er hervor, daß ein derartiges Kollektiv kein empirischer Gegenstand sei, sondern ein ähnlich idealisierter Begriff, wie etwa der der Kugel in der Geometrie, oder der des starren Körpers in der Mechanik. Aber eine vernünftige Theorie lasse sich stets nur auf der Grundlage solcher idealisierender Begriffsbildungen aufbauen, wie sie insbesondere für jede exakte Naturwissenschaft unentbehrlich seien. Mit dieser scharfen Fassung des Ausgangsbegriffs ist auch der Unklarheit vorgebeugt, die immer wieder dadurch entsteht, daß man eine statistische Feststellung mit einer „ungenauen“ Feststellung verwechselt. Ein Kollektiv enthält als solches keinerlei Ungenauigkeit in sich; es besteht vielmehr aus einer Folge von an sich exakten Beob/achtungen. Die Statistik kann jedenfalls erst beginnen, wenn eindeutige und scharfe Einzelbeobachtungen vorliegen. Die konkrete Statistik führt freilich niemals auf Zahlenreihen, die unmittelbar und exakt als Kollektive, im Sinne des angegebenen Idealbegriffs, erscheinen; aber nicht darauf kommt es an, sondern einzig und allein darauf, welche Anwendungen der auf diesen Begriff aufgebauten Wahrscheinlichkeitstheorie im Bereiche des empirischen Geschehens möglich seien[26].

[26] v. Mises, Wahrscheinlichkeit, Statistik und Wahrheit, S. 8 ff., 16 ff., 111 f. vgl. bes. „Über kausale und statistische Gesetzmäßigkeit in der Physik“, Erkenntnis I (1930/31), S. 189 ff.

Man sieht sogleich, daß diese Form der erkenntnistheoretischen Rechtfertigung statistischer Aussagen sich in keinem wesentlichen Zug von dem Wege entfernt, den schon Galilei der gesamten exakten Naturwissenschaft gewiesen hatte. Auch sie muß mit jenem Prozeß beginnen, den Galilei durch den Ausdruck des *„mente concipio"* bezeichnet hatte und den er z. B. für seine Formulierung des Trägheitsgesetzes in Anspruch genommen hatte[27]. Ein Kollektiv ist so wenig unmittelbar in der Erfahrung zu finden, wie ein „sich selbst überlassener Körper" — aber es hat einen Sinn, nach empirischen Inhalten zu suchen, die die Forderung, die in beiden Begriffen gestellt ist, in einer gewissen Annäherung erfüllen. Diese Inhalte können wir sodann unter die ideellen, hypothetisch-aufgestellten Begriffe „subsumieren" — d. h. wir können sie durch die Bedingungen bestimmen, die sich als Folgerungen aus ihnen ableiten lassen. So wird auch das Verhältnis zwischen „Induktion" und „Deduktion" nicht wesentlich verändert, wenn wir von den „dynamischen" Gesetzen der klassischen Physik zu den statistischen Gesetzen übergehen, wie sie z. B. in der kinetischen Gastheorie gelten. Leibniz hat — in seiner „Dissertatio de stilo philosophico Nizolii" — die Auffassung des Nizolius bekämpft, daß alle „allgemeinen" Aussagen sich zuletzt auf Aussagen über Einzeldinge oder Einzelgeschehnisse zurückführen lassen müßten. Er unterscheidet zwischen allgemeinen Aussagen, die lediglich „kollektiven" Charakter besitzen und solchen, denen wir einen „distributiven" Charakter zuschreiben müssen. Sätze von der Art, daß x y impliziert, sind nach ihm stets von der letzten Art; sie sagen nicht aus, daß jedes einzelne x, das wir bisher gefunden haben oder noch finden werden, die Eigenschaft y besitzt, sondern daß eine universelle funk/tionelle Beziehung zwischen x und y besteht, daß, wo auch immer x gegeben ist, aus ihm y folgt. Aus dieser Unterscheidung des „distributiven" Sinnes der Allheits-Aussagen von ihrem bloß-kollektiven Sinne folgt für Leibniz, daß auch die Induktion, wenn sie über jene bloß subjektive Erwartung hinausgeht, die wir schon beim Tiere feststellen können, wenn sie als eine Form des wissenschaftlichen Schließens und Folgerns betrachtet werden solle, bestimmter rationaler Grundannahmen bedürfe, und daß sie ohne diese *„adminicula rations"* ihren Halt und ihre Stütze verlieren würde[28].

---

[27] Vgl. oben, S. 222, Anm. 12.

[28] Vgl. Leibniz, Philos. Schriften (Gerhardt) IV, 160 ff. — In der modernen Logik ist der scharfe Unterschied zwischen der bloß-kollektiven und der distributiven Allgemeinheit insbesondere von Husserl betont worden. „Die Formen *das A* und

So paradox es auf den ersten Blick scheinen mag, so läßt sich doch sagen, daß die hier geforderte „distributive“ Allgemeinheit auch den statistischen Aussagen keineswegs abgeht, ja daß sie zu ihrem vollen Verständnis wesentlich ist. Denn das Merkmal des „Kollektiven“, das freilich mit jeder statistischen Aussage verbunden ist, bezieht sich auf ihren Gegenstand, nicht aber auf ihren logischen Geltungswert. Die Gegenstände der statistischen Aussagen sind Massenerscheinungen oder Wiederholungsvorgänge; aber daraus folgt nicht, daß der Sinn der Aussage als solcher in einer unmittelbaren Beschreibung dessen besteht, was an diesen Erscheinungen wahrgenommen worden ist. Auch hier muß vielmehr an irgendeiner Stelle jene μετάβασις εἰς ἄλλο γένος einsetzen, die uns zu dem neuen Typus der Gesetzes-Aussagen hinführt; — auch hier muß unser Denken von einer „diskreten Bahn“ zu einer anderen durch eine Art von „Sprung“ aufsteigen (vgl. ob. S. 190f.). Die Ebene der bloßen Einzelaussagen muß verlassen werden – und ihre Stelle muß irgendeine generelle, ja universelle Behauptung treten. In der Wahrscheinlichkeitstheorie, die v. Mises vertritt, wird dieser Schritt durch das von ihm aufgestellte Grenzwerts-Axiom bezeichnet. Durch dieses Axiom bekommt das sogenannte „Gesetz der großen Zahlen“ erst einen scharf-bestimmten Sinn. Wie v. Mises ausführt, haftet diesem Gesetz, das zuerst von Jacob Bernoulli aufgestellt und von Poisson in seinen „Recherches sur la probalilité des jugements“ (1837) weiter / entwickelt worden ist, insofern eine Zweideutigkeit an, als es zunächst als ein rein arithmetisches Theorem erscheint, das streng mathematisch beweisbar ist, aber keinerlei Aussage über den Ablauf einer Erscheinungsreihe enthält. Will man von diesem Theorem zur „Wirklichkeit“ übergehen, so muß das „Gesetz der großen Zahlen“ eine neue Fassung erhalten; es muß in der Form ausgedrückt werden, daß bei gewissen Erscheinungsreihen die relative Häufigkeit des Auftretens eines Ereignisses sich bei unbeschränkt fortgesetzter Beobachtung einem bestimmten Grenzwert nähert. Man kann im Aufbau der Wahrscheinlichkeitstheorie versuchen, sich von dieser besonderen Fassung unabhängig zu machen; aber immer ist ein solcher Ersatz des Grenzwerts-Axioms nur dadurch möglich, daß man an seine Stelle eine andere Annahme setzt, die gleichfalls eine „ratio-

---

alle A“, erklärt Husserl, „sind nicht bedeutungs-identisch; ihre Verschiedenheit ist keine ‚bloß-grammatische‘. Es sind logisch unterschiedene Formen, wesentlichen Bedeutungsunterschieden Ausdruck gebend.“ Logische Untersuch. II, 148.

nale", eine methodische Forderung, nicht eine unmittelbar-beobachtete Tatsache, in sich schließt[29]. Auch die „Hypothese der Wahrscheinlichkeitsfunktion", auf die Reichenbach, im Anschluß an Poincaré, die Anwendung der Wahrscheinlichkeitsgesetze auf die Dinge der Wirklichkeit gründen will, weist prinzipiell in dieselbe Richtung[30]. In der Deutung und in der erkenntnistheoretischen Begründung dieser Hypothese hat Reichenbach geschwankt. In seiner ersten Arbeit betont er nicht nur, daß es sich in ihr nicht um einen reinen Erfahrungssatz handle; er steht nicht an, sie als ein „metaphysisches Prinzip der Naturerkenntnis überhaupt" zu bezeichnen. Die spezielle Form der Wahrscheinlichkeitsfunktion muß freilich die Erfahrung bestimmen; aber daß sich überhaupt eine derartige Aussage machen läßt über beliebig viele Fälle, das kann keine Erfahrung lehren. Neben die Hypothese von der Kausalverbundenheit des Geschehens muß ein anderes Prinzip treten, das sich auf die gesetzmäßige Verteilung in Raum und Zeit bezieht; aber beide Prinzipien haben in logischer und transzendentaler Hinsicht genau denselben Charakter: sie sind allgemeine / „Bedingungen der Möglichkeit der Erfahrung[31]". Eine wesentlich andere Form der Begründung wird in Reichenbachs letzten Arbeiten versucht. Hier wird die Entscheidbarkeit von Wahrscheinlichkeitssätzen auf das Induktionsprinzip gegründet und von einer „induktiven Entscheidbarkeit" gesprochen. An dem Zirkel, in den wir uns damit zu verwickeln drohen, nimmt Reichenbach keinen Anstoß. Ein derartiger Zirkel – so erklärt er – erscheine nur dann bedenklich, wenn wir an den Voraussetzungen der „klassischen Logik" festhalten, die aber eben unvermögend seien, dem eigenartigen Denken der Wahrscheinlichkeit gerecht zu werden. Zu dieser Umbildung wird Reichenbach geführt, weil er nunmehr den Standpunkt des „Idealismus" mit dem des „Positivismus" vertauscht hat. Dieser letztere erlaubt nach ihm Aussagen über die Grenze nur insoweit, als sie in Aussagen über

---

[29] So will z. B. Karl Popper (Logik der Forschung, S. 128 ff.) das „Grenzwertsaxiom" ersetzen durch den „methodologischen Beschluß, Effekte reproduzierbarer Gesetzmäßigkeiten niemals auf gehäufte Zufälle zurückzuführen".

[30] Vgl. Reichenbach, Philosophische Kritik der Wahrscheinlichkeitsrechnung u. Die physikalischen Voraussetzungen der Wahrscheinlichkeitsrechnung, Naturwissenschaften, Bd. VIII, 1920, S. 46 ff., 146 ff.; s. auch Wahrscheinlichkeitslogik, Sitzungsber. d. Berliner Akad., Physik.-math. Klasse, 1932, S. 476 ff.

[31] Der Begriff der Wahrscheinlichkeit für die mathematische Darstellung der Wirklichkeit, I.-D., Erlangen 1916, S. 26, 45 ff., 61 ff.

die Konvergenz des Grenzprozesses umgewandelt werden können. Und da an keiner Stelle des Annäherungsvorgangs von einem „an sich streng dahinlaufenden Geschehen" gesprochen werden könne, so lasse sich eine solche Behauptung auch nicht als für die Grenze selbst gültig ansehen. Aber mit diesem Zugeständnis an den strikten Positivismus ist Reichenbach auch wieder in die gefährliche Nähe jenes „Psychologismus" geraten, zu dessen Bekämpfung seine Theorie wesentlich dienen sollte. „Wenn wir gefragt werden, warum wir an die Wahrscheinlichkeitsgesetze glauben" — so betont er — „so haben wir darauf (da es ja keine logische Rechtfertigung für diese Gesetze gibt) nur die eine Antwort, daß wir nicht anders als an diese Gesetze glauben können[32]." Mit diesem Rückgang auf den „*common sense*" als eigentümliche Quelle des Wissens ist jedoch das Problem nicht zu erledigen. Wir würden damit wieder hinter Hume zurückgehen, dem ja seine Gegner, die Begründer der Philosophie des *common sense*, beständig eben dieses Argument entgegengehalten haben. „If there are certain principles" — so sagt Reid — „which the constitution of our nature leads us to believe, and which we are under a necessity to take for granted in the common of life, without being able to give a reason for them — these are what we call the principles of common sense; and what is manifestly contrary to them, is what we call absurd." Aber auf diese Beweisführung hatte Hume / schon im voraus bestimmt erwidert und ihr gegenüber hatte er den eigentlichen logischen Sinn seiner Frage scharf präzisiert. „My practice, you say, refutes my doubts. But you mistake the purport of my question. As an agent, I am quite satisfied in the point, but as a philosopher, who has some share of curiosity, I will not say scepticism, I want to learn the foundation of this inference[33]."

Die Frage, die hier gestellt ist, behält ihre volle Schärfe, auch wenn wir von der „dynamischen" zur „statistischen" Gesetzmäßigkeit übergehen — wenn wir den Gesichtspunkt der strikten Kausalität mit dem der „Wahrscheinlichkeit" vertauschen. Denn auch den reinen Wahrscheinlichkeitssätzen liegt stets irgendeine Beständigkeits-Annahme zugrunde, die in den verschiedenen Theorien verschieden ausgedrückt werden kann, die bald durch die Einführung einer Wahrscheinlichkeitsfunktion, bald durch die Forderung eines strengen Limes für die relative

[32] S. Reichenbach, Kausalität und Wahrscheinlichkeit, Erkenntnis I (1930/31); S. 169 ff., 187.

[33] Hume, Enquiry Sect. IV, Part 2 (vgl. auch die Kantische Ablehnung der Ableitung des Kausalprinzips aus dem „Denkzwang", ob. S. 195 f.).

Häufigkeit des Auftretens gewisser Beobachtungsmerkmale bezeichnet wird. Ohne die „Hypothesis“ einer solchen Konstanz — wie immer sie im einzelnen definiert werden mag — würden auch die „Gesetze der großen Zahlen“ ihren Halt und ihre objektive Bedeutung verlieren. Es ist daher nicht möglich, die Wahrscheinlichkeitssätze auf das „Induktionsprinzip“ zu gründen, — es sei denn, daß diesem letzteren Prinzip selbst wieder eine nicht nur „kollektive“, sondern eine „distributive“ Allgemeinheit zugesprochen wird. Von den modernen Logikern der Wahrscheinlichkeitsrechnung hat Joh. v. Kries diesen Sachverhalt am schärfsten hervorgehoben. „Es versteht sich“ — so erklärt er — „daß, wenn wir die Zulässigkeit einer Folgerung immer wieder in Hinblick auf andere begründen wollen, wir nach einem längeren oder kürzeren Regreß zu letzten Annahmen gelangen müssen, für die eine solche Zurückführung nicht mehr besteht, für deren Geltung vielmehr irgendein andersartiges Prinzip in Anspruch genommen werden muß. . . Die Wahrscheinlichkeit, die wir für irgendein empirisches Wissen von objektiver Bedeutung in Anspruch nehmen, wird sich also überall auf den intellektuellen Wert des Gesetzmäßigen, d. h. auf das Prinzip der Gleichartigkeit stützen müssen[34].“ Aber hier scheint sich erst die eigentliche und schwerste Frage zu erheben — die Frage, die die Erkenntniskritik immer wieder beschäftigt und / die sie nicht selten von dem sicheren Weg der Analyse abgelenkt hat. Ist es möglich und ist es sinnvoll, noch von „objektiven Gesetzen“ zu sprechen, nachdem wir einmal in das Gebiet des zufälligen Geschehens eingetreten sind? Ist nicht eine Gesetzlichkeit des Zufälligen ein hölzernes Eisen — ist der „Zufall“ nicht eben dasjenige, was *per definitionem* jede gesetzliche Bestimmung und Beherrschung ausschließt? Auf diese Frage kann nur dann eine Antwort gegeben werden, wenn wir die verschiedenartigen Bedeutungen, in denen das Wort „Zufall“ gebraucht wird, scharf voneinander scheiden. Im gewöhnlichen Sprachgebrauch ist das Wort ein wahres Chamäleon, das in allen Farben schillert. Aber auch beim Übergang zur theoretischen Betrachtung und zum wissenschaftlichen Sprachgebrauch hört diese Vieldeutigkeit nicht auf. „Zufall“ ist stets ein relativer und negativer Begriff, der zu seinem Verständnis des positiven Begriffs bedarf, auf den er sich implizit bezieht; und eben dieser Bezugspunkt wechselt fort und fort, wenn wir in verschiedene Kreise des Denkens eintreten.

[34] v. Kries, Logik, S. 409, 426.

Um sich dies völlig deutlich zu machen, kann man von dem Gegensatz des *mythischen Weltbildes* zum wissenschaftlichen, zum empirischen und theoretischen Weltbild ausgehen. Stellen wir uns auf den Boden des letzteren und nehmen wir *seine* Kategorien und Prinzipien als die allgemeingültigen und allein-gültigen Normen der Wahrheit an, so erscheint die mythische Welt als ein Gewebe der sonderbarsten und unwahrscheinlichsten Zufälle. Es ist eine Welt, innerhalb deren kein Sein seine bestimmte Stelle, kein Geschehen seinen festen und regelmäßigen Verlauf hat. Ein „Ding" kann nicht nur beliebig seinen Platz wechseln, sondern auch gleichzeitig an verschiedenen Stellen sein; es kann sich, in beständigen Metamorphosen, bald in diese, bald in jene Gestalt kleiden, ohne daß die Formen, die es annimmt, durch irgendeine feste Regel miteinander verbunden sind. Hier scheint es keinerlei Bestimmung und Einschränkung zu geben, hier kann noch „alles aus allem" werden. Aber legen wir nun, statt des Standpunkts der theoretisch-wissenschaftlichen Weltansicht, vielmehr den eigentümlichen Seins- und Geschehensaspekt des Mythos *selbst* zugrunde, so verschiebt sich das Bild in merkwürdiger Weise. Die Rollen scheinen sich jetzt geradezu zu vertauschen — was von dem einen Gesichtspunkt aus als unverständlich, als schlechthin-zufällig erschien, das verwandelt sich in sein Gegenteil, wenn wir den Bezugspunkt vertauschen. In einer Unzahl von Fällen, in denen die empi/risch-wissenschaftliche Erkenntnis auf jede bestimmte „Erklärung" Verzicht leistet und die sie demgemäß als „zufällig" anerkennt, *fordert* der Mythos gebieterisch eine solche Erklärung. Für ihn gibt es im Verlauf des menschlichen Daseins kein zufälliges Geschehen, z. B. keinen zufälligen Mißerfolg eines Unternehmens, keine zufällige Krankheit und keinen zufälligen Tod. All dies muß vielmehr streng determiniert sein — aber es ist nicht determiniert durch allgemeine Prinzipien des Geschehens, wie sie die Wissenschaft in den „Naturgesetzen" ausspricht, sondern durch individuelle Zwecke und durch Kräfte, die ihnen dienstbar sind. Magische und dämonische Mächte sind es, die alles Geschehen beherrschen und durchdringen — und es gibt nichts, was sich ihnen entziehen kann. Diese magische „Kausalität" dringt daher viel mehr ins einzelne, als es die theoretisch-wissenschaftliche zu tun vermag; sie überläßt nichts dem bloßen „Zufall", sie verlangt, daß für jeden besonderen Krankheits- oder Todesfall die bestimmte Ursache angegeben wird, die in einem individuellen Willensakt, in irgendeinem feindlichen Zauber, der dem Menschen angetan worden ist, zu suchen ist. Hier herrscht somit in gewissem Sinne, statt einer Abwesenheit der kausalen Erklärung, vielmehr eine Hypertrophie, ein Überwuchern des „Kausaltriebes", und nur die Art der Ursachen ist es, in der sich das mythische Denken vom theoretischen unterscheidet, indem es, statt auf Regeln und Gesetze, vielmehr auf Absichten und Willensakte zurückgeht[35].

Diese magisch-mythische Form der Ursächlichkeit wird von der griechischen Wissenschaft und von der klassischen griechischen Philosophie für nichtig erklärt. Die angeblichen mythischen Erklärungen werden abgewiesen, indem sie als willkürlich und „zufällig" bezeichnet werden. Sie sind es deshalb, weil sie die Ursachen zwar nicht verneinen, aber weil sie sie von Fall zu Fall als wechselnd ansehen; weil sie zu jedem partikularen Geschehen je eine partikulare Ursache erdichten. Anstelle dieses mythischen Dichtens wird in der griechischen Philosophie eine bestimmte allgemeingültige Form des Denkens verlangt, – ein objektives Gesetz, das im Denken erfaßt und formuliert wird, um sodann in der Natur wiedergefunden zu werden. Erst hierdurch hört die Natur auf, der Schauplatz und Kampfplatz / dämonisch willkürlicher Mächte zu sein; sie wird zur Ordnung, zum „Kosmos". Dieser Begriff der kosmischen Kausalität findet seine erste spekulative Begründung und Ausprägung im Denken der Pythagoreer. Aber zur wirklichen Erfüllung und Reife ist er erst in der griechischen Atomistik gelangt, die damit, nicht nur durch ihren Inhalt, sondern auch durch ihre Form, an die Spitze aller wissenschaftlichen Welterklärung tritt. Nichts in der Welt geschieht „aufs Geratewohl" (μάτην), sondern alles kraft einer bestimmten logischen „Notwendigkeit" (ἐκ λόγου τε καὶ ὑπ'ἀνάγκης). Das „Notwendige" tritt dem „Zufälligen" wie das Allgemeine dem Besonderen, das fest-Bestimmte dem phantastisch-Willkürlichen gegenüber. Aber die Entwicklung des Gedankens ist damit noch keineswegs abgeschlossen. Denn jetzt handelt es sich erst darum, die verschiedenen Formen der „Notwendigkeit" voneinander zu scheiden und jede von ihnen auf ihr rechtes Maß zurückzuführen. Was Aristoteles dem System der Atomistik vorwirft, ist, daß es diese Scheidung nicht in dem richtigen Sinne vorgenommen habe und daß es, infolge dieses Mangels, nicht zu einer vollständigen und wahrhaft befriedigenden Naturerklä-

---

[35] Näheres hierüber in meiner „Philosophie der symbolischen Formen", Bd. II: Das mythische Denken. Vgl. auch das reichhaltige Material bei Lévy-Bruhl, La Mentalité primitive.

rung vorgedrungen sei. Um dies zu erweisen, muß Aristoteles abermals zu einer neuen Definition von „Zufall" und „Notwendigkeit" fortschreiten, die das Verhältnis beider in einem völlig anderen Sinne faßt. Für Aristoteles heißt „zufällig" das, was nicht aus dem „Wesen" eines Dinges folgt; dieses „Wesen" aber ist durch die „Form", die οὐσία ist durch das εἶδος bestimmt. Eine Eigenschaft ist „zufällig" (συμβεβηκός), wenn sie das Subjekt nicht konstituiert; wenn sie vorhanden sein oder fehlen kann, ohne daß hierdurch das Sein des Subjekts in Frage gestellt wird. Und im Bereich des Geschehens müssen wir als „zufällig" all das ansehen, was zwar an sich determiniert ist, was aber seine Determination nicht durch die Form, sondern durch die bloße „Materie" erhält. Wo uns im Bereich der Natur irgendeine Mißbildung entgegentritt, oder wo auch nur die Form, statt in reiner Vollendung hervorzutreten, mit irgendeinem Mangel belastet erscheint – da haben wir dies der Hemmung und dem Widerstand der Materie zuzuschreiben. Die *„causa materialis"* bleibt somit immer „zufällig", insofern sie jener letzten und „eigentlichen" Verursachung entgegengerichtet ist, die einzig und allein in der *„causa formalis"* und in der *„causa finalis"* zu finden ist. Die Materie erscheint damit als notwendig und zufällig zugleich; als notwendig, weil ihr Sein all ihre Wirkungen bestimmt; / als zufällig, weil eben dieses Sein in sich unvollkommen ist, weil es ein bloßes Moment ist, das für sich allein keine selbständige Bedeutung und Wirklichkeit besitzt. Der Stoff ist ebensowohl der Quell der Naturnotwendigkeit (ἀνάγκη) wie der Zufälligkeit (αὐτόματον oder τύχη). Der letzte und wahrhafte Grund liegt in den Endursachen, während der Stoff immer nur als begleitende Ursache zu denken ist; als ein συναίτιον, dem daher keine andere als hypothetische Notwendigkeit (ἐξ ὑποέθσεως ἀναγκαῖον) zukommt.

Eine abermalige Verschiebung im Gebrauch der Begriffe und in dem Gegensatz zwischen dem „Zufälligen" und „Notwendigen" setzt mit der neueren Philosophie ein. Und wiederum entspricht dieser spezielle Bedeutungswandel der allgemeinen Tendenz, durch die sich die neuere Philosophie von der antiken unterscheidet. Das Problem bleibt jetzt nicht mehr der Naturphilosophie und der Metaphysik vorbehalten; es wird in den Kreis der Erkenntniskritik aufgenommen und in ihn gewissermaßen zurückgenommen. Bei Leibniz ist dieser gedankliche Prozeß bereits zum Abschluß gelangt: für ihn dient der Unterschied zwischen dem Notwendigen und dem Zufälligen nicht sowohl dazu, die Klassen des Seins voneinander abzusondern, als vielmehr dazu, die Grundformen der Erkenntnis in ihrer charakteristischen Geltung zu bezeichnen und voneinander zu unterscheiden. Der Begriff des „Zufälligen“ und des „Notwendigen“ erscheint jetzt als je eine spezifische Charakteristik für bestimmte Arten der Wahrheit: den „*vérités nécessaires*“ stehen die „*vérités contingentes*“ gegenüber. Die ersteren lassen sich aus rein logischen Erwägungen einsehen und begründen; sie bedürfen für ihren Beweis keines anderen Prinzips als des Satzes der Identität und des Widerspruches. Denn sie sind rein hypothetische Sätze – Sätze, die ein apodiktisches „Wenn-So“ in sich schließen, die aber keine assertorische Behauptung über eine einzelne, bestimmte Wirklichkeit enthalten. Sie drücken daher keinen besonderen Zug der aktualen, der tatsächlich-gegebenen Welt aus; sie gelten vielmehr für den gesamten Inbegriff der „möglichen Welten“. Sobald wir indes den Fortgang vom „Möglichen“ zum „Wirklichen“ vollziehen, tritt damit alsbald der Gegensatz des „Zufälligen“ und des „Notwendigen“ hervor. Denn das Sein der empirischen Welt beruht nicht auf ihrer logischen Notwendigkeit und kann durch diese allein niemals zureichend erklärt werden. Es beruht auf einer Auswahl, die der göttliche Intellekt unter den möglichen Welten getroffen hat / – und diese Wahl selbst ist nicht durch logische, sondern durch teleologische Gesichtspunkte bestimmt. Dieses teleologische Prinzip – „*le principe du meilleur*“, wie es Leibniz nennt, – liegt also der aktuell-gegebenen Welt zugrunde; und es ist damit zugleich das Prinzip für alle jene „zufälligen Wahrheiten“, die sich auf sie beziehen. Die Naturgesetze sind somit, im Gegensatz zu den logischen und den mathematischen Gesetzen, „kontingente Wahrheiten“. Aber diese Kontingenz widerstreitet keineswegs ihrer durchgängigen Bestimmtheit und Gewißheit, und somit auch nicht der Möglichkeit ihrer rationalen Begründung. Das Verhältnis liegt vielmehr genau umgekehrt: die zufälligen Wahrheiten sind so wenig grundlos, daß der „Satz des zureichenden Grundes“ als ihr eigentlicher Quell und als ihr charakteristisches Erkenntnisprinzip anzusehen ist. Der Satz des Widerspruchs ist das Gesetz des Möglichen, das Gesetz der „Wesenheiten“, die ihren Sitz im göttlichen Verstande haben; der Satz des zureichenden Grundes ist das Gesetz des Existierenden, wie es aus der „Wahl des Besten“ resultiert. Um dieses Existierende zu verstehen, müssen wir daher stets auf seinen „Grund“ zurückgehen. Das „principium rationis sufficientis“ ist daher für Leibniz ebensowohl Prinzip als Postulat – und er drückt es nicht selten in dieser letzteren Form: als

„*principium reddendae rationis*“ aus. Auch für alles „Zufällige“, für all das, was sich nicht analytisch aus logischen oder mathematischen Sätzen ableiten läßt, gilt es einen Grund zu finden — und eben dies und nichts anderes besagt nach Leibniz das Prinzip, das man gemeinhin als „Kausalprinzip“ bezeichnet[36].

Es ergibt sich hieraus, daß Leibniz sich eine neue und wichtige methodische Aufgabe gestellt hat, aber zugleich auch, daß und warum seine Lösung hinter seinen eigenen Forderungen zurückbleibt. Er wollte den Gegensatz des „Zufälligen“ und „Notwendigen“ aus rein erkenntniskritischen Gesichtspunkten behandeln; er wollte ihn auf eine Analyse des Wahrheitsbegriffs gründen und rein aus ihr ableiten. Aber die reine Prinzipienlehre selbst war es, die ihn wieder zu den Grundproblemen der Metaphysik hinleitete. Die notwendigen Wahrheiten / unterscheiden sich von den zufälligen dadurch, daß die ersteren aus dem göttlichen Verstand, die letzteren aus dem göttlichen Willen quellen. Diese Vermengung erkenntniskritischer und metaphysischer Bestimmungen wird von Kant beseitigt, der den Grundsatz aufstellt, daß es keine Vermehrung, sondern eine Verunstaltung der Wissenschaften sei, wenn man ihre Grenzen ineinanderlaufen lasse. Abermals muß jetzt der Gegensatz zwischen Zufälligkeit und Notwendigkeit eine neue Gestalt annehmen. Er bezieht sich nicht auf die „Welt“ als solche, und er kann demnach nicht mit Leibniz auf den Unterschied zwischen den „möglichen Welten“ und der „wirklichen Welt“ zurückgeführt werden. Sein Ursprung muß vielmehr im System der Erfahrungserkenntnis aufgewiesen und als ein Moment in diesem dargestellt werden. Ob die Welt von Ewigkeit her bestehe oder durch einen „zufälligen“ Schöpfungsakt entstanden sei, ob es ein „absolut-notwendiges“ Wesen gebe: dies alles sind Fragen, die abgewiesen werden. Ihnen ist die Erkenntnis nicht gewachsen — und durch sie würde sich die Vernunft alsbald in unlösliche Antinomien verwickeln. Die Kategorie der Notwendigkeit oder Zufälligkeit kann, wie alle anderen Kategorien, nicht über die Grenzen der Erfahrung hinaus erstreckt, sondern sie muß selbst als eine der Bedingungen der Möglichkeit der Erfahrung verstanden und definiert

[36] „Duo sunt prima principia omnium ratiocinationum, Principium nempe contradictionis ... et principium reddendae rationis .. quod scilicet .. omnis veritatis reddi ratio potest, vel, ut vulgo ajunt, quod nihil fit sine causa. Hoc principio non indiget Arithmetica et Geometria, sed indiget Physica et Mechanica.“ Philos. Schriften (Gerhardt) VII, 309.

werden. Hier aber ergibt sich nun eine eigentümliche Konsequenz. Fassen wir den allgemeinen Kausalsatz ins Auge, so können wir ihn mit gleichem Rechte als notwendig oder zufällig bezeichnen — je nach dem Gesichtspunkt der Betrachtung, den wir wählen. Er ist notwendig, da jede besondere empirische Aussage sich auf ihn gründet, und da er als „synthetisches Urteil a priori" allen Erfahrungsurteilen vorangeht. Aber er ist andererseits „zufällig", da eben das Ganze der Erfahrung, auf das er sich bezieht und auf das er sich zu seiner Rechtfertigung stützen muß, selbst nicht anders als rein faktisch gegeben ist. Der Kausalsatz kann als eine *„conditio sine qua non"* für das Faktum der mathematischen Naturwissenschaft erwiesen werden; aber dieses Faktum selbst muß hierbei vorausgesetzt werden, ohne daß es als absolut, als schlechthin-notwendig erwiesen werden kann. Dieser paradoxe Sachverhalt wird von Kant in aller Schärfe formuliert. Wenn wir nur das als notwendig ansehen wollen — so erklärt er — was durch einen apodiktischen Beweis, sofern er intuitiv ist, sichergestellt werden kann, so gibt es keine Notwendigkeit des Kausalprinzips. Denn unsere Vernunft errichtet zwar sichere / Grundsätze, aber gar nicht direkt aus Begriffen, „sondern immer nur indirekt durch Beziehung dieser Begriffe auf etwas ganz Zufälliges, nämlich mögliche Erfahrung". „So kann niemand den Satz „Alles, was geschieht, hat seine Ursache" aus diesen gegebenen Begriffen allein gründlich einsehen. Daher ist er kein Dogma, ob er gleich in einem anderen Gesichtspunkte, nämlich dem einzigen Felde seines möglichen Gebrauchs, d. i. der Erfahrung, ganz wohl und apodiktisch bewiesen werden kann. Er heißt aber Grundsatz und nicht Lehrsatz, ob er gleich bewiesen werden muß, darum, weil er die besondere Eigenschaft hat, daß er seinen Beweisgrund, nämlich Erfahrung, selbst zuerst möglich macht und bei dieser immer vorausgesetzt werden muß[37]."

Aber ich kehre von dieser historischen Abschweifung wieder zu dem eigentlichen Thema, zu der Frage nach dem logischen Charakter der Wahrscheinlichkeits-Aussagen zurück. Die geschichtliche Betrachtung sollte nur das eine lehren, daß zwischen den Begriffen „Zufall" und „Gesetzlichkeit" keineswegs, wie oft angenommen wird, ein Verhältnis der kontradiktorischen Gegensätzlichkeit besteht. Weder bei Aristoteles, noch bei Leibniz oder Kant findet sich ein derartiger Gebrauch der Begriffe. Sie alle bestreben sich vielmehr, sie zueinander in eine kom-

[37] Krit. d. r. Vern., 2. Aufl. S. 764 (Ausg. Cassirer III, 499).

plementäre Beziehung zu setzen, wenngleich sie gleichzeitig ihre scharfe Verschiedenheit betonen. Gilt ein solches Verhältnis der korrelativen Ergänzung auch für den physikalischen Gebrauch der Zufallsbegriffe? Solange dieser Gebrauch nicht eindeutig festgelegt ist, ist es schwer, die Frage allgemein zu beantworten. Aber wenn wir diejenigen Gebiete betrachten, in denen der Begriff des Zufalls eine scharf umrissene Bedeutung und eine klare Anwendung besitzt, so zeigt sich auch hier, daß er in keinem Falle zum Kausalbegriff als solchem in Widerstreit steht. Am einfachsten und durchsichtigsten erscheint das Verhältnis in der kinetischen Gastheorie. Hier werden für den Zusammenprall der Moleküle die klassischen Stoßgesetze, die Gesetze der Erhaltung der Energie und der Erhaltung des Impulses zugrunde gelegt, zu denen weitere statistische Annahmen über die Zahl der Zusammenstöße, die mittlere freie Weglänge, die mittleren Geschwindigkeiten der Moleküle usf. hinzutreten. Aus diesen Voraussetzungen werden sodann die Gesetze für den Gasdruck, für die innere Reibung, die Diffusion usw. exakt, aber freilich nur hypothetisch / berechnet; ihre endgültige Bewährung bleibt in jedem Falle der Erfahrung vorbehalten. Etwas anders scheinen die Verhältnisse bei den verschiedenen „Zufallsmechanismen" zu liegen. Aber sie alle stimmen darin überein, daß sich bei ihnen aus geringfügigen und vielleicht verschwindend kleinen Ungenauigkeiten im Laufe des Prozesses große, endliche Unterschiede im Endresultat ergeben. Man kann daher hier den Begriff des „Zufalls" geradezu derart definieren, daß man ihn durch das Prinzip „Kleine Ursachen, große Wirkungen" umschreibt — eine Formulierung, bei der unmittelbar ersichtlich wird, daß von einem Herausfallen aus dem Schema der Kausalität als solchem nicht die Rede sein kann. „Man nennt Zufall" — so erklärt in diesem Sinne Smoluchowski — „eine spezielle Art von Kausalrelationen. Man sagt nämlich gewöhnlich, daß ein Ereignis y vom Zufall abhängt, wenn es eine solche Funktion einer veränderlichen (eventuell auch ihrem Werte nach unbekannten oder absichtlich ignorierten) Ursache oder Teilbedingung x ist, daß sein Eintreten von einer sehr kleinen Änderung des x abhängt." Es zeigt sich jedoch weiterhin, daß dieser populäre Zufallsbegriff als Grundlage eines exakt definierten Wahrscheinlichkeitsbegriffs nicht geeignet ist. Von einem die Größe y betreffenden mathematischen Wahrscheinlichkeitsgesetz $W(y)$ kann man erst dann sprechen, wenn die Kausalrelation $y = f(x)$ außer der erwähnten Eigenschaft noch eine spezielle besitzt:

wenn nämlich die Verteilung der y, wenigstens innerhalb gewisser Grenzen, unabhängig ist von der Art der Verteilungsfunktion $\varphi(\varkappa)$, welche die relative Häufigkeit der $\varkappa$ bestimmt[38]." Aus alledem ergibt sich, daß „Kausalität" und „Wahrscheinlichkeit", „Gesetzlichkeit" und „Zufall" nicht nur nebeneinander bestehen können, sondern nebeneinander bestehen müssen, wenn wir das Geschehen so vollständig als möglich bestimmen wollen. Die Kausalität bezieht sich hierbei innerhalb der klassischen Physik im wesentlichen auf die Erkenntnis des Ablaufs des Geschehens; die Wahrscheinlichkeit auf die Kenntnis der Anfangsbedingungen. Aus beiden vereint resultieren die Lehrsätze der statistischen Mechanik, die, wie z. B. Boltzmann betont, strenge Folgen der gemachten Annahmen, in ihrer Anwendung auf das / Naturgeschehen aber das Prototyp einer physikalischen Hypothese sind[39].

Will man, wie es v. Kries getan hat, die beiden Gesetzestypen, die sich hierbei ergeben, als „nomologische" und „ontologische" Gesetze voneinander scheiden, so zeigt sich, daß beide nirgends einander widerstreiten, daß zwischen ihnen sowenig ein sachlicher wie ein methodologischer Konflikt besteht. Das einzige Gebot, durch das alsdann die Wahrscheinlichkeits-Ansätze zu beschränken sind, das sich aber bereits aus der allgemeinen Bestimmung der Naturerkenntnis ergibt und daher keiner besonderen Formulierung bedarf, ist dies, daß diese Ansätze „nomologisch-zulässig" sein müssen, d. h. keinem bekannten Naturgesetz widersprechen dürfen[40]. Der charakteristische Unterschied zwischen den Wahrscheinlichkeitsgesetzen und den dynamischen Gesetzen bleibt hierbei immer bestehen; aber auf der anderen Seite wird deutlich, wie sich beide ineinander verweben und wie erst durch diese Verwebung die allgemeine Form der „Gesetzlichkeit überhaupt" entsteht. Im übrigen ist die methodische Differenz, die hier hervortritt, durchaus nicht auf die statistische Mechanik beschränkt, sondern besitzt in der Newtonschen Mechanik ein genaues Gegenbild. Auch die letztere muß neben dem Bereich der „Notwendigkeit" ein Gebiet der „Zufälligkeit" anerkennen — und aus diesem Gegeneinander entstehen auch in ihr ernsthafte erkenntnistheoretische Probleme und Schwierigkeiten. Newton war sich

[38] Vgl. Smoluchowski, Über den Begriff des Zufalls und den Ursprung der Wahrscheinlichkeitsgesetze in der Physik, Naturwissensch., Bd. 6 (1918), S. 253 ff.; für die verschiedenen Arten der „Zufallsmechanismen" vgl. v. Mises, a. a. O. S. 142 ff.

[39] Statistische Mechanik, a. a. O. S. 361.

[40] Vgl. v. Kries, Logik, S. 623 ff.

völlig darüber im klaren, daß die von ihm aufgestellten Gleichungen keineswegs imstande sind, alle Fragen, vor die uns der Bau des Universums stellt, beantworten. Das Newtonsche Gravitationsgesetz bestimmt, was unter Voraussetzung einer gewissen räumlichen Verteilung der Massen geschehen wird; aber über den Zustand dieser Verteilung selbst gibt es keine Auskunft. Newton folgert aus dieser relativen Unbestimmtheit, daß wir an dieser Stelle eine andere Gattung von „Gründen" einführen müssen; er flüchtet sich zu teleologischen Betrachtungen. Die Tatsache, daß die Bahnen der verschiedenen Planeten sich nahezu in derselben Ebene befinden und daß alle ihre Bewegungen dieselbe Richtung haben, daß ferner das gleiche auch von den Monden gilt, die die einzelnen Planeten begleiten: dies alles kann keine „bloß mechanischen" Ursachen haben. Diese bewunderungswürdige Einrichtung des Sonnensystems hat nur / aus der Herrschaft eines weisen und mächtigen Wesens hervorgehen können. Hier müssen wir auf einen unmittelbaren göttlichen Ratschluß zurückgreifen: „*Deus corpora singula ita locavit*"[41]. Es war der Ehrgeiz Kants, an diesem Punkte die Grenze weiter hinauszuschieben. Seine „Allgemeine Naturgeschichte und Theorie des Himmels" ist ausdrücklich dazu bestimmt, eine Antwort auf die Newtonsche Frage zu finden, die sich streng innerhalb des Bereichs der „mechanischen Ursachen" hält. Aber Kant ist in seiner kritischen Epoche auf die hier aufgestellte Hypothese über den Ursprung des Weltalls nicht wieder zurückgekommen; er maß jetzt mit einem weit strengeren methodischen und empirischen Maßstab, vor dem die frühere Beweisführung nicht bestehen konnte. Allgemein läßt sich sagen, daß die klassische Physik seit Galilei darauf verzichtet hat, jede beliebige „Warum"-Frage zu beantworten und daß sie nur kraft dieses Verzichts die spezifische Aufgabe, die sie sich gestellt hat, zu erfüllen vermochte. Sie fragt nicht mehr schlechthin nach dem „Warum", sondern nach dem „Wie" und dem „Daß", und sie begnügt sich damit, bestimmte Gesetze für beides, für die „nomologische" und „ontologische" Struktur der Welt aufzustellen. Auch in der Feldtheorie erscheint das Feld zuletzt als eine Realität *sui generis*, die sich nur noch in ihrer Konstitution beschreiben, aber nicht mehr „erklären", d. h. auf etwas anderes zurückführen läßt. Solche Grenzen der Warum-Frage begegnen uns allenthalben; aber sie sind keine Schranken der Determination, nach der die Naturerkenntnis strebt, sondern vielmehr deren Bedingung. /

[41] Newton, Principia, Lib. III, Scholium Generale (ed. Le Seur et Jacquier, Genovae 1742, III, 672 f.).

IV.

DAS KAUSALPROBLEM DER QUANTENTHEORIE

I.

Die Grundlagen der Quantentheorie und die Unbestimmtheits-Relationen

Die Quantentheorie steht, wie oft hervorgehoben worden ist, in einem weit schärferen Gegensatz zur klassischen Physik, als es bei der allgemeinen Relativitätstheorie der Fall ist. Die letztere kann trotz der grundlegenden Umbildung der Begriffe von Raum und Zeit, die sie vollzieht, der Denkweise der klassischen Physik ohne prinzipielle Schwierigkeit eingeordnet werden. Planck hat von ihr gesagt, daß sie dieser erst gewissermaßen die Krone aufgesetzt habe, indem sie mit der Verschmelzung von Raum und Zeit auch die Begriffe der Masse und der Energie sowie die der Gravitation und der Trägheit unter einem höheren Gesichtspunkt vereinigt habe. Von der Quantenhypothese dagegen urteilt er, daß sie im Bau der klassischen Physik wie ein fremdartiger bedrohlicher Sprengkörper gewirkt habe, der schon heute einen klaffenden Riß, von unten bis oben, durch das ganze Gebäude gezogen hat. „Die Einführung der Quantenhypothese bedeutet daher nicht, wie die der Relativitätstheorie, eine Modifikation, sondern eine Durchbrechung der klassischen Theorie[1].“

Dennoch dauerte es geraume Zeit, bis man sich dieser Wirkung der Hypothese in vollem Umfange bewußt wurde. Ihre erste Einführung erfolgte durchaus nicht in der Art einer revolutionären Tat. Sie geschah nicht in der Form einer Kriegserklärung an die klassische Physik, sondern einer ruhigen Weiterentwicklung, die sich in einem ihrer Gebiete

[1] Physikalische Gesetzlichkeit (1926); Wege zur physikalischen Erkenntnis. S. 169 f.

vollzog. Als Planck sich der Frage nach der Energieverteilung im Normalspektrum der strahlenden Wärme zuwandte, da hatte er keineswegs die Absicht, das Gebäude der klassischen Physik zu stürzen; er suchte es vielmehr zu festigen und auszubauen, indem er die Brücke schlug zwischen zwei Grundgebieten, die bisher nicht in befriedigender / Weise miteinander vereint werden konnten. Er ging von der Thermodynamik, von den Gesetzen des Wärmegleichgewichts aus und suchte, auf Grund ihrer Prinzipien, eine Erklärung der elektrodynamischen Erscheinungen, der Gesetze für die Erregung und die Absorption von Licht- und Wärmeschwingungen zu gewinnen. Aber diese Vereinigung gelangt erst durch die Einführung der Hypothese des elementaren Wirkungsquantums, durch die Annahme, daß der Energieaustausch zwischen den Oszillatoren nur in ganzen Vielfachen einer bestimmten Größe ε vor sich geht. Diese Forderung brach mit den Grundvoraussetzungen der klassischen Theorie, nach denen sich die Wellenenergie stetig im Raume ausbreitet; aber Planck war sichtlich bemüht, den Gegensatz auf jenes Mindestmaß zu beschränken, das mit der Erfahrung noch verträglich schien. „Bei der Aufstellung des dynamischen Gesetzes" — so sagt er in seinen „Vorlesungen über die Theorie der Wärmestrahlung" — „werden wir rationellerweise so verfahren, daß wir die als notwendig erkannte Abweichung von den Gesetzen der klassischen Elektrodynamik so gering annehmen, als irgend möglich. Daher schließen wir uns bezüglich der Einwirkungen des Strahlungsfeldes auf einen Oszillator ganz jener Theorie an[2]." Es entspricht dieser allgemeinen gedanklichen Tendenz, wenn Planck in der Ausbildung seiner „zweiten Theorie" die Annahme der quantenhaften Absorption überhaupt fallen ließ und nur für die Emission forderte, daß sie unstetig und immer nur dann eintrete, wenn die Energie U des Oszillators gerade ein ganzzahliges Vielfaches des Elementarquantums h beträgt[3]. Allgemein warnte Planck noch im Jahre 1912, im Vorwort zur zweiten Auflage seiner Vorlesungen, ausdrücklich vor einer zu raschen Verallgemeinerung der quantentheoretischen Grundauffassung. Denn nichts könne für die gedeihliche Entwicklung einer neuen Hypothese nachteiliger sein als eine Überschreitung ihrer Grenzen. Aus diesem Grunde sei er stets dafür eingetreten. den

[2] Vorles. über die Theorie der Wärmestrahlung, 3. Aufl., Lpz. 1919, S. 148.

[3] Zu Plancks „zweiter Theorie" vgl. Arthur March, Theorie der Strahlung und der Quanten, Lpz. 1919, Abschn. 2, Kap. 3.

Anschluß der Quantenhypothese an die klassische Dynamik so eng als möglich zu gestalten und die Schranken der letzteren erst da zu durchbrechen, wo die Tatsachen der Erfahrung keinen anderen Ausweg mehr übriglassen.

Aber die weitere Ausbildung der Theorie ging über diese anfängliche Schranke, innerhalb deren sie ihr Urheber noch zu halten suchte, als-/bald hinaus. In der Bohrschen Theorie erfolgt sowohl die Emission wie die Absorption stets quantenmäßig. Allgemein vollzieht sich jetzt eine Entwicklung, die im methodischen Sinne höchst bedeutsam und bezeichnend ist: das anfängliche Quanten*gesetz* wird zum Quanten*prinzip*. Seine Anwendungen beschränken sich nicht länger auf noch so ausgedehnte Einzelgebiete der Physik; es wird vielmehr als ein allgemeiner Gesichtspunkt, als ein Postulat der Naturerkenntnis überhaupt verstanden und gebraucht. In kurzer Zeit hat sich diese Wandlung, dieser Übergang der Quantenhypothese von einer „Gesetzes-Aussage" in eine „Prinzipien-Aussage" vollzogen. Ganz verschiedene und scheinbar heterogene Gruppen von Erscheinungen ordnen sich jetzt dieser Prinzipien-Aussage unter: die Theorie der Wärmestrahlung, die Theorie des lichtelektrischen Effekts und die Theorie der spezifischen Wärme werden durch sie zusammengeschlossen und in einer neuartigen Weise aufeinander bezogen. Als Einstein im Jahre 1905 den Begriff des „Lichtquants" einführt, da bezeichnet er ihn als „einen die Erzeugung und Verwandlung des Lichtes betreffenden heuristischen Gesichtspunkt." Dieser Gesichtspunkt wird zunächst aus rein theoretischen Erwägungen gewählt; er konnte erst zehn Jahre später durch Millikan experimentell geprüft und aufs genaueste bestätigt werden[4]. Wie schnell die gedankliche Entwicklung fortschreitet und wie unaufhaltsam sie auf alle Gebiete der Physik übergreift, zeigt der enthusiastische Überschwang, mit dem *Sommerfeld* im Vorwort zur ersten Auflage seines Werkes über „Atombau und Spektrallinien" (1919) das Weltbild der Quantentheorie schildert. „Was wir heutzutage aus den Spektren heraushören, ist eine wirkliche Sphärenmusik des Atoms, ein Zusammenklingen ganzzahliger Verhältnisse, eine bei aller Mannigfaltigkeit zunehmende Ordnung und Harmonie."

Und doch traten in diesem anscheinend so harmonischen System alsbald schwere Dissonanzen hervor. Der ruhige und geradlinige Fortschritt, der sich in der Entwicklung der klassischen Physik beim Über-

[4] Näheres bei Sommerfeld, Atombau und Spektrallinien, 4. Aufl., 1924, S. 42 ff.

gang von Kepler und Galilei zu Newton, von Newton zu Lagrange zeigt, blieb der Quantentheorie versagt. Sie konnte eine derartige Einfachheit und Geradlinigkeit schon deshalb nicht erreichen, weil sie ständig von einem prinzipiellen Dualismus bedroht blieb. Die Quantenforderung durchbrach das System der klassischen Mechanik und Elektrodynamik; aber sie mußte nichtsdestoweniger fortfahren, dieses Sy/stem zu gebrauchen. Diese doppelte Haltung bildet von Anfang an ein erkenntniskritisches Paradox. Um es zu beheben oder zu mildern, mußte zum mindesten versucht werden, zwischen den beiden Sprachen, die die Physik jetzt ständig nebeneinander zu gebrauchen hatte, eine bestimmte Verbindung herzustellen. Es mußte eine allgemeine Anweisung gegeben werden, die die Regeln des Gebrauchs beider Sprachen feststellte und darüber belehrte, in welcher Weise die Begriffe der Quantentheorie und die der klassischen Mechanik und Elektrodynamik miteinander vereinbar und sozusagen aufeinander abstimmbar seien. Die klassische Theorie als solche mußte in wesentlichen Zügen modifiziert werden, da sie von der grundlegenden Erfahrungstatsache der Atomphysik — von der Tatsache der Stabilität der Atome und der Existenz scharfer Spektrallinien — keinerlei Rechenschaft zu geben vermochte, ja mit ihnen völlig unvereinbar zu sein schien. Aber ebensowenig ließen sich ihre Gesetze, die ja, innerhalb der Makrophysik, durch eine Fülle von Beobachtungen geprüft und immer wieder bewährt worden waren, einfach opfern. Aus diesem Dilemma versuchte das Bohrsche „Korrespondenzprinzip“ den Ausweg zu weisen; es wurde gewissermaßen der Ariadnefaden im Labyrinth der Quantentheorie. Die Beziehung zwischen der Deutung der Strahlungsvorgänge nach der elektromagnetischen Theorie des Lichts und nach der Quantentheorie wird hier dadurch hergestellt, daß gezeigt wird, daß im Fall mäßiger Quantenzahlen die Aussagen über Intensität und Polarisation der Spektrallinien ineinander übergehen und daß sie sich bei hinreichend großer Quantenzahl einander asymptotisch annähern. Das Korrespondenzprinzip ist, wie Bohr betont, ein Ausdruck für die Bestrebung, ungeachtet des grundsätzlichen Gegensatzes zwischen den Postulaten der Quantentheorie und den klassischen Theorien, jeden Zug dieser Theorien bei dem Ausbau der Quantentheorie in sinngemäßer Umdeutung zu verwerten[5].

---

[5] Bohr, Atomtheorie und Mechanik (1925). In: Atomtheorie und Naturbeschreibung, Berlin 1931, S. 24.

Der Gegensatz zwischen quantentheoretischer und klassischer Betrachtungsweise sollte demnach keineswegs verwischt werden, noch konnte die Kluft zwischen beiden in eigentlichem Sinne überbrückt werden. Aber durch das Korrespondenzprinzip war eine methodische und heuristische Maxime aufgestellt, die den Gang der Forschung leiten und sie lehren sollte, die verschiedenen Typen von / Gesetzen derart zu gebrauchen, daß sie zu einer einheitlichen Beschreibung des Naturgeschehens hinführen[6]. Demselben Bestreben entsprang die Aufstellung der Ehrenfestschen „Adiabatenhypothese". Auch hier wurde die Forderung an die Spitze gestellt, die stationären Zustände eines atomaren Systems – abgesehen von den Phänomenen der Ausstrahlung – so weit wie möglich nach den Gesetzen der klassischen Mechanik zu berechnen. Diese sollten, gemäß dem „Prinzip der adiabatischen Invarianz" nicht nur für isolierte Systeme gelten, sondern auch dann aufrechterhalten bleiben, wenn äußere Einflüsse auf das System einwirkten – wobei nur die Voraussetzung zu machen war, daß die Einwirkung „unendlich-langsam" vor sich gehe. Die „adiabatisch-invarianten" Größen erschienen als diejenigen, die unmittelbar „quantisierbar" waren; es galt also, solche Größen in den klassischen Bewegungsgesetzen ausfindig zu machen, um die Verbindung zwischen den verschiedenen Grundformen von Gesetzen herzustellen[7]. Den unmittelbaren Anforderungen der physikalischen Forschung schien damit zunächst genügt. Aber daß man bei dieser Auffassung nicht endgültig stehenbleiben konnte, ist verständlich: denn, erkenntnistheoretisch betrachtet und beurteilt, trägt sie doch weit eher den Charakter eines Kompromisses als einer endgültigen Lösung. Es behält zweifellos etwas Unbefriedigendes, wenn bestimmte Begriffe zunächst hingenommen werden, um nachträglich, durch Einschränkung auf gewisse Bedingungen, korrigiert und erst durch diese Korrektur wirklich gerechtfertigt und in ihrem Gebrauch sichergestellt zu werden. Die Regeln für die „Quantelung", die man in der älteren

---

[6] Für die Geschichte und Formulierung des Bohrschen Korrespondenzprinzips verweise ich auf die knapp-zusammenfassende Darstellung von H. A. Kramers, Das Korrespondenzprinzip und der Schalenbau der Atome, Naturwiss. Bd. 11, 1923, S. 550 ff., vgl. auch Kramers u. Holst, The Atom and the Bohr Theory of its structure, London 1923, S. 139 ff.

[7] Näheres in der Darstellung von P. Ehrenfest, Adiabatische Transformationen in der Quantentheorie und ihre Behandlung durch Niels Bohr, Naturwiss. Bd. XI, (1923) S. 543 ff.

Quantentheorie anzuwenden hatte, glichen in gewissem Sinne einem „*deus ex machina*". Es waren „heteronome" Regeln, die aus den Prinzipien der klassischen Lehre nicht zu begründen waren. Vom Standpunkt der letzteren blieb die Bohrsche Frequenzbedingung, trotz ihrer Unentbehrlichkeit und ihrer außerordentlichen Fruchtbarkeit, ein Eingriff, dem man ohne eigentliches theoretisches Verständnis gegenüberstand. Sie behielt — / um einen Ausdruck zu brauchen, den Hilbert in anderem Zusammenhang geprägt hat — etwas von einer „Verbotsdiktatur". Von bestimmten Größen der älteren Theorie wurde postuliert, daß sie „quantisierbar" sein müssen, daß sie nur ganzzahlige Werte annehmen dürfen. Läßt sich dieses Verbot nicht nur in seinem „Was", sondern auch in seinem „Warum", nicht nur in seinem ὅτι, sondern auch in seinem διότι begreifen? An diesem Punkte setzen die Bestrebungen der neuen Quantenmechanik ein. Schrödingers Tendenz ging in der Aufstellung der Wellenmechanik ausdrücklich dahin, die Quantisierungsregeln, statt sie als bloße äußere Eingriffe erscheinen zu lassen, dem sachlichen Verständnis näherzubringen. Er forderte eine Quantisierungsmethode, die vollkommen frei davon sein sollte, diese oder jene Größe willkürlich als ganze Zahl postulieren zu müssen. Was verlangt wurde, war ein einheitlicher Aufbau der Physik, der sowohl die gewöhnlichen mechanischen Erscheinungen, bei denen Quantenbedingungen keine merkliche Rolle spielen, wie die typischen Quantenphänomene erfassen sollte. Dieses Ziel wurde dadurch erreicht, daß das physikalische Problem, das hier vorlag, in überraschender Weise auf ein mathematisches zurückgeführt wurde. Die von Schrödinger aufgestellte Differentialgleichung hat, wie allgemein aus der Theorie der Differentialgleichungen erweisbar ist, nur dann eine überall eindeutige, endliche und stetige Lösung, wenn die in ihr auftretenden Parameter gewisse diskrete Werte besitzen. Diese „Eigenwerte" liefern somit, ohne daß es der Hinzunahme irgendwelcher besonderer Annahmen bedürfte, die ausgezeichneten diskreten Werte eines Systems. Die Bohrschen stationären Zustände waren damit als Eigenschwingungsfrequenzen der Schrödingerschen Wellen erklärt[8]. Vom Standpunkt der neuen Wellenmechanik aus gesehen rückt somit die Frage der „Quantelung" in ein neues Licht; die ältere Theorie und ihre Fassung und Deutung der Quantenbedingungen

[8] Vgl. Schrödinger, Vier Vorlesungen über Wellenmechanik, Berlin 1928, Erste Vorlesung.

erschien nur noch als eine „erste Approximation“[9]. Die Forderung der Eindeutigkeit und Endlichkeit der Wellenfunktion liefert jetzt das gesuchte διότι der Quantisierungsregeln. Diese brauchen somit nicht mehr, gleich dem Aristotelischen νοῦς, „von außen her“ (θύραθεν) in die Welt der Physik einzudringen; sie erscheinen „von innen / her“ verständlich und gerechtfertigt. In dieser Hinsicht liegt, wenn man die Entwicklung der Theorie von Plancks Strahlungsgesetz zum Bohrschen Atommodell, von diesem zur neueren Quantenmechanik verfolgt, ein klarer und stetiger Fortgang vor. Daß die Theorie ihr Ziel noch nicht völlig erreicht und daß sie ihr letztes Wort noch nicht gesprochen hat, wird heute wohl allseitig angenommen; aber ebenso sicher ist, daß die Schwierigkeiten, die noch bestehen, nur durch die fortschreitende Erfahrung gelöst werden können. Es handelt sich hier durchaus um die Gewinnung und Begründung „besonderer Naturgesetze“, die, um es Kantisch auszudrücken, „für unseren Verstand zufällig“ sind und über deren Geltung demgemäß nur die empirische Beobachtung entscheiden kann.

Eine ganz andere Frage ist es, ob und in welcher Weise durch diesen Übergang von der klassischen zur quantentheoretischen Auffassung die Bedeutung des Kausalprinzips sich gewandelt hat – ob dieses Prinzip für die naturwissenschaftliche Erkenntnis ungültig oder „leer“ geworden ist. Auf diese Frage ist keine Antwort möglich, ehe nicht eine Bestimmung über den Sinn des Kausalgesetzes selbst getroffen, ehe nicht gesagt worden ist, was mit ihm gemeint und nicht gemeint sein soll. Unsere ganze frühere Untersuchung war auf dieses Problem gerichtet. Wir haben zu zeigen versucht, daß die herkömmliche Fassung des Kausalgesetzes, wie sie durch die „Laplacesche Formel“ ausgedrückt wird, seinem Gehalt und seinem bisherigen „klassischen“ Gebrauch keineswegs völlig gerecht wird. Die Einwände, die – wie wir glauben, mit vollem Recht – gegen diese Formel erhoben worden sind, gelten uns demgemäß noch keineswegs als Einwände gegen das Prinzip der Kausalität. Die wesentliche Bedeutung des Kausalprinzips, wenn man dasselbe im „kritischen“, nicht im metaphysischen Sinne versteht, fanden wir darin, daß es nicht unmittelbar eine Aussage über „Dinge“, sondern eine Aussage über die Erfahrung enthält, in der und kraft

[9] Vgl. hierzu z. B. de Broglie, Einführung in die Wellenmechanik, Lpz. 1929, Kap. 17.

deren uns „Dinge“, als Objekte der Erkenntnis, allein gegeben werden können. Es besagt etwas über den Aufbau der Erfahrungserkenntnis; es stellt die einzelnen Phasen des Weges fest, auf dem die empirische Erkenntnis ihrem Ziele, dem Ziel des „Wissens vom Objekt“ zustrebt. Unsere Frage kann demnach nur lauten, ob in dieser Weg- und Zielbestimmung durch die Problemstellung der Quantentheorie und durch ihre Ergebnisse eine wesentliche Änderung einge/treten ist – ob die Naturerkenntnis fortan ihre Richtung wechseln und ihre Methodik von Grund aus wandeln muß.

Bei der Beantwortung dieser Frage sehe ich zunächst noch von den Unbestimmtheits-Relationen ab, auf deren Bedeutung erst später eingegangen werden soll. Daß sie einen charakteristischen und entscheidenden Zug der quantentheoretischen Betrachtungs- und Erkenntnisweise aufgedeckt haben, ist unbestritten; aber er betrifft, wie mir scheint, nicht sowohl die Struktur und Fügung des physikalischen Systems selbst, als vielmehr die Basis, auf der es sich aufbaut. In ihnen handelt es sich nicht um jene „Hierarchie der Typen“, wie sie unsere frühere Analyse im einzelnen darzulegen versuchte, sondern um die erste Stufe, die Stufe der Maßaussagen selbst, innerhalb deren jetzt eine eigentümliche, vorher nicht beachtete Problematik aufgewiesen wird. Die Unbestimmtheits-Relationen betreffen, wie Planck es ausgedrückt hat, die Unsicherheiten, die bei der Übertragung eines Ereignisses aus der Sinnenwelt in das „physikalische Weltbild“, sowie der Rückübertragung aus dem letzteren in die erstere entstehen – eine Unsicherheit, die, wie sie behaupten, durch keine noch so weit fortschreitende Verfeinerung der Messungsmethoden jemals völlig zu beseitigen ist. Aber die Unbestimmtheit, die damit gegeben ist, berechtigt weder, noch begünstigt sie jene weitreichenden „metaphysischen“ oder „weltanschaulichen“ Konsequenzen, die aus ihr vielfach gezogen worden sind. Schrödinger hat einmal einen „konservativen“ und einen „revolutionären“ Standpunkt innerhalb der Quantentheorie unterschieden. Der erstere nimmt an, daß jedem Naturgesetz, auch wenn wir es nur statistisch formulieren können, ein streng dynamisches zugrunde liegen müsse; der zweite besteht in der Annahme, daß die angeblich-notwendige Verknüpfung, die wir im Naturgeschehen feststellen können, nur das Resultat unzähliger elementarer Ereignisse ist, die völlig regellos verlaufen. Zwischen beiden Auffassungen könne man wählen, da eine endgültige Entscheidung zwischen ihnen weder durch die Erfahrung erbracht, noch durch rationale Schlußfolgerungen erzwungen werden könne[10]. Aber auch wenn man sich an die Aussagen der ausgesprochenen „Revolutionäre“ der neuen Physik hält, so sieht man, daß dieselben zu jenen metaphysischen Folgerungen, die oft aus ihnen gezogen worden sind, keineswegs ermutigen. Denn keiner von / ihnen hat in der wirklichen physikalischen Arbeit auf die Gesetzlichkeit des Geschehens überhaupt verzichten wollen: sie alle haben vielmehr danach gefragt, wie, unter den Bedingungen, unter welchen unsere Naturbeobachtung steht, diese Gesetzlichkeit in einer nichtanfechtbaren Weise auszudrücken und in welcher Weise sie zu begründen ist. Bohr hat keineswegs die Gültigkeit des Kausalbegriffs als solche geleugnet; er hat vielmehr immer wieder betont, daß dieser Begriff für jede Deutung der Meßergebnisse unentbehrlich sei. Der Gedanke, daß die Grundbegriffe, auf denen die klassischen physikalischen Theorien beruhen, jemals für die Beschreibung der physikalischen Erfahrung überflüssig werden könnten, wird von ihm als illusorisch bezeichnet. Was Bohr bestreitet, ist nur, daß es noch länger möglich sei, im Sinne der klassischen Theorien die Kausalbeschreibung der Phänomene direkt an die raum-zeitliche Beschreibung zu binden und mit dieser gewissermaßen zu verschmelzen. Beide ergänzen einander, können aber nicht gleichzeitig miteinander gebraucht und sozusagen in einem Blick zusammengefaßt werden. Wir müssen uns nach dem Wesen der Quantentheorie damit begnügen, die Raum-Zeit-Darstellung und die Forderung der Kausalität als komplementäre, aber einander ausschließende Züge der Beschreibung des Inhalts der Erfahrung aufzufassen, die die Idealisation der Beobachtungs- bzw. Definitionsmöglichkeiten symbolisieren[11]. Weit schärfer drückt sich Heisenberg aus, der in seiner ersten Einführung der Unbestimmtheits-Relationen geradezu erklärt, daß durch dieselben die Ungültigkeit des Kausalgesetzes erwiesen werde[12]. Aber daß auch diese schroffe Absage sich nur gegen eine ganz bestimmte enge Fassung des Kausalsatzes, nicht gegen seinen universellen Sinn richtet, lehrt der weitere Ausbau und die Interpretation, die Heisenberg den physikalischen Prinzipien der Quantentheorie gegeben

[10] Vgl. Schrödinger, The Law of Chance (Science and the human Temperament, S. 40 ff.).

[11] Vgl. Bohr, Das Quantenpostulat und die neuere Entwicklung der Atomistik (1927); Atomtheorie und Naturbeschreibung, Berlin 1931, S. 34 ff.; s. auch den einleitenden Vorbericht zu dieser Sammlung (1929), S. 10 ff.

[12] Zeitschrift für Physik, Bd. 43, 1927, S. 197; vgl. unten S. 255 f.

hat. Denn hier wird die Bohrsche Grundauffassung der „Komplementarität“ durchaus festgehalten. Die Quantentheorie hat nach Heisenberg zwischen zwei Möglichkeiten zu wählen: sie kann die Raum-Zeitbeschreibung aufrechterhalten, muß aber dann die durch die Unbestimmtheits-Relationen gekennzeichnete eigenartige Unbestimmtheit des Begriffes „Beobach/tung“ in den Kauf nehmen, oder aber sie muß sich mit einem mathematischen Schema begnügen, das nicht als einfache Verknüpfung von Dingen in Raum und Zeit gedeutet werden kann, ist aber dann in der Lage, die „Kausalität“ wieder in ihre Rechte einzusetzen[13]. Was schließlich die von Born und Jordan vertretene statistische Deutung der Quantenmechanik betrifft, so betont sie gleichfalls, daß sich eine deterministische Theorie, gemäß der der Ablauf des Geschehens in einem abgeschlossenen System durch den Zustand des Systems zur Zeit $t = o$ vollständig bestimmt sei, nicht länger aufrechterhalten lasse; einer solchen Theorie würde, wenngleich sie widerspruchsfrei denkbar sei, jede Möglichkeit der Anwendung fehlen, da der Anfangszustand sich niemals genau bestimmen lasse. In diesem Sinne wird das Kausalgesetz „leer“ – die Physik ist prinzipiell indeterministisch und daher eine Angelegenheit der Statistik. Aber auch diese Schlußfolgerung wird bei Born alsbald dadurch ergänzt, daß er die statistischen Aussagen als durchaus strenge Aussagen erklärt: die Wahrscheinlichkeiten selbst sind, wie er betont, keineswegs unbestimmt; sie sind vielmehr durch den Formalismus der Quantentheorie streng determiniert[14].

Von einer anderen Seite her läßt sich dieser Sachverhalt verdeutlichen, wenn man die Rolle betrachtet, die das Energieprinzip im Aufbau der Quantenmechanik gespielt hat. Im Lauf der klassischen Physik war es ja eben dies Prinzip gewesen, das sich mehr und mehr als das eigentliche Prototyp streng-kausalen Denkens und Schließens erwiesen hatte. Die Vertreter einer strengen Energetik neigen dazu, Energiebegriff und Kausalbegriff geradezu ineinander aufgehen zu lassen, sie erklären, daß der Kausalbegriff seine einzige wahrhafte Erfüllung und seine adäquate physikalische Darstellung im Energiebegriff, und nur in ihm, besitze. „Da alle Geschehnisse in räumlichen oder zeitlichen Änderungen der Energie bestehen“ – so erklärt z. B. W.

[13] Heisenberg, Die physikalischen Prinzipien der Quantentheorie, Lpz. 1930, S. 47 ff.

[14] Born, Quantenmechanik und Statistik, Naturwiss., Bd. 15 (1927), S. 240 ff.; vgl. Elementare Quantenmechanik, Kap. 6.

Ostwald – „so ist diese Form des Kausalgesetzes auch in gewissem Sinne erschöpfend ... In ... bestimmterer Gestalt heißt also das Kausalgesetz, ‚es geschieht nichts ohne äquivalente Umwandlung einer oder mehrerer Energieformen in andere‘[15].“ Man kann diese / Koinzidenz des ersten Hauptsatzes mit dem allgemeinen Kausalsatz mit erkenntnistheoretischen Gründen bestreiten; aber unleugbar ist, daß das kausale Denken ein wesentliches Moment im „energetischen“ Denken bildet. Hält man also das letztere fest, so hat man damit das erstere implizit mitgesetzt und anerkannt. Und dieses Festhalten ist ja auch für die Quantenmechanik charakteristisch. In der Entwicklung der Quantentheorie sind bisweilen auch gewisse Zweifel an der Strenge und allgemeinen Gültigkeit des Energiesatzes geäßert worden; und einzelne Forscher waren dazu bereit, diesen Satz aufzuopfern. Aber dieses Opfer hat sich nicht als notwendig und nicht als durchführbar erwiesen. Die Quantenmechanik hat vielmehr die Erhaltungssätze von Energie und Impuls aufrechterhalten und unverändert in ihren eigenen Besitzstand übernommen. Diese Sätze scheinen zum Grundgerüst jeglicher exakten Naturbeschreibung zu gehören – zu jenen „Invarianten“, die von jeder besonderen Form, die das System der physikalischen Erklärung annimmt, unabhängig sind. Gerade die theoretisch-wichtigsten und fruchtbarsten Erklärungen bestimmter Grundphänomene der Quantentheorie bauen sich auf ihnen auf. In der Theorie des Photoeffekts wie in der des Compton-Effekts werden für die Zusammenstöße zwischen Lichtquanten und Elektronen und den dadurch bedingten Energieaustausch die Erhaltungssätze von Energie und Impuls als gültig postuliert. In den Diskussionen dieses Problems, die neuerdings geführt worden sind und die, soviel ich sehe, noch zu keinem sicheren Abschluß gelangt sind, ist freilich auch der Gedanke geäußert worden, daß vielleicht dem Satz von der Erhaltung der Energie nur eine statistische Bedeutung zukomme, so daß Abweichungen von ihm im Einzelfalle möglich seien[16]. Faßt man jedoch die gegenwärtige Form der Quantenmechanik ins Auge, so

[15] W. Ostwald, Vorles. über Naturphilosophie, Lpz. 1902, S. 296.

[16] Die u. a. von Bohr ausgesprochene Vermutung, daß beim atomaren Einzelprozeß sowohl vom Energiesatz wie vom Impulssatz Ausnahmen vorkommen können, so daß diese Sätze nur als statistische, d. h. für eine große Zahl von atomaren Einzelprozessen geltend anzusehen wären, hat durch experimentelle Nachprüfungen nicht erhärtet werden können. Über den gegenwärtigen Stand dieser Frage vgl. N. *Bohr* und *Dirac* Nature 137 (1936), S. 298 u. 344.

scheint sich hier der Wandel in der Anwendung des Energiebegriffs darauf zu beschränken, daß, nach den Anschauungen der Quantentheorie, die Frage nach der Bestimmung des Energiezustandes eines Systems in einem gegebenen / Augenblick sich als viel komplexer als bisher erweist und daß auch die Existenz von Zuständen angenommen wird, denen überhaupt keine bestimmte Energie entspricht. Aber die Geltung des Energiesatzes als solche wird dadurch nicht umgestoßen, sie liegt auch den statistischen Voraussagen der Quantenmechanik zugrunde. –

Und noch auf einen anderen Umstand muß hingewiesen werden, der von vornherein vor jenem kritiklosen Gebrauch des Wortes „Indeterminismus" warnen sollte, der in der populären Diskussion so häufig ist. In einer seiner letzten Darlegungen über die gegenwärtige Situation in der Quantenmechanik[17] hat Schrödinger betont, daß, wenn es sich auch in der Quantenmechanik im allgemeinen um Wahrscheinlichkeits-Aussagen handle, diese Aussagen doch, auf der anderen Seite, durch eine besondere Genauigkeit ausgezeichnet seien. Wenn man z. B. die Energie eines Planckschen Oszillators messe, so sei die Wahrscheinlichkeit dafür, einen Wert zwischen E und E' zu finden, nur dann möglicherweise von Null verschieden, wenn zwischen E und E' ein Wert aus der Reihe $3\pi h\nu$, $5\pi h\nu$, $7\pi h\nu$, $9\pi h\nu$ ... liegt. Alle anderen Meßwerte, die nicht durch ungerade Vielfache der „Modellkonstante" $\pi h\nu$ ausdrückbar sind, sind ausgeschlossen. Diese Aussage – so fügt Schrödinger hinzu – leidet wirklich nicht an einem übertriebenen Mangel an Präzision, ganz im Gegenteil, sie ist schärfer, als eine wirkliche Messung je sein kann. Und wie für die Maßaussagen der Quantentheorie, so gilt auch für alle ihre Gesetzes- und Prinzipien-Aussagen die gleiche Verschärfung. So verlangt z. B. das Hamiltonsche Prinzip in seiner klassischen Form nur, daß ein gewisses Integral ein Minimum sein muß, ohne den numerischen Wert dieses Minimums zu bestimmen, während die Quantentheorie die Bedingung hinzufügt, daß dieser Wert ein ganzzahliges Vielfaches des Planckschen Wirkungsquantums sein müsse. Von einem grundsätzlichen Mangel an Präzision in den Aussagen der Quantentheorie kann also nur gesprochen werden, solange man sich noch nicht von dem Vorurteil befreit hat, daß statistische Aussagen notwendigerweise „unscharfe" Aussagen seien. In Wahrheit handelt es sich in ihnen um strenge Aus-

[17] S. Naturwissenschaften, Bd. 23, 1935, S. 807 ff.

sagen, die sich jedoch nicht auf ein einzelnes Ding oder Ereignis, sondern auf bestimmte Kollektive beziehen (Vgl. ob. S. 234f.). Wenn in der Lehre vom radioaktiven Zerfall davon ausgegangen wird, daß für jeden Stoff eine gewisse Wahrscheinlichkeit dafür besteht, daß ein beliebig herausgegrif/fenes Atom in einer beliebig herausgegriffenen Zeiteinheit zerfällt, wenn gezeigt wird, daß es ein bestimmtes Exponentialgesetz gibt, das den Zerfall bestimmt, und wenn danach die „Stammbäume" der verschiedenen „radioaktiven Familien" aufgestellt werden — so sind dies alles höchst exakte Feststellungen, wenngleich durch sie nichts über das Schicksal des *einzelnen* Atoms und den Augenblick seines Zerfalls ausgesagt ist. Eine Durchbrechung der „Kausalität" ist dadurch nicht gegeben; denn die Kausalität ist überhaupt keine „Schicksalsfrage", sondern sie ist, einfach und nüchtern, eine Gesetzesfrage. So sollte man denn auch in der Quantentheorie das Problem ausschließlich in diesem, dem allein-„kritischen" Sinne, verstehen. Man hat gelegentlich die These des Indeterminismus so ausgedrückt, daß der Weg, den ein einzelnes Elektron nehmen wird, nicht naturgesetzlich vorgeschrieben sei, sondern daß das Elektron innerhalb gewisser Grenzen „wählen" kann, und daß, welche Wahl schließlich erfolgt, gewissermaßen durch ein „Würfelspiel der Natur" entschieden werde[18]. Aber zu einem echten Indeterminismus, der diesen Namen wirklich verdient, käme man erst dann, wenn man sich entschlösse, hier noch einen Schritt weiter zu gehen; wenn man den Angriff, statt ihn gegen die Bestimmtheit des Einzelgeschehens zu richten, vielmehr gegen die Bestimmtheit der *Gesetze* richtete, durch die wir dieses Geschehen beherrscht denken. Das „Würfelspiel der Natur" nähme alsdann eine andere Form an — es gälte jetzt nicht mehr, durch dasselbe eine Entscheidung über den Weg des einzelnen Elektrons zu treffen, sondern es würde etwa der Frage gelten, ob die Natur in einem gewissen Augenblick dieses oder jenes Gesetz zur Anwendung bringen, ob sie „von Fall zu Fall" ihre Gesetze in einer für unsere Erkenntnis unkontrollierbaren Weise abändern könne. Aber es ist klar, daß schon die *Formulierung* der Frage in diesem Sinne einen unzulässigen Anthropomorphismus in sich schließt. Es ist eine falsche Hypostasierung, wenn wir die „Natur" als ein für sich bestehendes Subjekt denken, als ein wirkendes oder leidendes „Ding". Wir ver-

[18] Vgl. hierzu Hugo Bergmann, Der Kampf um das Kausalgesetz in der jüngsten Physik, Braunschweig 1929, S. 55.

fallen diesem Fehler, gleichviel ob wir die Natur als ein selbständiges Agens ansehen, das in gewissen Augenblicken „eine Wahl treffen" kann[19], / oder ob wir sie strengen und unerbittlichen Gesetzen unterworfen denken, denen sie sich nicht entziehen kann. Im strengen physikalischen Sprachgebrauch ist die „Natur" nichts als ein Inbegriff von Relationen, von Gesetzen – und auf einen solchen Inbegriff, auf eine derartige reine „Form" ist die Kategorie des Wirkens oder Leidens nicht anwendbar. So muß auch für die Entscheidung der Determinismus-Forderung der Hebel an einer anderen Stelle angesetzt werden. Auch diese Forderung darf nicht unmittelbar und in erster Linie an das materielle Geschehen selbst, sondern sie muß an die „Form" der Naturerkenntnis, an die Struktur ihrer Grundbegriffe und Prinzipien, gerichtet werden. Die Bestimmtheit, die logische Determination dieser Begriffe und Prinzipien wird nicht aufgehoben, wenn sich zeigen sollte, daß das Geschehen innerhalb der Atomphysik nicht länger durch dynamische Gesetze des „klassischen" Typus, sondern nur durch statistische Gesetze darstellbar ist.

Eddington hat einmal, in seiner Verteidigung der These des „Indeterminismus", einen witzigen Vergleich geprägt. Er stellt die Wandlung, die sich im Denken der modernen Physik vollzogen hat, mit der ökonomischen Wendung zusammen, die sich daraus ergeben habe, daß in neuerer Zeit viele Staaten dazu übergegangen seien, ihr Geld- und Währungswesen auf eine neue Grundlage zu stellen. Wie es sich im letzteren Fall gezeigt habe, daß eine Änderung der Währungspolitik nicht notwendig eine Erschütterung der Ökonomie und des wirtschaftlichen Kredits nach sich ziehen müsse, so brauche auch der Wahrheitswert der physikalischen Aussagen durch ihre Umgestaltung nicht zu leiden. Die Geltung der streng dynamischen Gesetze sei nicht weiter aufrechtzuerhalten – aber es habe sich gezeigt, daß sie für die Funktion, die die Physik im Ganzen der Erkenntnis zu erfüllen habe, entbehrlich seien. Die dynamischen Gesetze galten bisher als das eigentliche und notwendige Fundament der physikalischen Begriffsbildung überhaupt. „Sie waren das Gold, das man in den Kellern der Physik aufhäufte und bewahrte; die statistischen Gesetze waren nur das Papiergeld, das für die wirklichen Zahlungen gebraucht wurde. Niemand achtete darauf; man

[19] En 1927, à Bruxelles, Dirac disait: „A certains moments, la nature fait un choix". (Langevin, La notion de corpuscules et d'atomes, Paris 1934, S. 33).

fand es natürlich und selbstverständlich, daß das Papiergeld durch Gold gedeckt war. Aber die Krise kam — und die Physik gab den Gold-Standard auf. Diese Entwicklung hat sich erst neuerdings vollzogen — und die Meinungen über ihr Endergebnis sind noch sehr geteilt. Manche Forscher, wie Einstein, befürchten / eine verhängnisvolle Inflation und bestehen auf einer Rückkehr zur Golddeckung. Aber die meisten Physiker beginnen sich zu fragen, warum man denn dem Gold, das jetzt nur noch eine müßige Rolle zu spielen hätte, eine derartige Kraft zuschreiben soll und warum man künftig nicht ganz auf dasselbe verzichten wolle[20]."

Die Parallele, die hier gezogen wird, kann in der Tat dazu benutzt werden, die erkenntnistheoretische Problemlage zu erläutern, zu der die Entwicklung der modernen Atomphysik hingeführt hat. Kein noch so radikaler „Indeterminist" wird, wie mir scheint, bereit sein, eine reine „Papierwährung" in das System der physikalischen Erkenntnis einzuführen. Die Aussagen der Physik mögen einen rein-symbolischen Charakter tragen; aber immer wird man schließlich für das Ganze dieser Symbole irgendeine Anknüpfung an die „Wirklichkeit", irgendein *„fundamentum in re"* verlangen müssen. Ohne die Befriedigung dieser Forderung wäre es um den Wahrheitswert der Physik geschehen, wäre ihr logischer „Kredit" ein für allemal dahin. Es kann sich daher, wenn man den Wissenschaftscharakter der theoretischen Physik aufrechterhalten will, nicht darum handeln, auf die „Deckung" für ihre Begriffe und Urteile überhaupt zu verzichten; die Frage kann nur lauten, an welcher Stelle wir sie zu suchen haben. Auch die moderne Atomphysik muß gewisse letzte, objektiv-gültige Grundbestimmungen ansetzen, auf denen sie den eigentlichen Besitzstand der Erkenntnis gründet. Aber sie formuliert diesen Besitzstand nicht mehr in derselben Weise, als es im System der klassischen Physik der Fall war. Die Hoffnung, daß es jemals gelingen könnte, alle Aussagen der Physik auf den einen Typus der klassischen, dynamischen Gesetze zurückzuführen, scheint mehr und mehr zu schwinden. Statt nach einer solchen Reduktion zu suchen, müssen wir bereit und gewärtig sein, die statistischen Gesetze als einen eigenen und fundamentalen Typus physikalischer Aussagen anzuerkennen. Sie müssen als nicht weiter ableitbare, als gleich-ursprüngliche und als gleich-berechtigte Erkenntniselemente bewertet werden. Die „Deckung"

[20] Eddington, New Pathways in Science, S. 83 f.

für unsere physikalischen Urteile hat sich damit allerdings verschoben; aber sie ist keineswegs aufgegeben. Sie besteht nunmehr in dem, was sich als invariant gegenüber dieser Verschiebung erweist. Irgendeinen „Archimedischen Punkt", irgendeine sichere, durch keine „Unbestimmtheit" bedrohte Basis muß es geben, wenn der Aufbau der neuen Physik / gelingen soll. Auch Bohr und Heisenberg haben immer wieder die Notwendigkeit einer solchen Basis betont. In seiner knapp zusammenfassenden Übersicht über die Entwicklung der Quanten-Mechanik[21] legt Heisenberg dar, daß auch in der neuen Physik das Verhalten des Beobachters sowohl wie sein Meßapparat nach den Gesetzen der klassischen Physik diskutiert werden müsse, da sonst überhaupt kein physikalisches Problem vorliege. Innerhalb der Meßapparate werde alles Geschehen im Sinne der klassischen Theorie als determiniert angesehen, was auch die notwendige Voraussetzung dafür bilde, daß aus einem Messungsergebnis eindeutig geschlossen werden könne, was geschehen ist. Allgemein besteht, wie Heisenberg weiter ausführt, das Verfahren der Quantenmechanik darin, jeder Größe der klassischen Mechanik, z. B. dem Impuls oder der Energie der Elektronen, eine korrespondierende Matrize zuzuordnen. Um von hier über eine bloße Darstellung des empirischen Sachverhalts hinauszukommen, müssen dann die den verschiedenen Größen zugeordneten Matrizen gesetzmäßig miteinander verknüpft werden, ähnlich wie die entsprechenden Größen in der klassischen Mechanik durch die Bewegungsgleichungen verknüpft werden. Auf Grund dieses Verfahrens gelingt es dann auch in der Quantenmechanik die Gesetze nachzuweisen, die für die klassische Mechanik grundlegend waren, und insbesondere die zeitliche Konstanz von Energie, Impuls und Drehimpuls aufrecht zu erhalten. Eine andere wesentliche Bestimmtheit und Beständigkeit ist darin gegeben, daß an der Unveränderlichkeit gewisser fundamentaler Größen festgehalten und diese bei allen theoretischen Darstellungen des Naturgeschehens vorausgesetzt wird. Es wird ein bestimmtes System universeller Naturkonstanten angesetzt; es wird z. B. die Lichtgeschwindigkeit, die Ladung oder Masse eines Elektrons, die Masse eines Protons usf. als eine durchaus-bestimmte Größe betrachtet, die stets denselben festen Wert besitzt. In solchen Bestim-

[21] Nobel-Vertrag 1933; s. den Sammelband: Die moderne Atomtheorie. Die bei der Entgegennahme des Nobelpreises 1933 in Stockholm gehaltenen Vorträge, Lpz. 1934.

mungen liegen – um es in der Sprache des Eddingtonschen Gleichnisses auszudrücken – die eigentlichen „Goldwerte“ der neuen Physik. Und daß die Quantentheorie von *diesem* Standard nicht abgegangen ist und nicht abgehen konnte, das ergibt sich schon daraus, daß sie, in ihrer Entstehung und Fortentwicklung, durchaus an eben / dieses methodische Ideal gebunden ist. Das eigentliche Resultat, auf dem sie sich aufbaut, bestand ja gerade in der Entdeckung, daß es eine *universelle Naturkonstante* gibt, die allem Naturgeschehen, wie es im einzelnen beschaffen sein möge, ihren Stempel aufdrückt. Bei allen quantentheoretischen Erwägungen und Versuchen wird die allgemeine Geltung dieser Konstante vorausgesetzt, deren numerischer Wert sich, durch wie vielfältige Methoden er auch nachgeprüft werden mag, immer wieder als derselbe ergibt. Alle Einzelbestimmtheiten, wie sie etwa im Planckschen Strahlungsgesetz, in der Balmerserie des Wasserstoffspektrums, in der Formel über die Atomwärme usf. gegeben sind, führen immer wieder auf diese allgemeine Bestimmtheit zurück. Das elementare Wirkungsquantum bezeichnet sozusagen den festen Rahmen, in den sich alle Aussagen der Quantentheorie einordnen; und die Sicherheit und Festigkeit dieses Rahmens sollte für sich allein schon genügen, um den „Indeterminismus“ der Theorie vor jenen spekulativen Umdeutungen zu schützen, denen er beim Übergang von der Physik zu den allgemeinen „weltanschaulichen“ Folgerungen ausgesetzt war. –

Daß auch die Unbestimmtheits-Relationen aus diesem Rahmen des „quantentheoretischen Determinismus“ nicht heraustreten können und nicht heraustreten wollen, ist ersichtlich. Denn ihr eigentlicher Sinn und Gehalt läßt sich ja erst verstehen, wenn man das feste Gerüst der Quantentheorie als gegeben und als allgemeingültig voraussetzt. Die Unbestimmtheits-Relationen verzichten so wenig auf die Annahme strenger Naturgesetze, daß sie vielmehr eine Anweisung geben wollen, wie zu diesen Gesetzen zu gelangen sei und wie sie formuliert werden müssen, um den Bedingungen unserer Erfahrungserkenntnis gerecht zu werden. In der ersten Einführung der Unbestimmtheitsrelationen geht Heisenberg von der Erwägung aus, daß alle physikalischen Aussagen insofern einen relativen Charakter haben, als sie niemals den Zustand des beobachteten Objekts als solchen in seinem reinen „An-Sich“, sondern nur in Beziehung zu dem jeweiligen Beobachtungsmittel ausdrücken können. Die Bedingtheit, die sich hieraus ergibt, kann außer acht gelassen werden, solange wir im Gebiet der Makrophysik stehen bleiben; aber sie gewinnt eine entscheidende Bedeutung, sobald wir uns den Phänomenen der Mikrophysik zuwenden. Denn hier bewegen wir uns innerhalb einer Größenordnung, in der der erwähnte Umstand sich nicht länger vernachlässigen / läßt. Es ist diese Abhängigkeit vom Beobachtungsmittel, die es uns prinzipiell und ein für allemal verwehrt, Aussagen zu machen, die ein gewisses Maß von Bestimmtheit überschreiten. Die wichtigste, auch in erkenntnistheoretischer Hinsicht bedeutsame Folgerung, die Heisenberg aus diesem Sachverhalt zieht, besteht darin, daß durch ihn nicht etwa nur eine Schranke unserer Experimentiertechnik, sondern eine Schranke unserer physikalischen Begriffsbildung bezeichnet wird. Wo immer wir einen physikalischen Begriff bilden, müssen wir uns, sofern derselbe nicht leer oder zweideutig werden soll, dieser Schranke erinnern. Sprechen wir z. B. vom „Ort eines Elektrons", so müssen wir bestimmte Experimente angeben, mit deren Hilfe man diesen Ort zu messen gedenkt. Man wird also etwa das Elektron beleuchten und unter einem Mikroskop betrachten. Es zeigt sich dann, daß die Ortsbestimmung um so genauer wird, je kleiner die Wellenlänge des benutzten Lichtes ist. Aber eine je geringere Wellenlänge man wählt, umso mehr macht sich auf der anderen Seite der Nebenumstand des „Comptoneffekts" geltend: das Licht, das das Elektron trifft und das an diesem reflektiert oder abgebeugt wird, verändert den Impuls des Elektrons. Das Elektron erfährt einen Rückstoß, der um so größer ist, je größer wir die Frequenz, respektive je kleiner wir die Wellenlänge des Lichtes wählen. Hieraus folgt, daß und warum es prinzipiell nicht möglich ist, gleichzeitig mit beliebiger Genauigkeit Ort und Geschwindigkeit eines Elektrons zu messen. Je schärfer die Ortsbestimmung wird, umso ungenauer muß die Geschwindigkeitsmessung werden und umgekehrt. Bezeichnen wir mit Δx den bei der Ortsmessung, mit Δmv den bei der Impulsmessung begangenen Fehler, so gilt, daß das Produkt beider Größen niemals unter einen gewissen Betrag herabgedrückt werden kann, der von der Größenordnung des elementaren Wirkungsquantums ist.

Wollen wir uns die erkenntnistheoretische Bedeutung der Unbestimmtheits-Relation klarmachen, so müssen wir zwischen dem hier aufgewiesenen Sachverhalt und den Folgerungen unterscheiden, die Heisenberg an ihn geknüpft hat. Heisenberg deutet diese Relation so, daß sie unmittelbar eine Leugnung des Kausalgesetzes in sich schließt. „An der scharfen Formulierung des Kausalgesetzes" – so sagt er –: ‚Wenn wir die Gegenwart genau kennen, können wir die Zukunft bestimmen', ist nicht der Nachsatz, sondern die Voraussetzung falsch. Wir können die Gegenwart in allen Bestimmungsstücken prin/zipiell nicht kennen lernen ... Weil alle Experimente den Gesetzen der Quantenmechanik (und damit der Gleichung $\Delta x \cdot \Delta mv \geqq h$) unterworfen sind, so wird durch die Quantenmechanik die Ungültigkeit des Kausalgesetzes definitiv festgestellt[22]." Was wir an dieser Argumentation bestreiten, ist nur der eine Umstand, daß hier eine wirklich „scharfe Formulierung des Kausalgesetzes" vorliegt. Heisenbergs Beweisführung wendet sich ausschließlich gegen eine bestimmte Fassung des Kausalprinzips, von der wir gesehen haben, daß sie, auch wenn wir von den Unbestimmtheits-Relationen ganz absehen, mit schweren theoretischen Mängeln behaftet ist. Setzen wir an die Stelle dieser ungenauen Formel die kritisch-gereinigte Fassung ein, wie sie innerhalb der klassischen Physik z. B. von Helmholtz gegeben worden ist[23], drücken wir die Forderung der Kausalität lediglich durch die allgemeine Forderung der Gesetzlichkeit aus, so bilden die Heisenbergschen Unbestimmtheits-Relationen keine Gegeninstanz zu ihr. An eben der Stelle, an welcher er den Kausalsatz, in der von ihm vorausgesetzten Fassung, für ungültig erklärt, erklärt Heisenberg, daß in allen Fällen, in denen in der klassischen Theorie Relationen bestehen, zwischen Größen, die wirklich alle exakt meßbar sind, die entsprechenden exakten Relationen auch in der Quantentheorie gültig bleiben (Impuls- und Energiesatz). In der Tat bietet schon die Ableitung und der Beweis der Unbestimmtheits-Relationen, wie sie von Heisenberg gegeben werden, einen Beleg dafür, daß hier keineswegs das kausale Denken und Folgern als solches bestritten werden soll. Denn die Theorie des Compton-Effekts, auf die sich diese Ableitung stützt, macht ja von eben diesem Denken einen ganz bestimmten Gebrauch. In ihr ist zwar von dem Mechanismus der Wechselwirkung zwischen den Elektronen und Photonen nicht in dem Sinne die Rede, daß man bestimmte Wechselwirkungskräfte zwischen Materieteilchen und Lichtquanten einführt und den Zeitablauf der betrachteten Vorgänge in üblicher mechanischer Weise beschreibt. Auch die Richtungen, in denen das Teilchen und das Photon nach dem Zusammenprall weiterschreiten, lassen sich nicht streng bestimmen. Wohl aber werden auf die Zusammenstöße zwischen Lichtquanten und Elektronen die mechanischen Stoßgesetze für

[22] Heisenberg, Über den anschaulichen Inhalt der quantentheoretischen Kinematik und Mechanik, Zeitschr. f. Physik, Bd. 43, 1927, S. 197.
[23] Vgl. ob. S. 198 ff.

Massenpunkte / in der Weise angewandt, daß man die Endergebnisse nach den Erhaltungssätzen für Energie und Impuls auf der einen Seite, nach der Planckschen Beziehung zwischen Energie und Frequenz andererseits, bestimmt[24]. Das Grundpostulat der Quantentheorie wird also hier in bestimmter und charakteristischer Weise mit den Sätzen der Erhaltung der Energie und der Bewegungsquantität verbunden, welch letztere, wie bereits betont wurde, als reine und typische „Kausalsätze" anzusehen sind. Aus diesem Zusammenhang geht unzweifelhaft hervor, daß die Unbestimmtheits-Relationen keineswegs die Brücke zwischen Quantentheorie und klassischer Physik und damit auch nicht die Brücke zwischen der ersteren und dem „Kausalprinzip" abgebrochen haben. Sie können somit zwar die Formel des Kausalprinzips berichtigen, aber sie können seinen Gehalt nicht schlechthin verleugnen und umstoßen. Worin besteht diese Berichtigung und welches ist ihr eigentliches, erkenntniskritisch-bedeutungsvolles Ergebnis?

Auf diese Frage erhalten wir eine klare Antwort, wenn wir auf der einen Seite den Sinn der Unbestimmtheits-Relationen, auf der anderen Seite die logische Form des Kausalsatzes ins Auge fassen. Die letztere kann durch einen reinen Bedingungssatz ausgedrückt werden, der sich durch die Formel: *Wenn x, so y*, aussprechen läßt. Was läßt sich über diese Formel und ihre Gültigkeit sagen, wenn sich in das Vorderglied der Relation, in das Glied *x* eine Unbestimmtheit oder „Falschheit" eingeschlichen hat? Schon die traditionelle Logik antwortet hierauf, daß diese Falschheit nicht notwendig die von *y* nach sich zieht und daß noch weniger durch sie die allgemeine Geltung der Relation als solche angetastet wird. Nach bekannten logischen Regeln läßt sich aus dem Satz: „*Posita conditione ponitur conditionatum*" durch „Kontraposition" zwar der Satz: „*Sublato conditionato tollitur conditio*", aber nicht der Satz: „*Sublata conditione tollitur conditionatum*" ableiten. Aristoteles drückt dies in der Form aus, daß man aus wahren Prämissen nichts Falsches erschließen könne, daß aber die Falschheit einer Prämisse noch nicht die Falschheit des Schlußsatzes ergebe, sofern man nur das „Daß", nicht das „Weil" dieses letzteren betrachtet (πλὴν οὐ διότι ἀλλ' ὅτι)[25]. Belehren uns also die Unbestimmtsheits-Relationen darüber, daß bestimmte Kausal-Urteile der / Physik eine falsche Prämisse enthalten, so ist damit

[24] Näheres hierüber z. B. bei Frenkel, Einführung in die Wellenmechanik, Berlin 1929, Kap. 1, § 4.

[25] Aristoteles, Analyt. priora II, 2.

über die reine Form des hypothetischen Schlusses, der in ihnen benutzt wird, noch nichts gesagt. Das Schluß-Schema: *wenn x, so y*, ist nicht außer Kraft gesetzt: es wird nur behauptet, daß, um dieses Schema brauchbar, um es physikalisch anwendbar zu machen, zuvor in jedem einzelnen Falle geprüft werden muß, ob die Glieder, die wir in dasselbe eingesetzt haben, exakt meßbare Größen sind. Das Problem bezieht sich, mit anderen Worten, nicht auf die Kausal-Relation als solche, sondern auf die Leerstellen dieser Relation. Die Werte für das Argument *x* müssen „zulässige" Werte sein, damit die Kausalrelation einen bestimmten eindeutigen Sinn erhält. Zulässig aber sind, vom Standpunkt der Physik, nur solche Werte, die durch ein gewisses Messungsverfahren, das genau angegeben werden muß, bestimmbar sind. Durch diese einschränkende Bedingung erst erhält das „Kausalprinzip" eine physikalisch-faßbare Bedeutung, und auf sie bleibt sein legitimer Gebrauch eingeschränkt.

Das allgemeine Prinzip, das damit aufgestellt wird, ist, wenn man seinen rein erkenntnistheoretischen Gehalt ins Auge faßt, nicht neu – und es hat auch in der Geschichte der Physik eine lange und bedeutungsvolle Vorgeschichte. Newton hat dieses Prinzip unter die methodischen Grundregeln aufgenommen, die er als „Regulae philosophandi" bezeichnet. Hier drückt es sich in der Form aus, daß die Physik zur Erklärung natürlicher Phänomene nur solche Ursachen zulassen dürfe, die „wahr" sind und die zu dieser Erklärung ausreichen: *„causas rerum naturalium non plures admitti debere, quam quae et verae sunt et earum phaenomenis explicandis sufficiant"*[26]. Die Forderung der *„vera causa"* scheint hier auf den ersten Blick eine logische Übereinstimmung zu sein. Aber sie schließt einen sehr klaren und prägnanten Sinn in sich; sie erklärt jede angebliche Ursache für fiktiv, die sich nicht auf irgendeinem Wege, sei es mittelbar oder unmittelbar, experimentell nachprüfen läßt. Seitdem ist diese Newtonsche Forderung der „Verifikation" zur methodischen Maxime der gesamten physikalischen Forschung geworden. Aber Newtons eigenes Beispiel lehrt, daß mit der Aufstellung dieses Prinzips seine konsequente Befolgung noch keineswegs verbürgt war. Denn die Frage, welche Größen denn nun im strengen Sinne als „beobachtbar" zu gelten haben, erfordert in jedem Einzelfalle eine sorgsame Untersuchung. Für Newton ist der / Trägheitssatz zweifellos ein echtes und

[26] Philosophiae natural. princ. math., Lib. III.

allgemeingültiges Naturgesetz; er ist das Axiom, auf dem seine gesamte Mechanik beruht. Aber prüft man die Fassung, die er diesem Satze gegeben hat, so findet man, daß sie nur dann einen verständlichen physikalischen Sinn gewinnt, wenn man den „absoluten Raum" als dasjenige Bezugssystem einführt, relativ zu dem ein „sich selbst überlassener Körper" sich geradlinig und gleichförmig bewegen soll. Der absolute Raum gilt hierbei als „*vera causa*"; er ist zwar, wie Newton betont, nicht unmittelbar empirisch-gegeben, wohl aber lassen sich bestimmte Experimente, wie z. B. das bekannte Faden-Experiment, angeben, durch die wir unterscheiden können, ob in bestimmten Fällen eine absolute oder eine nur-relative Bewegung vorliegt. Leibniz hat diese Behauptung bestritten; er erklärt den absoluten Raum für eine rein fiktive Größe, die daher in die Formulierung der Naturgesetze nicht aufgenommen werden dürfe. Und im Zusammenhang mit dieser Kritik gelangt er dazu, das Prinzip der „Beobachtbarkeit" *(principe de l'observabilité)* zuerst in allgemeiner Form explizit auszusprechen[27] und es als einen methodischen Fundamentalsatz der Physik[28] zu behandeln. Aber in der folgenden Entwicklung der Physik, die völlig durch die Autorität Newtons beherrscht wird, bleibt dieser Satz zunächst völlig im Hintergrund. Erst in den letzten Jahrzehnten des 19. Jahrhunderts wagen sich die ersten kritischen Zweifel gegen die Newtonsche Fassung des Trägheitsprinzips hervor. Durch Carl Neumann, durch Mach, durch Streintz, durch Ludwig Lange werden verschiedene Formulierungen vorgeschlagen, die sämtlich dem Zwecke dienen sollen, den Trägheitssatz mit dem Prinzip der Beobachtbarkeit in Einklang zu setzen. Man versucht ein räumliches „Inertialsystem" und einer „Inertialzeitskala" anzugeben, denen eine konkrete physikalische Bedeutung zukommt, die sich in bestimmten beobachtbaren und meßbaren Größen ausdrücken lassen[29]. Eine wirklich-allgemeingültige und erkenntnistheoretisch-befriedigende Lösung des Problems aber wurde erst durch die allgemeine Relativitätstheorie er-

---

[27] S. Leibniz gegen Clarke, 5. Schreiben, § 52, Hauptschriften, ed. Cassirer-Buchenau I, 188; Näheres in meiner Schrift: Zur Einsteinschen Relativitätstheorie, 1921, S. 37.

[28] Vgl. Nouvelles lettres et opuscules inédits, ed. Foucher de Careil, Paris 1857. „Herculinum illud argumentum, quod ea omnia quae sintne an non sint a nemine percipi potest, nihil sunt."

[29] Zur erkenntnistheoretischen Bedeutung dieser Definitionsversuche vgl. meine Schrift „Substanzbegriff und Funktionsbegriff" (1910), S. 230 ff.

reicht; und wieder/um stützt sich diese Lösung auf die ausdrückliche Feststellung, daß das Kausalitätsgesetz nur dann den Sinn einer Aussage über die Erfahrungswelt hat, wenn als Ursache und Wirkungen letzten Endes nur beobachtbare Tatsachen auftreten[30].

Der gleiche methodische Grundgedanke ist es, der Heisenberg zur Aufstellung seiner Unbestimmtheits-Relationen geführt hat. Aber hier war in der Tat eine neue Aufgabe zu lösen, weil das Problem inzwischen, durch den Übergang zur Atomphysik, eine neue Gestalt angenommen hatte. Planck hat einmal mit Recht darauf hingewiesen, daß sich die Entscheidung darüber, ob eine physikalische Größe prinzipiell beobachtbar ist, oder ob eine gewisse Frage einen physikalischen Sinn hat, niemals a priori, sondern immer erst vom Standpunkt einer bestimmten Theorie aus treffen lasse: der Unterschied der verschiedenen Theorien liege eben darin, daß nach der einen Theorie eine gewisse Größe prinzipiell beobachtbar, eine gewisse Frage physikalisch sinnvoll ist, nach der anderen nicht[31]. Heisenbergs Unbestimmtheits-Relationen haben das Problem vom Standpunkt der Quantentheorie gestellt und es von ihm aus zum ersten Male scharf und präzis beantwortet. Sie zeigen, daß es durch allgemeine Prinzipien der Quantentheorie ein für alle Male ausgeschlossen ist, bestimmte Größenpaare, wie den Ort und den Impuls eines Elektrons, die elektrische und magnetische Feldstärke in einem kleinen Raumgebiet usf. gleichzeitig mit beliebiger Genauigkeit zu messen. Dadurch wird die Anwendung des Kausalsatzes in der Quantentheorie einer Bedingung unterworfen, von der die klassische Physik nicht unmittelbar berührt wurde und von der sie in ihrem Bereich, im Bereich der „Makrophänomene" absehen konnte. Aber die Einführung dieser einschränkenden Bedingung bedeutet keineswegs die Aufhebung des Kausalsatzes; sie weist nur darauf hin, daß er, wenn er physikalisch brauchbar und fruchtbar bleiben soll, bei jedem Übergang zu einem neuen Problemgebiet der Naturerkenntnis einer erneuten scharfen Analyse bedarf. Nur durch eine solche Analyse kann verhütet werden, daß sich in die Formulierung des Kausalsatzes Elemente einschleichen, die prinzipiell-unbeobachtbar sind und die demgemäß seine Anwendung illusorisch machen würden. Von all den verschiedenen Erklärungen des Kausalbegriffs, die die „Kritik der reinen Vernunft" gegeben hat, ist

---

[30] Einstein, Die Grundlagen der allgemeinen Relativitätstheorie (1916). § 2.

[31] Das Weltbild der neuen Physik, 1929, Wege zur. phys. Erkenntnis, S. 199 f.

vielleicht die genaueste und befriedigendste die, in der gesagt wird, daß dieser Begriff nichts anderes als eine Anweisung zur Bildung bestimmter Erfahrungsbegriffe bedeute. „Daß alles, was geschieht, eine Ursache habe, kann gar nicht aus dem Begriffe dessen, was überhaupt geschieht, geschlossen werden; vielmehr zeigt der Grundsatz, wie man allererst von dem, was geschieht, einen bestimmten Erfahrungsbegriff bekommen könne[32]." Die Unbestimmtheits-Relationen haben dieser Feststellung etwas Neues und erkenntnistheoretisch sehr Bedeutsames hinzugefügt. Sie haben gezeigt, daß beim Übergang zu neuen Problemkreisen der naturwissenschaftlichen Erkenntnis die alten Begriffe nicht einfach übernommen und mitgeführt werden dürfen, sondern daß sie in jedem Falle einer neuen Bestimmung und Deutung bedürfen, um ohne Widerspruch anwendbar zu sein. Auch wenn wir den allgemeinen Kausalsatz festhalten, haben wir uns daher, beim Fortgang zu den Phänomenen und Problemen der Atomphysik, zunächst darüber Rechenschaft zu geben, wie wir, unter den veränderten Bedingungen, diesen Satz so benutzen können, daß er seiner allgemeinen Aufgabe gerecht wird – daß er uns lehrt, von dem, was geschieht, einen „bestimmten Erfahrungsbegriff" zu bekommen. Wir können die Erreichung dieses Ziels nicht durch einen dogmatischen Machtspruch erzwingen; wir müssen uns in der Aufstellung bestimmter Erfahrungsbegriffe von der Erfahrung selbst leiten lassen. Zeigt die Erfahrung, daß unserer Beobachtung ganz bestimmte, exakt-formulierbare Grenzen gesetzt sind, so dürfen wir uns in unserer empirischen Begriffsbildung über diese Grenzen nicht willkürlich hinwegsetzen. Wir müssen vielmehr unseren kausalen Urteilen eine solche Fassung geben, daß sie mit ihnen verträglich bleiben: daß sie die neuen Bedingungen, die jetzt für die Anwendung des kausalen Denkens und Schließens aufgewiesen sind, respektieren. Eben dies ist, wie mir scheint, der Weg gewesen, den die Quantenmechanik gegangen ist. Auf die Forderung der Determination als solche hat sie keineswegs verzichtet; aber sie hat neue Begriffsmittel ausarbeiten müssen, um ihr gerecht zu werden und, mittels ihrer, in den neuerschlossenen Tatsachenbereich erfolgreich vordringen zu können. Die Schrödingersche Wellengleichung, das Heisenbergsche quadratische Schema, die Matrizenmechanik von Born und Jordan, die Diracschen Zahlen sind solche Begriffsmittel, durch die eine strenge

[32] Krit. d. r. Vern., 2. Aufl., S. 357 (Ausg. Cassirer, III, 249).

Zuordnung der beobachtbaren Größen ermöglicht / werden soll. In diesem Sinne hat auch Heisenberg ein „Kausalgesetz der Quantenmechanik" aufgestellt, das besagt, daß, wenn zu irgendeiner Zeit gewisse physikalische Größen so genau wie prinzipiell möglich gemessen werden, es auch zu jeder anderen Zeit Größen gibt, deren Wert exakt berechnet werden, d. h. für die das Resultat einer Messung präzis vorhergesagt werden kann[33]. Die Determination ist dadurch wiederhergestellt; aber sie gilt nur für das, was man in der Quantenmechanik als „reinen Fall" bezeichnet, für diejenigen Messungen, die nach quantentheoretischen Grundsätzen keiner Steigerung der Meßgenauigkeit mehr fähig sind.

Wenn sich somit bei näherer Betrachtung zeigt, daß es Arznei, nicht Gift ist, was dem Kausalbegriff durch die Ungenauigkeits-Beziehungen dargereicht wird, wenn diese, richtig verstanden, statt zu einer Beseitigung, vielmehr zu einer Verschärfung des Begriffs hinleiten, indem sie ihn durch die zusätzliche Forderung der „Beobachtbarkeit" ergänzen, so stehen wir doch damit noch nicht am Ende, sondern immer erst am Anfang des Problems. Denn die Schwierigkeit kehrt von anderer Seite her zurück — sie bezieht sich, statt auf die Fassung des Kausalbegriffs auf die Definition des physikalischen Realitätsbegriffs. Und hier scheinen wir von der Scylla in die Charybdis zu geraten. Was hilft es, daß wir die „reinen Fälle" der Quantenmechanik in einer Weise, die ganz den „klassischen" Idealen entspricht, zueinander in Beziehung setzen, daß wir von den Maßaussagen zu strengeren Gesetzes-Aussagen fortgehen können, wenn nichtsdestoweniger die ersteren mit einer grundsätzlichen Unbestimmtheit behaftet bleiben, und wenn demgemäß die Übersetzung der Daten der Sinnenwelt in die physikalische Welt, und die Rückübersetzung von dieser in jene, sich nicht mehr in der Weise vollziehen läßt, die bisher als möglich und verbürgt galt? Und diese Folgerung scheint ja in der Tat gezogen werden zu müssen. Heisenberg drückt dies so aus, daß bei der Beschreibung atomarer Vorgänge ein Schnitt zu ziehen ist zwischen den Meßapparaten des Beobachters und dem Beobachtungsobjekt. Auf beiden Seiten dieses Schnittes, sowohl auf derjenigen, die zum Beobachter führt, wie auf der anderen, die den Gegenstand der Beobachtung enthält, sind alle Zusammenhänge scharf determiniert: hier durch die Gesetze der klassischen Physik, nach denen die Meßapparate zu beschreiben sind, dort durch die Differentialglei-/

[33] Die physikalischen Prinzipien der Quantentheorie, S. 45.

chungen der Quantenmechanik. Aber an der Stelle des Schnittes selbst tritt eine Unsicherheit auf, da die Wirkung des Beobachtungsmittels auf den zu beobachtenden Gegenstand als eine nicht völlig kontrollierbare Störung aufgefaßt werden muß. In solch prinzipiell unkontrollierbarer Weise wird z. B. die Geschwindigkeit eines Elektrons durch die bloße Tatsache der Beobachtung und die bei ihr verwendeten Lichtwellen, vermöge des Compton-Rückstoßes, verändert. Dies bedeutet nach Heisenberg, daß wir auf den Gedanken an objektive von jeder Beobachtung unabhängige Geschehnisse in Raum und Zeit nicht etwa nur vorübergehend, sondern endgültig verzichten müssen. „Die Hoffnung, man werde durch neue Experimente doch noch dem objektiven Geschehen in Raum und Zeit auf die Spur kommen, dürfte nicht besser begründet sein, als die Hoffnung, irgendwo in den unerforschten Teilen der Antarktis werde schließlich doch das Ende der Welt gefunden werden." Heisenberg sieht in diesen Gedankengängen eine Synthese von Physik und Philosophie und eine Annäherung und Versöhnung zwischen ihren beiderseitigen Problemstellungen; habe doch die Philosophie seit jeher auf die grundlegenden Schwierigkeiten hingewiesen, die mit der Trennung der Welt in Subjekt und Objekt verbunden sind[34].

Aber in welcher Weise greift nun die Quantenmechanik in die Entwicklung des Subjekt-Objekt-Problems ein, und welches ist der Beitrag, den sie für diese Entwicklung zu leisten hat? Die Beantwortung dieser Frage ist keineswegs leicht; sie ist nur auf Grund einer eingehenden sowohl systematischen wie historischen Analyse zu gewinnen. Schon ein derartiges unmittelbares Ineinandergreifen physikalischer und erkenntnistheoretischer Probleme könnte auf den ersten Blick befremdlich scheinen. Es hat eine Zeit gegeben, und sie liegt noch nicht weit zurück, in der man auf philosophischer und auf physikalischer Seite die These vertrat, daß die Physik ihre konkrete wissenschaftliche Arbeit ganz unabhängig von irgendwelchen erkenntnistheoretischen Erwägungen durchzuführen habe. Man erklärte, daß die Naturwissenschaft in keinem Falle irgendeinen anderen Weltbegriff als den des „gesunden Menschenverstandes" zugrunde legen könne, und daß dieser sie unweigerlich auf einen gewissen „naiven Realismus" verpflichte. Sie brauche sich demnach auf irgendwelche erkenntnistheore/tische „Subtilitäten" nicht ein-

[34] Heisenberg, Physikal. Prinzipien, S. 49; vgl. Wandlungen S. 13 ff.; s. auch Heisenbergs Aufsatz „Prinzipielle Fragen der modernen Physik" (Neuere Fortschritte in den exakten Wissenschaften, Lpz. u. Wien 1936, S. 91 ff.).

zulassen und täte gut, deren Erörterung, die für sie selbst eher schädlich als förderlich sei, aus dem Wege zu gehen. Aber schon im Rahmen der klassischen Physik ließ sich diese Auffassung nicht aufrechterhalten. Schon bei Denkern wie Mach, wie Helmholtz oder Heinrich Hertz trat hier ein entscheidender Umschwung ein. Bei Mach sind physikalische und erkenntnistheoretische Fragestellungen derart ineinander verwoben, daß sich nirgends eine scharfe Trennungslinie zwischen beiden ziehen, daß sich kaum angeben läßt, wo die einen enden und die anderen beginnen. Und Helmholtz hat seine erkenntnistheoretische Arbeit niemals als einen bloßen Seiten- und Nebenweg seiner wissenschaftlichen Forschung angesehen; er hat vielmehr erklärt, daß die Begründung der Voraussetzungen der Naturerkenntnis ein gemeinsames Anliegen der Physik und Philosophie bilde, dem sich kein Zeitalter ungestraft entziehen könne. Aber gerade Helmholtz' Lehre enthält andererseits einen charakteristischen Zug, der auf einen Unterschied in der Auffassung der klassischen Physik und der Atomphysik hinweist. Helmholtz ist der letzte große Vertreter der mechanischen Naturanschauung, die er zwar keineswegs dogmatisch voraussetzt, die aber doch im Hintergrund all seiner erkenntniskritischen Betrachtungen steht und ihnen ihre spezifische Färbung gibt. Vom Standpunkt dieser Naturanschauung müssen wir die Materie als das letzte Reale ansehen, das wir in unseren naturwissenschaftlichen Begriffen zu beschreiben haben. Diese Beschreibung kann niemals als eine unmittelbare Abbildung angesehen werden; sie trägt vielmehr einen rein symbolischen Charakter. Was die Materie wirklich und wesentlich „ist", das läßt sich nicht anders als in der Zeichensprache unserer Sinne ausdrücken. Der Begriff des Zeichens wird daher für Helmholtz zum Grundbegriff der naturwissenschaftlichen Erkenntnislehre. „Der Hauptsatz der empirischen Ansicht" – so faßt Helmholtz am Schluß der „Physiologischen Optik" das Gesamtergebnis seiner Untersuchungen zusammen –: „die Sinnesempfindungen sind für unser Bewußtsein Zeichen, deren Bedeutung verstehen zu lernen unserem Verstande überlassen ist[35]." Damit ist eine feste Verbindung zwischen Erkenntnis und Wirklichkeit und eine durchgängige Entsprechung zwischen beiden hergestellt, die aber zugleich einen strengen Dualismus in sich schließt. Denn so sehr wir das Zeichensystem unserer Begriffe auch erweitern und verschärfen / mögen; immer besitzen wir in ihm nur

[35] Handb. der physiolog. Optik, 2. Aufl. (1896), S. 947 ff.

einen mittelbaren Ausdruck der Wirklichkeit. Das objektiv-Reale ist als ein Bestehendes, Substantielles vorauszusetzen; aber es kann in dieser seiner substantiellen Existenz in die Zeichensprache unserer Naturbegriffe nicht eingehen. Diese vermag stets nur die Beziehungen zwischen den einzelnen Phänomenen wiederzugeben; nicht das allgemeine Substrat, das ihnen zugrunde liegt. Die Voraussetzung der Notwendigkeit eines derartigen Substrats, eines festen Wirklichkeitskerns, an dem die Beziehungen haften, ist ein Erbteil der mechanistischen Weltansicht. Die physikalischen Phänomene werden vollständig erkannt, indem sie auf reine Bewegungsphänomene zurückgeführt werden; aber die letzteren lassen sich ohne die Annahme eines materiellen „Trägers" nicht verstehen. Dieser bildet gewissermaßen einen starren, an sich bestehenden Kern, an dem unsere Erkenntnis anstößt und vor dem sie Halt zu machen hat. Sie hat ihn anzuerkennen, ohne ihn jemals ganz begreifen zu können. Das Licht der Erkenntnis kann sich immer weiter ausbreiten und immer schärfer und genauer die Wirklichkeit erleuchten; aber es kann sie gleichsam nur von außen abtasten, statt sie wahrhaft zu durchdringen. Denn wie weit der Lichtkegel auch dringt: immer bleibt hinter ihm ein letzter und dunkler Rest, der sich vor uns verbirgt. Der Substantialismus, der der mechanischen Naturanschauung wesentlich ist, enthält daher immer zugleich einen Zug des Agnostizismus: das „*Unknowable*", das Unerkennbare wird zu einer Voraussetzung der Erkenntnis selbst.

Ich habe an anderer Stelle eingehend darzulegen versucht, wie diese „substantialistische" Auffassung sich allmählich wandelt — wie der Substanzbegriff mehr und mehr durch den reinen Funktionsbegriff zurückgedrängt und ersetzt wird. Bei diesen Erwägungen habe ich mich auf die Entwicklung und den Problembestand der klassischen Physik beschränkt[36]; aber sie hätten weit kürzer und prägnanter gefaßt werden können, wenn zu der Zeit, da sie angestellt wurden, die allgemeine Relativitätstheorie und die moderne Atomphysik schon vorgelegen hätten. Heute ist dieser Gedankenprozeß bereits zu einem sicheren und, wie es scheint, endgültigen Abschluß gebracht. Hermann Weyl spricht es in seiner Schrift „Was ist Materie?" als seine Überzeugung aus, daß die Substanz heute ihre Rolle in der Physik ausgespielt hat. „Der Anspruch dieser von Aristoteles als einer meta/physischen konzipierten Idee, das Wesen der realen Materie auszudrücken — der Anspruch der Materie, die

[36] Vgl. Substanzbegriff und Funktionsbegriff, 1910, bes. Kap. IV.

fleischgewordene Substanz zu sein, ist unberechtigt." Schon beim Übergang zur Feldtheorie tritt dies deutlich hervor. Denn das Feld ist ein Inbegriff reiner Wirkungen, reiner Beziehungen zwischen „Kraftlinien", die nicht mehr notwendig an ein materielles Substrat gebunden sind, sondern gewissermaßen in freier gegenseitiger Bindung das physikalische Geschehen bestimmen. In der Feldtheorie hat, wie Weyl es ausdrückt, das Raum-Zeitkontinuum in gewissem Sinne die Rolle der Substanz übernommen: „das nur durch einen individuellen Hinweis zu gebende, qualitativ nicht charakterisierte Dies ist für sie nicht ein verborgener Träger, dem die Beschaffenheiten inhärieren, sondern das *„Hier-Jetzt"* der einzelnen Raumzeitstelle". Auch hier hat sich freilich der Übergang nur allmählich vollzogen: die ältere Feldtheorie, wie sie z. B. der Elektronentheorie von Lorentz und Abraham zugrunde liegt, stellt das Elektron noch als eine starre Kugel dar, mit dessen Raumelementen die elektrische Ladung starr verbunden ist. Aber allmählich siegt auch hier die dynamisch-funktionelle Ansicht; die Masse erscheint, insbesondere nach den Ergebnissen der allgemeinen Relativitätstheorie, nicht länger als ein selbständiges Sein, sondern geht in der elektrischen Ladung auf[37].

Damit ist auch die allgemeine erkenntnistheoretische Situation der Physik von Grund aus geändert; und dieser Änderung ist nicht anders als durch eine Um- und Neubestimmung des physikalischen Objektbegriffs Rechnung zu tragen. Zu jenem „naiven Realismus", den man früher der Physik als den natürlichen und ihr gemäßen Standpunkt empfehlen konnte, führt jetzt kein Weg mehr zurück; die Physik sieht sich notwendig auf den Weg der Nachprüfung, der strengen kritischen Analyse ihres Begriffsverfahrens wie ihres Messungsverfahrens hingewiesen. Die Unbestimmtheits-Relationen sind in diesem Prozeß der Nachprüfung nur ein einzelner, freilich besonders bedeutsamer Schritt. Eins der wesentlichen Ergebnisse dieses Prozesses besteht darin, daß sich nunmehr das Verhalten des Gegenstandsbegriffs zum Gesetzesbegriff in gewissem Sinne umkehrt. Der Gesetzesbegriff wird jetzt dem Gegenstandsbegriff vorgeordnet, während er ihm früher nachgeordnet und untergeordnet war. Innerhalb der substantialistischen Auffassung gab es ein fest-bestimmtes Sein, das gewisse konstante Eigenschaften besaß und das mit anderem / Sein in bestimmte Beziehungen trat, die durch die Naturgesetze ausgedrückt wurden. In der funktionellen Ansicht hin-

[37] Vgl. H. Weyl, a. a. O. S. 17 f., 41 ff.

gegen bildet dieses Sein nicht mehr den selbstverständlichen Ausgangspunkt, sondern den End- und Zielpunkt der Betrachtung: aus dem *„terminus a quo“* ist es zum *„terminus ad quem“* geworden. Wir besitzen nicht länger ein an sich bestehendes, absolut-determiniertes Sein, von dem wir die Gesetze unmittelbar ablesen und dem wir sie als seine Attribute „anheften“ können. Was in Wahrheit den Inhalt unseres empirischen Wissens ausmacht, ist vielmehr der Inbegriff der Beobachtungen, die wir zu bestimmten Ordnungen zusammenfassen und die wir, dieser Ordnung gemäß, durch theoretische Gesetzesbegriffe darstellen können. So weit die Herrschaft dieser Begriffe reicht, so weit reicht unser objektives Wissen. Es gibt „Gegenständlichkeit“ oder objektive „Wirklichkeit“, weil und sofern es Gesetzlichkeit gibt — nicht umgekehrt. Daraus ergibt sich, daß wir anders, als unter den Bedingungen der physikalischen Erkenntnis, sowohl ihren allgemeinen Bedingungen wie jenen besonderen Bedingungen, die für ihre Beobachtungen und Messungen gelten, von einem physikalischen „Sein“ nicht sprechen können. Dieses Sein hat damit freilich seine endgültige Fixiertheit eingebüßt; es ist gewissermaßen in den physikalischen Erkenntnisprozeß einbezogen und läßt sich nur noch als die Grenze denken, der dieser Prozeß zustrebt, die er aber niemals völlig erreicht. Aus einem absolut-Bestimmten ist es zu einem ohne Ende Bestimmbaren geworden. Aber eben diese scheinbare Schranke erweist sich auf der anderen Seite als eine wichtige und fruchtbare, durchaus positive Bestimmung. Denn jener angebliche „dunkle Kern“ des Seins, auf den die Skepsis immer wieder hinweisen und in den sie sich gewissermaßen einnisten konnte, ist jetzt geschwunden. Das „Sein“ der Physik, ihr empirischer Gegenstand, ist freilich niemals fertig-gegeben, weil er nie zu Ende bestimmt ist; aber auf der anderen Seite bedroht es uns auch nicht länger als ein geheimnisvolles Absolutum, in dessen letzte Gründe wir nicht eindringen können. Denn die Eigenschaft seiner empirischen und theoretischen Bestimmbarkeit ist nunmehr in seine Definition aufgenommen; sie konstituiert das physikalische Sein, statt lediglich einen zufälligen und einzelnen Zug von ihm auszudrücken. Wir lesen nicht einfach die Gesetze „von den Gegenständen ab“, sondern wir verdichten die empirischen Daten, die uns durch Beobachtung und Messung zugänglich sind, zu Gesetzen und damit zu objektiven / Aussagen, und außerhalb dieser gibt es für uns keine objektive Wirklichkeit, die wir zu erforschen und nach der wir zu suchen hätten.

In der modernen Quantentheorie hat dieser Sachverhalt eine neue und merkwürdige Bestätigung erfahren. Sie scheint freilich auf den ersten Blick mehr als irgendeine andere physikalische Theorie eines strengen und „starren" Substanzbegriffs zu bedürfen und von ihm nicht ablassen zu können. Denn ihr eigentliches Problem ist das Problem des atomaren Geschehens — und schon der Begriff des Atoms hat seit jeher als das eigentliche Musterbeispiel, als das Prototyp des substantiellen Denkens gegolten. Es ist ja eben die Stabilität des Atoms, die das Grundproblem der Atomphysik bildet: und wie ließe sich dieser Stabilität theoretisch Rechnung tragen, wenn man auf die Annahme der Substantialität verzichtet, wenn man die Atome nicht länger als starre Kugeln denkt? Hier lag zweifellos eine schwierige Aufgabe vor — aber eben die fortschreitende, logische wie physikalische Bewältigung dieser Aufgabe ist es, was für die moderne Quantentheorie bezeichnend ist. An der älteren Deutung des Atoms, an seiner Unteilbarkeit konnte sie von Anfang an nicht festhalten. Sie mußte die „Einfachheit" des Atoms preisgeben; sie mußte es als ein höchst kompliziertes Gebilde begrifflich aufbauen. Der Atombegriff wird aus einem einfachen Dingbegriff zu einem Relationsbegriff und Systembegriff. Wir haben gesehen, daß die neue physikalische Grundanschauung den Gesetzesbegriff dem Dingbegriff vorordnet; was ein „Ding" ist, kann also immer nur durch die Angabe der Gesetze beschrieben werden, die für dasselbe gelten. Die ersten Gesetze aber, die für den Atombau aufgestellt werden konnten, erwiesen sich in ihrer Struktur und in ihrer Komplexion den Gesetzen der Planetenbewegung gleichartig: die Bohrsche Theorie der Balmerserie ließ sich streng analog zu den Keplerschen Gesetzen über die Planetenbahnen entwickeln[38]. Damit ergibt sich sofort, daß das Problem der „Stabilität" des Atoms eine viel komplexere Gestalt gewonnen hat und daß ihm nicht mehr mit denselben einfachen Mitteln wie zuvor Genüge getan werden kann. In der klassischen Theorie konnten die Atome in der Tat als die Urelemente der Dinge, als die letzten Bausteine der Natur angesehen werden. Die Aufgabe bestand fortan nur darin, für die Wirksamkeit dieser Elemente, für den Zusammenstoß der Atome gewisse einfache Grundgesetze auf/zustellen, die zur Erklärung des physikalischen Geschehens ausreichten. Diese klassische Lösung des Pro-

[38] Streng durchgeführt ist diese Analogie z. B. in der Darstellung Sommerfelds, Atombau und Spektrallinien, Kap. 2, § 4.

blems konnte die Quantentheorie nicht übernehmen. Für sie ist das Atom in jedem Falle nicht sowohl ein einfaches Dasein, als vielmehr ein höchst verwickeltes Kräftesystem. Um dieses System als ein stabiles Ganzes zu verstehen, bedarf sie bestimmter Grundannahmen, durch die sein relatives Gleichgewicht gesichert erscheint. Und diese Annahmen werden nicht auf Hypothesen über die „Starrheit“ oder die absolute „Härte“ des Atoms gegründet, sondern sie werden aus der Voraussetzung des Quantenpostulats abgeleitet. Die Anrufung eines Prinzips, nicht die Setzung einer nicht weiter ableitbaren dinglichen Eigenschaft ist es also, was hier die Lösung der Aufgabe ermöglicht. „Vom Atom“ – so erklärt Bohr demgemäß – „müssen wir eine Stabilität fordern, die einen der mechanischen Theorie gänzlich fremdartigen Zug darstellt. So lassen die mechanischen Gesetze eine kontinuierliche Variation der möglichen Bewegungen zu, die mit der Bestimmtheit der Eigenschaften der Elemente durchaus unverträglich ist.“ Und auf diesem Wege wird er zur Aufstellung seiner Grundpostulate der Theorie des Atombaus geführt: zu der Annahme, daß ein Atomsystem eine gewisse Mannigfaltigkeit von „stationären Zuständen“ besitzt, denen im allgemeinen eine diskrete Reihe von Energiewerten entspricht, und deren eigentümliche Stabilität darin zum Ausdruck kommt, daß jede Änderung der Energie des Atoms in einer Überführung des Atoms von einem stationären Zustand zu einem anderen bestehen muß[39]. An die Stelle irgendeiner sinnlich-dinglichen Vorstellung über die Beschaffenheit des Atoms tritt also in der Bohrschen Theorie die charakteristische Frequenzbedingung, nach welcher die Energieänderung eines atomaren Systems und die Frequenz einer Lichtquelle durch eine bestimmte Gleichung: $h\nu = E_1 - E_2$ miteinander verknüpft sind. Indem es gelang, beim Wasserstoffatom die Energiestufen so zu berechnen, daß eben diese Bedingung genau auf das Spektrum des Wasserstoffs, gemäß der Balmerschen Formel, hinführte, war damit der empirische Beweis für die Fruchtbarkeit der Theorie erbracht.

Damit war der erste Schritt, und ein Schritt von fundamentaler Bedeutung, getan. Das Bohrsche Atommodell erlaubte erst, im Bereich der Atomphysik gewissermaßen festen Fuß zu fassen. Es war der „Archimedische Punkt“, dessen sie notwendig bedurfte. Eine außerordentliche Konzentration des bisherigen Wissens war erreicht; die Ableitung der

[39] Atomtheorie und Mechanik (1925), a. a. O. S. 19f.

Balmerschen Gleichung, der Rydbergschen Konstante, des Ritzschen Kombinationsprinzips war gegeben. Der Aufbau des periodischen Systems der Elemente gelang jetzt in der einfachsten und übersichtlichsten Weise, indem die Elektronenzahl des Atoms gleich der Atomnummer, d. h. gleich der Stellenzahl des Elements im natürlichen System gesetzt wurde. Und dennoch blieb in dieser ersten Fassung der Bohrschen Lehre noch ein Bestandteil zurück, der theoretisch nicht völlig geklärt war und der insbesondere zu erkenntniskritischen Zweifeln Anlaß geben mußte. Denn hier sind bestimmte „Zustände" gesetzt, ohne daß sich angeben läßt, wie es zu einer empirischen Feststellung derselben kommen kann. In den stationären Bahnen bewegt sich ein Elektron dauernd, ohne auszustrahlen: „das Elektron ist quantentheoretisch gegen Ausstrahlung sozusagen immunisiert" (Sommerfeld). Wie aber verträgt sich diese „Immunisierung" mit der grundlegenden Forderung der „Beobachtbarkeit", da doch die Strahlung der einzige Weg ist, auf welchem wir von dem Elektron Kunde erhalten können? Hier klafft eine Lücke, die mit der Zeit immer fühlbarer wurde. Bohr selbst hat in späteren Arbeiten diese Lücke ausdrücklich anerkannt, indem er erklärt, daß gemäß den ursprünglich angenommenen Grundpostulaten die Merkmale der mechanischen Bilder, wie Umlaufzahl und Gestalt der Elektronenbahn, der direkten Beobachtung nicht zugänglich sei. Der rein symbolische Charakter dieser Bilder – so fügt er hinzu – könne wohl nicht stärker unterstrichen werden als durch den Umstand, daß vom Normalzustand keine Strahlung stattfindet, obwohl dem Elektron auch in diesem Zustand eine Bewegung zugeschrieben wird[40]. Was hierbei vom rein erkenntnistheoretischen Standpunkt aus besonders bedeutsam ist, ist die Tatsache, daß wir uns hier auf das gleiche Dilemma hingeführt sehen, das uns immer wieder in der Geschichte der Physik begegnet. Abermals ist in den stationären Bahnen des Elektrons ein Sein gesetzt, dem kein Wirken entspricht. Wiederum scheinen wir uns mit einem dunklen, unserer Beobachtung prinzipiell entzogenen Gebiet des Seins abfinden zu müssen; der substantielle „Kern" behauptet wieder den Vorrang vor all dem, was uns auf Grund unserer physikalischen Maß- und Erkenntnismittel zugänglich ist.

Und auch hier gab es keinen anderen Ausweg aus der Schwierigkeit, / als die Fragestellung nachzuprüfen und grundsätzlich zu berichtigen.

---

[40] Ibid., S. 23.

Statt zu klagen, daß wir das „Innere der Natur“ nicht einsehen, müssen wir uns klarmachen, daß es kein anderes „Innere“ für uns gibt, als dasjenige, das sich uns durch Beobachtung und Zergliederung der Erscheinungen erschließt. Dieser Prozeß des empirischen Wissens ist es, der den jeweiligen Horizont des objektiven Seins bestimmt — ein Horizont, der sich freilich bei jedem neuen Fortschritt des Wissens verschiebt. Es ist der Vorzug der neuen Quantenmechanik, daß sie diese methodische Forderung weit strenger beachtet und weit konsequenter durchgeführt hat, als es zuvor geschehen war. Sie verzichtet in ihrer Fragestellung darauf, das Geschehen innerhalb des Atoms darzustellen und es durch irgendein anschauliches Modell abzubilden. Sie beschränkt sich auf diejenigen Größen, die wie die Frequenzen und Intensitäten der Spektrallinien der Beobachtung zugänglich sind. Nicht auf Annahmen über das substantielle „Innere“ der Atome, sondern auf funktionale Beziehungen zwischen diesen beobachtbaren Größen wird jetzt die Theorie aufgebaut. Aus dieser grundsätzlichen Anschauung heraus ist das Heisenbergsche quadratische Schema erstanden. In ihm ist eine scharfe und klare, eine mathematisch-präzise Form für all das gefunden, was sich in bezug auf das Atominnere fragen läßt. Es ist eine Methode angegeben, durch die sich die funktionellen Beziehungen, die uns allein zugänglich sind, exakt und vollständig angeben lassen. Aussagen über den Ort des Elektrons, über seine Umlaufzeit, über die Gestalt der Bahn treten nicht mehr auf; die „Realität“ des Elektrons soll auf nichts anderes gegründet werden, ja in nichts anderem bestehen, als in den Gesetzen, die wir über die Strahlung aufstellen können. Auch die Schrödingersche Wellenmechanik unterscheidet sich in dieser prinzipiellen Auffassung von der Matrizenrechnung nicht. Auch für Schrödinger steht fest, daß es eine andere Definition des physikalischen Seins als durch das Medium der Gesetze der Physik nicht gibt und geben kann. Daß „wirklich“ Elektronen existieren und daß sie bestimmte Bahnen durchlaufen: dies kann, wie Schrödinger selbst einmal ausdrücklich ausspricht, gar nichts anderes besagen, als daß jene Gesetze gelten, die wir aus den Experimenten mit Kathodenstrahlen und sonstigen Beobachtungen herleiten[41]. Es gibt / für uns keine andere

[41] Conceptual Models in Physics (a. a. O. S. 123). — Es muß hier darauf hingewiesen werden, daß diese Bestimmung sich nicht etwa auf die „physikalischen“ Objekte beschränkt, sondern daß sie, in ganz derselben Weise, für die „Dinge“ der „täglichen Erfahrung“ gilt. Denn auch diese sind ja keineswegs, wie manche Richtungen des Positivismus annehmen, „unmittelbar gegeben“, sondern Ergebnisse

physikalische „Realität" als diejenige, die uns durch die physikalischen Maßbestimmungen und die auf sie gegründeten und insofern „objektiven" Gesetzesbestimmungen vermittelt wird.

Daß wir somit aus dem Kreis der theoretischen Grundbegriffe und der experimentellen Messungsergebnisse nicht heraustreten, daß wir hier wie dort nicht „über unseren Schatten springen " können: – dies ist freilich ersichtlich. Aber, um dies als einen Mangel unserer physikalischen Erkenntnis zu bezeichnen, müßten wir zuerst angeben können, was uns hier eigentlich fehlt, und worin jenes „absolute" Wissen bestehen sollte, das uns verschlossen ist. Schon der bloße Versuch einer solchen Angabe aber würde uns in Widersprüche verstricken. Die Frage liegt daher nicht anders als bei den absoluten Raum- und Zeitbestimmungen, mit Bezug auf welche Maxwell einmal gesagt hat, daß niemand hier über Unkenntnis klagen würde, wenn er einmal den Versuch gemacht hätte, sich den Zustand eines Geistes vorzustellen, der sich der Kenntnis der absoluten Lage eines Punktes bewußt wäre (vgl. ob. S. 179). Daß wir uns in dieser Fassung des Begriffs des objektiven Wissens in gewissem Sinne in einem Zirkel bewegen, muß zugestanden werden; aber dieser Zirkel ist in keiner Weise ein *circulus vitiosus*. Er besteht zunächst darin, daß wir die experimentellen Beobachtungen und die Gesetzes- und Prinzipienaussagen nicht scharf voneinander abscheiden, daß wir die ersteren nicht in ihrer bloß-faktischen „Gegebenheit", unabhängig von jeder theoretischen Annahme aufweisen können. So gilt z. B. jene Beschränkung unserer Maßaussagen, die in den Unbestimmtheits-Relationen ausgesagt ist, immer nur relativ zum Quantenprinzip und zum allgemeinen Formalismus der Quantenmechanik. Ergäbe sich einmal ein empirischer Grund, von diesem Prinzip abzugehen und es durch eine andere Grundannahme zu ersetzen, so würde damit auch / die Frage der „Beobachtbarkeit" alsbald in ein neues Licht treten. Hier besteht eben jene „wechselseitige Verschränkung" der einzelnen Wissensmomente, die, wie wir früher gesehen haben, eine nicht aufzuhebende Bedingung unserer Naturerkennt-

---

einer gesetzlichen Verknüpfung, einer „logischen Konstruktion". Von den modernen Logikern hat Russel diesen Sachverhalt am schärfsten formuliert. Die Wahrnehmungsdinge sind nach ihm keine „harten" Sinnesdaten („hard data"); sie sind vielmehr der Analyse bedürftig und zugänglich. Dingbegriffe sind nach Russel „Klassenbegriffe" (Klassen von „Aspekten") und diese führen wieder auf „Gesetzesbegriffe" zurück. *„Things are those series of aspects which obey the laws of Physics"* (Our knowledge of the external world, Lecture III).

nis ist. Auch die Quantentheorie hat die Wahrheit des Goetheschen Wortes, daß „alles Faktische schon Theorie ist“, von einer neuen Seite her bestätigt. Früher als die Physik ist die allgemeine Erkenntnislehre auf den Zirkel gestoßen, der darin zu liegen scheint, daß wir uns zur Prüfung der Wahrheit der Erkenntnis immer schon jener Mittel bedienen müssen, deren Gültigkeit erst durch diese kritische Prüfung erwiesen und gesichert werden soll. Aus diesem Dilemma scheint es kein Entrinnen zu geben, und es scheint auf den ersten Blick jeden Versuch einer „Vernunftkritik“ illusorisch zu machen. „Welches der Inhalt der Wahrheit sei“ — so stellt Lotze in seiner Logik das Problem dar — „kann immer nur durch eine Selbstbesinnung des Denkens gefunden werden, das seine einzelnen Erzeugnisse unablässig an dem Maßstabe der allgemeinen Gesetze seines Tuns mißt und prüft. Über den hierin enthaltenen Zirkel bedenklich zu sein, ist nicht nur nutzlos, da seine Unvermeidlichkeit nun doch handgreiflich ist, sondern auch überflüssig, weil niemals ... ein Augenblick kommen kann, welcher den im dunklen Argwohn von dorther befürchteten Schaden uns bemerkbar werden ließe ... Da mithin dieser Zirkel unvermeidlich ist, so muß man ihn reinlich begehen; man muß zuerst festzustellen versuchen, was Erkenntnis, ihrem allgemeinsten Begriff nach, bedeuten kann, und welches Verhältnis zwischen einem erkennenden Subjekt und dem Objekt seiner Erkenntnis in Gemäßheit der noch allgemeineren Vorstellungen denkbar ist, nach welchen wir die Einwirkung jedes beliebigen Elementes auf jedes zweite zu denken haben[42].“ Diese Worte gelten ebensowohl für die physikalische wie für die logische Erkenntnis. Und der wichtigste erkenntnistheoretische Ertrag der Unbestimmtheits-Relationen besteht vielleicht darin, daß sie, indem sie mit Nachdruck auf den Zirkel hingewiesen haben, uns zugleich gelehrt haben, ihn „reinlich zu begehen“.

Die Gefahr, von der hier der physikalische Objektbegriff bedroht scheint, schwindet, wenn man gelernt hat, ihr klar ins Auge zu sehen; die Relativität bleibt kein bloßer Makel, sondern sie wird zu einer positiven / Kraft, auf der auch alle Fruchtbarkeit des physikalischen Wissens beruht[43]. „Die Zweifel und Bedenken schwinden“ — so habe ich früher

---

[42] Lotze, Logik, 2. Aufl., Lpz. 1880, S. 492 f., 525.

[43] Über den „Zirkel der physikalischen Forschung“ vgl. die ausgezeichneten Darlegungen von Edgar Wind, Das Experiment und die Metaphysik, Tübingen 1934; den systematischen Folgerungen, die Wind aus diesem Zirkel für das Verhältnis von Physik und Metaphysik zieht, vermag ich freilich nicht zuzustimmen.

einmal den Sachverhalt auszudrücken versucht, und es sei mir erlaubt, diese Formulierung, die durch die Probleme der modernen Atomphysik bestätigt und von anderer Seite her beleuchtet zu werden scheint, hier zu wiederholen – „sobald man sich darauf besinnt, daß eben dasjenige, was hier als der unverstandene *Rest* der Erkenntnis erscheint, in Wahrheit in jegliche Erkenntnis als unentbehrlicher *Faktor* und als notwendige *Bedingung* eingeht. Einen Inhalt erkennen, heißt ihn zum Objekt umprägen, indem wir ihn aus dem bloßen Stadium der Gegebenheit herausheben und ihm eine bestimmte logische Konstanz und Notwendigkeit verleihen. Wir erkennen somit nicht „die Gegenstände" – als wären sie schon zuvor und unabhängig *als Gegenstände bestimmt* und gegeben –, sondern wir erkennen *gegenständlich*, indem wir innerhalb des gleichförmigen Ablaufs des Erfahrungsinhalts bestimmte Abgrenzungen schaffen und bestimmte dauernde Elemente und Verknüpfungszusammenhänge fixieren. Der Begriff des Gegenstandes ist, in diesem Sinne genommen, keine letzte *Schranke* des Wissens mehr ... Er bezeichnet den logischen Besitzstand des Wissens selbst – nicht ein dunkles Jenseits, das sich ihm jetzt und für immer entzieht. So ist das „Ding" nicht mehr die unbekannte Sache, die als bloßer Stoff vor uns liegt, sondern ein Ausdruck für die Form und den Modus des Begreifens selbst. All das, was die Metaphysik den Dingen an und für sich als *Eigenschaft* beilegt, erweist sich jetzt als ein notwendiges Moment im Prozeß der Objektivierung. Aus diesem Zusammenhang heraus erklärt sich erst die eigentümliche Wandelbarkeit, die sich im *Inhalt* der wissenschaftlichen Objektbegriffe kundtut. Je nachdem die ihrem Ziel und Wesen nach einheitliche *Funktion* der Gegenständlichkeit sich mit verschiedenem empirischen Material erfüllt, entstehen verschiedene Begriffe der physikalischen Realität, die jedoch nur verschiedene Stufen in der Erfüllung ein und derselben fundamentalen Forderung sind. Wahrhaft unveränderlich bleibt ledig/lich diese Forderung selbst, nicht die Mittel, durch die sie jeweilig befriedigt wird. In diesem Sinne will die kritische Erfahrungslehre gleichsam die allgemeine Invariantentheorie der Erfahrung sein ... Wie der Geometer an einer bestimmten Figur die Beziehungen heraushebt und untersucht, die bei bestimmten Transformationen ungeändert bleiben, so werden hier diejenigen universellen Formelelemente zu ermitteln gesucht, die sich in allem Wechsel der besonderen Erfahrungsinhalte erhalten ... Das Ziel der kritischen Analyse wäre erreicht, wenn es gelänge, auf diese Weise das letzte Gemeinsame aller möglichen Formen der wissenschaftlichen Erfahrung herauszustellen, d. h. diejenigen Momente begrifflich zu fixieren, die sich im Fortschritt von Theorie zu Theorie erhalten, weil sie die Bedingungen jedweder Theorie sind[44]."

II.

Zur Geschichte und Erkenntnistheorie des Atombegriffs

Seit der Entdeckung des Atombegriffs im System Demokrits gehört dieser Begriff zu den sichersten Fundamenten der Naturerkenntnis. Er hält allen Einwendungen, die gegen ihn erhoben werden und die ihre zusammenfassende systematische Darstellung zuerst in der Physik des Aristoteles gefunden haben, stand, und er erweist sich fähig, immer neuen empirischen Inhalt in sich aufzunehmen. Aber mit dieser empirischen Fruchtbarkeit des Begriffs, die, je weiter die Erkenntnis rückt, immer klarer und unzweideutiger hervortritt, steht die Beurteilung, die ihm in der Geschichte der Erkenntniskritik zuteil wird, in einem merkwürdigen und schwer verständlichen Kontrast. Denn hier findet sich nirgends eine einheitliche Auffassung und Wertschätzung. Je nach den verschiedenen erkenntnistheoretischen Schulen wechseln die Maßstäbe, die an ihn gelegt werden und die Ergebnisse, zu denen man auf Grund dieser Maßstäbe gelangt. Die Schätzung der „objektiven" Bedeutung des Atombegriffs durchläuft fast die gesamte Skala möglicher Bewertungen. Alles Lob und aller Tadel ist auf diesen Begriff gehäuft worden. Bald erscheint er als eine notwendige Bedingung, bald als eine schwere Gefahr

[44] Substanzbegriff und Funktionsbegriff, 1910, S. 403 f., 356 f. — Mit dieser Anschauung, die sich auf ganz allgemeine erkenntniskritische Erwägungen stützte, und die ihr Beweismaterial ausschließlich der „klassischen Physik" entnahm, vgl. man jetzt das Programm der modernen theoretischen Physik, wie es z. B. Dirac in seinen „Prinzipien der Quantenmechanik" aufgestellt hat. „Um die Grundgesetze der Natur zu formulieren" — so heißt es hier — „brauchen wir die Transformationstheorie. Die wesentlichen Dinge in der Welt treten als Invarianten ... dieser Transformationen auf ... Der allgemeine Gebrauch der Transformationstheorie, die zuerst für die Relativitätstheorie und dann später für die Quantentheorie so wichtig geworden ist, ist das Kernstück des neuen Verfahrens der theoretischen Physik." Deutsche Ausg., Lpz. 1930, S. V.

für die empirische Erkenntnis; bald wird seine philosophische Begründung, bald seine Beseitigung gefordert. Die einen sehen in ihm sozusagen das *„ens realissimum“* der Physik, den vollständigen und adäquaten Ausdruck der physikalischen Wirklichkeit — die anderen betrachten ihn als eine bloße Fiktion oder allenfalls als einen ökonomischen Kunstgriff des Denkens. Die Zweifel, die hierdurch entstehen, schienen eine Zeitlang durch die Fülle immer neuer empirischer Bestätigungen, die der Begriff gefunden hat, zurückgedrängt; aber sie sind niemals völlig verstummt und sie scheinen auch heute wieder aus der Problematik der Quantentheorie neue Nahrung zu ziehen. /

Auch hier können wir indes nicht hoffen, dieser Zweifel Herr zu werden, wenn wir uns nicht zuvor darüber entschieden haben, was die Frage der „Wirklichkeit“ der Atome bedeutet und in welchem Sinne sie gestellt und entschieden werden kann. Schon an dieser Stelle beginnen die ersten Unklarheiten, die Physiker und Erkenntnistheoretiker in zwei verschiedene Lager geteilt haben. Je nachdem man den Gegenstandsbegriff selbst im „realistischen“ oder „idealistischen“, im „kritischen oder „positivistischen“ Sinne faßt, wandelt sich die Entscheidung. Der Machschen Kritik der Atomistik konnte Boltzmann mit Recht entgegenhalten, daß sie letzten Endes auf einer *petitio principii* beruhe. Nimmt man Machs Erklärung der Wirklichkeit an, versteht man unter der letzteren nichts anderes als die Summe des Gegebenen, der einfachen „Elemente“ der Sinnesempfindung, so muß man sich freilich gegen den Atombegriff entscheiden. Aber Boltzmann weist darauf hin, daß dieser Standpunkt nicht nur nicht hinreicht, den Objektbegriff der Physik zu umgrenzen, sondern daß er schon bei der Erklärung der gewohnten Dingbegriffe versagt. Auch diese enthalten ein „konstruktives“ Moment, das sich nicht einfach auf die sinnlichen Gegebenheiten reduzieren läßt. Gegenüber dem Einwand Machs, daß die Atome und Moleküle doch durchaus „künstliche“ Gebilde, daß sie „ökonomische Symbolisierungen der physikalisch-chemischen Erfahrungen“ seien, von denen sich aber der Physiker „nicht imponieren lassen dürfe[45]“, bemerkt Boltzmann, daß man das gleiche von den Fixsternen sagen könne — denn die Annahme, daß diese riesige, Millionen von Meilen abstehende Körper seien, sei uns ja ebenfalls nicht durch die Gesichtswahrnehmungen als solche aufgezwungen; auch ihr könne man daher vorwerfen, daß sie eine ganze Welt

[45] Vgl. Mach, Analyse der Empfindungen,[2] S. 207.

eingebildeter Dinge neben der Welt unserer Sinneswahrnehmungen konstruiere[46]. /

Noch weiter in ihrem Kampf gegen die Atomistik ist die Energetik gegangen. In Ostwalds Vorlesungen über Naturphilosophie wird Robert Mayer als der „Halbgott" bezeichnet, der mit mächtiger Faust die Welt der alten Physik, die Welt der Materie und der Atome zertrümmert habe. Als das eigentliche Ziel der Naturwissenschaft wird jetzt die Aufgabe hingestellt, ohne die Benutzung des Begriffs der Materie, eine Weltansicht aus rein energetischem Material aufzubauen[47]. Wurde dieses Ziel erreicht, so schien der Atombegriff seine Rolle endgültig ausgespielt zu haben: er durfte nunmehr von der Physik in die Scholastik verwiesen werden. „Hie Scholastik – hie Energetik – das ist die Wahl" – so faßt Helm seine Darstellung des Gegensatzes zwischen Energetik und Atomistik zusammen[48]. Als der wesentliche Vorzug des Energiebegriffs und des Energiegesetzes galt es, daß sie die elementaren Vorgänge zu umgehen gestatten und mit ihnen die Atome und die zwischen ihnen wirkenden Kräfte. Neben der Energie brauchen wir keine anderen Elemente der Welt; denn alles, was wir über die Welt wissen, wissen wir über die Energie[49]. In seinem bekannten Vortrag auf der Naturforscherversammlung in Lübeck (1895) ging Ostwald so weit, daß er die Annahme, daß bei einer bestimmten chemischen Verbindung, z. B. von Eisen und Sauerstoff, die Eelemente noch fortbestünden und nur eben andere Eigenschaften angenommen hätten, geradezu als eine Absurdität hinstellte – als eine Vorstellung, die von einem „reinen Nonsens" nicht sehr weit entfernt sei[50]. Später hat er allerdings, unter dem Drucke des neuen, von allen Seiten zuströmenden Erfahrungsmaterials, seine Auffassung we-

[46] Vorlesungen über Gastheorie I, S. 9. — Die gleiche Argumentation findet sich in der neueren physikalischen Erkenntnislehre. „An electron" — erklärt Eddington — „is no more (and no less) hypothetical than a star. When we discuss the reality of the physical world and the entities which constitute it, we have no reason to discriminate between the macroscopic and the microscopic entities. It is to be treated as a whole. If the physical world is an inference, stars and electrons are inferential — if the physical world exists, stars and electrons are real". Eddington, New Pathways in Science, p. 21.

[47] Vorlesungen über Naturphilosophie (1902), S. 163 f.

[48] Helm, Die Energetik nach ihrer geschichtlichen Entwicklung, Lpz. 1898, S. 366.

[49] Helm, Die Lehre von der Energie, Lpz. 1887, S. 56.

[50] Ostwald, Die Überwindung des wissenschaftlichen Materialismus, Lpz. 1895, S. 12 f.

sentlich modifiziert und die empirischen Beweise für die „Existenz" der Atome anerkannt. Er erklärt, daß durch die Isolierung und Zählung der Gasionen, wie sie J. J. Thomson gelungen sei, durch die Übereinstimmung der Brownschen Bewegung mit den Forderungen der kinetischen Hypothese usf. der experimentelle Beweis für die atomistische Beschaffenheit der raumerfüllenden Stoffe erbracht sei; aus einer bloßen Hypothese sei die Atomistik nunmehr zum Range einer wissenschaft/lich wohlbegründeten Theorie aufgestiegen[51]. Damit war das Ziel erreicht, um das Boltzmann in der scharfen methodischen Kritik, die er an der Energetik übte, beständig gekämpft hatte[52]. Aber das eigentliche Mißverständnis, das Ostwald in seiner Kampfansage gegen die Atomistik beging, lag an einer anderen Stelle. Er bestritt die Atomistik, weil er in ihr den gefährlichsten Bundesgenossen des „wissenschaftlichen Materialismus" sah. Das Schicksal dieses Materialismus schien ihm unlöslich an das der Atomistik gebunden, — und ebenso schien diese mit jenem zu stehen und zu fallen. Aber eben diese Annahme war es, die sich auf die Dauer als unhaltbar erwies. Es zeigte sich, daß der Begriff des Atoms nicht nur von dem der Materie ablösbar war, sondern daß er, in welchem man bisher die wesentliche Stütze des „Materialismus" und „Mechanismus" gesehen hatte, vielmehr dazu berufen war, die eigentliche, nicht spekulative, sondern wissenschaftliche Überwindung der mechanischen Naturanschauung einzuleiten. Eine solche Entwicklung war von den Gegnern der Atomistik nicht vorausgesehen worden. Freilich hat schon Helmholtz in seiner Faraday-Vorlesung vom Jahre 1881 erklärt, daß Faradays Entdeckungen, insbesondere sein Gesetz, daß chemisch äquivalente Mengen bei der Elektrolyse stets dieselbe Elektrizitätsmenge transportieren, zu dem Schluß nötigten, daß nicht nur die Materie, sondern die Elektrizität eine atomistische Struktur besitze und in bestimmte elementare Quanta geteilt sei[53]. Helmholtz wies sofort auf die grundlegende Bedeutung dieser Auffassung hin: er nannte sie das vielleicht überraschendste Ergebnis in Faradays Untersuchungen. Das letzte, und auch in rein erkenntnistheoretischer Hinsicht merkwürdigste Resultat aber wurde durch das Plancksche Strahlungsgesetz

[51] Ostwald, Grundriß der allgemeinen Chemie, 4. Aufl., Lpz. 1909.

[52] Vgl. bes. Boltzmann, Ein Wort der Mathematik an die Energetik (Wiedemanns Annalen, 57, 1896; Popul. Schriften, S. 104 ff.).

[53] On the modern development of Faraday's Conception of Electricity, Faraday Lecture, 1881, Wiss. Abhandl. III, 69.

erreicht. Denn hier vertauschten sich die Rollen: der Gegner, den die Energetik so heftig und hartnäckig bekämpft hatte, drang gewissermaßen in ihre eigenen Reihen ein. Durch den Nachweis, daß Strahlungsenergie jeder Schwingungszahl nur nach ganzen Vielfachen eines bestimmten Elementarquantums emittiert und absorbiert werden könne, war der atomistische Charakter der Energie selbst behauptet und / damit erst der Schlüssel gegeben, der die Welt der „Atomphysik" aufschloß.

Die erkenntniskritische Frage nach der „Realität" der Atome war damit gleichfalls in ein neues Stadium getreten, und sie war bedeutsamer und dringlicher als je zuvor geworden. Aber eine unmittelbare Lösung der Frage hat auch die Quantentheorie nicht gebracht. Vielmehr brechen mit der Zeit in ihr selbst wieder all die alten Gegensätze auf. Während die Theorie sich anfangs bestimmter Bilder bediente, von denen sie die Vorgänge im Atominnern abzulesen suchte, hat die neue Quantenmechanik auf den Gebrauch solcher Modelle verzichtet. Sie erklärt ausdrücklich, daß gegenüber der Mikrowelt jeder Versuch einer „Veranschaulichung" versagt[54]. Er muß versagen, weil durch die Unsicherheits-Beziehungen das Problem der raum-zeitlichen Beschreibung wesentlich verschärft ist: es gibt im Hinblick auf einen isolierten Gegenstand keine derartige Beschreibung mehr, sondern alle Aussagen sind an die Wechselwirkung des Gegenstandes mit dem Beobachter oder seinen Apparaten geknüpft. Die moderne Atomphysik — so erklärt demgemäß Heisenberg — handelt nicht vom Wesen und Bau der Atome, sondern von den Vorgängen, die wir beim Beobachten des Atoms wahrnehmen. Der Beobachtungsprozeß kann dabei nicht mehr einfach objektiviert, sein Resultat nicht unmittelbar zu realen Gegenständen gemacht werden[55].

Wir stehen somit wieder vor dem alten Dilemma: vor der Wahl zwischen „Subjektivismus" und „Objektivismus", zwischen „Phänomenalismus" und „Realismus". Aber ehe wir hier eine Entscheidung zu treffen suchen, gilt es wiederum, sich die generelle Frage zu stellen, in welchem Sinne von einer objektiven Realität der Atome überhaupt gespro-

---

[54] Vgl. z. B. Schrödinger, Conceptual Models in Physics: „Despite the immeasurable progress which we owe to Bohr's theory, I consider it very regrettable that the long and successfull handling of its models has blunted our theoretical delicacy of feeling with reference to such questions. We must not hesitate to sharpen it again."

[55] Kausalgesetz und Quantenmechanik (1930); Erkenntnis II (1931), S. 182.

chen werden kann. Daß die rein nominalistische Lösung, wie Mach sie zu geben versuchte, nicht länger haltbar und brauchbar ist, kann kaum bezweifelt werden. Denn sie kann gerade den wesentlichen Zug der Atomhypothese, sie kann ihre eminente Fruchtbarkeit und ihre außerordentliche „Spürkraft" nicht erklären. Wenn der Atom/begriff wirklich nichts anderes als ein ökonomischer Handgriff ist, ein sich unbewußt ergebendes, sehr natürliches Gedankensymbol für einen Komplex sinnlicher Elemente, von dem sich aber der Physiker „nicht imponieren lassen dürfe" — so bleibt diese Fruchtbarkeit ein Rätsel. Denn wir können wohl verstehen, wie durch einen solchen Handgriff die schon gegebenen Tatsachen vereinfacht, klassifiziert, geordnet werden, nicht aber, wie durch ihn völlig neue Tatsachen entdeckt werden können. Und gerade diese Funktion ist es, die der Atombegriff im Verlauf seiner Geschichte fort und fort erfüllt und bewährt hat. Er ist nicht nur einer Landkarte zu vergleichen, die das erforschte Gebiet vollständig und übersichtlich darstellt; er gleicht weit mehr einem Kompaß, der der Forschung in die Hand gegeben ist und der sie immer wieder zu fernen unbekannten Küsten leitet. Ein solcher Vorstoß in ein zuvor unerforschtes Land war es z. B., als es Laue, bei seinen Versuchen über die Beugung von Röntgenstrahlen, gelang, seine Diagramme zu gewinnen, durch die ein völlig neuer Aufschluß über die Struktur der Kristalle gegeben und ihr regelmäßiger Aufbau aus den Atomen und Molekülen direkt auf der photographischen Platte sichtbar gemacht wurde. Durch die Fülle der verschiedenartigen, voneinander unabhängigen Beweise für die „körnige Struktur" der Materie, die insbesondere die letzten Jahrzehnte erbracht haben, muß sich in der Tat nicht nur die Physik, sondern auch die Erkenntnistheorie „imponieren lassen". Auch die Aussagen der kinetischen Gastheorie nahmen eine immer strengere Gestalt an und ließen eine immer genauere experimentelle Nachprüfung zu. Hier gelang es, ganz bestimmte Aufschlüsse über die Verhältnisse der einzelnen Teilchen, ihre Anzahl, ihre Größe, ihre Masse zu gewinnen, – wie z. B. durch die Loschmidtsche Zahl die Anzahl der Moleküle eines Gases in einem Kubikzentimenter bestimmt wurde. Es sind somit neue universelle Konstanten, zu deren Kenntnis die atomistische Hypothese hinführt — eine Kenntnis, die das höchste Ausmaß an „Objektivität" besitzt, das innerhalb der Naturwissenschaft überhaupt erreichbar ist.

Aber eben damit zeigt sich auch, in welchem Sinne wir diese Objektivität zu verstehen haben. Es handelt sich nicht sowohl um die Existenz von Dingen, als vielmehr um die objektive Gültigkeit von Relationen – und all unser Wissen von den Atomen läßt sich immer auf diese Gültigkeit zurückführen und geht in ihr auf. Auch hier gelangen wir zu einer Klärung des Problems erst dann, wenn wir / streng daran festhalten, daß in aller naturwissenschaftlichen Erkenntnis der Gesetzesbegriff dem Gegenstandsbegriff vorgeordnet ist. Anders als durch das Medium der Gesetzlichkeit ist uns kein Gegenstand „gegeben" – und unsere Erkenntnis des Gegenstandes reicht genau so weit, als wir ihn durch bestimmte Beziehungen, durch exakte Funktionalgleichungen bezeichnen können. In dem Maße, als das System dieser Funktionalgleichungen sich erweitert, verschärft sich das Wissen um den Gegenstand und nimmt es eine immer strengere Gestalt an. Die Wandlungen des Atombegriffs geben ein charakteristisches Beispiel für diesen ständig fortschreitenden Prozeß. Jedes neue Gebiet, in dem die Atomistik zur Geltung kommt, liefert einen neuen Inbegriff von Bedingungsgleichungen, denen fortan das Atom gehorchen muß. Indem die Zahl dieser Bedingungsgleichungen wächst, nimmt das Atom in gewissem Sinne eine immer „konkretere" Gestalt an, weil eine immer größere Zahl besonderer Erkenntnisse sich in ihm vereinigt. Aber dieses Zusammenwachsen, diese „Konkreszenz" der Bestimmungsstücke steht zu dem, was wir unter anschaulicher Konkretion zu verstehen pflegen, im umgekehrten Verhältnis. Je weiter die begriffliche Bestimmung fortschreitet, um so weniger erweist es sich als möglich, ihr Ergebnis noch in einfachen und einzelnen anschaulichen Bildern festzuhalten. Wir müssen uns mit der Determination durch Gesetze genügen lassen und auf die Verdeutlichung durch Modelle und Schemata verzichten. Die wahre physikalische „Objektivität" aber ist dadurch nicht vermindert, sondern vermehrt; denn sie kann von Anfang an nicht in der Richtung auf den „naiven" Dingbegriff, sondern sie muß in der Richtung auf den kritischen Gesetzesbegriff hin gesucht werden.

Die Geschichte des Atombegriffs und seiner Anwendungen ist ein einziges fortlaufendes Beispiel für diesen methodischen Sachverhalt. Jede neue Anwendung führt hier zur Festlegung einer neuen Bedingung. Alle Gebiete der Naturerkenntnis sind an dieser Konsolidierung des Atombegriffs beteiligt, die indes das gerade Gegenteil zu seiner Hypostasierung, seiner unmittelbaren Verdinglichung ist. Der Prozeß beginnt in der Logik und Naturphilosophie, und er schreitet von hier zur Mechanik, zur Chemie, zur Elektrodynamik, zur Spektroskopie weiter. Und jedesmal, wenn durch den Atombegriff ein neuer Erfahrungsbereich aufgeschlossen und zugänglich gemacht wird, gewinnt auch das Atom selbst ge/wissermaßen ein anderes und neues Gesicht. Seine eigentliche Bedeutung liegt eben darin, daß es nicht nur zu neuen Einzelresultaten, sondern zu neuen universellen Aspekten des Naturgeschehens führt; aber es kann den letzteren nur dadurch gerecht werden, daß es einer dauernden Metamorphose zugänglich bleibt. Beginnen wir, um uns dies zu verdeutlichen, mit der antiken Atomistik, so sind hier die Bedingungen, denen das Atom zu genügen hat und durch die es in seinem „Sein" bestimmt wird, auf die geringste Anzahl beschränkt. Man hat häufig behauptet, daß die Einführung des Atombegriffs im System Demokrits keinerlei Beziehungen zur empirischen Erkenntnis gehabt habe, daß sie lediglich in „spekulativer" Absicht erfolgt sei. Aber eine genaue historische und systematische Untersuchung bestätigt diese Auffassung nicht. Es ist allerdings richtig, daß es nicht bestimmte Einzelbeobachtungen gewesen sind, die zur Konzeption des antiken Atombegriffs geführt haben, und daß er seinen Ausgang nicht von experimentellen Feststellungen genommen hat; aber man kann hieraus nicht schließen[56], daß die antike Atomistik, bei der Aufstellung ihrer Grundthese, sich nicht durch eine Analyse der objektiven Naturprozesse leiten ließ. Diese Analyse ist vorhanden, und sie setzt sofort in bewunderungswürdiger Schärfe ein. Aber sie richtet sich nicht auf einzelne Bewegungsvorgänge, sondern auf das Grundphänomen der Bewegung selbst. Diesem Phänomen schien durch die Eleatische Kritik des Werdens der Boden entzogen. Wer die Wirklichkeit der Bewegung aufrechtzuerhalten sucht, der verwickelt sich damit, wie die Zenonischen Argumente zu zeigen versucht hatten, in unlösbare Widersprüche. Es bleibt nichts übrig, als die Logik dem Sinnenschein überzuordnen und damit auf jegliche Realität der Bewegung zu verzichten. Hier setzt der atomistische Gedanke ein. Er nimmt die Bedingung der Eleatischen „Logik" an; er gesteht zu, daß alles, was den Namen des „Seins" wahrhaft verdienen solle, als ein Dauerndes, Beharrendes, Unveränderliches gedacht werden müsse. Aber er will andererseits den Grundbedingungen, die die empirische Anschauung stellt, nicht entsagen. Die Forderung der

---

[56] Wie es. z. B. Baeumker tut, s. Das Problem der Materie in der griechischen Philosophie, Münster 1890, S. 87; vgl. auch Zeller, Philosophie der Griechen,[5] Teil 1, 2. Hälfte, S. 854; für das Folgende vgl. meine Darstellung der griechischen Atomistik im Lehrbuch der Philosophie, hg. von M. Dessoir, I, 55 ff.

Eleaten scheint mit der Vernunft übereinzukommen; aber angesichts / der Tatsachen kommt sie „fast einem Wahnsinn gleich". Um beiden Absurditäten — der logischen wie der empirischen — zu entgehen, gibt es nur einen einzigen Weg. Wir müssen Vernunftgründe (λόγοι) finden, die mit der Wahrnehmung im Einklang stehen, – die also das Phänomen der Bewegung, statt es zu vernichten, vielmehr erklären und begreiflich machen[57]. Solche Vernunftgründe sind die Atome und der leere Raum, deren objektive Realität somit gesichert ist, wenngleich sie sich jeder Möglichkeit der sinnlichen Wahrnehmung entziehen. Denn nicht diese, sondern der „Verstand" ist das Kriterium der Realität; was er als objektiv-notwendig erkennt, das ist damit zugleich in seiner Wahrheit und Wirklichkeit erwiesen.

Damit war eine ganz allgemeine Forderung gestellt — waren gewissermaßen die „Prolegomena zu jeder künftigen Physik, die als Wissenschaft wird auftreten können" gegeben. Aber es fehlte zunächst jedes Mittel, dem methodischen Postulat, das hier gestellt war, zu genügen. Eine „konkrete" Physik ließ sich auf dem Boden der antiken Atomistik nicht begründen. Für sie sah man sich wieder auf die qualitative Ansicht des Naturgeschehens zurückgewiesen, die in der Aristotelischen Physik ihre konsequente Darstellung und ihre systematisch-einheitliche Rechtfertigung findet. Solange der Atombegriff in der Unbestimmtheit einer bloß logischen Konzeption verblieb, hatte er diesem System der Peripatetischen Physik nichts Entscheidendes entgegenzustellen. Die atomistische Lehre ist auch im Mittelalter nicht erloschen; aber zu einer in philosophischer und wissenschaftlicher Hinsicht befriedigenden Begründung vermochte sie es nicht zu bringen[58]. Eine entscheidende Wandlung trat hier erst ein, als Galilei sich das Problem einer exakt-mathematischen Grundlegung der Dynamik stellte. Das Schicksal der Atomistik ist fortan unlöslich mit diesem Problem verknüpft. Sie hat bei Galilei selbst, und später bei Gassendi, einen wesentlichen Anteil an der Begründung der neuen Naturanschauung, der „mechanischen Weltansicht" gehabt. Aber die letztere bleibt jetzt nicht länger ein bloßer Entwurf; denn statt auf den bloßen Begriff der Bewegung und des leeren Raumes kann sie sich nunmehr auf die empirischen Gesetze der Bewegung /

[57] Vg. Aristoteles' Bericht über die Entstehung der Atomistik, De generat. et corrupt. 8, 324, b 35.

[58] Näheres insbes. bei Kurd Laßwitz, Geschichte der Atomistik vom Mittelalter bis Newton, Hbg. u. Lpz. 1890.

und ihre mathematische Formulierung stützen. Diese Gesetze bilden fortan das feste Gerüst für den Bau der Atomistik. Die sinnlich-anschaulichen Vorstellungen von der „Solidität", der Festigkeit und der absoluten „Härte" der Atome werden jetzt zwar nicht aufgegeben, aber sie werden mehr und mehr zurückgedrängt. Sie werden als Anschauungshilfen beibehalten; aber sie bestimmen nicht mehr den eigentlichen Charakter der atomistischen Theorie. Diese Theorie hat es nicht mehr mit einer Beschreibung des Seins der Atome, sondern lediglich mit ihrer Wechselwirkung zu tun – und in den allgemeinen Regeln für diese Wechselwirkung sieht sie die Bedingungen für alles Naturgeschehen. In dieser Weise ist schon bei Huyghens, dessen Lehre als der Höhepunkt der kinetischen Atomistik angesehen werden kann, die Synthese zwischen dem Substanzbegriff und dem Kausalbegriff vollzogen. Huyghens erklärt alles Geschehen der Natur durch die bloße Lageänderung der Atome; aber in der Darstellung und Begründung der Atomistik braucht er den Nachdruck nicht mehr auf die „Härte" oder „Starrheit" der Atome zu legen. Die „Stabilität" der Natur wird jetzt nicht durch solche sinnlich-dingliche Vorstellungen, sondern sie wird durch gewisse allgemeingültige Prinzipien garantiert. Als die Grundprinzipien der Mechanik und somit als die Regeln, die für den Zusammenstoß der Atome gelten, werden die Sätze von der Erhaltung der algebraischen Summe der Bewegungsgrößen und von der Erhaltung der Energie eingeführt. Diese Prinzipien der Mechanik werden von Huyghens als die Grundvoraussetzungen der Atomistik und als Bedingungen ihrer Durchführbarkeit erwiesen. „Das Wesentliche und Entscheidende in der That Huyghens'" – so urteilt Laßwitz in seiner ausgezeichneten Darstellung der Huyghensschen Atomistik – „ist, daß er nicht von irgendwelchen der sinnlichen Veranschaulichung entnommenen oder anthropomorphisch gefärbten Vorstellungen ausging, sondern von mechanischen Tatsachen, die ihm als grundlegende Gesetze darum galten, weil sie notwendig und hinreichend sind, die Bewegungen der Körper eindeutig zu bestimmen, ihre Geschwindigkeiten und Richtungen zu berechnen, wenn diejenigen vor dem Stoße gegeben sind. Nicht weil die Körper elastisch sind, erhält sich ihre lebendige Kraft nach dem Stoße; sondern weil die Bewegung sich erhalten muß, erfolgt der Stoß so, wie man ihn bei Körpern beobachtet, die wir elastisch nennen[59]." Man sieht, wie / hier das „Sein" des Atoms und seine Beschaffenheit sich ge-

[59] Laßwitz, a. a. O., II, 369 f.

wandelt hat, weil ihm eine neue Bedingung auferlegt ist; weil es nicht mehr allein durch jene theoretisch-spekulativen Erwägungen, die für die antike Atomistik maßgebend waren, sondern durch gewisse empirische und mathematische Gesetze bestimmt wird.

Eine neue Entwicklung des Atombegriffs setzt mit den Anfängen der wissenschaftlichen Chemie ein. Die Forderung eines streng-korpuskularen Aufbaus der Chemie wird bereits im 17. Jahrhundert durch Robert Boyle gestellt. Boyles „Chemista Scepticus" (1767) führt die These durch, daß nur durch Einführung des Atombegriffs der Herrschaft der „dunklen Qualitäten" im Reich der Chemie ein Ende bereitet werden könne. Der Schritt von der Alchymie zur Chemie ist in diesem Werke prinzipiell vollzogen; es lehrt, daß wir die chemischen Tatsachen nicht durch die Annahme geheimer „Sympathien" zwischen den Körpern, sondern nur aus den Struktur- und Bewegungsgesetzen ihrer kleinsten Teile verstehen können. Aber noch bleibt diese Anschauung unfruchtbar, da die nötigen quantitativen Ansätze zu ihrer Durchführung fehlen. Die Chemie verharrt zunächst noch innerhalb der qualitativen Naturbetrachtung, die in der Stahlschen Phlogiston-Theorie noch einmal in charakteristischer Schärfe hervortritt. Aber als dann durch Lavoisiers Versuche der Umschwung eintritt, als auch alle chemischen Tatsachen unter den Gesichtspunkt von Maß, Zahl und Gewicht gestellt werden – da ist auch hier die Stunde für die Atomistik gekommen. Lavoisier erklärt, daß alle chemische Experimentierkunst auf dem Grundsatz beruhe, daß eine wahrhaftige Gleichheit oder Gleichung zwischen den anfänglich gegebenen Körpern und denen, die man aus ihnen durch die Analyse gewinnen kann, besteht[60]. So müssen auch alle Aussagen über die Atome, zu denen diese Experimentierkunst führt, zuletzt dazu dienen, dieser „Gleichheit" einen bestimmten Ausdruck zu geben und sie theoretisch verständlich zu machen. In Daltons Gesetz der multiplen Proportionen feiert die Atomistik ihren ersten Triumph; sie vermag unmittelbar die empirische Tatsache der konstanten Verbindungszahlen zu erklären. Die festen Äquivalentzahlen fanden ihre einfachste und sich unmittelbar aufdrängende Deutung in der Annahme, daß die Atome der verschiedenen Elemente ein bestimmtes Gewicht besitzen, das für die einzelnen Grundstoffe charakteristisch ist. Hierzu tritt / die Avogadrosche Regel, nach der die Anzahl der Moleküle in der Raumeinheit bei allen Gasen

---

[60] Lavoisier, Traité élémentaire de Chimie, P. I, chap. 13.

die gleiche ist. Auf dem einfachen Grundschema, das damit gewonnen ist, baut sich die gesamte folgende Entwicklung der Chemie auf[61]. Wie bei Huyghens, so wird hier das Atom streng-substantiell gefaßt; aber alle Aussagen über sein „Was" gehen zuletzt in Aussagen über ein „Wieviel"; in Aussagen über bestimmte numerische Verhältnisse über. Alle Grundbegriffe und alle Theorien der wissenschaftlichen Chemie – der Valenzbegriff und der Typenbegriff, wie der Begriff des Radikals und die Theorie der zusammengesetzten Radikale – weisen in diese Richtung. Die Begriffssprache der Atomistik erlaubt jetzt, in Gemeinschaft mit der allgemeinen Zeichensprache der Mathematik, jenen einfachen und großartigen Aufbau der chemischen Formelsprache, wie er sich im Fortgang von den einfachen Formeln zu den Strukturformeln vollzieht. Die Stereochemie, wie sie von van't Hoff begründet wird, erlaubt auf Grund einer komplexeren Gestalt der Formeln eine neue Gruppe von Tatsachen, insbesondere die Erscheinungen der Isomerie, zum Ausdruck zu bringen; sie gibt einen neuen Aufschluß über die Lagerung der Atome im Raume. So wandelt und verfeinert sich das anschauliche Bild des Atoms; aber alle diese Wandlungen dienen nur dem einen Zweck, einen immer größeren Kreis funktioneller Beziehungen zu umspannen und darzustellen.

Wieder ein neuer Anfang und eine grundsätzlich neue Orientierung der Atomistik wurde gewonnen, als an Stelle der Substanztheorie der Materie die elektrodynamische Theorie trat, die einen weiteren Schritt in der Richtung der rein funktionellen Auffassung der Naturerscheinungen darstellt. Seit der Erforschung der Tatsachen der Elektrolyse, seit den Untersuchungen über die Natur der Kathodenstrahlen und über die Erscheinungen der Radioaktivität, ist der Grund zu einer Theorie der Materie gelegt, die ihr eine rein elektrische Konstitution zuschreibt. Der Begriff der elektrischen Ladung wird jetzt als das eigentliche Grundelement der Naturerkenntnis eingeführt, und die Entwicklung drängt immer mehr dazu, auch die Masse des Elektrons nur noch als „scheinbare Masse" anzusehen und sie ganz in die elektrische Ladung aufzulösen. Die Elektrizität hat damit die Materie aus / ihrer zentralen Stellung verdrängt; das Wort von Huyghens, das vom Standpunkt der kinetischen

---

[61] Unter erkenntnistheoretischen Gesichtspunkten habe ich diese Entwicklung darzustellen gesucht in meiner Schrift „Substanzbegriff und Funktionsbegriff", Kap. IV, S. 270 ff.

Atomistik gesprochen war, daß man entweder an der mechanischen Auffassung festhalten oder jede Hoffnung auf eine rationale Naturerklärung aufgeben müsse, ist widerlegt. Abermals sind es die Atommodelle, in denen sich dieser Umschwung der Grundanschauung am deutlichsten ausprägt. Sie sind gewissermaßen die Spiegel, die sowohl das gesamte neue Beobachtungsmaterial als auch den Fortgang der theoretischen Ideen in sich auffangen und reflektieren. Hierin besteht der außerordentliche Wert, den sie in empirischer Hinsicht besitzen, aber zugleich liegt hierin auch ihre erkenntniskritische Schranke. Ihre Kraft beruht auf ihrer Ausdrucks- und Darstellungsfunktion; nicht darauf, daß sie ein selbständiges Sein, ganz abgelöst von dieser Funktion, bezeichnen. Es ist ein Vorzug der neueren Quantenmechanik, daß sie diesen Sachverhalt schärfer als zuvor erkannt, daß sie den Sinn der Atommodelle vor allem in ihrer heuristischen Leistung gesehen und dadurch ihre erkenntniskritische Grenze klargestellt hat. Jetzt wurde ihnen die ausdrückliche Bedingung auferlegt, keine Inhalte in sich aufzunehmen, die sich prinzipiell jeder experimentellen Feststellung entziehen. Im Jahre 1904 hat J. J. Thomson, im Anschluß an Lord Kelvin, ein Modell aufgestellt, das noch auf den Voraussetzungen der klassischen Theorie der Elektrodynamik beruht. Das Atom besteht danach aus einer von positiver Ladung gleichmäßig erfüllten Kugel, innerhalb deren sich die Elektronen entweder auf Kreisbahnen bewegen oder um gewisse Gleichgewichtslagen oszillieren[62]. Der Mangel dieses Modells zeigte sich darin, daß es den neuen Erfahrungen, die über die Korpuskularstrahlen gemacht wurden, nicht gerecht zu werden vermochte; die Streuung, die die α-Strahlen beim Durchgang durch dünne Metallblättchen erfahren, konnte durch das Thomsonsche Atommodell nicht erklärt werden. Hier griff die Theorie Rutherfords (1911) ein, nach der der Träger des größten Teiles der Masse des Atoms ein positiv geladener Kern ist, der von einer Anzahl leichterer negativ geladener Elektronen umkreist wird; die Ablenkung der α-Teilchen wurde hierbei auf die Abstoßung durch den Kern zurückgeführt. Damit war eine „astronomische" Beschreibung der interatomaren Vorgänge gegeben; das Atom wurde als ein Planetensystem, die einzelnen Elektronen als Pla/neten angesehen, die sich um den Zentralkörper, den Kern, bewegen. Aber die Stabilität dieses Modells be-

[62] Vgl. J. J. Thomson, The Corpuscular Theory of Matter, London 1907, Ch. 6 und 7, S. 103 ff.

durfte noch einer besonderen Sicherung, die erst durch Bohr vermittels der Einführung des Quantenpostulats erfolgte. Die Bahn des Elektrons wurde jetzt durch zwei verschiedene Gleichungen, eine klassische und eine quantentheoretische, festgelegt[63]. Nur durch die letztere ließ sich die fundamentale Tatsache der Spektroskopie, die Existenz scharfer Spektrallinien, erklären. Man sieht, wie es auch hier wieder der Zutritt neuer, sei es empirisch, sei es theoretisch geforderter Bedingungen ist, der dem Atom erst seine bestimmte „Gestalt" verleiht. Seine Struktur ist nichts anderes als der zusammenfassende Ausdruck dieser Bedingungen. An ihrer immer klareren und schärferen Formulierung sind alle großen Hauptgebiete der Physik beteiligt. Die Mechanik, die Chemie, die Thermodynamik, die Elektrodynamik greifen in gleicher Weise in diesen Prozeß ein – und indem sie sich in dieser Art auf ein gemeinsames Ziel richten, werden sie eben damit zu einer methodischen Einheit und Ganzheit zusammengeschlossen.

Aber gerade wenn man diesen Prozeß in seiner Gesamtheit überblickt, wird man sich vielleicht einer Enttäuschung und einer tiefen Skepsis kaum erwehren können. Denn was bedeutet diese Reihe von Bildern, die hier in ständigem Wechsel und in kaleidoskopischer Buntheit an uns vorüberziehen? Ist all dies etwas anderes und etwas mehr als eine seltsame Phantasmagorie? Was hilft uns die Fülle der Bilder und ihre ständige Verfeinerung, wenn keines von ihnen Anspruch auf wirkliche, auf endgültige Wahrheit hat; wenn es, kaum entstanden, durch ein anderes verdrängt wird, das alsbald demselben Schicksal verfällt? Wieder scheint die Antwort auf alle diese Fragen keine andere als das Du Bois-Reymondsche „*Ignorabimus*" zu sein. Nie werden wir besser als heute wissen – so hatte Du Bois-Reymond gesagt – was hier, wo Materie ist, „im Raum spukt" (Vgl. ob. S. 139). Wissen wir es heute besser, wissen wir es nicht vielleicht weniger als je – und hat nicht gerade die Quantenmechanik, weit entfernt, die Prophezeiung Du Bois-Reymonds zu widerlegen, uns nur die Gründe unseres Nichtwissens besser kennen gelehrt und sie in den Unbestimmtheits-Relationen schärfer präzisiert? Diese Folgerung ist in der Tat unumgänglich, wenn man innerhalb der substantialistischen Grundanschauung / stehen bleibt: der Substantialismus führt auch an dieser Stelle notwendig zum Agnostizismus. Aber in einer

---

[63] Näheres bei Bohr, Drei Aufsätze über Spektren und Atombau, 2. Aufl., Braunschweig 1924.

ganz anderen Weise stellt sich das Problem dar, wenn man mit der funktionalen Auffassung Ernst macht. Dann ist die Mannigfaltigkeit der Antworten, die wir auf die Frage nach dem „Sein“ des Atoms, seiner Natur und Struktur erhalten, kein Einwand mehr. Denn eine Funktion i s t nur dadurch, daß sie sich in eine fortschreitende Reihe von Werten entfaltet. Sie läßt sich nicht in ein einzelnes Bild pressen; sondern sie befaßt alle ihre Sonderformen unter einer universellen Regel, sie enthält sie als verschiedene Anwendungsfälle. Keiner dieser Anwendungsfälle ist ein endgültiges Ziel, an dem die Erkenntnis ausruhen könnte; er ist immer nur ein Meilenstein, an dem die Erkenntnis die Stelle, an der sie steht, und den Weg, den sie durchmißt, ablesen kann. Daß sich nichtsdestoweniger die Straße vor uns weiter und weiter dehnt, und daß wir kein Ende, kein *„non plus ultra“* vor uns sehen, braucht uns nicht zu bekümmern; denn die Wahrheit, die wir suchen, kann, als empirische Wahrheit, immer nur die eines Prozesses, nicht die eines schlechthin abschließenden Resultats sein. Wenn wir in diesem Fortgang eine einheitliche R i c h t u n g festhalten und ihrer gewiß sind, so besitzen wir in ihr, und in ihr allein, das Kriterium der Wahrheit. So brauchen wir denn auf die Frage, was das Atom oder Elektron denn nun eigentlich und endgültig sei, keine Antwort zu finden, wenn wir nur sicher sind, daß die verschiedenen Formen seiner Bestimmung, die uns die fortschreitende experimentelle und theoretische Forschung in die Hand gibt, ineinander eingreifen und sich wechselseitig ergänzen. Ist dieser empirische Zusammenhang gesichert, können wir uns überzeugt halten, daß im Fortgang der „Atommodelle“ nicht Laune oder Willkür, sondern eine bestimmte Regel herrscht, so hat das Atom damit all jene „Realität“, deren es fähig ist. Es ist alsdann kein bloß subjektiver, ökonomischer Kunstgriff; aber ebensowenig besitzt es ein substantielles, dingliches Sein — ein Sein, das wir irgendwie unmittelbar nach Analogie mit den gewöhnlichen anschaulichen Objekten beschreiben könnten. Eine d e r - a r t i g e Beschreibung müßte in der Tat, gegenüber jener Entwicklung des Atombegriffs, die wir in ihren Einzelphasen zu verfolgen suchten, als ein merkwürdiges Mißverständnis, als eine erkenntnistheoretische Naivität erscheinen. Denn sie würde uns zwingen, den ganzen, mühsamgewonnenen Erkenntnisfortschritt wieder aufzuheben; sie würde uns an den Anfang des Weges zurück/werfen. In der antiken Atomistik konnte man den Elementen, aus denen sich die Materie aufbaut, noch eine bestimmte anschaulich-faßbare Gestalt zusprechen; wie denn der

Name „Gestalt" (ἰδέα) derjenige gewesen zu sein scheint, den Demokrit für seine Atome gewählt hat. Und hier brauchten auch gewisse sinnliche Beschreibungen nicht vermieden zu werden; um zu erklären, wie die verschiedengestalteten Körperchen sich aneinander hängen und sich ineinander verwickeln, konnte man sie mit irgendwelchen Haken und Klammern versehen[64]. Aber schon in der Grundlegung der Mechanik haben solche naive Beschreibungen keinen Platz mehr; denn hier wird das Sein der Atome durch die Gesetze und Prinzipien der Bewegung bestimmt, und es kann ihnen keine andere Eigenschaft zugeschrieben werden als die, die aus diesen Prinzipien folgt. Immerhin braucht man auch hier die Anschauungshilfen nicht zu verschmähen, sobald man sich nur der Grenzen ihrer Bedeutung bewußt ist. Man kann somit in gewissem Sinne fortfahren, sich die Atome als kleine und starre Kügelchen zu denken, die ein bestimmtes Raumgebiet erfüllen. Auch diese Vorstellung zerrinnt indes, sobald wir den Schritt zur Feldphysik vollziehen: die elektrische Konstitution der Materie läßt sich nicht mehr in gleich einfacher Weise „versinnlichen", wie es bei der mechanischen der Fall war. Was schließlich die Quantentheorie betrifft, so stand für sie von vornherein fest, daß jeder unmittelbaren raumzeitlichen Beschreibung der atomaren Vorgänge bestimmte Grenzen gesetzt sind. Niels Bohr hat in dieser Hinsicht die Tragweite und die Reichweite seines Atommodells nicht überschätzt; er hat es vielmehr als seine Überzeugung ausgesprochen, daß es bei dem allgemeinen Problem der Quantentheorie sich nicht um eine auf Grundlage der gewöhnlichen physikalischen Begriffe beschreibbare Abänderung der mechanischen und elektrodynamischen Theorien handelt, sondern um ein tiefgehendes Versagen der raumzeitlichen Bilder, mittels welcher man bisher die Naturerscheinungen zu beschreiben versuchte[65]. Die Bilder versagen – aber die Relationen, die in den Maßaussagen und Gesetzesaussagen niedergelegt sind, bleiben in Kraft, und sie sind es, die das eigentliche Fundament der physikalischen Erkenntnis bilden.

Blicken wir jetzt wieder auf den Ausgangspunkt unserer Betrachtungen zurück, so läßt sich im Gebrauch und in der erkenntnistheore/tischen Beurteilung des Atombegriffs eine merkwürdige Entwicklung feststellen. Als Ostwald, in seinem Lübecker Vortrag im Jahre 1895, seine Kampf-

---

[64] Vgl. Simplicius, De coelo, 133 a 18 (Zeller, a. a. O. S. 889).

[65] Atomtheorie und Mechanik, 1925, a. a. O. S. 22.

ansage an die Atomistik richtete, als er erklärte, wir müßten endgültig auf die Hoffnung verzichten, uns die physische Welt durch Zurückführung der Erscheinungen auf eine Mechanik der Atome a n s c h a u l i c h zu denken, da erhob er gleichzeitig die Frage, welches andere Mittel uns denn noch bliebe, uns ein Bild der Wirklichkeit zu machen? „Auf diese Frage" — so erklärte er — „möchte ich Ihnen zurufen: Du *sollst* Dir kein Bildnis oder ein Gleichnis machen! Unsere Aufgabe ist nicht, die Welt in einem mehr oder weniger getrübten oder verkrümmten Spiegel zu sehen, sondern so unmittelbar, als es die Beschaffenheit unseres Geistes nur irgend erlauben will. R e a l i t ä t e n, aufweisbare und meßbare Größen miteinander in bestimmte Beziehungen zu setzen, so daß, wenn die einen gegeben sind, die anderen gefolgert werden können; das ist die Aufgabe der Wissenschaft, und sie kann nicht durch Unterlegung irgendeines hypothetischen Bildes, sondern nur durch den Nachweis gegenseitiger Abhängigkeitsbeziehungen meßbarer Größen gelöst werden[66]." In diesem m e t h o d i s c h e n Postulat hat Ostwald nicht geirrt; die Vertreter der neuen Quantenmechanik werden in dieser Hinsicht wohl sämtlich seinem Programm der Naturerkenntnis zustimmen. Aber der Irrtum Ostwalds bestand darin, daß er dem Atombegriff a l s s o l c h e m einen Mangel vorwarf, der nur eine jener A n w e n d u n g e n betrifft, die von ihm im Aufbau der „mechanischen Naturanschauung" gemacht wurde. Löst man den Begriff aus dieser Verflechtung, so tritt erst seine ganze Fruchtbarkeit und Bedeutung zutage. Die bloß „bildlichen" Bestandteile fallen ab — aber sein Gebrauch wird dadurch nicht verhindert, sondern erweitert. Die neue Quantenmechanik bedeutet, rein erkentnistheoretisch gesehen, einen wichtigen und entscheidenden Schritt auf diesem Wege. Sie entgeht den Gefahren der Bildlichkeit, indem sie die Bilder, die sie gebraucht, gewissermaßen sich selbst beschränken und einander das Gleichgewicht halten läßt. Denn sie läßt nie ein Bild a l l e i n zu Worte kommen und als ausschließliche Veranschaulichung des betrachteten Vorgangs gelten. Sie erhebt den Dualismus zwischen Partikel- und Wellenvorstellung zum Prinzip und kraft dieses Dualismus übt sie eine scharfe K r i t i k sowohl an dem einen wie an dem anderen / Bilde[67]. So wird den Gefahren, die in jeder bloß bildlichen

[66] Die Überwindung des wissenschaftl. Materialismus, S. 22.

[67] Die Durchführung dieses Programms ist von Heisenberg in seinen „Physikalischen Prinzipien der Quantentheorie" (1930) gegeben worden.

Beschreibung liegen, dadurch begegnet, daß die verschiedenen Darstellungen, die durch das Partikelbild und die durch das Wellenbild, sich gleichsam neutralisieren. Auf die Frage, welches Bild — das Bild der diskontinuierlichen Korpuskeln oder das der kontinuierlichen Wellen — die Wirklichkeit richtig abbildet, bleibt die Quantentheorie stumm. Alles, was sie uns lehren kann und lehren will, ist nur die Regel, nach der wir eine rein *„symbolische Korrespondenz“* zwischen beiden Bildern herstellen können: derart, daß beide vereint einen exakten begrifflichen Ausdruck der Gesetze liefern, die für die Phänomene der Atomphysik gelten[68]. So müssen wir uns im Hinblick auf die konkreten Vorstellungen, durch die wir das Naturgeschehen auszudrücken versuchen, freilich eine gewisse Zurückhaltung auferlegen; wir dürfen keiner von ihnen einen absoluten, sondern immer nur einen relativen Wert beilegen. Aber diese Einschränkung und „Neutralisierung“ läßt keine Zweideutigkeit und keine bloße Unbestimmtheit zurück, sofern man nur streng an dem neuen Maßstab der physikalischen Erkenntnis festhält, der damit aufgestellt ist: — sofern man die Einsicht in strenge und exakte Beziehungen zwischen beobachtbaren Größen als das alleinige Ziel dieser Erkenntnis ansieht. /

[68] Vgl. hierzu z. B. Frenkel, Einführung in die Wellenmechanik, Kap. I, § 9.

V.

KAUSALITÄT UND KONTINUITÄT

I.

Das Kontinuitätsprinzip in der klassischen Physik

Man kann die „mechanische Naturanschauung“, die Anschauung, daß alles Naturgeschehen sich auf die Bewegung kleinster Massenteilchen zurückführen lasse, aus erkenntnistheoretischen Gesichtspunkten bekämpfen und ihre Mängel aufzuweisen suchen, aber es ist ein ganz unzulässiges und unzulängliches Kampfmittel, wenn man sich hierbei darauf beruft, daß die mechanistische Physik einer „materialistischen“ Denkart entstammt. Nicht nur in der populären Diskussion, sondern auch in „Widerlegungen“, die sich einen streng-philosophischen Anschein zu geben versuchen, ist immer wieder von diesem Kampfmittel Gebrauch gemacht worden. Man wirft dem Mechanismus vor, daß er eine äußerliche „ungeistige“ Betrachtungsweise sei — daß er keinen Sinn für die „Ganzheit“ des Naturgeschehens habe, sondern sich mit der Erfassung der Teile begnüge. Aber so wirksam diese Argumentation auch sein mag, so irrig und oberflächlich ist sie. Schon ein Blick auf die Geschichte der mechanischen Weltansicht genügt, um diese Beweisführung zu widerlegen. Diese Weltansicht ist innerlich und wesenhaft mit der Entwicklung der idealistischen Philosophie, nicht mit der des Materialismus verknüpft. Bei H o b b e s scheinen freilich Mechanismus und Materialismus einander zugeordnet zu sein und ineinander überzugehen. Aber selbst bei ihm ist der letztere lediglich eine Konsequenz des ersteren; keineswegs sein eigentlicher Grund. Der Grund des Mechanismus liegt auch für Hobbes an anderer Stelle; er ist in den Prinzipien der Galileischen Dynamik und in den Prinzipien seiner eigenen nominalistischen und rationalistischen Logik zu suchen. Und was die eigentliche m e t h o d i s c h e Begründung der mechanischen Naturanschauung betrifft, so ist sie an die Namen: D e s c a r t e s, L e i b n i z und K a n t geknüpft.

Descartes' „Principia philosophiae" geben die erste universelle und konsequente Begründung des Mechanismus; Leibniz wird, ungeachtet seines „Spiritua/lismus", nicht müde zu betonen, daß alles Naturgeschehen „mathematisch und mechanisch" zu erklären sei, und er geht so weit, daß er innerhalb der Körperwelt die „mechanischen" Gründe als die alleinverständlichen, als die einzig „intelligiblen" Gründe gelten läßt[1]. Was Kant betrifft, so bildet er, durch seine Zurückführung der Materie auf anziehende und abstoßende Kräfte, den Mechanismus in einen reinen „Dynamismus" um; aber diese dynamische Konstruktion selbst ruht völlig auf der Voraussetzung, daß alle mathematische Naturbetrachtung notwendig an den Begriff der Massenpunkte und die Gesetze, die ihre Wechselwirkung bestimmen, gebunden sei. Will man zu den eigentlichen Gründen dieser Voraussetzung zurückdringen, so muß man das Fundament tiefer legen, so muß man sich die historischen und systematischen Bedingungen klarmachen, aus denen die „mechanische Weltanschauung" erwachsen ist und aus denen sie ihre eigentliche Kraft gezogen hat.

Descartes' „Regulae ad directionem ingenii" und sein „Discours de la Méthode" suchen eine streng-universalistische Weltanschauung zu begründen – eine Anschauung, die keineswegs von den Teilen zum Ganzen, sondern vom Ganzen zu den Teilen geht. Die „Regulae" beginnen damit, die herkömmliche Ansicht zu bekämpfen, die das Wissen zerstückelt und die da glaubt, daß man ein „wahres" Wissen dadurch erreichen könne, daß man es stückweise aus seinen Teilen zusammensetzt. Die Erkenntnis ist eine unteilbare Einheit, so wahr der Intellekt, aus dem sie entspringt, eine solche Einheit ist. Die Wissenschaften insgesamt sind nichts anderes als die eine menschliche Weisheit *(humana sapientia)*, die, auf so viele und verschiedenartige Gegenstände sie auch angewandt werden mag, doch stets ein und dasselbe bleibt. Es muß daher eine echte Universalwissenschaft, eine „*Mathesis universalis*" geben, die allen besonderen Wissenszweigen und Wissensrichtungen zugrunde liegt. Von ihr, nicht von den einzelnen Objekten des Wissens, müssen wir ausgehen, wenn wir ein sicheres und unerschütterliches Fundament der Erkenntnis gewinnen wollen. Auf diese Voraussetzung gestützt versucht Descartes an die Stelle der bisherigen ontologischen Einteilung des Wissens eine rein methodologische Einteilung zu setzen. Alle Gegenstände müssen, um für uns übersehbar zu sein, in bestimmte Klassen

---

[1] Vgl. z. B. Philos. Schriften (Gerhardt) VII, 265.

geteilt werden; aber diese Klassen können nicht aus dem Gesichtspunkt des Seins, sie müssen viel/mehr aus dem Gesichtspunkt der Erkenntnis festgesetzt werden. Die erstere Anschauung hat bisher die „Kategorienlehre“ der Philosophen beherrscht; die zweite ist es, die die neue Methodik kennzeichnet und die ihren wissenschaftlichen Charakter bestimmt. Die Disposition, die Gliederung und der Aufbau des Wissens muß derart erfolgen, daß sie uns einen Überblick über die Abhängigkeit der Erkenntnisse voneinander verschafft, über die Art, wie sie ineinander eingreifen und aufeinander beruhen. Erst auf Grund dieser methodischen Einsicht können wir ein ontologisches Urteil wagen, können wir irgendetwas über die Beschaffenheit und die Beziehungen der Dinge mit Sicherheit aussagen[2]. Nicht die Verwicklung der Dinge ineinander, sondern die Komplikation der Erkenntnisse ist das Grundthema der Cartesischen Philosophie. Was sie vor allem anstrebt, ist, uns einen Ariadnefaden in die Hand zu geben, der uns davor schützt, uns in dem Labyrinth der Einzelerkenntnisse zu verlieren, die sich in einer zunächst ganz unübersehbaren Weise ineinander verschlingen. Aus diesem Labyrinth gibt es keinen Ausweg, sofern wir uns nicht streng an die Vorschrift halten, vom Einfachen zum Zusammengesetzten, vom Leichteren zum Schwereren fortzuschreiten. Die „Zusammensetzung“, die hier gelehrt wird, ist also, weit entfernt eine „mechanische“ zu sein, eine streng-logische Zusammensetzung. Es ist eine Regel des Denkens, von der ausgegangen wird: die Regel, alle Gedanken einer derartigen Ordnung zu unterwerfen, daß mit den einfachsten und den am leichtesten verständlichen begonnen und, allmählich und stetig, in bestimmter Gradabstufung zu den verwickeltsten Fragen fortgeschritten wird.

Aus dieser Methode der Teilung und Unterteilung ergibt sich der „Mechanismus“, der Descartes' Philosophie beherrscht und durchdringt. Er verlangt, daß alle Probleme, die der menschliche Geist sich stellt, daß alle Schwierigkeiten, denen er begegnet, in „kleinste Teile“ aufgelöst werden – und er sieht hierin allein den Weg, sie zu bewältigen[3].

---

[2] Regula VI: „Haec propositio praecipuum... continet artis secretum; monet enim res omnes per quasdam series posse disponi, non quidem in quantum ad aliquod genus entis referuntur sicut illas Philosophi in categorias suas diviserunt, sed in quantum unae ex aliis cognosci possunt.“

[3] Discours de la méthode, 2e partie: „Le second précepte est de diviser chacune des difficultés que j'examinerois en autant de parcelles qu'il se pourroit, et qu'il seroit requis pour les mieux resoudre“. (Adam-Tannéry, VI, 18).

Wir können in keinem Gebiet von Gegenständen festen Fuß fassen, wir können es nicht in klaren und deutlichen Ideen zum Ausdruck / bringen, es sei denn, daß wir zuvor die „einfachen Naturen" festgestellt haben, aus denen es sich aufbaut. Diese „*naturae simplices*" sind die Grund- und Ursprungsbegriffe für jeden Gegenstandsbereich; sie sind die Originale und Vorbilder, nach deren Muster wir alle unsere anderen Erkenntnisse bilden. Es gibt nur eine kleine Zahl dieser Grundbegriffe: die Begriffe des Seins, der Zahl, der Dauer, der Ausdehnung, der Bewegung und, für das seelische Gebiet, den Begriff des Bewußtseins oder des Denkens[4]. Kraft dieses Systems der Grundbegriffe (*notions primitives*) gelingt es, die Gegenstandsgebiete ihrer scheinbaren Vielfältigkeit und Heterogeneität zu entkleiden und sie aufeinander zurückzuführen. Durch den Begriff der Ausdehnung wird die Physik auf die Geometrie zurückgeführt, und innerhalb dieser letzteren läßt sich eine weitere Vereinfachung und Reduktion erzielen, indem wir, vermöge der Methode der analytischen Geometrie, die Descartes aus eben dieser Grundkonzeption heraus gefunden und begründet hat, vom Begriff der Ausdehnung auf den der Zahl zurückgehen. Dies ist das feste Fundament, auf dem Descartes' mechanisches Natursystem ruht. „Man wird vielleicht fragen" – so sagt er in den Prinzipien – „auf welchem Wege ich zur Kenntnis der kleinsten, sinnlich nicht wahrnehmbaren Teile der Materie gekommen bin. Hierauf antworte ich, daß ich zunächst all die klaren und distinkten Begriffe betrachtet habe, die es in unserem Geiste bezüglich der materiellen Dinge geben kann, und daß ich keine anderen gefunden habe außer den Begriffen der Größe, der Gestalt und der Bewegungen, sowie der Regeln, gemäß denen sie gegenseitig aufeinander einwirken. Da diese Regeln die Prinzipien der Geometrie und der Mechanik sind, so habe ich geschlossen, daß alle Erkenntnis der Natur, die dem Menschen zugänglich ist, allein aus ihnen gezogen werden muß, da alle anderen Begriffe, die wir uns von den Sinnendingen machen können, verworren und dunkel sind und daher die wahre Erkenntnis dieser Dinge nicht sowohl befördern als hemmen. Darauf habe ich all die hauptsächlichen Unterschiede untersucht, die es zwischen den Figuren, den Größen und den Bewegungen der verschiedenen Körper geben kann, die sich wegen ihrer Kleinheit nicht unmittelbar wahrnehmen lassen, und ich

[4] Vgl. Brief an die Pfalzgräfin Elisabeth vom 21. V. 1643 (Correspondance, éd. Adam-Tannéry, III. 665).

habe mich gefragt, welche wahrnehmbaren Effekte durch ihre Wechselwirkung entstehen können. Da ich alsdann tatsächlich / solche Effekte in der Natur vorgefunden habe, so dachte ich, daß sie auf solche Weise entstanden sein könnten. Später aber zog ich den Schluß, daß sie unfehlbar so entstanden seien, da ich sah, daß sich im ganzen Umkreis der Natur keine andere Ursache auffinden ließ, die imstande gewesen wäre, sie hervorzubringen[5]."

Nicht minder klar treten die logischen und philosophischen Grundbedingungen des mechanischen Systems der Naturerklärung bei Leibniz hervor. Aber hier hat sich inzwischen durch den Schritt von der analytischen Geometrie zum Infinitesimal-Calcul eine neue wichtige Wandlung der allgemeinen Prinzipienlehre vollzogen, die eine Verschärfung und eine genauere Determination dieses Systems verlangt. Leibniz' Analysis des Unendlichen ruht auf seinem Stetigkeitsbegriff. Dieser ist es, der fortan Mathematik und Naturerkenntnis miteinander verknüpft und zu einer Einheit zusammenschließt. Die Beschreibung des Naturgeschehens in stetigen und differenzierbaren Funktionen wird jetzt zum obersten Postulat erhoben; das Kontinuitätsprinzip wird zur Grundvoraussetzung eines exakten Wissens von der Natur. Es ist für Leibniz kein empirisches Prinzip, das sich aus einzelnen Beobachtungen ableiten und auf sie begründen läßt. Es wird von ihm vielmehr als ein rationales Prinzip, als ein allgemeines Ordnungsprinzip (principe de l'ordre général) eingeführt. Als solches gilt es unbedingt im Gebiet der Logik und Geometrie, aber die gleiche ausnahmslose Geltung muß ihm auch im Gebiet der Naturerkenntnis eingeräumt werden. Denn nach den Grundvoraussetzungen der Leibnizschen Philosophie kann hier nirgends eine Kluft bestehen. Ideelles und Reelles, Wahrheit und Wirklichkeit sind durch eine prästabilierte Harmonie miteinander verknüpft und aufeinander bezogen. Alle „faktischen" Wahrheiten *(vérités de fait)* sind demnach in „ewigen" Wahrheiten (*vérités eternelles*) gegründet und nur durch sie erklärbar. Und eben dieser Zusammenhang ist es, der durch das Kontinuitätsprinzip garantiert wird. Dieses Prinzip ist kein einfaches Naturgesetz – es ist vielmehr eine universelle Regel, die uns anweist, wie wir die Naturgesetze zu finden und wie wir sie zu fassen haben. In diesem Sinn wird es von Leibniz als ein allgemeiner „Probierstein der Er-

---

[5] Les Principes de la philosophie, franz. Ausg., 4e partie, Art. 203 (Adam-Tannéry, IX, 321).

kenntnis" gebraucht. Die von Descartes eingeführten Stoßgesetze müssen falsch sein, weil sie / dieser Prüfung nicht standhalten, weil sie einen Widerspruch zum Stetigkeitsprinzip in sich schließen[6]. Nichts ist vielleicht so sehr dazu geeignet, den scharfen Gegensatz zwischen dem „klassischen" und dem modernen System der physikalischen Grundbegriffe zu beleuchten, als der Umstand, daß Leibniz das Stetigkeitsprinzip genau an derselben Stelle einsetzt, an der in der Atomphysik das Quantenprinzip steht, und daß er es in genau demselben methodischen Sinne verwendet. Es ist ihm ein heuristischer Grundsatz und ein allgemeines Postulat der Naturerkenntnis[7]. Nur auf Grund dieses Postulats kann das neugewonnene Instrument der Erkenntnis, kann die Analysis des Unendlichen der Erforschung der Natur dienstbar und für dieselbe wahrhaft fruchtbar gemacht werden.

Hierbei ist sich Leibniz völlig klar darüber, daß eine Natur, in der es plötzliche sprunghafte Änderungen gäbe, keineswegs unmöglich wäre; aber sie wäre nach ihm logisch-unbefriedigend, sie wäre der „Weisheit des Schöpfers" nicht angemessen. Aber dieses teleologische und metaphysische Argument ist keineswegs das einzige, das er für die allgemeine Gültigkeit des Kontinuitätssatzes anführt. Weit charakteristischer und bedeutsamer ist ein anderer Beweisgrund, der sich auf ein rein erkenntnistheoretisches Postulat stützt. Gälte der Kontinuitätssatz nicht, so müßten wir damit rechnen, daß unseren Gedanken durch die Natur der Dinge selbst eine ganz bestimmte Schranke gesetzt wäre. Eine Verfeinerung unserer Erkenntnismittel, eine Verschärfung der Analyse brauchte in diesem Falle zu keiner größeren Annäherung an die Realität zu führen, sondern könnte uns gegebenen Falles sogar von ihr entfernen. Mit einer solchen Möglichkeit aber kann Leibniz' System, das völlig auf der durchgehenden Entsprechung und der lückenlosen Übereinstimmung zwischen „Denken" und „Sein", zwischen „Begriff" und „Wirklichkeit" gegründet ist, nicht rechnen. Die Natur kann der Analyse keine feste

---

[6] Vgl. bes. Mathematische Schriften, hg. von Gerhardt VI, 129 ff. Hauptschriften (Cassirer), I, 84 ff. Animadvers. in partem generalem Principiorum Cartesianorum (Gerh. IV, 375). „Antequam ad speciales motuum regulas ab autore nostro traditas veniam, criterion generale dabo et velut lapidem Lydium, ad quem examinari possint, quod appellare soleo Legem Continuitatis."

[7] „La loi de la Continuité qui me sert depuis longtemps de *principe d'invention en physique*, et encore d'examen fort commode pour voir si quelques règles qu'on donne vont bien." Mathemat. Schriften (Gerhardt) IV, 105.

Grenze vorschreiben — ist doch die Analyse selbst das einzige Mittel, um zu klaren und distinkten / Ideen zu gelangen, die uns der Wahrheit der Natur versichern. Hier kann und darf es keine Bruchstelle geben; denn eine solche würde sofort die „Rationalität" der Natur in Frage stellen.

Aus diesem Gesichtspunkt wird auch Leibniz' Stellung zur Atomistik sofort verständlich. Nicht als Empiriker, sondern als Logiker der mathematisch-physikalischen Erkenntnis widerspricht er der atomistischen Hypothese. Man hat sowohl in der Geschichte des philosophischen wie in der des physikalischen Denkens oft versucht, ein Kompromiß zwischen Atomistik und Kontinuität herzustellen, indem man den Stetigkeitssatz so formulierte, daß er lediglich eine Forderung für das Geschehen, nicht für das Sein, in sich faßte. Im Geschehen verlangte man stetige Übergänge, während man für das Sein, für die Konfiguration der Dinge im Raum, scharfe und diskrete Grenzen annahm. Aber Leibniz ist ein zu scharfer Analytiker, um über die Mängel eines derartigen Kompromisses hinwegsehen zu können. Die Annahme von Atomen schließt, wie er ausführt, in jedem Falle eine Verletzung des Stetigkeitsprinzips ein. Denn legt man für die Wechselwirkung der Atome die Stoßgesetze zugrunde, so ergibt sich nach diesen, daß beim Stoß sich zwar die Ortsveränderung stetig vollzieht, daß aber im Moment des Zusammenpralls insofern eine sprunghafte Änderung in der Geschwindigkeit der Atome eintritt, als diese plötzlich ihr Vorzeichen wechselt. Ein solcher Wechsel, eine Wandlung in der Richtung der Geschwindigkeit ist aber nicht möglich, wenn diese nicht vorher kontinuierlich sich der Null genähert und die Größe Null erreicht hat[8]. Dieser spezielle Grund wird weiterhin von Leibniz durch einen anderen, allgemeineren ergänzt, der darauf hinausläuft, daß es willkürlich ist, unserer Analyse eine feste Grenze vorzuschreiben, über die sie nicht hinausdringen könne. Eine solche Annahme kann keinen wirklichen Vernunftgrund für sich geltend machen; sie entspringt vielmehr der Schwäche unserer Einbildungskraft, und sie sucht die Natur dieser Schwäche anzupassen. Die Natur aber spottet aller derartigen Versuche, denn sie kommt vom Unendlichen und geht zum Unendlichen[9]. Will man die Mathematik, will man die neue Form / der Analysis, die Leibniz entdeckt hat, mit der Natur in Einklang setzen, so

[8] Vgl. hierüber Leibniz' Briefwechsel mit Huyghens über die Atomistik, Hauptschriften (Cassirer) II, 35 ff.

[9] „Les atomes sont l'effet de la faiblesse de nostre imagination, qui aime à se reposer et à se hâter à venir à une fin dans les sousdivisions ou analyses; il n'en

bleibt nach ihm nichts übrig, als ihren Grundbegriffen: dem Begriff des Unendlich-Kleinen und des Unendlich-Großen, auch für die Wirklichkeit volle Anwendbarkeit zu gewähren. Leibniz hat sich durch die Einwände, die Aristoteles gegen das Aktual-Unendliche erhoben hat, von diesem Versuch nicht abschrecken lassen. „Je suis tellement pour l'infini actuel" — so schreibt er an Foucher —[10] „qu'au lieu d'admettre que la nature l'abhorre comme l'on dit vulgairement, je tiens qu'elle l'affecte partout, pour mieux marquer les perfections de son auteur. Ainsi je crois qu'il n'y a aucune partie de la matière qui ne soit, je ne dis pas divisible, mais actuellement divisée, et par conséquent la moindre particelle doit estre considérée comme un monde plein d'une infinité de créatures différentes."

Damit ist ein allgemeines Programm aufgestellt, das aber noch lange Zeit der wissenschaftlichen Verwirklichung harrt. Die Vereinigung zwischen der neuen Mathematik und Physik hat sich, so unmittelbar beide sich gegenseitig befruchtet haben, in rein methodischer Hinsicht nur langsam vollzogen: ist doch z. B. der Begriff des Koordinaten-Systems erst relativ spät durch Maclaurin in die Mechanik eingeführt worden. Leibniz hat zwar die Grundbegriffe der Dynamik analysiert und ihnen eine neue Fassung und Begründung gegeben; aber ein vollständiges System der Dynamik hat er nicht entwickelt. Und auch Newton verfährt äußerst vorsichtig in der physikalischen Anwendung seiner Fluxionsmethode; obwohl er sie überall stillschweigend voraussetzt, zieht er es vor, in der expliziten Darstellung die älteren „synthetischen" Methoden, wie sie in der antiken Mathematik ausgebildet waren, zu gebrauchen. Zu einer wirklichen Durchdringung ist es hier erst bei den großen französischen Mathematikern des 18. Jahrhunderts, bei d'Alembert und Lagrange, gekommen. Sie sind als empirische Naturforscher Newtonianer; aber als Logiker und Methodiker der Physik sind sie durchaus Cartesianer geblieben. Schon der Titel von Lagranges grundlegendem Werk weist auf diesen Zusammenhang hin. Der Geist der Analyse soll jetzt endgültig seinen Einzug in die Physik halten; das Cartesische Ideal der Einfachheit, der Zurückführung auf die „*naturae simplices*" soll in ihr zur uneingeschränkten Geltung kom/men. Ein einziges System von

---

est pas ainsi dans la nature qui vient de l'infini et va à l'infini. Aussi les Atomes ne satisfont ils qu'à l'imagination, mais ils choquent les raisons supérieures." An Hartsoeker, 30. Oktober 1710, Philos. Schr. (Gerhardt) III, 507.

[10] Philos. Schriften (Gerhardt), I, 416.

Gleichungen soll alle statischen und dynamischen Phänomene umfassen, — und die Form dieser Gleichungen wird durch die neue Analysis des Unendlichen bestimmt. Auf diesem Wege sind d'Alembert und Lagrange zur Aufstellung des „virtuellen Prinzips" gelangt, das in der denkbar einfachsten Weise die allgemeine Bedingung für alle Phänomene des Gleichgewichts und der Bewegung ausspricht. In der Vorrede zu seiner Dynamik erklärt d'Alembert, daß man seit langem mit Glück versucht habe, die Algebra auf die Geometrie, die Geometrie auf die Mechanik und jede dieser drei Wissenschaften auf die Physik anzuwenden. Aber man sei weder genug darauf bedacht gewesen, die Prinzipien dieser Wissenschaften auf die kleinste Anzahl zu reduzieren, noch ihnen alle wünschenswerte Klarheit zu verleihen. Diesem logischen Mangel wollen d'Alemberts Dynamik und Lagranges „Mécanique analytique" abhelfen — und insbesondere das Werk Lagranges hat dieses Ideal in wirklicher Strenge verwirklicht. Es hat durch die Aufstellung der Differentialgleichungen der Bewegung, die unmittelbar aus dem d'Alembertschen Prinzip ableitbar waren, erst den vollen Zusammenschluß zwischen der Physik und der Infinitesimal-Analysis erreicht, und es hat zugleich ein Muster der logischen Klarheit und Präzision gegeben, das für die gesamte Folgezeit vorbildlich blieb.

Damit ist auch die Verbindung zwischen dem Kausalprinzip und dem Kontinuitätsprinzip immer enger und natürlicher geworden. In der klassischen Physik sind beide fortan derart miteinander verflochten, daß es schwer fällt, auch nur ihre rein begriffliche Unterscheidung in aller Strenge festzuhalten. Auch Kant hat diese Verflechtung nicht aufgehoben; er hat sie vielmehr bestätigt und sie von einer neuen Seite her zu begründen gesucht. Was den reinen Begriff, was die Kategorie der Kausalität betrifft, so steht es zwar für Kant fest, daß er keine unmittelbare Beziehung zum Stetigkeitsbegriff und keine direkte Bindung an ihn einschließt. Aber für den empirischen Gebrauch des Kausalbegriffs tritt alsbald eine weitere einschränkende Bedingung hinzu. Der Begriff muß sich, wenn er nicht leer bleiben soll, auf die reine Anschauung beziehen und sich in ihr darstellen lassen; er muß sich „schematisieren". Und diese Forderung verlangt die Rücksicht auf die reine Form der Zeit: denn die „Schemata" sind für Kant nichts anderes als „Zeitbestimmungen a priori nach Regeln" und gehen, nach der Ordnung der Kategorien, auf die / Zeitreihe, den Zeitinhalt, die Zeitordnung und endlich den Zeitinbegriff der Erscheinungen. Je nachdem man diese

Forderung der Schematisierung explizit in die Definition des Kausalbegriffs aufnimmt oder nicht, ergeben sich für Kant zwei verschiedene Fassungen desselben. In der ersten Auflage der „Kritik der reinen Vernunft" findet sich noch eine ganz allgemeine Formulierung des Kausalsatzes: „alles w a s g e s c h i e h t (anhebt zu sein), setzt etwas voraus, worauf es, n a c h e i n e r R e g e l folgt[11]." Hier ist also nur die Möglichkeit gefordert, das Geschehen durch Regeln zu verknüpfen, ohne daß über die A r t dieser Regeln eine bestimmte Voraussetzung gemacht ist. Die Forderung der Kausalität scheint mit der Forderung der Gesetzlichkeit des Naturgeschehens gleichbedeutend zu sein und sich auf diese letztere zu beschränken. Aber der Beweis des Kausalsatzes, der sich hieran knüpft, geht einen Schritt weiter, indem er die Rücksicht auf die Zeit einführt, indem er als das „Schema" von Ursache und Wirkung die „Succession des Mannigfaltigen" bezeichnet, insofern sie einer Regel unterworfen ist. Mit der Sukzession aber ist wieder unmittelbar die Zeit als deren Bedingung gesetzt: und diese erste Bedingung schließt die zweite der Stetigkeit in sich. Keine Ursache kann ihre Veränderung plötzlich, sondern nur in einer Zeit hervorbringen, so daß, wie die Zeit vom Anfangsaugenblicke a bis zu ihrer Vollendung in b wächst, auch die Größe der Realität (b—a) durch alle kleineren Grade, die zwischen dem ersten und letzten enthalten sind, erzeugt wird. „Das ist nun das Gesetz der Kontinuität aller Veränderung, dessen Grund dieser ist: daß weder die Zeit, noch auch die Erscheinung in der Zeit aus Teilen besteht, die die kleinsten sind, und daß doch der Zustand des Dinges bei seiner Veränderung durch alle diese Teile als Elemente zu seinem zweiten Zustand übergehe. Es ist k e i n U n t e r s c h i e d des Realen in der Erscheinung, so wie kein Unterschied in der Größe der Zeiten d e r k l e i n e s t e, und so erwächst der neue Zustand der Realität von dem ersten an, darin diese nicht war, durch alle unendlichen Grade derselben, deren Unterschiede voneinander insgesamt kleiner sind als der zwischen o und a."

Blickt man jetzt noch einmal auf diese Entwicklung des philosophischen und physikalischen Denkens zurück, durch welche der Kausalbegriff und der Kontinuitätsbegriff allmählich immer tiefer und fester miteinander verwachsen, so begreift man, wie schwer es sein mußte, / das Band, das beide zusammenhielt, wieder zu lösen. Zu dieser Lösung bedurfte es nichts Geringeren als des gewaltigen „Sprengkörpers" der

[11] Krit. d. r. Vern., erste Aufl., S. 189 (Ausg. Cassirer III, 630).

Quantentheorie. Und so tief hatte sich inzwischen die Vorstellung eingebürgert, daß Kausalität und Kontinuität unlöslich miteinander verbunden und aufeinander angewiesen seien, daß die Aufhebung dieser Verbindung von den Vertretern der neuen Anschauung als eine Aufhebung der Kausalität selbst aufgefaßt wurde. Der Schnitt, der die Kontinuität von der Kausalität trennte, galt als tödlicher Schnitt. Aber eine solche Argumentation ist, vom erkenntnistheoretischen Standpunkt aus, kaum konsequent durchzuführen. Das konstitutive, das wesentliche Merkmal der Kausalität besteht in der allgemeinen Forderung der Gesetzlichkeit, nicht in einer Anweisung darüber, wie diese Gesetzlichkeit im einzelnen zu gewinnen und durchzuführen ist. Zeigt es sich also aus empirischen und theoretischen Gründen, daß der Stetigkeitsforderung nicht länger zu genügen ist, so ist damit allein noch keineswegs bewiesen, daß die Kausalforderung unhaltbar geworden ist. Wir haben alsdann vielmehr die letztere von den bisherigen einschränkenden Bedingungen, die sich in sie eingemischt haben, zu befreien; — wir haben sie so zu fassen, daß sie nicht mehr unmittelbar als eine stetige Verknüpfung zwischen den „Dingen" unseres Anschauungsraums und den „Ereignissen" innerhalb der Anschauungszeit erscheint. Daß vom Standpunkt einer „kritischen" Theorie der Kausalität eine solche Befreiung möglich ist, leidet keinen Zweifel: denn der kritische Kausalsatz enthält keine unmittelbare Aussage über die Verbindung von „Dingen" und „Vorgängen", sondern vielmehr eine Aussage über den systematischen Zusammenhang von Erkenntnissen. (Vgl. ob. S. 151ff.). Wir müssen jetzt somit dem Umstand Rechnung tragen, daß sich unter diesen Erkenntnissen eine neue Zuordnung und eine neue Rangordnung vollzogen hat — daß „Kausalität" und „Kontinuität" zueinander nicht mehr in demselben einfachen Verhältnis stehen, wie es die klassische Physik voraussetzte. Wenn also Vertreter der modernen Atomphysik die Folgerung ziehen, daß das Quantenpostulat den Sturz des Kausalprinzips zur notwendigen Folge haben müsse, so liegt darin im Grunde eine zwiespältige Haltung: sie selbst urteilen hierbei noch vom Standpunkt einer erkenntnistheoretischen Situation, die gerade durch die Quantentheorie überwunden und überholt ist.

Die „Krise der Kausalität", die durch die Quantenmechanik herbeigeführt worden ist, besteht freilich, und sie ist ernst genug. Aber sie ist / keine Krise des reinen Kausalbegriffs, sondern eine „Krise der Anschauung"; sie zeigt uns, daß wir diesen Begriff nicht länger in der gewohnten Weise auf die Anschauung der „reinen Zeit“ beziehen und in dieser „schematisieren“ dürfen. Solcher Schematisierung sind durch die Entwicklung der Quantentheorie ganz bestimmte Grenzen gezogen. Wir können die Kausalität nicht mehr in derselben Weise wie in der klassischen Physik mit der Raum-Zeitbeschreibung verbinden, geschweige daß wir sie in dieser letzteren aufgehen lassen können. Vom rein erkenntnistheoretischen Standpunkt aus gesehen ist diese Einsicht insofern nicht überraschend, als sie, schon vor der Ausbildung der modernen Physik, durch die Entwicklung der Mathematik im 19. Jahrhundert vorbereitet worden ist. Schon hier trat die „Krise der Anschauung“ offen zu Tage[12]. Leibniz geht in seiner Grundlegung der Infinitesimal-Analysis vom allgemeinen Tangentenproblem aus. Er betrachtet zunächst zwei auf einer Kurve gelegene Punkte P und P', die er sodann einander immer näher und näher rücken und schließlich miteinander zusammenfallen läßt. Auf diese Weise kommt er zur Konstruktion seines sogenannten „charakteristischen Dreiecks“, dessen Elemente die Größen dx und dy bilden. Bei diesem Übergang aber muß notwendig angenommen werden, daß der gesuchte Grenzwert wirklich existiert, — daß die Kurve an dem betreffenden Punkte eine bestimmte „Richtung“ hat. Ein Zweifel hieran schien zu Leibniz' Zeiten nicht möglich; er mußte sich aber notwendig aufdrängen, seit durch die moderne mathematische Analysis der Beweis dafür erbracht wurde, daß Stetigkeit und Differenzierbarkeit nicht notwendig zusammenfallen, und seit Weierstraß sogar das Beispiel einer stetigen Kurve gab, die in keinem ihrer Punkte eine bestimmte Tangente besitzt. Es zeigte sich hierdurch, daß die Annahme, man könne stets und unbedenklich von einem „Differenzquotienten“ zu einem „Differentialquotienten“, von den Werten für $\frac{\Delta y}{\Delta x}$ zu dem Wert für $\frac{dy}{dx}$ übergehen, nicht zutrifft, sondern daß sie nur unter gewissen Einschränkungen und Vorbehalten gilt. Auch rein physikalische Beobachtungen und Überlegungen führen zu dem gleichen Schluß[13]. Damit aber wird eines der wesent/lichen Fundamente, auf dem

[12] Vgl. hierzu die Darstellung von Hans Hahn (Krise und Neuaufbau in den exakten Wissenschaften, 5 Vorträge, Leipzig u. Wien 1933, S. 41 ff.).

[13] „Nous resterons encore dans la réalité expérimentale“ — schreibt Perrin in seinem bekannten Buch über die Atome — „si, mettant l'oeil au microscope, nous observons le mouvement Brownien qui agite toute particule en suspension dans un

das Gebäude der klassischen Analysis wie das der klassischen Physik ruht, erschüttert. Es zeigt sich jetzt, daß die „Verhältnisse im Großen" keinen unmittelbaren Schluß auf die „Verhältnisse im Kleinen" gestatten. Leibniz hat sein Stetigkeitsprinzip bisweilen so formuliert, daß durch dasselbe eben diese Gleichartigkeit unmittelbar gefordert wird. Er faßt es in der Form eines „Analogieprinzips", nach welchem eine durchgängige Gleichförmigkeit des Seins und des Geschehens in allen Gebieten der Wirklichkeit anzunehmen ist. Welchem Gebiet wir uns auch zuwenden mögen, wir finden zuletzt, daß es in ihm nichts grundsätzlich Neues gibt, daß die Regeln, die wir beobachten können, allenthalben dieselben sind: „*C'est tout comme ici*" — wie der Narr in einer französischen Harlekinade (Harlequin Empereur de la Lune) sich ausdrückt[14]. Strenger hat Leibniz die gleiche Maxime in den Worten ausgesprochen, daß die Regeln des Endlichen auch im Unendlich-Kleinen, und umgekehrt jene in diesen, gelten müssen: „*les règles du fini réussissent dans l'infini et, vice versa, les règles de l'infini réussissent dans le fini*[15]." Aber die Entwicklung der Quantentheorie hat die empirischen und theoretischen Grundlagen dieser Maxime erschüttert. Das physikalische Denken kann und darf sich einem derartigen Analogieschluß nicht länger anvertrauen. Es muß damit rechnen, daß der Übergang zu neuen Gegenstandsbereichen tiefe Wandlungen nicht nur in den einzelnen Gesetzen, sondern in den allgemeinen physikalischen Denkvoraussetzungen und Denkformen verlangen kann. Die Gesetzlichkeits-Forderung als solche muß hierbei immer aufrecht erhalten bleiben; aber jene Forderung der „Einförmigkeit" und „Gleichförmigkeit" des Naturgeschehens, wie sie in der Logik der klassischen Physik oft aufgestellt worden ist[16], muß aüf/ge-

---

fluide. Pour fixer une tangente à sa trajectoire, nous devrions trouver une limite au moins approximative à la direction de la droite qui joint les positions de cette particule en deux instants tres rapprochés. Or tant que l'on peut faire l'expérience, cette direction varie follement, lorsque l'on fait décroître la durée qui sépare ces deux instants. En sorte que ce qui est suggéré par cette étude à l'observateur sans préjugé, c'est encore la fonction sans derivée et pas du tout la courbe avec tangente." Perrin, Les Atomes, 2 éd., Paris 1913, p. IX.

14 Leibniz an Clarke, fünftes Schreiben, § 3 u. 4, Philos. Schriften (Gerhardt) VII, 394; Hauptschriften (Ausg. Cassirer) I, 173.

15 Leibniz an Varignon; Math. Schriften (Ausg. Gerhardt) IV, 937.

16 Leibniz stellte ausdrücklich diese Forderung und sah es als einen wesentlichen Vorzug seines Systems an, daß sie in ihm vollständig befriedigt werde. „Apud me" — so schreibt er an Christ. Wolff — „magna uniformitate naturae omnia ubique

geben werden. Die moderne Physik sieht sich in die Notwendigkeit versetzt, verschiedene Begriffssysteme nebeneinander anzuwenden, die sich nicht aufeinander reduzieren lassen. Aber die Einheit der Naturerkenntnis verlangt auch keine derartige Einerleiheit. Für sie genügt es, daß die verschiedenen Systeme zueinander in ein bestimmtes Verhältnis gesetzt werden, daß wir von dem einen zum andern nach einer bestimmten Regel übergehen können. Eine solche Regel ist es, die für die Beziehung zwischen „klassischen" und quantentheoretischen Begriffen in Niels Bohrs Komplementaritätsprinzip aufgestellt worden ist. Hier wird uns eine Art von Übersetzungsschlüssel in die Hand gegeben, der uns zeigt, in welcher Weise wir die verschiedenen Sprachen miteinander verbinden und nebeneinander gebrauchen können. Es bleibt freilich auch hier bestehen, daß die Übersetzung keine einfache Interlinear-Version sein kann; daß wir die klassische und die quantentheoretische Sprache nicht Wort für Wort ineinander übersetzen können, sondern bei einer freien Sinnübertragung stehenbleiben müssen.

So bildet selbst die Frage, ob es möglich ist, unsere geometrischen Begriffe beim Fortgang zur Beschreibung der Phänomene der Mikrowelt festzuhalten und einfach zu übernehmen, ein schwieriges Problem der Quantentheorie. „Der mathematische Raum" – so sagt Schrödinger – „hat eine überaus einfache Struktur im Kleinen. Zu wie kleinen Dimensionen man auch übergeht, es liegt immer wieder dasselbe vor – abgesehen von einer Ähnlichkeitstransformation. Das scheint zu einfach zu sein, um die Landkarte des wirklichen Geschehens darin unterzubringen[17]." Das „Kausalprinzip" fordert, wenn wir es in seiner wirklichen Allgemeinheit verstehen, nichts anderes, / als daß eine solche „Landkarte" besteht, ohne etwas über ihre besondere Form auszusagen. Wir

---

in magnis et parvis, visibilibus et invisibilibus, eodem modo fiunt soloque gradu magnitudinis et perfectionis variant." Briefwechsel zwischen Leibniz und Christ. Wolff, hg. von Gerhardt, Halle 1860, S. 44. Man vergleiche hiermit die Worte eines modernen Physikers: „Ce dont il s'agit en réalité, ce n'est pas du tout d'une crise du déterminisme, mais bien d'une crise du mécanisme que nous essayons d'utiliser pour représenter un domaine nouveau. Nous constatons, en fait, l'insuffisance, dans le microscopique, des notions et des idées qui avaient réussi dans le macroscopique, qui avaient été créées à son usage et à son contact prolongé pendant tant de générations. Je trouve cela infiniment plus intéressant." Paul Langevin, La notion de corpuscules et d'atomes, Paris 1934, S. 35.

[17] „Über die Anwendbarkeit der Geometrie im Kleinen". Naturwissenschaften, Bd. 22, 1934, S. 519.

müssen in der Erforschung des Naturgeschehens stets irgendein allgemeines Orientierungsnetz benutzen, aber wir brauchen die Maschen dieses Netzes nicht von vornherein festzulegen. Jeder neue Horizont, der sich uns erschließt, kann eine Wandlung der Orientierung von uns fordern. Aber die Forderung der Gesetzlichkeit, der funktionalen Bestimmung überhaupt, wird dadurch nicht berührt; sie erweist sich vielmehr immer wieder als die eigentliche Invariante. Diese Invariante ist freilich zu allgemein, um die konkrete Form der Naturerkenntnis von sich aus vollständig bestimmen zu können. So dringt denn Kant mit Recht darauf, daß der allgemeine Begriff, daß die „Kategorie" der Kausalität im bestimmten Sinne spezifiziert werden muß, um empirisch brauchbar und anwendbar zu sein. Aber wir können diese Spezifikation nicht mehr in derselben Richtung suchen, als er es tat: wir können uns nicht bei der bloßen Beziehung der Begriffe auf die reinen sinnlichen Schemata, auf die „Anschauungsformen von Raum und Zeit" begnügen. Denn eben diese Schemata sind es, die durch die Entdeckung der Nicht-Euklidischen Geometrie auf der einen Seite, durch die Ergebnisse der speziellen und allgemeinen Relativitätstheorie auf der anderen Seite, ihre universelle Bedeutung verloren haben. Die transzendentale Logik läßt sich daher nicht mehr in der Weise, wie es bei Kant geschieht, an die transzendentale Ästhetik binden und auf diese gewissermaßen verpflichten. Die geforderte Besonderung, die für den empirischen Gebrauch des Kausalbegriffs unerläßlich ist, muß jetzt vielmehr im Kreis der Begriffe selbst gesucht werden. Der Kausalbegriff kann sich in mannigfaltiger Weise bald mit diesem bald mit jenem Begriffsmittel verbinden und mit ihm mehr oder weniger fest verschmelzen. Je nach der Art dieser Verschmelzung nimmt er eine verschiedene Gestalt an. Bald ist es die Verbindung mit der Substanzkategorie, bald die Verbindung mit der Kategorie der Kontinuität, die seinen Gehalt bestimmt: bald durchdringt er sich mit der Anschauung der stetigen Größe, bald bezieht er sich auf die reine Form der diskreten Zahl.

Und jedesmal, wenn er sich aus der einen Verbindung löst, um in eine andere überzugehen, entsteht der Anschein, daß die Kausalität selbst gefährdet sei. Aber ein Blick auf die Geschichte der Physik lehrt uns, daß es noch stets gelungen ist, diesen Schein zu zerstreuen. Aus all den scharfen Prüfungen, denen er innerhalb dieser Geschichte / ausgesetzt war, ist der Kausalbegriff siegreich hervorgegangen: er steigt zuletzt immer wieder gleich einem Phönix aus der Asche empor. Es war eine derartige

Prüfung, als das physikalische Denken dazu überging, die Bedingung der räumlichen Nähe, die unmittelbare Nachbarschaft zwischen Ursache und Wirkung aufzugeben. Wir machen es uns heute vielleicht nicht mehr zur Genüge klar, welch ein intellektuelles Opfer der Verzicht auf diese Bedingung in sich schloß. Hier bereits wurde ein scharfer Schnitt geführt: das Band, das den Ursachenbegriff bisher mit der Anschauung des stetigen Raumes verknüpft hatte, wurde gelöst. Die Übertragung der Wirkungen im Raume geschieht unstetig: sie springt von einer Stelle zur anderen über, ohne daß das Zwischengebiet, das beide voneinander trennt, durch sie berührt wird. Als dieser Begriff der „Fernkraft" zuerst durch Newton eingeführt wurde, da begegnete er, bei Philosophen und Physikern, dem schärfsten Mißtrauen. Leibniz und Huyghens haben sich, aus analogen Gründen, gegen ihn verwahrt. Sie sehen in ihm keineswegs eine bloße Modifikation der bisherigen Naturbetrachtung, sondern sie befürchten von ihm einen völligen Zusammenbruch der Naturerklärung überhaupt. Die Naturwissenschaft scheint wieder zu den „okkulten Qualitäten" zurückzukehren, sie scheint sich der Mystik ausliefern zu müssen, wenn sie die sichere Grundlage der kinetischen Theorien verläßt. Leibniz sieht in der Annahme einer Kraft, die unmittelbar in die Ferne wirkt, nichts anderes als eine Rückkehr zur „Barbarei", einen Rückfall in das „Reich der Finsternis[18]," und auch Huyghens wehrt sich ausdrücklich gegen die „Absurdität", die in einer solchen Annahme liegt. Er spricht sein Erstaunen darüber aus, daß Newton sich die Mühe gegeben habe, so schwierige und komplizierte Rechnungen durchzuführen, die auf einem derartigen Prinzip aufgebaut seien[19]. Aber kurz darauf ist es eben dieses „absurde" Prinzip, das nun nicht nur als zulässig, sondern als notwendig gilt. Die Fernkraft, die zuvor als eine seltsame Anomalie erschien, wird jetzt zum Muster und Prototyp der wahren Naturgesetze. Sie unterwirft sich nach und nach alle Gebiete des Naturgeschehens; sie dringt von der Mechanik in die Chemie und in die allgemeine Elektrizitätslehre vor. Aber hier erfolgt / nun der entscheidende Rückschlag. Durch die stille und beharrliche Arbeit Faradays, die sich fern von allem Streit der Schulen vollzieht und sich frei von jedem physikalischen Dogma hält, wird der Begriff der Fernkraft

[18] „Le royaume des ténèbres" vgl. Briefwechsel mit Clarke, 5. Schreiben § 43; Hauptschriften (ed. Cassirer) I, 208. — Vgl. bes. den Aufsatz „Antibarbarus Physicus", Philos. Schriften (Gerhardt) VII, 337 ff.

[19] An Leibniz, 18. November 1690, Math. Schriften (Gerhardt) II, 57.

überwunden. Diese Überwindung bedeutet indes keineswegs die Rückkehr zu den älteren kinetischen Theorien. Die Gesetze des elektrischen Feldes, wie sie von Faraday und Maxwell aufgestellt werden, lassen sich nicht auf die mechanischen Stoßgesetze dieser Theorien zurückführen. Denn wenn in den Faraday-Maxwellschen „Nahwirkungskräften" die Beziehung zu dem stetigen Raum wiederhergestellt ist, so hat sich doch beim Übergang von der mechanischen Physik zur Feldphysik die Substanztheorie grundlegend gewandelt[20]. Indem somit der Kausalbegriff hier an einen veränderten Substanzbegriff anknüpfen und sich auf ihn beziehen muß, tritt er uns abermals in einer neuen reiferen Form entgegen. Hält man sich diese Entwicklung vor Augen, so erkennt man an ihr jedenfalls das eine, daß auch der Kausalbegriff der klassischen Physik keineswegs jenes einfache und völlig harmonische Gebilde gewesen ist, als das er häufig hingestellt wird, sondern daß auch er eine große Zahl von Problemen und eine Fülle dialektischer Spannungen in sich barg.

Um sich den eigentlichen Grund dieser Spannungen zu verdeutlichen, muß man indes noch wesentlich weiter zurückgehen. Goethe hat einmal gesagt, daß alle Versuche, die Probleme der Natur zu lösen, aus den Konflikten entspringen, die sich immer aufs neue zwischen der Denkkraft und dem Anschauen ergeben[21]. Im Hinblick auf dieses Wort kann man darauf hinweisen, daß auch die gegenwärtige Problematik der Quantentheorie in einem Konflikt zwischen Anschauen und Denken wurzelt, der sich bis auf die ersten bewußten Anfänge der philosophischen und mathematischen Begriffsbildung zurückverfolgen läßt. Das erste Bündnis, das beide Arten der Begriffsbildung miteinander eingehen, stellt sich in der Pythagoreischen Zahlenlehre dar. Die Analysis der Mathematik und die Analysis der Philosophie sind hier unmittelbar miteinander verschmolzen; der Wahrheitsbegriff der Philosophie wird auf den Zahlbegriff der Mathematik bezogen und auf seine Bedingungen eingeschränkt. Gäbe es die Zahl und ihre eigentümliche Grundfunktion, die Funktion der „Begrenzung", nicht, so könnte es auch keinen Gegenstand der Erkenntnis geben. Nichts von den / Dingen wäre irgendwem klar, – so heißt es in einem Philolaos-Fragment – weder in ihrem Verhältnisse zu sich noch zu anderen, wenn die Zahl nicht wäre und ihr Wesen. Sie ist es, die kenntnisspendend, führend und lehrend ist für jeden und in jeglichem

[20] Vgl. oben S. 277 f.

[21] Der Kammerberg bei Eger, Naturw. Schr. (Weimarer Ausg.) Bd. IX, S. 91.

Dinge, das ihm zweifelhaft oder unbekannt ist[22]. Aber in diesem letzten Fundament aller Erkenntnis, das für ihre Bestimmtheit und Sicherheit Gewähr leisten soll, wird alsbald eine neue und tiefe Problematik sichtbar. Diese Problematik ist es, die der ganzen weiteren Entwicklung des griechischen Denkens, in Mathematik und Philosophie, ihren Stempel aufgeprägt hat. Sie entsteht in dem Augenblick, als sich die Unmöglichkeit ergibt, mit der Natur und dem „Wesen" der ganzen Zahl eben jenes Gebiet zu durchdringen und vollständig zu beherrschen, auf das sich das mathematische Denken in erster Linie bezieht: das Gebiet der stetigen Größen. Die Tatsache des „Irrationalen", die Tatsache, daß es Längen gibt, zu denen sich keine entsprechenden Zahlwerte finden lassen, stellt die Pythagoreische Grundauffassung des Kosmos vor eine zunächst unlösbare Aporie. Die „Harmonie" des Kosmos scheint sich jetzt nicht länger aufrechterhalten zu lassen; denn die Kraft der Zahl, durch die diese Harmonie hergestellt werden sollte, ist an dem Problem der stetigen Größe erlahmt. Ein Undurchdringliches, ein ἄλογον und ἄῤῥητον hat sich wieder vor dem Denken aufgetan. Hier handelte es sich somit um kein mathematisches Einzelproblem mehr; es handelte sich um eine Frage, die im Mittelpunkt der wissenschaftlichen und philosophischen Bildung selbst stand. Platon ist von ihr so ergriffen, daß er, im siebenten Buch der Gesetze, das Studium der Tatsache der „Inkommensurabilität" geradezu als allgemein-verbindlich erklärt und die Unkenntnis, die hierüber herrscht, als eine „tiefgewurzelte lächerliche und schimpfliche Unwissenheit" bezeichnet, wegen deren man sich nicht nur für sich selbst, sondern auch für alle Hellenen zu schämen habe[23]. Die ganze Leidenschaft, das echte und tiefe „Pathos" der griechischen Philosophie und Wissenschaft spricht aus diesen Worten. Philosophie und Wissenschaft sind sich bewußt, hier an der Schwelle einer neuen Grundfrage zu stehen, die für die gesamte Gestalt des Wissens bestimmend werden kann[24]. /

Die Art, in der das mathematische Denken dieses Problem zu bewältigen versucht hat, ist bekannt. Es bedurfte dazu nichts Geringeres, als

---

[22] Philolaos, Fragm. 11 (Diels 32 B 11).

[23] Gesetze, 7. Buch, 819 D.

[24] Auf die Stellung des griechischen Denkens zum Problem der „Irrationalzahl" kann hier nicht weiter eingegangen werden. Ich verweise hierfür auf die beiden ausgezeichneten Arbeiten von Otto Toeplitz, Mathematik und Antike; Die Antike, I, 1925, S. 175 ff., und von Heinrich Scholz, Warum haben die Griechen die Irrationalzahlen nicht aufgebaut?, Kant-Studien, 33, 1928, S. 35 ff.

die Ausbildung eines ganz neuen Rüstzeuges der mathematischen Analyse. Sollte die reine Zahl fähig sein, eine exakte und adäquate Darstellung der Welt der stetigen Größen zu geben, so mußte sie zuvor ihre eigene Natur verändern. Der Begriff der „diskreten“ Zahl mußte so umgebildet werden, daß er auf das anschauliche Kontinuum, wie es sich uns in den Grundformen von Raum und Zeit darstellt, nicht nur angewandt werden, sondern daß er dieses Kontinuum gewissermaßen ausschöpfen konnte. Dieses Ziel schien erreicht, als es der modernen Mathematik, in einer ständigen Ausbildung und Verfeinerung ihrer Denkmittel, gelang, das System der „natürlichen Zahlen“ zum System der „reellen Zahlen“ fortzubilden. Hier erst schien die Lücke geschlossen — schien der Konflikt zwischen Anschauen und Denken überwunden. Die Menge aller Punkte auf einer Geraden kann jetzt eindeutig und lückenlos der „Menge aller reellen Zahlen“ zugeordnet werden. Cantors Grundlegung der Mengenlehre und Dedekinds Definition der Irrationalzahlen durfte als abschließende Lösung des Problems angesehen werden; denn hier war, mit den Mitteln des reinen Denkens allein, ein Kontinuum aufgebaut, das dem der anschaulichen Größen wahrhaft gewachsen war und es in jedem seiner Einzelzüge auszudrücken vermochte. Dedekind sieht die Arithmetik und Analysis als einen Teil der reinen Logik an; er verlangt, daß der Zahlbegriff als ein unmittelbarer Ausfluß der reinen Denkgesetze und gänzlich unabhängig von den Vorstellungen oder Anschauungen des Raumes und der Zeit entwickelt werde. Daß eine solche Entwicklung möglich ist, daß wir, im Wege der Logik, ein stetiges Zahlenreich aufbauen können, das dann erst wieder zum Maßstab für unsere Vorstellungen von Raum und Zeit gemacht werden kann: dies wird von Dedekind als der eigentliche Triumph des analytischen Denkens betrachtet[25]. Die „Grundlagenkrise“, zu der die Mathematik im weiteren Ausbau der Mengenlehre geführt wurde, hat freilich gezeigt, daß in dieser ersten Grundlegung noch ein gefährlicher Konfliktstoff zurückgeblieben war. Auch nach der Ausbildung des „Zahl-Kontinuums“ ließ sich nicht verkennen, daß eine wahrhafte Konzidenz zwischen ihm und / dem anschaulichen Kontinuum nicht erreicht war. Denn den logischen Grundcharakter der „Diskretion“ vermag die Zahl, auch in dieser Erweiterung und Verfeinerung, nicht abzustreifen. In seiner Schrift über das Kontinuum vom Jahre 1918 konnte Hermann Weyl erklären, daß die

[25] Vgl. bes. Dedekind, Was sind und was sollen die Zahlen? Braunschweig 1887.

große Aufgabe, welche mit der Pythagoreischen Entdeckung des Irrationalen gestellt sei, die Aufgabe „das anschaulich gegebene Stetige nach seinem in exakten Erkenntnissen formulierbaren Gehalt als Gesamtheit diskreter „Stadien" mathematisch zu erfassen, trotz Dedekind, Cantor und Weierstraß heute so ungelöst sei wie je". Denn die Korrelation, die jetzt erreicht sei, sei keineswegs eine wirkliche Kongruenz: „man vergesse nicht, daß im „Kontinuum" der reellen Zahlen in der Tat die einzelnen Elemente *genau* so isoliert gegeneinander stehen, wie etwa die ganzen Zahlen[26]." Vom Standpunkt der reinen Zahlentheorie wurden daher jene „Erweiterungen", zu denen sich der Zahlbegriff verstehen mußte, um den Anforderungen gerecht zu werden, die von seiten der stetigen Größe an ihn gestellt wurden, immer mit einem gewissen Mißtrauen betrachtet. Man sah sie als eine Art Vergewaltigung des ursprünglichen Charakters der reinen „diskreten" Zahl an, als eine Umformung, die man als künstlichen pragmatischen Behelf gelten ließ, der aber stets eine gewisse Künstlichkeit und Willkür anzuhaften schien. Bezeichnend für diese Auffassung ist das bekannte Wort Kroneckers: die ganzen Zahlen seien von Gott geschaffen, alles übrige sei Menschenwerk.

Was die moderne Naturerkenntnis betrifft, so hat sie den Konflikt zwischen den logischen Anforderungen der diskreten Zahl und den Forderungen, die aus der Anschauung der stetigen Größen entsprangen, in anderer Weise zu lösen versucht. Sie ging vom Grundphänomen der Bewegung aus und sie gewann durch die Analyse dieses Phänomens bestimmte Grundbegriffe, die, indem man sie weiter verfolgte, zu einem völlig neuen Aufbau der Mathematik führten. Die neue „Analysis des Unendlichen" geht, historisch und systematisch, auf die Probleme der Dynamik zurück. In seinem Bestreben, die Begriffe der Geschwindigkeit und Beschleunigung zu definieren, entdeckte Galilei jene neuen Denkmittel, die die spätere Methodik der Analysis des Unendlichen bereits im Keime in sich enthalten. Und immer fester knüpft sich dieses Band im weiteren Fortgang. Cavalieris „Geometria / indivisibilium", Keplers „Stereometria doliorum", Newtons Methode der „ersten und letzten Verhältnisse" sind die weiteren charakteristischen Stadien dieses Gedankenprozesses. Keplers Werk, das die Quelle aller späteren Kubaturen geworden ist, lehrt eine Methode, wie man den Rauminhalt von Körpern

[26] H. Weyl, Das Kontinuum. Kritische Untersuchungen über die Grundlagen der Analysis, Lpz. 1918, S. 16, 69.

bestimmen könne, indem man diese Körper aus einer bestimmten Form der Umdrehung hervorgegangen denkt; Newton entwickelt aus der Analyse des Begriffs der gleichförmigen und der ungleichförmigen Bewegung die Grundgedanken einer universellen Mathematik der veränderlichen Größen. Ihren Abschluß und ihre logische Krönung findet diese Entwicklung, indem Leibniz den allgemeinen Funktionsbegriff einführt und den Begriff der Stetigkeit einer Funktion exakt formuliert. Jetzt ist ein Bereich bezeichnet, in welchem sich der mathematische Gedanke mit der Wirklichkeit gewissermaßen unmittelbar berührt. Zwar gibt es, wie Leibniz erklärt, in den Gebilden der Natur keines, das so geartet ist, daß es den Bestimmungen, die unsere mathematischen Definitionen in sich enthalten, in aller Strenge entspricht; aber nichtsdestoweniger sind die tatsächlichen Phänomene der Natur derart geregelt, und müssen es in der Weise sein, daß kein wirklicher Vorgang jemals das Kontinuitätsgesetz und alle die anderen exakten Regeln der Mathematik verletzt. Wäre es anders, so gäbe es keine verständliche Erklärung der Natur, keine Einsicht in ihre „intelligiblen" Ursachen[27].

Indem die Quantentheorie mit dieser Voraussetzung bricht, führt sie damit das Problem in gewissem Sinne wieder auf seinen Ursprung zurück. Sie ist eine „Pythagoreische" Theorie der Natur; sie behauptet nicht nur die Möglichkeit, sondern die Notwendigkeit, die Natur mit dem Begriff der diskreten Zahl zu durchdringen und sie kraft desselben zu verstehen. Aber zur Durchführung dieser Grundanschauung bedarf es freilich eines eigentümlichen und eines höchst revolutionären Schrittes. Die Voraussetzungen der bisherigen Naturerklärung kehren sich um. Wenn diese, um der Stetigkeitsforderung willen, die durch die Anschauung unmittelbar gegeben und verbürgt zu sein scheint, eine Umbildung aller mathematischen Begriffe im Sinne dieser Forderung verlangt — so wird jetzt das Geschehen selbst *sub specie* der „diskreten" Zahl betrachtet und erhält dadurch ein neues und andersartiges Gepräge. Die diskrete Zahl verlangt die Atomistik des Gesche/hens. Es sind nicht spekulative oder mathematische, es sind rein empirische Erwägungen gewesen, die, in der Aufstellung des Planckschen Strahlungsgesetzes, zu dieser Folgerung nötigten. Aber nachdem sie einmal gezogen war, traten auch sonst im Bilde der Natur immer deutlicher jene Züge hervor, von denen sich

[27] Vgl. Leibniz, Réponse aux réflexions de Bayle, Philos. Schriften (Gerhardt) IV, 568 f.; Hauptschriften (ed. Cassirer) II, 402 f.

mit den Grundbegriffen der klassischen Physik, mit dem Begriff der stetigen Funktion und der Methodik der Differentialgleichungen, keine Rechenschaft mehr geben ließ. Gerade wenn man an die eigentlich fundamentalen Naturprobleme rührte, wenn man die Stabilität der Atome und die Konstanz und Bestimmtheit ihrer Eigenschaften theoretisch zu verstehen suchte, wurde man auf eine Grenze der klassischen Methodik geführt. Vom Standpunkt der letzteren wäre im Falle der Ausstrahlung die stetige Energieabgabe und die gleichzeitige Emission aller Spektrallinien zu fordern gewesen, was mit der Forderung der Stabilität und mit der grundlegenden Erfahrungstatsache völlig-scharfer Spektrallinien unvereinbar ist. So war jetzt in den Phänomenen selbst eine Form der Abgrenzung und „Besonderung“ aufgezeigt, denen nur die Methodik der „diskreten“ Zahl, denen nur die „Quantisierungsregeln“ völlig gerecht zu werden vermochten. Aber um dieser Auffassung zum Siege zu verhelfen, mußten zuvor die Grundbegriffe der Naturerkenntnis eine neuartige und auf den ersten Blick höchst eigentümliche Verbindung miteinander eingehen. In der „magischen Formel“, die an der Spitze der Quantentheorie steht, in der Formel $\varepsilon = h\nu$, wird die Äquivalenz einer Energie mit einer Schwingungszahl behauptet, werden also Größen von ganz verschiedener Dimension aneinander geknüpft. Aber die empirischen Folgerungen, die aus dieser „paradoxen“ Beziehung gewonnen werden, erweisen nun von einer ganz neuen Seite her, daß die eigentliche Erkenntniskraft, die der diskreten Zahl innewohnt, keineswegs allein in der Kraft der Trennung, sondern ebensosehr in der der Vereinigung besteht. Die Zahl erfüllt wieder jenes Ideal, das ihr die Pythagoreer gestellt hatten. Sie ergibt „buntgemischter Dinge Einigung und verschiedengestimmter Zusammenstimmung“ (πολυμιγέων ἕνωσις καὶ δίχα φρονεόντων συμφρόνησις). Planck hat einmal gesagt, daß einer der größten Vorzüge der Bohrschen Atomtheorie, der nicht immer nach Gebühr gewürdigt werde, in dem Umstand liegt, daß die Bohrsche Theorie auch in ihren speziellsten Anwendungen keiner einzigen neuen Konstanten bedarf, daß sie vielmehr vollkommen ausreicht mit den Elementarquanten der / Masse, der elektrischen Ladung und der Wirkungsgröße, und daß sie allein mit diesen Größen und mit der natürlichen Reihe der ganzen Zahlen den gesamten Aufbau der Physik und Chemie vollzieht[28].

[28] Planck, Die Bohrsche Atomtheorie, Niels-Bohr-Heft der „Naturwissenschaften“, Bd. 11, 1923, S. 536 ff.

Zu analogen Betrachtungen wird man geführt, wenn man das Verfahren der neuen Quantenmechanik dem der klassischen Mechanik gegenüberstellt. Die letztere ruht auf einem methodischen Grundsatz, dem Leibniz einmal eine höchst prägnante und charakteristische Formulierung gegeben hat. In einem Briefe an den Mathematiker de Volder, in welchem er diesen von der Wahrheit und Notwendigkeit seines Stetigkeitsprinzips zu überzeugen sucht, erklärt Leibniz, man dürfe in der Erforschung der Natur von dem allgemeinen Axiom ausgehen, daß die Dinge um so verständlicher würden, je schärfer sie analysiert und „diskutiert" werden: „*quanto res discutiuntur magis, tanto magis intellectui satisfit*[29]." Diese Art des „Diskutierens" wird von der klassischen Physik im eigentlichen Wortsinne verstanden. Sie fordert, daß die Erkenntnis bei keiner unzerlegten Ganzheit stehenbleibe; daß sie jedes Ganze immer weiter in Teile „zerschlagen" müsse, bis sie zu den letzten unteilbaren Elementen des Naturgeschehens vorgedrungen sei. Auf die Bewegung angewandt bedeutet dies, daß es unumgänglich ist, jede Bewegung eines materiellen Systems derart zu beschreiben, daß sie sich aus einzelnen Elementarvorgängen aufbaut, die streng „lokalisiert", d. h. auf einzelne unendlich kleine Raumelemente und deren unmittelbare räumliche und zeitliche Nachbarschaft bezogen sind. Diese Bindung muß die neue Mechanik aufgeben; sie wird zu der eigenartigen Vorstellung geführt, daß jeder einzelne materielle Punkt eines Systems sich zu jeder Zeit in gewissem Sinne an sämtlichen Stellen des Raumes „zugleich" befindet. So wird durch die quantentheoretische Auffassung ein neuer Begriff der „Ganzheit" des Naturgeschehens begründet. Die neue Mechanik knüpft die Formulierung der Bewegungsgesetze nicht mehr an scharf lokalisierte Einzelvorgänge; sie sucht vielmehr, gewisse reine „Grundgestalten" des Naturgeschehens zu erfassen, die sie als Gestalten, d. h. ohne Zerschlagung in Teile, festhalten und darstellen will. Aus alledem ergibt sich, daß in der neuen Physik die Beziehung zwischen „Kontinuität" und „Diskretion" in einer / völlig anderen Weise gefaßt werden mußte, als es in den früheren Systemen der Naturerkenntnis der Fall war.

Auf der anderen Seite läßt sich nicht verkennen, daß auch in dieser neuen Fassung der fundamentale Gegensatz zwischen beiden Grundbegriffen nicht völlig ausgelöscht ist. Rein inhaltlich betrachtet besteht die-

[29] Leibniz an de Volder, 24. März 1699, Philos. Schriften (Gerhardt) II, 168; Hauptschriften (ed. Cassirer) II, 288.

ser Gegensatz fort, sofern die neue Physik in zwei scharf geschiedene Gebiete, in die Theorie der Strahlung und in die der Materie zerfällt. Innerhalb des ersteren Gebietes lassen sich alle Phänomene in eine stetige Folge ordnen: wenn wir von den Hertzschen Wellen zu den ultraroten Strahlen, zum sichtbaren Licht, zu den ultravioletten Strahlen und schließlich zu den härtesten Röntgenstrahlen übergehen, so gibt es in diesem Übergang keinerlei plötzlichen „Sprung" – wir haben es mit einer kontinuierlichen Abwandlung der Frequenz zu tun. Die verschiedenen Formen der Materie aber lassen sich nicht in dieser Weise in eine stetige Reihe ordnen; die chemischen Elemente bleiben, ungeachtet aller systematischen Beziehungen zwischen ihnen, stets voneinander getrennt wie „Inseln im Meer". Auf den gleichen charakteristischen Unterschied werden wir hingeführt, wenn wir die verschiedenen Formen betrachten, in denen die neue Quantenmechanik hervorgetreten ist. Bei Schrödinger hat ersichtlich der Gesichtspunkt der „Kontinuität" den Vorrang, während bei Heisenberg die Kategorie der diskreten Zahl die primäre und entscheidende Rolle spielt. Dort ist es der Gedanke der stetigen Funktion, der, in der Form der Wellengleichung, den Aufbau der neuen Mechanik bestimmt; hier wird eine Algebra eingeführt, die auf jede Anlehnung an das Reich der stetigen Größen, und damit auch auf jede Möglichkeit direkter Veranschaulichung, Verzicht leistet und sich auf Operationen mit reinen Symbolen beschränkt. In Heisenbergs Theorie sind die klassischen stetigen Variablen durch „Matrizen", d. h. durch Systeme diskreter Zahlgrößen ersetzt, während die Wellenmechanik den genau umgekehrten Schritt tut, indem sie von der klassischen Punkt-Mechanik zu einer reinen Kontinuum-Theorie übergeht[30]. Überblickt man das Ganze dieser Entwicklung und vergegenwärtigt man sich ihre erkenntnistheoretischen Voraussetzungen, so wird man zugestehen müssen, daß jene „Konflikte zwischen Denken und Anschauen", die nach Goethe jedem echten Naturproblem zugrunde liegen, in der neuen Physik keineswegs zum Aus/gleich gebracht sind; sie sind vielmehr, schärfer als je zuvor, als solche erkannt. Denn statt zwischen den beiden Grundbestimmungen der Stetigkeit und der Diskretion einfach abzuwechseln, statt sie auf verschiedene Gebiete des Seins zu verteilen, indem die eine auf die Strahlung, die andere auf die Materie angewandt wird, entsteht

[30] Näheres hierüber in Schrödingers Abhandlungen zur Wellenmechanik, Lpz. 1928, Abh. I.

jetzt die weit schwierigere und paradoxere Aufgabe, sie derart miteinander zu durchdringen, daß ein und dasselbe Geschehen unter beide Gesichtspunkte gefaßt und ihnen gemäß beschrieben wird[31]. Stetiges und Unstetiges, Wellenbild und Partikelbild sollen prinzipiell auf alles physikalische Sein anwendbar sein; die stetige Lichtausbreitung soll durch den Begriff der Korpuskel, die diskrete Materie soll durch den Begriff der Welle dargestellt und gedeutet werden. Aber wenn sich damit der Konflikt verschärft hat, so braucht dies nichtsdestoweniger zu keinem skeptischen Verzicht, zu keinem „Ignorabimus" zu führen: hat es sich doch bisher stets gezeigt, daß derartige Konflikte nicht nur eine negative sondern eine eminent positive Bedeutung haben, daß sie, statt unübersteigliche Schranken der Erkenntnis aufzurichten, sich vielmehr als deren wichtigste Triebkräfte erweisen. /

II.

Zum Problem des „materiellen Punktes"

In den erkenntnistheoretischen Auseinandersetzungen, die er mit der Energetik geführt hat, geht Boltzmann davon aus, daß es eine zweifache Form der Naturbetrachtung gebe. Die erste, die er die „phänomenologische" nennt, begnügt sich damit, für jedes Problemgebiet, das sie betrachtet, bestimmte Differentialgleichungen aufzustellen, und sie glaubt, in ihnen eine vollständige Beschreibung des Gebiets zu besitzen, das sie der Notwendigkeit enthebt, irgendwelche weiteren hypothetischen Annahmen einzuführen. Sie blickt demgemäß mit einer gewissen Geringschätzung auf die andere Form der Naturauffassung herab, die ihren klarsten und charakteristischsten Ausdruck in der Atomistik findet; sie wirft der Atomistik vor, daß sie, statt in strengen Begriffen, in bloßen Bildern denke. Aber Boltzmann bemüht sich zu zeigen, daß dieses Urteil auf einer Selbsttäuschung beruht. Er weist darauf hin, daß auch die Differentialgleichungen der Phänomenologie im Grunde immer wieder irgendwelcher „Gedankenbilder" bedürfen, auf die sie sich stützen, und daß sie ohne diese nicht erreichbar wären. Immer müsse man sich zu-

[31] Vgl. hrz. die Ausführungen von Langevin, L'orientation actuelle de la Physique, und von Perrin, La Chimie physique, in dem Sammelband: L'orientation actuelle des sciences, Paris (Alcan) 1930.

erst eine endliche Zahl von Elementen denken, um sie dann ständig anwachsen zu lassen. Was helfe es aber, diese Forderung, sich eine große Zahl von Einzelwesen zu denken, zu verschweigen, wenn man sie doch schon in die Bildung der Differentialgleichungen hineinnehmen müsse? Wer daher die Atomistik durch die Differentialgleichungen losgeworden zu sein glaubt, der sehe den Wald vor lauter Bäumen nicht. Bei der Aufstellung der Differentialgleichung muß nun die weitere Voraussetzung hinzutreten, daß, wie sehr auch die Beobachtungsmittel verfeinert werden mögen, niemals Unterschiede zwischen den Tatsachen und den abgeleiteten Grenzwerten beobachtbar sein werden. Eben diese Voraussetzung aber ist es, die dem Bilde etwas Neues, Unerwiesenes hinzufügt. Die Möglichkeit sei jedenfalls gar nicht auszuschließen, daß das Bild bei einer / gewissen, sehr großen Zahl der Mannigfaltigkeitspunkte die Erscheinungen am besten darstelle, sich dagegen bei weiterer Vergrößerung dieser Zahl wieder von ihnen entferne — und dies müsse immer eintreten, wenn wir annehmen, daß die Atome in einer großen aber endlichen Zahl existieren.

Diese Erwägungen, die sich in einem Aufsatz Boltzmanns „Über die Unentbehrlichkeit der Atomistik in der Naturwissenschaft[32]," sowie zu Beginn seiner „Vorlesungen über die Prinzipe der Mechanik" (1897) finden, haben, soviel ich sehe, weder in der erkenntniskritischen noch in der physikalischen Literatur eine besondere Beachtung gefunden[33]. Und doch enthalten sie ein wichtiges und fruchtbares Problem: denn sie sagen eine Schwierigkeit voraus, die sich erst beim weiteren Fortgang der physikalischen Erkenntnis in wirklicher Schärfe fühlbar gemacht hat. Macht man mit der atomistischen Hypothese wahrhaft Ernst, so muß es in der Tat fraglich erscheinen, ob gewisse Grenzübergänge, die die klassische Physik ohne Bedenken zu vollziehen pflegt, zulässig sind. Die Annahme, daß wir unsere Messungen über jede Genauigkeitsgrenze hinaus steigern können, stützt sich im Grunde stets auf die Voraussetzung der unendlichen Teilbarkeit; sie enthält also eine Stetigkeitsforderung, der durch die Atomistik widersprochen wird. So besteht von vornherein ein gewisser Widerstreit zwischen der klassischen Methodik der Differential-

---

[32] Annalen der Physik und Chemie, N. F., Bd. 60; wieder abgedr. in: Populäre Schriften, S. 141 ff.

[33] Eine Ausnahme bildet der Aufsatz von Rich. Hoenigswald, Zum Begriff des Atoms, Festschrift für Paul Natorp, Berlin 1924, S. 178 ff., der nachdrücklich auf die erkenntnistheoretische Bedeutung der Boltzmannschen Abhandlung hinweist.

gleichungen und der Atomistik, die sich auf das Prinzip der diskreten endlichen Zahl stützt. Leibniz hat diesen Widerstreit klar gesehen und er hat eben deshalb, völlig konsequent, die Atome aus einer Physik, die er als eine strenge Infinitesimal-Physik aufbauen wollte, verwiesen. Sein Kontinuitäts- und Homogeneitätsprinzip verlangt, daß die Extrapolation — nach der Seite des Unendlich-Großen wie nach der Seite des Unendlich-Kleinen — unbeschränkt möglich sein soll. Aber einen logisch-zwingenden Grund vermochte er für diese Forderung nicht anzuführen; er mußte sich für sie auf bestimmte teleologische Annahmen stützen (vgl. ob. S. 310). Der adäquate Ausdruck für die Beschreibung des atomaren Geschehens sind im Grunde nicht die Differentialquotienten, sondern die Differenzquotienten. Die / Quantentheorie hat auch diesen lange verhüllten Gegensatz zuerst in klares Licht gerückt. Das Moment der stetigen und das der diskreten Größe stehen hier scharf einander gegenüber. So wird in der Bohrschen Theorie der Balmerserie des Wasserstoffs die Bahn des Elektrons durch eine klassische und eine quantentheoretische Bedingung bestimmt. In ihrer Verbindung verlangen beide, daß sich das Elektron nur auf gewissen gequantelten Kreisen bewegen kann. Und gemäß Bohrs Korrespondenzprinzip werden zwei Schwingungszahlen, eine quantenmäßige und eine klassische, unterschieden, deren Unterschied sich als der zwischen Differenzenquotient und Differentialquotient ergibt[34]. Halten wir an unserer allgemeinen Auffassung fest, daß die Gesetzlichkeit der Gegenständlichkeit vorgeordnet und die letztere nur durch die erstere bestimmbar ist, so werden wir auf Grund dieses Dualismus erwarten müssen, im „Gegenstand" der neuen Atomphysik eine andere und komplexere Struktur anzutreffen, als sie durch die klassischen Theorien vorausgesetzt wurde. Durch eine nähere Analyse wird diese Erwartung vollauf bestätigt.

Der Realitätsbegriff der klassischen Mechanik ruht auf zwei Grundvoraussetzungen: auf dem Begriff der „Substanz" und auf dem Begriff des Raumes. Die Materie ist „substantia extensa", und sie ist letzten Endes nichts als dies. Alle wahrnehmbaren Eigenschaften von ihr müssen auf diese Bestimmung zurückgeführt werden. In prägnanter Schärfe findet sich dieser Gegenstandsbegriff bei Descartes entwickelt. Was meinen wir damit — so fragt er — wenn wir einem Gegenstande ein physisches Sein, eine „objektive" Existenz zusprechen? Enthält diese Be-

[34] Näheres bei Sommerfeld, Atombau und Spektrallinien,[4] S. 105 ff, 328 ff.

hauptung nichts anderes, als daß wir verschiedene Qualitäten, deren jede sich sinnlich beschreiben läßt, in ihm vereint denken? Offenbar nicht: denn die bloße Summe dieser Qualitäten macht das Sein des Gegenstandes nicht aus. Betrachten wir irgendein Einzelding, etwa ein Stück Wachs, so können wir es durch gewisse wahrnehmbare Eigenschaften, durch seine Größe, seine Gestalt, seine Farbe, seine Härte, seinen Geruch usf. charakterisieren. Aber das Wachs „ist" nichtsdestoweniger etwas anderes als das Aggregat all dieser Einzeleigenschaften. Denn nehmen wir an, daß es dem Feuer nahekommt und schmilzt, so finden wir sie alle völlig verändert – seine Farbe, seine Härte sind geschwunden, sein Duft ist dahin. Ist es trotzdem noch „dasselbe" / Wachs? Niemand leugnet es; jedermann ist davon überzeugt, daß das „Sein" des Wachses alle diese Veränderungen überdauert. Es folgt hieraus, daß dieses Sein nur „im Denken erfaßt", nicht aber sinnlich wahrgenommen werden kann: „superest ut concedam, me ne quidem imaginari quid sit haec cera, sed sola mente percipere". Das nur logisch definierbare Moment der Beharrlichkeit ist es also, das das Wachs, als physischen Gegenstand, konstituiert[35]. Damit ist die allgemeine Bedingung festgelegt, auf der, innerhalb des Umkreises der mechanischen Naturanschauung, alle Objektivität beruht. „Objektiv" heißt ein Sein, das sich in allem Wechsel seiner Einzelbestimmungen nichtsdestoweniger stets als „dasselbe" erkennen läßt, und dieses Wiedererkennen ist nur möglich, wenn wir ein räumliches Substrat zugrunde legen. Die gesamte Axiomatik der klassischen Mechanik beruht auf dieser Voraussetzung. Wilh. Wundt hat in einer Schrift über die „physikalischen Axiome und ihre Beziehung zum Kausalprinzip" (1866) als das erste Axiom den Satz bezeichnet, daß alle Ursachen in der Natur Bewegungsursachen seien. Er begnügt sich indes nicht mit der einfachen Aufstellung dieses Satzes, sondern er fordert eine logische Ableitung, eine „Deduktion" desselben. Sie wird darin gefunden, daß es nur einen einzigen Fall gäbe, wo ein Ding in der Vorstellung wechselt und doch das nämliche bleibt: dieser Fall ist die Bewegung. Die Veränderung bei der Bewegung besteht darin, daß ein Gegenstand bloß sein räumliches Verhältnis zu anderen Gegenständen verändert: die Ortsveränderung ist daher die einzig vorstellbare Veränderung der Dinge, bei welcher diese selber identisch bleiben[36]. Überall, wo man daran festge-

[35] Descartes, Meditationes de prima philosophia II.
[36] Wundt, loc. cit., S. 126.

halten hat, eine streng mechanische Erklärung aller physikalischen Erscheinungen durchzuführen, hat diese Argumentation eine Rolle gespielt. Heinrich Hertz hat sie in seinen Prinzipien der Mechanik geradezu zur Definition des Massenbegriffs benutzt: „ein Massenteilchen" – so erklärt er – „ist ein Merkmal, durch welches wir einen bestimmten Punkt des Raumes zu einer gegebenen Zeit eindeutig zuordnen einem bestimmten Punkte des Raumes zu jeder anderen Zeit." Hertz betont, daß bei dieser Begriffsbestimmung die Unveränderlichkeit und Unzerstörbarkeit der Massenteilchen nicht mehr gefolgert zu werden brauche; sie sei schon in ihre Definition aufgenommen[37]. Aber / diese Definition läßt uns schon beim Übergang zur Feldtheorie im Stich. Das Feld ist kein „Ding", es ist ein System von Wirkungen; und aus diesem System läßt sich nicht ein einzelnes Element herauslösen und als permanent, als im Laufe der Zeiten „mit sich selbst identisch" festhalten. Das einzelne Elektron besitzt keine „Substantialität" mehr in dem Sinne, daß es *„per se est et per se concipitur"*; es „existiert" nur relativ zum Feld, als eine „ausgezeichnete Stelle" in ihm. Seit Faraday hat die Vorstellung der „Kraftlinien" die Vorstellung des beharrlichen Dinges, auf der sich die klassische Mechanik aufbaute, ersetzt und verdrängt.

Dieser Schritt konnte auch in der Quantentheorie nicht wieder zurückgetan werden, für die sich vielmehr das Problem in einem neuen und allgemeineren Sinne stellte. Auch in ihr kommt, wie wir gesehen haben, der Primat der reinen „Wirkungsgesetze" vor den „Seinsgesetzen" immer deutlicher zum Ausdruck. Sofern sie sich Strukturfragen stellt, ist sie sich hierbei doch stets bewußt, daß sie nur soweit lösbar sind, als sie sich auf reine Gesetzesfragen, auf Fragen über die Intensitäten und Frequenzen der Spektrallinien, zurückführen lassen. Für die Beantwortung dieser Fragen schafft sich die Quantenmechanik in der Matrizenrechnung ein neues mathematisches Instrument, eine abstrakte Algebra, die den Differentialgleichungen der klassischen Physik ebenbürtig zur Seite tritt. Damit ist jener Übergang besiegelt, auf den die Entdeckung des Wirkungsquantums von vornherein hingewiesen hatte. Statt ihre „Erfüllung" lediglich in der Substanzvorstellung und in der Vorstellung der stetigen Größe zu suchen, verbindet sich die Kausalität vielmehr aufs engste mit dem Begriff der diskreten Zahl. Sie kann und sie muß damit darauf verzichten, die Bewegungen der einzelnen Partikel im Atom in

[37] Prinzipien der Mechanik, S. 54.

derjenigen anschaulichen Weise zu verfolgen, wie es in der klassischen Bahnvorstellung der Fall war. Aber damit sehen wir uns zugleich zu einer weiteren erkenntnistheoretischen Konsequenz hingedrängt. Denn was „sind“ jene Elektronen, deren Bahn wir nicht länger verfolgen können? Hat es einen Sinn, ihnen noch ein definitives, streng-bestimmtes „Dasein“ zuzusprechen, das uns jedoch immer nur unvollkommen „zugänglich“ ist? Oder müssen wir nicht vielmehr den umgekehrten Weg einschlagen — müssen wir nicht Ernst machen mit der Forderung, die Bedingungen der Möglichkeit der Erfahrung, d. h. die Bedingungen der „Zugänglichkeit“, als Bedingungen der Gegenstände der Erfahrung zu brauchen? Dann / gibt es für uns keine empirischen Gegenstände mehr, die schlechthin und prinzipiell unzugänglich genannt werden könnten; wohl aber kann es Klassen vermeinter Objekte geben, die wir aus dem Kreis des empirischen Daseins ausscheiden müssen, weil sich zeigt, daß sie mit den empirischen und theoretischen Erkenntnismitteln, die uns zur Verfügung stehen, nicht erreichbar, daß sie durch sie und kraft ihrer nicht bestimmbar sind.

Die moderne Atomphysik scheint sich anfangs nur zögernd entschlossen zu haben, diese Folgerung zu ziehen. Sie schien eine Zeitlang die Vorstellung einer punktförmigen Existenz der Elektronen und ihrer Bewegung auf den stationären Bahnen auch dann noch in irgendeinem Sinne festhalten und „retten“ zu wollen, als sich zeigte, daß alle diese Vorstellungen ihr gewissermaßen unter den Händen zergingen — als sich kein Mittel mehr zu ihrer empirischen Feststellung darbot. Aber hier dürfen wir uns der letzten erkenntnistheoretischen Konsequenz nicht entziehen. Wir können nicht sagen, daß das Elektron zu einer bestimmten Zeit an einem bestimmten Orte „ist“, und daß es eine scharfdefinierte Geschwindigkeit „besitzt“, wenn dieser Besitz sozusagen nur für es selbst, nicht für die physikalische Erkenntnis vorhanden ist. Wir können nicht einen „Bestand“ behaupten, der über das hinausgeht, was mit den Mitteln dieser Erkenntnis setzbar ist; denn die Funktion der „Setzung“ ist der einzig mögliche logische Grund, ist das *„quid juris“* jeglichen Bestandes. Ein Besitz, der nicht auf irgendeine Weise „realisierbar“ ist, ist vom Standpunkt einer kritischen Auffassung der Gegenständlichkeit und der Erkenntnis ein hölzernes Eisen. „Es sind demnach die Gegenstände der Erfahrung“ — so hat Kant einmal diese Auffassung präzisiert — „niemals an sich selbst, sondern nur in der Erfahrung gegeben und existieren außer derselben gar nicht. Daß es Einwohner im Monde geben könne, ob sie gleich kein Mensch jemals wahrgenommen hat, muß allerdings eingeräumt werden; aber es bedeutet nur soviel, daß wir in dem möglichen Fortschritt der Erfahrung auf sie treffen könnten; denn alles ist wirklich, was mit einer Wahrnehmung nach Gesetzen des empirischen Fortgangs in einem Kontext stehet[38]." Belehren uns also die Unbestimmtheits-Relationen darüber, daß wir nicht länger hoffen dürfen, ein Elektron an einem bestimmten Punkte unseres Anschauungsraumes mit einem scharf bestimmten Impuls „anzutreffen", so ist damit der Behauptung der empirischen Realität dieses / Sachverhalts der Boden entzogen: es ist aus dem „Kontext der Erfahrung" ausgeschieden. Und damit entfallen von selbst all jene merkwürdigen Probleme, die die Atomphysik bisweilen beunruhigt haben. Wir brauchen nicht länger zu fragen, wo denn ein Elektron, wenn es „sprunghaft" von einer inneren Bahn auf eine äußere gehoben wird oder von einer äußeren nach einer inneren fällt, sich in der Zwischenzeit befindet, – ob in dem Augenblick, da es die erstere Bahn verläßt, die Bahn, an der es anlangen wird, schon bestimmt ist; was mit der Strahlung geschieht, wenn der Prozeß unterbrochen wird, bevor die Emission eines Quantum vollendet ist usf. Diese Fragen finden keine Antwort – es sei denn die Antwort, daß sie in dieser Form nicht gestellt werden können, weil sie einen Sachverhalt voraussetzen, der für uns empirisch nicht definierbar ist.

Noch von einer anderen Seite her können wir uns deutlich machen, daß die Unbestimmtheits-Relation — wie Laue es neuerdings ausgedrückt hat[39] — jeder korpuskularen Mechanik, nicht aber jeder physikalischen Erkenntnis eine ganz bestimmte Grenze setzen. Die Quantenmechanik hat immer wieder betont, daß auch innerhalb ihrer ein streng mathematisches Schema besteht, daß dieses Schema aber nicht als einfache Verknüpfung von Dingen in Raum und Zeit gedacht werden könne. Gilt dies aber, so müssen wir schon hieraus ganz bestimmte Folgerungen mit Bezug auf die „Individualität" der Elemente ziehen, aus denen sie das Naturgeschehen aufbaut. Schopenhauer erklärt, daß Raum und Zeit als das eigentliche „*principium individuationis*" anzusehen seien — und auch sonst tritt uns, in der philosophischen Geschichte des Individuations-

---

[38] Krit. d. r. Vern., 2. Aufl., S. 521 (Ausg. Cassirer, III, 350).

[39] Über Heisenbergs Unbestimmtheitsbeziehungen und ihre erkenntnistheoretische Bedeutung, Naturwissenschaften, Bd. 22, 1934, S. 441.

Problems, immer wieder diese Bestimmung entgegen. „It is easy to discover" — sagt Locke „what is so much inquired after, the *principium individuationis;* and that, it is plain, is existence itself, which determines a being of any sort to a particular time and place incommunicable to two beings of the same kind. Let us suppose an atom . . . existing in a determined time and place; it is evident, that, considered in any instant of its existence, it is, in that instant, the same with itself[40]." Hieraus aber folgt auch umgekehrt, daß, wenn ein Gegenstand nicht mehr durch ein „Hier" und „Jetzt" bestimmbar, wenn er nicht als ein τόδε τι aufweisbar / ist, seine „*Individualität*" nicht länger in dem herkömmlichen, für „Dinge" in Raum und Zeit gültigen Sinne behauptet werden kann. Zeitbestimmungen und Energiebestimmungen stehen in dieser Hinsicht prinzipiell einander gleich: denn „Energie" und „Zeit" gehören zu jenen „kanonisch-konjugierten" Größen, deren gleichzeitige, völlig exakte Festlegung die Unbestimmtheits-Relationen verbieten. Für stationäre Zustände, in denen die Energie einen scharf bestimmten Wert hat, wird die Zeit-Koordinate des Elektrons unbestimmt, und umgekehrt hat jede genaue Zeitbestimmung eine Unschärfe der Energie zur Folge. Fahren wir also fort, von der Individualität einzelner Partikel zu reden, so kann dies nur noch mittelbar geschehen; nicht insofern sie an sich, als ein Einzelnes, gegeben, sondern insofern sie als „Schnittpunkte" gewisser Beziehungen darstellbar sind. Betrachten wir die Entwicklung der modernen Quantenmechanik, so finden wir in ihr diese Voraussetzung durchaus bestätigt. In der von de Broglie aufgestellten Wellentheorie der Materie und in der Schrödingerschen Wellenmechanik ist der Begriff der Protonen und Elektronen beibehalten; aber diese selbst sind nicht länger als „materielle Punkte" im Sinne der älteren Mechanik, sondern sie sind als Energiezentren definiert. Wir dürfen somit fortfahren, von dem Elektron als einem bestimmten „Gegenstand" zu sprechen; aber dieser hat nicht mehr jene Individuation, die sich durch ein einfaches „Hier" und „Jetzt" bezeichnen ließe. Die Wellen sind nicht an einen einzelnen Raum-Zeitpunkt gebunden, sondern haben eine Art „Omnipräsenz". Jede von ihnen erstreckt sich über den „ganzen Raum", der aber nicht länger als Anschauungsraum, sondern als „Konfigurations-Raum" zu bestimmen ist. Die Besonderheit ist somit, soweit wir sie festhalten und scharf definieren können, aus dem Ausgangspunkt der

---

[40] Locke, Essay conc. human underst., B. II, Chapt. 27, sect. 3.

Betrachtung zum Resultat der Betrachtung geworden: sie entsteht durch die Konzentration der Energie auf einen bestimmten kleinen Raumteil. Die Ladung des Elektrons ist nicht mehr an eine bestimmte Stelle gebunden, sondern verteilt sich auf eine „Ladungswolke"; der korpuskulare Charakter des Elektrons ist aufgegeben. In den Eigenwerten der Schrödingerschen Differentialgleichung ergeben sich ganz bestimmte, diskrete Werte der Energie, und sie sind es, die an die Stelle der früheren diskreten Elektronenbahnen treten. Es zeigt sich jetzt, daß die Gesetze, die für die stationären Zustände des Atoms aufgestellt worden waren, sich auf die Gesetze der physikalischen Wellenoptik zurückführen lassen. / Eine solche Theorie, durch welche das Elektron als eine „Superposition von Eigenschwingungen" erklärt wird, erfüllt auch in erkenntnistheoretischer Hinsicht eine wichtige Funktion: sie ist ein charakteristischer und typischer Ausdruck für jene allgemeine Tendenz des physikalischen Denkens, die dahin geht, die „Natur" der Materie durch nichts anderes als durch gewisse dynamische Relationen bestimmt zu denken und sie vollständig auf diese zurückzuführen. Die „statischen" Begriffe brauchen nicht aufgegeben zu werden, aber sie werden als Spezialfälle angesehen, die sich aus allgemeinen dynamischen Erwägungen ableiten lassen. So werden in der Schrödingerschen Wellenmechanik die Bohrschen stationären Energiezustände als Eigenschwingungsfrequenzen der Wellen gedeutet, während die Heisenbergsche Matrizenmechanik ein allgemeines quadratisches Schema aufstellt, in welchem die Ausdrücke für die stationären Zustände als Sonderfälle enthalten sind: die „Diagonalelemente" der Matrix entsprechen verschwindenden Frequenzen und dienen demgemäß als Darstellungsmittel für die Größe in den stationären Zuständen.

In der gegenwärtigen Diskussion des Problems ist, soviel ich sehe, dieser erkenntnistheoretische Gesichtspunkt mehr und mehr zur Geltung gelangt. Zwar scheint unter den Begründern und Vertretern der neuen Quantenmechanik noch keineswegs ein volles Einverständnis erreicht; aber daß der Hebel an dieser Stelle anzusetzen ist, daß der Begriff des „materiellen Punktes" einer grundlegenden Änderung bedarf, wird fast allgemein zugestanden. M. v. Laue, Schrödinger, Langevin haben sich neuerdings in diesem Sinne geäußert: sie sehen keinen anderen Ausweg aus dem Dilemma, als darin, daß sich die Physik der Begriffe der klassischen Punktmechanik ganz entschlägt und die Vorstellung, das Elektron sei eine „Korpuskel", d. h. ein sehr kleiner Körper, endgültig fallen lasse[41]. Gegen diesen Standpunkt lassen sich Einwände erheben, die sich teils auf empirische Gründe, teils auf theoretische Erwägungen stützen. In der ersteren Hinsicht kann man sich darauf berufen, daß wir in den bekannten Wilsonschen Aufnahmen der Bahnen von α- und β-Strahlen in Gasen die einzelnen Elektronen und deren Bahn gleichsam direkt vor Augen haben. In der Wilsonschen Nebelkammer lassen sich, wie es scheint, die einzelnen Teilchen / und ihre Spur unmittelbar sichtbar machen. Auf Grund dieses Sachverhalts und auf Grund einer Reihe anderer „Elementarversuche" glaubte man eine Zeitlang die rein korpuskulare Natur der Kathodenstrahlen außer jeden Zweifel gestellt zu haben. Was die Analogie zwischen diesen Strahlen und den Lichtstrahlen betrifft, so erschien sie nur als eine oberflächliche Ähnlichkeit, die man nicht weiter zu verfolgen brauchte: der Gegensatz zu den Lichtstrahlen, die in jedem Falle als eine rein kontinuierliche Wellenerscheinung zu denken waren, erschien unüberbrückbar. Je weiter indes die Theorie fortschritt, umsomehr wurde sie zur Einsicht in die „dualistische" Natur jeder Strahlung geführt. Es war nicht länger möglich, zwei verschiedene Arten von Strahlung – korpuskulare und Wellenstrahlung – nebeneinander zu stellen; sondern man mußte für jedweden Strahlungsvorgang eine zweifache Beschreibung durchführen, man mußte das „Partikelbild" durch das „Wellenbild" und dieses durch jenes ergänzen. Die absolute Bedeutung des ersteren war damit jedenfalls aufgegeben. Vom allgemein theoretischen Standpunkt ist insbesondere die Tatsache der Unteilbarkeit der Elektronenladung häufig als entscheidendes Argument für die Auffassung des Elektrons als eines punktförmigen Gebildes angesehen worden. Aus diesem Grunde lehnt es z. B. Sommerfeld ab, „die Ladungswolke, zu der die Schrödingersche Theorie führt, wörtlich zu nehmen[42]." Aber auch hier läßt sich sagen, daß die Tatsache, daß die Ladung der Elektronen und Protonen stets erhalten bleibt, an sich noch keineswegs zu einer substantiellen Deutung nötigt. Denn die Konstanz einer bestimmten Beziehung ist durchaus nicht hinreichend, um auf die Konstanz eines „Trägers" zu schließen. „Was wir auch nur an der Materie kennen", sagt Kant, „sind lauter Verhältnisse ..., aber es sind darunter

[41] Vgl. Laues und Schrödingers Darlegungen in den Naturwissenschaften, Bd. 22, 1934, S. 439 ff.; M. v. Laue, Materie und Raumerfüllung, Scientia, Dezember 1933, S. 402 ff.; Langevin, La notion de corpuscules et d'atomes S. 35 ff.

[42] Atombau und Spektrallinien, Wellenmechanischer Ergänzungsband, Braunschweig 1929, Kap. I, § 8, S. 98.

selbständige und beharrliche, dadurch uns ein bestimmter Gegenstand gegeben wird[43]." Die Unteilbarkeit der Ladung ist ein solches selbständiges und beharrliches Verhältnis, das uns berechtigt, von dem Elektron als einem „bestimmten Gegenstand" zu sprechen; aber zu einer Substantialisierung und Hypostasierung des Elektrons reicht sie nicht aus.

Die ersten Bestimmungen über die Masse, die Geschwindigkeit und die elektrische Ladung der Elektronen sind bekanntlich durch die Ver- / suche an Kathodenstrahlen gewonnen worden, die bei Entladungen in stark verdünnten Gasen auftraten. Durch die Ablenkung, die diese Strahlen in elektro-magnetischen Feldern erfahren, gewann man die ersten Anhaltspunkte, um die Elektronenmasse und die spezifische Ladung des Elektrons, d. h. das Verhältnis der Elementarladung zur Elektronenmasse zu bestimmen. Spätere Bestimmungen des Wertes $\frac{e}{m}$, die auf ganz anderen Wegen gewonnen wurden, ergaben stets ein übereinstimmendes Resultat. Damit war das Elektron als „universeller Baustein aller Materie" erkannt. „Mag es im elektrischen Strome langsam dahinfließen" – so durfte man jetzt schließen – „oder mit äußerster Geschwindigkeit als Kathodenstrahl den Raum durcheilen, mag es beim radioaktiven Zerfall oder bei einem lichtelektrischen Prozeß emittiert werden ... immer ist es dieselbe physikalische Einheit, seine Identität nachweisend durch gleiche Ladung und gleiche Masse, insbesondere durch das gleiche Verhältnis von Ladung und Masse[44]." Durch die Erkenntnis, daß das Verhältnis zwischen Ladung und Masse in allen negativen Elektronen das gleiche, daß es eine fundamentale Konstante ist, war die Möglichkeit gegeben, das Elektron als den letzten „Baustein" aller Materie anzusehen. Aber der Satz, daß „alles, was wir an der Materie kennen, lauter Verhältnisse sind", daß sie eine *„substantia phaenomenon"* und demgemäß „ein Inbegriff von lauter Relationen ist", war dadurch nicht umgestoßen, sondern vielmehr bekräftigt. Gerade die Quantentheorie ist es gewesen, die uns den Blick hierfür immer wieder geschärft hat. Denn all ihre Aussagen lassen sich nur als System-Aussagen, nicht als Aussagen über das Sein und Verhalten individueller Atome und Elektronen verstehen. Die Quantenmechanik handelt von Inbegriffen, deren Aufspaltung in „Teile" nicht mehr in der gleichen

[43] Krit. d. r. Vern., 2. Aufl., S. 321, 341 (III, 227, 239).

[44] Sommerfeld, a. a. O. (Hauptband), S. 7.

Weise wie in der klassischen Physik möglich ist. Je weiter die Theorie fortschritt, um so mehr mußte sie sich entwöhnen, danach zu fragen, „*wo*" das einzelne Elektron sich in einem gegebenen Zeitpunkt befindet, „*wie*" es von einem Zustand in den andern gelangt und „*warum*" es einen derartigen Übergang vollzieht. Alle diese Fragen erwiesen sich als inadäquat – als Hemmungen des theoretischen Verständnisses. Betrachtet man z. B. die Entwicklung der Wellenmechanik, so sollte, nach der anfänglichen / Vorstellung de Broglies, jedes einzelne Teilchen mit einem System von „Phasenwellen" verknüpft sein. Diese sollten das Teilchen sozusagen „mitführen", so daß jedes Teilchen seinen eigenen Wellenzug besitzen müßte. Aber diese anfängliche Auffassung der „Führungswelle" ist von de Broglie selbst später berichtigt und wesentlich umgestaltet worden. Er erklärt, daß die Theorie der Führungswelle, die die klassische Vorstellung aufrechtzuerhalten suchte, indem sie das Teilchen an einem Punkte der Welle lokalisieren und ihm in jedem Augenblick eine wohlbestimmte Bewegung zuschreiben wollte, auf schwere Hindernisse stößt. Eine Veranschaulichung der Führungswelle im gewöhnlichen Raum erwies sich als unmöglich. Die Weiterbildung der Theorie sah sich zu einem weit komplizierteren Ansatz genötigt. Einem harmonischen System von de Broglieschen Wellen, die sich in einer bestimmten Richtung fortpflanzen, mußte ein homogener Strom von gleichartigen materiellen Teilchen mit einer bestimmten Dichte zugeordnet werden. Auch eine Eigenschaft, wie die der „Geschwindigkeit" ließ sich nicht mehr, in der Art der klassischen Mechanik, an ein isoliertes Massenteilchen gebunden denken; man mußte vielmehr jedes Teilchen mit einer Welle verbunden denken, deren *Gruppengeschwindigkeit* der Ausdruck für die mechanische Geschwindigkeit des Teilchens ist[45].

Auch in Heisenbergs Aufbau der Quantenmechanik wird auf Aussagen über einzelne unterscheidbare Partikel ausdrücklich verzichtet. Die Strahlung wird im Ganzen analysiert: aus der Betrachtung der Frequenzen und Intensitäten der Spektrallinien werden gewisse charakteristische Rechengrößen gewonnen, die an die Stelle der Koordinaten und Geschwindigkeiten der Elektronen treten. Die Theorie kennt nur noch die Lichtfrequenzen, während die Umlaufsfrequenzen der Elektronen in ihren Bahnen, als nicht beobachtbarer Bestandteil, ausgeschaltet sind. Sie beschränkt sich auf Aussagen über Energien, Frequenzen, Am-

[45] Näheres bei de Broglie, Einf. in die Wellenmechanik, Kap. V, § 4, Kap. IX, § 5.

plituden, ohne eine Angabe über Koordinaten, Geschwindigkeiten, Impulse von Teilchen innerhalb der Atome zu machen[46]. Betrachtet man schließlich die statistische Deutung, die Born den Aussagen der Wellenmechanik gegeben hat, so zeigt auch sie kein prinzipiell-anderes Bild. Diese Deutung verfolgte zwar ausdrücklich die Absicht, den korpuskularen Charakter des Elektrons beizubehalten; sie sah die Größe, die bei Schrödinger als Maß für die Dichte der elektrischen Ladung gilt, als das Maß für die Wahrscheinlichkeit an, ein Teilchen an einem Orte anzutreffen. Born zog hieraus den Schluß, daß wir die Materie nach wie vor unter dem Bilde beweglicher punktförmiger Teilchen (Elektronen oder Protonen) vorstellen können: aber er fügt sofort hinzu, daß in vielen Fällen diese Korpuskeln „gar nicht als Individuen zu identifizieren" seien, z. B. dann, wenn sie zu einem Atomverband zusammentreten[47]. Was aber eine Korpuskel noch „ist", wenn sie nicht mehr „als Indivi-

---

[46] Näheres in der Darstellung der Heisenbergschen Kinematik bei Born-Jordan, Elementare Quantenmechanik, Kap. I, § 3.

[47] Born, Zeitschrift für Physik, Bd. 38, 1926; vgl. Naturwissenschaften, Bd. 15, 1927, S. 240. — Die Unmöglichkeit, verschiedene Elektronen gegeneinander abzugrenzen und ihnen je eine selbständige „Individualität" zuzuschreiben, ist in der Entwicklung der neueren Quantentheorie vor allem durch die Erwägungen, die sich an das „Pauli-Verbot" angeknüpft haben, in helles Licht gerückt worden. Betrachtet man das Paulische Äquivalenzverbot lediglich nach der methodischen Bedeutung, die es im Aufbau der Quantentheorie besitzt, so tritt eine eigentümliche Analogie zwischen ihm und jenem allgemeinen Prinzip hervor, das von Leibniz unter dem Namen des *„principium identitatis indiscernibilium"* in die Philosophie eingeführt worden ist. Dieses Prinzip besagt, daß es nicht zwei Gegenstände geben kann, die in all ihren Bestimmungsstücken miteinander völlig übereinstimmen und sich somit durch nichts als die „bloße Zahl" unterscheiden. Es gibt keine Dinge, die *„solo numero"* voneinander unterschieden sind; jeder echte Unterschied muß vielmehr als ein qualitativer Unterschied, als eine Unterscheidung in den Merkmalen und Bedingungen, die den Gegenstand konstituieren, definierbar sein. (Cf. Leibniz, Briefwechsel mit Clarke, IV, § 4, V, § 5 u. 6 u. ö.). Das Pauli-Prinzip ist gewissermaßen das „Principium identitatis indiscernibilium" der Quantentheorie. Es charakterisiert jedes Elektron innerhalb des Atoms durch einen bestimmten Inbegriff von Bedingungen: durch die vier „Qantenzahlen", die es ihm zuordnet und die seine Bahn vollständig bestimmen — und es spricht weiterhin die Folgerung aus, daß Elektronen, die im Hinblick auf diese Charakteristik keine Unterschiede aufweisen, als ein einziges physikalisches Sein anzusehen sind. Es gibt in einem Atom nicht zwei Elektronen, die alle vier Quantenzahlen gemeinsam haben; zwei Systeme von Quantenzahlen, die durch Vertauschung zweier Elektronen auseinander hervorgehen, stellen einen Zustand dar.

duum zu identifizieren ist ", ist schwer zu sagen — hatte doch die klassische Physik, wie wir am Beispiel von Heinrich Hertz gesehen haben, den Massenpunkt geradezu durch diese Identifizierungs-Möglichkeit definiert. Und gerade die statistische Auffassung weist ja mit besonderem Nachdruck darauf hin, daß wir, wenn es sich um die Beschreibung der Vorgänge / der Mikrowelt handelt, die Forderung der Individualisierung und Identifizierung nicht mehr im selben Sinne aufrechterhalten und erfüllen können, wie es gegenüber den „makroskopischen" Objekten möglich scheint. Denn statistische Aussagen sind ja an sich strenge Aussagen, die aber, statt auf Einzelfälle, vielmehr auf „Kollektive" gehen, und die eine Bestimmung nur für diese Kollektive, nicht für ein besonderes Glied, das wir aus ihnen herausgreifen, ergeben. Lehrt uns die Quantenmechanik, daß die Bestimmungs-Möglichkeit nicht weiter als bis zu diesen Kollektiven reicht, so fehlt uns jede Handhabe, um noch, über sie hinaus, das „Sein" eines isolierten Teilchens anzusetzen. Auch der statistische Charakter der quantentheoretischen Sätze darf daher nicht ausschließlich negativ aufgefaßt werden. Er besagt nicht, daß wir über Ort und Impuls, über die Bahn und über das gesamte „Schicksal" des einzelnen Elektrons im unsicheren sind und uns daher, wohl oder übel, mit unscharfen statistischen Aussagen über Gesamtheiten zufriedengeben und abfinden müssen; er besagt vielmehr, daß wir darüber gewiß sind, daß eine derartige Individualisierung im Gebiet der Atomphysik keinen bestimmten Sinn mehr hat. Sofern die Quantenmechanik erklärt, daß innerhalb ihres Gebiets nur statistische Voraussagen möglich und zulässig sein sollen, behauptet sie eben damit, daß sie nicht mehr die Bestimmung von Einzelereignissen, sondern die Bestimmung ganzer Systeme von Ereignissen als ihr eigentliches Ziel ansieht. „Die grundlegende Frage" — so formuliert H. Weyl den Sachverhalt — „lautet nicht wie in der klassischen Physik: „Welchen Wert hat diese physikalische Größe in diesem besonderen Fall?" sondern so: „Welches sind die möglichen Werte der physikalischen Größe A und mit welcher Wahrscheinlichkeit nimmt sie diese Werte in einem vorgegebenen Einzelfall an[48]?"

Der Verzicht auf die „Individualität" des physikalischen Gegenstandes, auf die Vorstellung, daß Photonen oder Elektronen als dingliche Einzelobjekte existieren, scheint freilich der physikalischen Auffassung nicht

---

[48] Weyl, Gruppentheorie und Quantenmechanik, 2. Aufl., S. 66.

leicht zu fallen. Aber erkenntnistheoretisch wird er erleichtert durch die Einsicht, daß auch dort, wo die klassische Physik von „einzelnen" Massenpunkten sprach, dieser Ausdruck stets *„cum grano salis"* und mit ganz bestimmten prinzipiellen Vorbehalten zu nehmen war. In keinem Fall ist diese „Einzelheit" einfach dem Gegebenen, der un/mittelbaren Sinnenanschauung zu entnehmen; sie muß in irgendeiner Weise „definiert", d. h. in den exakten Begriffsmitteln der Physik dargestellt werden, ehe wir sie in deren Erkenntnissystem aufnehmen können. Wenn wir, beim Übergang zur Quantenmechanik, das Verhältnis des „Ganzen" zu seinen „Teilen" anders zu bestimmen haben, als zuvor — so darf doch nicht vergessen werden, daß dieses Verhältnis, schon innerhalb der klassischen Physik, nicht etwa naiv aus der Sinnenwelt übernommen werden konnte, sondern daß seine Festlegung stets eine ganz bestimmte logische Arbeit in sich schloß. Die Systeme des Rationalismus haben in ihren Versuchen, die Grundbegriffe der klassischen Physik philosophisch zu fundieren, stets auf diesen Sachverhalt verwiesen. Es ist insbesondere Leibniz gewesen, der das Problem, das hier vorliegt, scharf gesehen und in expliziter Klarheit formuliert hat. Er geht davon aus, daß das Begriffspaar: „Ganzes — Teil" nur scheinbar einen ganz einheitlichen Gedankeninhalt in sich schließt. Bei einer schärferen Analyse zeigt sich, daß die Beziehung des „Ganzen" zu seinen „Teilen" ganz verschiedenartiger Anwendungen und Ausprägungen fähig ist, deren jede besonders bezeichnet und auf ihre logischen Bedingungen untersucht werden muß. Diese Untersuchung sollte das Thema und die Aufgabe eines speziellen Kapitels der Logik bilden, das Leibniz unter dem Namen *„De continente et contento"* seiner allgemeinen Wissenschaftslehre einzufügen gedachte. Wie die „scientia generalis" überhaupt, so ist auch dieses Kapitel Fragment geblieben; aber auch in dieser fragmentarischen Form enthält es die wichtigsten und fruchtbarsten Hinweise auf Probleme, die in der Geschichte der Mathematik und Naturerkenntnis erst viel später hervorgetreten sind. Zergliedern wir die verschiedenen möglichen Verhältnisse der „Einschließung" — so erklärt Leibniz — so ergibt sich, daß wir unter Einschließung *(inclusio)* entweder eine Beziehung der Koinzidenz, der Kongruenz, der kausalen Implikation, des logischen Enthaltenseins oder des quantitativen „Größer" und „Kleiner" verstehen können. In rein logischem Sinne sei die Einschließung z. B. von Aristoteles behandelt worden, dessen Aufbau der Syllogistik nichts anderes bezweckte, als die Art aufzuzeigen, in der der Schlußsatz in den einzelnen Prämissen enthalten sei. Hiervon sei die Lehre vom „Ganzen" und „Teil" zu scheiden: denn das Ganze sei stets größer als die Teile, während das Enthaltende und Enthaltene einander gleich sein könnten, wie es z. B. bei den sogen. „reziproken" / Sätzen der Fall sei[49]. Jeder Teil ist im Ganzen enthalten, während nicht jedes Enthaltene ein Teil sei – wie man z. B. den Punkt als in der Linie enthalten, aber nicht als einen Teil der Linie denken müsse.

Für diese logische Komplexion der Begriffe „Ganzes" und „Teil" liefert die Quantentheorie ein bezeichnendes physikalisches Beispiel. Sie mußte von Anfang an darauf verzichten, das Ganze als die „Summe" seiner Teile zu definieren; sie erklärt, daß es mehr sei als eine solche summenhafte Einheit. Ein System, das aus zwei Elektronen besteht, bestimmt, quantenmechanisch betrachtet, den Zustand dieser beiden Elektronen; aber das Umgekehrte folgt nicht. Die Kenntnis der Zustände der beiden Teile fixiert nicht den Zustand des Gesamtsystems; und eine Ableitung des letzteren aus dem ersteren kommt nicht in Frage[50]. Die Frage, wie wir innerhalb eines gegebenen Ganzen seine Besonderung vornehmen, wie wir einen bestimmten Inbegriff differenzieren und „individualisieren" sollen, bildet demgemäß stets ein schwieriges Problem der Quantentheorie. Mit den gewöhnlichen Methoden der Zählung, die davon ausgehen, daß von vornherein feststeht, was als je ein Ding, was als zwei oder mehrere zu gelten habe, ist hier nicht auszukommen. So einfach wie in der sinnlichräumlichen Anschauung grenzen sich hier die Einzeldinge nicht gegeneinander ab; es bedarf vielmehr stets komplizierter theoretischer Erwägungen, um festzustellen, was eigentlich als ein Individuum zu behandeln, was als „eines" zu zählen ist. Je nachdem man hier den Ansatz wählt, entstehen ganz verschiedene Formen der Quantenstatistik. Die letztere konnte die Methoden der „klassischen" Statistik nicht einfach übernehmen: sie mußte zu neuen Weisen der statistischen „Zählung" übergehen. Gewisse Elemente, die gemäß der frü-

[49] Leibniz, Nouv. Essais, L. IV, Kap. 17, § 8. — Näheres über die Lehre „De continente et contento" s. bei Couturat, La Logique de Leibniz, Paris 1901. S. 303 ff. — In der Philosophie der Gegenwart ist die Anregung, die Leibniz hier gibt, zuerst von Husserl wieder aufgenommen und weitergeführt worden; vgl. seine „Gedanken zu einer Theorie der reinen Formen von Ganzen und Teilen", Log. Untersuchungen II, 254 ff.

[50] Vgl. hrz. insbesondere die Ausführungen von H. Weyl, Gruppentheorie und Quantenmechanik,[2] S. 88 und „The Open World", S. 55 ff.

heren Auffassung als gesondert angesehen worden waren, mußten in eins gesetzt und als eins gezählt werden, weil sich ergab, daß sie mit unseren theoretischen und experimentellen Hilfsmitteln in keiner Weise zu unterscheiden sind. So umfaßt die moderne Quantenmechanik / eine Mehrheit statistischer Formen, deren Anwendbarkeit im einzelnen Fall stets aus der bestimmten Problemlage heraus entschieden werden muß. Je nachdem wir es mit Elektronen oder Lichtquanten, je nachdem wir es mit „symmetrischen" oder „antisymmetrischen" Eigenfunktionen zu tun haben, müssen wir je eine dieser Formen gebrauchen[51]. Auch hieraus ergibt sich deutlich, daß die Bestimmung des Individuellen, dessen, was wahrhaft als „ein" Sein zu gelten hat, für die Quantentheorie nicht der *„terminus a quo"*, sondern immer erst der *„terminus ad quem"* ist – ein Ergebnis der Theorie, das nicht dogmatisch, etwa aus „unmittelbarer Anschauung" heraus, vorweggenommen werden kann.

Faßt man alle diese Betrachtungen zusammen, so zeigt sich von einer neuen Seite her, daß die eigentlichen Schwierigkeiten der Quantenmechanik nicht darauf zurückgehen, daß sie zu einem radikalen „Indeterminismus" hinführt, daß sie einen Verzicht des Kausalbegriffs von uns verlangt. Dieser Begriff bleibt seinem „Wesen" nach unangetastet – sofern man dieses Wesen in wirklicher Allgemeinheit faßt, d. h. es durch nichts anderes als durch die Forderung der strengen funktionalen Abhängigkeit definiert denkt. Setzt man die einzelnen Bestimmungsstücke, über welche die Quantenmechanik verfügt, in der Weise an, wie sie nach den allgemeinen Prinzipien der Theorie und nach den durch die Unbestimmtheits-Relationen gezogenen Grenzen allein angesetzt werden können, so ergibt sich stets zwischen ihnen eine funktionale Beziehung, die sich exakt definieren läßt. Es gilt dann das „Kausalgesetz der Quantenmechanik", d. h. der Satz, daß es, wenn zu irgendeiner Zeit gewisse physikalische Größen so genau gemessen werden, wie dies prinzipiell möglich ist, auch zu jeder anderen Zeit Größen gibt, für die das Resultat einer Messung präzis vorhergesagt werden kann (vgl. ob. S. 273). Eine anschauliche Beschreibung der Einzelvorgänge in Raum und Zeit kann mit dieser Feststellung der funktionalen Abhängigkeit allerdings nicht mehr verbunden werden. Man kann keinen Mechanismus angeben,

[51] Über den Unterschied der klassischen (Boltzmannschen) Statistik von der Bose-Einsteinschen und der Fermi-Diracschen Statistik s. Jordan, Statistische Mechanik auf quantentheoretischer Grundlage, Braunschweig 1933, Kap. 3.

der gemäß klassischen Gesetzen sowohl den Zusammenhang zwischen Wellen und Teilchen beschreibt, als auch die Bewegung der Teilchen bestimmt. „Die Quantenmechanik" – so erklärt z. B. Dirac – „will nichts an/deres als die den Erscheinungen zugrunde liegenden Gesetze in einer solchen Form aufstellen, daß man aus ihnen eindeutig bestimmen kann, was unter gegebenen experimentellen Bedingungen geschehen wird. Der Versuch wäre zwecklos und sinnlos, tiefer in die Beziehungen zwischen Wellen und Teilchen eindringen zu wollen, als es für diesen Zweck erforderlich ist[52]. Aber ein solcher Versuch wird durch das Kausalprinzip auch weder verlangt, noch auch nur begünstigt: diesem Prinzip ist vielmehr durch die Aufstellung strenger Gesetze durchaus genügt. Wenn wir das beobachtbare Geschehen in mathematische Sprache fassen und durch sie in Strenge beschreiben können, so ist damit jenes Postulat der „Begreiflichkeit der Natur", das der Kausalsatz in sich schließt, erfüllt.

Die wesentlichen Probleme, die die Quantenmechanik der Erkenntnistheorie stellt, liegen daher an einem anderen Punkte. Sie betreffen nicht in erster Linie die Kategorie von „Ursache" und „Wirkung", sondern die Kategorie von „Ding" und „Eigenschaft", von „Substanz" und „Accidens". Hier müssen wir, wie es scheint, eine weit eingreifendere Änderung vollziehen und viel radikaler „umlernen", als es mit Bezug auf den Kausalbegriff der Fall ist. Es schien bisher ein Axiom nicht nur der klassischen Physik, sondern geradezu der klassischen Logik zu sein, daß der Zustand eines Dinges in einem gegebenen Augenblick in jeder Hinsicht und mit Rücksicht auf alle nur möglichen Prädikate vollständig bestimmt ist. Diese durchgehende Bestimmung galt als so sicher, daß sie oft geradezu als eine Definition dessen, was wir unter der „Wirklichkeit eines Dinges" zu verstehen haben, benutzt wurde. Noch die „Kritik der reinen Vernunft" hat beide Begriffe in dieser Weise aufeinander bezogen und unlöslich miteinander verknüpft. „Wirklichkeit" und „durchgängige Bestimmung" erscheinen in ihr als Wechselbegriffe. „Ein jedes Ding" – so erklärt Kant – „. . . steht . . . unter dem Grundsatze der durchgängigen Bestimmung, nach welchem ihm von allen möglichen Prädikaten der Dinge, so fern sie mit ihren Gegenteilen verglichen werden, eines zukommen muß." Ein Gegenstand der Sinne

[52] Dirac, Die Prinzipien der Quantenmechanik, deutsche Übers. von W. Bloch, Lpz. 1930, S. 2.

kann aber nur dadurch durchgängig bestimmt werden, wenn er mit allen Prädikaten der Erscheinung verglichen und durch dieselben bejahend oder verneinend vorgestellt wird. Wähle ich also ein beliebiges Prädikat x, so soll, im Hinblick / auf dasselbe, stets eindeutig bestimmt sein, ob ein von mir betrachtetes empirisches Ding dieses Prädikat besitzt oder nicht besitzt und, im ersteren Falle, in welchem Grade es ihm zukommt[53].

Rationalistische und empiristische Erkenntnistheoretiker haben dieser Auffassung zugestimmt und auf sie die Definition des Wirklichkeitsbegriffs zu gründen gesucht. Insbesondere war es die raum-zeitliche Determination, die seit jeher als das eigentliche Kriterium der „Existenz" eines empirischen Objekts angesehen wurde. „'Existenz' — so erklärt z. B. Natorp – „bedeutet dem Kritizismus gar nichts anderes als: vollständige, in keiner Hinsicht unvollendete Bestimmtheit des Seins in Bezug auf Zeit und Raum. Zeit und Raum sind die Bedingung des Urteils der Existenz, d. i. der vollständigen Determination des Gegenstandes in der Erfahrung." „Jedem Raumpunkt . . . , der existentiell gegeben sein soll, muß ein Punkt oder absolutes Element des Existierenden entsprechen, nämlich je für einen identischen Punkt des Existierens, also der Zeit[54]." Die gleiche Grundansicht wird in der gegenwärtigen Erkenntnistheorie von Schlick vertreten, der sie aber mit Rücksicht darauf, daß nicht alle Gegenstände räumlich darstellbar sind, auf die Zeitlichkeit einschränkt. „Feste räumliche Bestimmung ist zwar den meisten Realitäten eigentümlich, da das aber nicht für alle zutrifft . . . so ist allein die eindeutige Zeitbestimmung als notwendiges Kennzeichen der Wirklichkeit anzusehen[55]." Legt man diese Erklärungen der objektiven „Wirklichkeit" zugrunde, so erkennt man sofort, welche grundlegenden Änderungen in unserem empirischen Weltbild die Quantenmechanik, kraft der Unbestimmtheits-Relationen, von uns verlangt. Denn jetzt können wir die Existenz nicht mehr als ein vollständig und durchgängig Bestimmtes definieren. Der „Zustand" eines physikalischen Systems zeigt, in der Sprache der Quantentheorie ausgedrückt, nicht mehr dieselbe Form der räumlichzeitlichen Bindung wie er ihn in der klassischen Mechanik besaß. In dieser ließen sich die einzelnen Seinselemente gegeneinander isolieren; jedes besondere Sein war in einem gegebenen Zeitpunkt auf

[53] Vgl. Krit. d. r. Vern., 2. Aufl.; S. 600 f. (III, 397 ff.).

[54] Natorp, Die logischen Grundlagen der exakten Wissenschaften, Lpz. 1910, S. 341 ff.

[55] Schlick, Allgemeine Erkenntnislehre, 2. Aufl., Berlin 1925, S. 172 ff.

einen ganz bestimmten Raumpunkt bezogen und „haftete" ausschließlich an ihm. Die Quantenmechanik dagegen verlangt von uns, daß wir diese Auf/fassung aufgeben. Wir müssen uns, im Sinne der Wellenmechanik, ein Partikel in jedem Augenblick über den ganzen Raum verteilt denken – wir müssen seiner Masse und Ladung eine Art von „Omnipräsenz" zuschreiben. An die Stelle scharf bestimmter Umlaufsbahnen des Elektrons tritt eine unendlich-ausgedehnte „Ladungswolke". Damit entfällt die Möglichkeit, dem Elektron eine einzelne, genau-umschriebene Stelle innerhalb des Anschauungsraumes zuzusprechen. In diesem Bedeutungswandel des Zustandsbegriffs liegt, wie mir scheint, eine der wesentlichen „Paradoxien" der Quantenmechanik und eine der schwersten Aufgaben, vor die sie die erkenntnistheoretische Analyse stellt. In dieser Hinsicht, nicht in Hinsicht auf die Gültigkeit des Kausalbegriffs, verlangt sie von uns einen Verzicht auf Voraussetzungen, die bisher für jede Naturbeschreibung unentbehrlich zu sein schienen. Der neue „Zustandsbegriff" der Quantenmechanik muß in der Tat zunächst für jeden, der von der klassischen Physik herkommt, den eigentlichen Stein des Anstoßes bilden. Mißt man ihn mit den gewohnten Maßen, so scheint er fast zu einer *„contradictio in adjecto"* zu führen – so scheint er uns in der Tat so etwas wie das Denken eines „hölzernen Eisens" zuzumuten. Denn der Zustand nimmt völlig andere Werte an, je nachdem wir ihn in der einen oder anderen Sprache beschreiben, und keine dieser Sprachen kann den Anspruch erheben, ihn eindeutig und erschöpfend zu bestimmen. Er stellt sich uns verschieden dar, je nachdem wir ihn von verschiedenen Standpunkten aus betrachten, und es ist nicht möglich, die verschiedenartigen Perspektiven jemals in einem Blicke zu vereinen. Partikelbild und Wellenbild müssen nebeneinander gebraucht werden, ohne daß sie je miteinander „kongruieren" können, ohne daß sie sich zu wirklicher Deckung bringen lassen. Sie überlagern sich, ohne sich miteinander vereinigen und sich wirklich durchdringen zu können.

Dieses Prinzip der „Überlagerung" ist von Dirac an die Spitze seiner Darstellung der Quantenmechanik gestellt worden. „Wir müssen uns vorstellen" – so erklärt er – „daß die Zustände eines physikalischen Gebildes in solcher Weise miteinander verknüpft sind, daß, wenn das Gebilde sich in einem bestimmten Zustande befindet, wir es ebensogut als teilweise in jedem von zwei oder mehreren Zuständen befindlich betrachten können. Der ursprüngliche Zustand muß als Ergebnis einer Überlagerung von zwei oder mehreren neuen Zuständen angesehen werden in einer Weise, die / von klassischen Vorstellungen aus nicht verständlich ist. Jeder Zustand kann als das Ergebnis einer Überlagerung von zwei oder mehreren Zuständen angesehen werden und zwar auf unendlich viel verschiedene Arten. Umgekehrt können zwei beliebige oder auch mehrere Zustände zu einem neuen Zustand überlagert werden und zwar auf unendlich verschiedene Arten." Die Quantenmechanik zwingt uns z. B. zu der Konsequenz, daß es in der Welt des Atoms Zustände geben kann, für die der Begriff der Energie keinen bestimmt angebbaren Sinn mehr hat, die wir als „energetisch nicht definiert" zu betrachten haben. Und dies gilt keineswegs für die Energie allein, sondern auch für alle anderen Zustandsgrößen — für all jene Größen, die wie die Koordinate x und die Impulskoordinate p_x des Elektrons oder wie die elektrische und magnetische Feldstärke zueinander in einer durch die Unbestimmtheits-Relationen geregelten Beziehung stehen. Bei jeder von ihnen müssen wir damit rechnen, daß wir ihr in einem gegebenen Zustand keinen scharf gemessenen Wert zusprechen können. Noch eigentümlicher erscheint dies, wenn man erwägt, daß die jeweilige Bestimmtheit, die hier erzielbar ist, niemals schlechthin vom Objekt allein, sondern von der Art der Beobachtung, die wir wählen, abhängt. Je nach den Bedingungen, unter denen die Beobachtung erfolgt, zeigt uns gewissermaßen das Objekt ein verschiedenes „Gesicht". Wir erhalten, je nach der Wahl der Maßinstrumente und dem besonderen Gebrauch, den wir von ihnen machen, verschiedene „Bilder" des Geschehens. Die Gesamtheit der möglichen Aspekte kann uns keine einzelne Beobachtung mit einem Male eröffnen und darbieten. Durch jede besondere Maß-Anordnung werden sozusagen gewisse Züge des Geschehens — wie z. B. die „Wellennatur" oder die „Partikelnatur" des Lichts — für uns abgeblendet, während andere an ihrer Stelle hervortreten. Die Antwort, die uns die Natur gibt, ist also nicht ausschließlich von ihr allein; sie ist zugleich durch die Art der Frage, die wir an sie richten und durch die gewählten Beobachtungsmittel bestimmt. Es gibt keinen Versuch, kraft dessen die Wellennatur des Lichts und seine Partikelnatur gleichzeitig nachgewiesen werden könnte. Was das „Ding" im absoluten Sinne, außerhalb der in den verschiedenen Versuchsreihen realisierbaren Umstände der Beobachtung, ist — darauf erhalten wir somit keine Antwort mehr. Suchen wir eine solche Antwort zu erzwingen, versuchen wir das Ding zu einem allseitigbestimmten, zu einem *„ens omnimodo determinatum"* zu machen, / so tritt sogleich ein merkwürdiger dialektischer Umschwung ein. An Stelle eines absolut-bestimmten Objekts bleibt uns gleichsam nur noch ein Schatten in der Hand. Nehmen wir dagegen die empirischen Bedingungen an, unter denen, gemäß den Voraussetzungen der Quantentheorie, jede Beobachtung steht, so nimmt hier der Sachverhalt das entgegengesetzte Vorzeichen an. Der Verzicht auf die *absolute* Bestimmung stellt das Höchstmaß der *relativen* Bestimmung wieder her, deren die physikalische Erkenntnis fähig ist. Denn wenn wir zur Festlegung eines physikalischen Systems nur solche Bestimmungsstücke zulassen, die den in den Unbestimmtheits-Relationen ausgedrückten Bedingungen genügen; wenn wir uns mit den „Maximalbeobachtungen", d. h. mit der größten Anzahl unabhängiger verträglicher Beobachtungen begnügen, so können wir diese zueinander in ein scharfbestimmtes Verhältnis setzen. Wir können dann den Satz aufstellen, daß, wenn an einem physikalischen Gebilde eine Maximalbeobachtung angestellt wird, sein Folgezustand durch diese Beobachtung völlig bestimmt ist – und dieser Satz kann als das Axiom benutzt werden, um dasjenige auszudrücken, was wir als „Zustand eines Systems" im Sinne der Atomphysik anzusehen haben[56].

Alle diese begrifflichen Wandlungen, die die Quantenmechanik mit sich bringt, werden erst dann völlig klar, wenn man sich ständig gegenwärtig hält, daß ihre Begriffssprache ein Instrument ist, das nicht für die Beschreibung von „Dingen" und „Zuständen" geschaffen ist, sondern das sich auf die Darstellung des Verhaltens physikalischer *Systeme* bezieht. Wir können fortfahren, in ihr von „Dingen", im Sinne der klassischen Mechanik und im Sinne der „makroskopischen" Erfahrung zu sprechen; aber wir müssen immer wieder sorgsam darauf achten, daß diese Dinge sich nicht „zum Starren waffnen". So werden z. B. in der Wellenmechanik die materiellen Körper „aufgelöst"; was vorher als ein starres Gebilde erschien, das wird zu einer „Phasendifferenz" umgestaltet, die sich in einer bestimmten Zeit von einem Punkt des Raumes auf einen anderen überträgt. Wo wir im Sinne der älteren Anschauung *ein* Ding hatten, das sich jeweilig in einem völlig bestimmten „Zustand" befindet und das diesen letzteren in einer genau-bestimmbaren Weise ändert, da müssen wir jetzt Gesamtheiten von / Vorgängen, da müssen

[56] Vgl. Dirac, a. a. O., § 3 u. 4. Über den neuen „Zustandsbegriff" der Quantenmechanik und das Überlagerungsprinzip s. bes. Arthur March, Einführung in die moderne Atomphysik, Lpz. 1933, Kap. 3, § 15.

wir Inbegriffe ins Auge fassen, denen wir je eine bestimmte Wellenfunktion zuordnen. Dadurch erhalten wir genaue Aussagen, die jedoch einen statistischen Charakter zeigen. Die Frage lautet jetzt, welche Wahrscheinlichkeit dafür besteht, daß bei einer unter bestimmten Bedingungen und in einem gewissen Augenblick angestellten Beobachtung dies oder jenes Ergebnis gewonnen werden wird. „Stellt man eine Beobachtung an einem beliebigen atomistischen Gebilde an" — so formuliert Dirac den Sachverhalt — „so wird das Ergebnis im allgemeinen unbestimmt sein, d. h. wenn man den Versuch viele Male unter denselben Bedingungen wiederholt, so wird man verschiedene Ergebnisse erhalten. Wiederholt man den Versuch sehr oft, so wird man finden, daß jedes einzelne Ergebnis in einem bestimmten Bruchteil aller Fälle auftritt, so daß man sagen kann, daß es eine bestimmte Wahrscheinlichkeit dafür gibt, gerade dieses Ergebnis zu erhalten, wenn der Versuch ausgeführt wird, und die Theorie gestattet uns, diese Wahrscheinlichkeit auszurechnen. In besonderen Fällen kann diese Wahrscheinlichkeit gleich Eins sein: dann ist das Ergebnis des Versuches völlig vorherbestimmt[57]." Die Quantenmechanik führt daher nicht wie die klassische Mechanik dazu, die Lage eines einzelnen Massenpunktes in einem gegebenen Augenblick festzulegen, sie gibt nur, für die Gesamtheit von Elektronen, die Wahrscheinlichkeit an, daß sich ihre Elemente zu einer bestimmten Zeit in einer gewissen Lage befinden.

Faßt man diese Voraussetzungen und Grundlagen der quantentheoretischen Problemstellung ins Auge, so entfallen damit die skeptischen Konsequenzen, die so häufig aus den Unbestimmtheits-Relationen gezogen worden sind. Man hat bisweilen ihren Inhalt so formuliert, daß man gesagt hat, die Naturgesetze selbst seien so beschaffen, daß sie die genaue Feststellung des augenblicklichen Zustandes verhindern. Interpretiert man diese Aussage in dem Sinne, daß dieser Zustand in aller Schärfe und Bestimmtheit b e s t e h t, daß aber die Natur durch besondere Gesetze Vorkehrungen getroffen habe, ihn für immer unseren Blikken zu entziehen, so scheint dies auf ein seltsames naturphilosophisches oder metaphysisches Rätsel hinzudeuten[58]. Aber das metaphysische Di-

---

[57] Dirac, a. a. O., § 3.

[58] Daß auch im Kreise der exakten Physik solche Deutungen des quantentheoretischen „Indeterminismus" nicht immer vermieden werden, zeigt eine merkwürdige Äußerung von W. Nernst. Nernst meint, daß die moderne Physik sich bestimmten t h e o l o g i s c h e n Auffassungen nähere, und daß nunmehr ein „bisher kaum

lemma ist vielmehr ein logisches und / erkenntniskritisches Dilemma. Denn mit welchem Recht können wir einen solchen „Bestand" voraussetzen, wenn uns von seiten der Erkenntnis jeder Zugang zu ihm fehlt? Auch wenn man die Unbestimmtheits-Relationen als Naturgesetze bezeichnet, so ist dieser Ausdruck in methodischer Hinsicht kaum zutreffend. Heisenberg ist in seiner Darstellung der „physikalischen Prinzipien der Quantentheorie" davon ausgegangen, die unteren Genauigkeitsgrenzen für die gleichzeitige Kenntnis verschiedener Variabeln „als Naturgesetz zu postulieren" und dieses Postulat zum Ausgangspunkt der Kritik der quantentheoretischen Begriffe zu machen. Aber als Naturgesetze im üblichen Sinne des Wortes können die Unbestimmtheits-Relationen nicht bezeichnet werden; denn solche Gesetze gehen auf physische Dinge und Vorgänge, während die Unbestimmtheits-Relationen sich auf Messungen, d. h. auf bestimmte Formen der Naturerkenntnis beziehen. Sie sind keine kategorischen Aussagen über das objektiv-Wirkliche, sondern sie sind modale Aussagen über das empirisch-Mögliche, über das physikalisch-Konstatierbare. Sie setzen demnach nicht ein bestimmtes Objekt voraus, um sodann festzustellen, daß es unserer Erkenntnis niemals völlig zugänglich sei, sondern sie enthalten eine neue Festsetzung über die Objektbegriffe, die wir mit Fug und Recht bilden dürfen, sofern wir uns streng in den Grenzen des Beobachtbaren halten. Auch hier müssen wir, um uns nicht in Antinomien zu verwickeln, den Typenunterschied der physikalischen Aussagen scharf im Auge behalten[59]. Man könnte diesem Einwand damit begegnen, daß man erklärt, es sei gerade eines der wichtigsten Ergebnisse der modernen Atomphysik, daß sie uns gelehrt habe, es sei unmöglich, zwischen der Natur selbst und dem „Wissen von der Natur" einen scharfen Schnitt zu ziehen: beide seien unlöslich ineinander verwoben. Aber gerade wenn man diesen Schluß zieht, so ergibt sich nur um so stärker die Ablehnung der skeptischen Konsequenz: denn es schwindet alsdann jener Unterschied, den Aristoteles als den des πρότερον τῇ φύσει und des πρότερον πρὸς ἡμᾶς bezeichnet hat. Es „ist" alsdann nichts mehr „an sich" in der Natur,

---

vorausgesehener Parallelismus" zwischen Physik und Theologie festgestellt werden könne: habe doch die letztere stets behauptet, daß der Weltlauf durch den Willen und den Ratschluß Gottes vollständig determiniert sei, dagegen dem menschlichen Geist die Fähigkeit abgesprochen, diese Determination bis in die letzten Einzelheiten zu durchschauen. Vgl. W. Nernst, Naturwissenschaften X (1922); S. 495.

[59] Vgl. oben S. 162 ff.

was nicht „für uns", was nicht in irgendeinem Sinne für die physikalische Erkenntnis wäre. Die Art der Bestimmung schreibt dem „Sein", das wir den Naturdingen beilegen können, seine Grenzen vor – nicht aber ist es das an sich bestimmte Sein, das der Erkenntnis ein für allemal feste Grenzen setzt und das ihr seiner absoluten Wesenheit nach undurchdringlich bleibt.

Daß dieser Sachverhalt und damit der durchaus positive Sinn und Ertrag der Unbestimmtheits-Relationen nicht sofort in aller Schärfe hervortrat: dies lag vielleicht an dem geschichtlichen Gang, den die Quantentheorie genommen hat. Diese Relationen gingen von dem Bild der älteren Quantentheorie aus, das sie jedoch beschränkten und einengten. Die Vorstellung der punktförmigen Elektronen wurde nicht schlechthin aufgegeben; aber das Wissen über diese Elektronen und ihre stationären Bahnen wurde, aufgrund der Einsicht in eine prinzipielle Grenze der Beobachtung und Messung, aufgehoben. Aber damit waren im Grunde zwei verschiedene erkenntniskritische Bezugssysteme eingeführt, die auf die Dauer nicht nebeneinander bestehen und gebraucht werden konnten. Hebt man diesen Dualismus auf, stellt man einen streng-einheitlichen Maßstab der erkenntnistheoretischen Beurteilung und Bewertung auf, so verlieren die Unbestimmtheits-Relationen viel von der Paradoxie, die ihnen anfangs unleugbar anhaftete. Was sie tatsächlich aufgewiesen haben, ist ja nichts anderes als eine gewisse Überbestimmung, die in den früheren Fassungen der Quantentheorie zurückgeblieben war. Indem diese Theorie Aussagen über Größen enthielt, die sich bei schärferer Analyse als nichtbeobachtbar erwiesen, war sie damit über das Ziel, das die physikalische Erkenntnis sich stecken kann, hinausgegangen – und es handelte sich darum, diesen Schritt wieder rückgängig zu machen. Insofern haben die Unbestimmtheits-Relationen keinen skeptischen, sondern einen rein kritischen Sinn. Als ein skeptischer Verzicht konnte die notwendige Korrektur an dem physikalischen Objektbegriff der älteren Theorie nur dann erscheinen, wenn man eben diesen letzteren noch nicht prinzipiell überwunden hatte, wenn man sich wieder in jenen Standort zurückversetzte, den man zu verlassen wünschte und den man mit der Aufstellung der Unbestimmtheits-Relationen bereits verlassen hatte. Der neuen Problemlage, die damit geschaffen ist, müssen wir klar ins Auge sehen. In das verlorene Paradies der / klassischen Begriffe gibt es, allem Anschein nach, keine Rückkehr mehr; die Physik muß es unternehmen, sich einen neuen methodischen

Weg zu bahnen. Ich will keineswegs behaupten, daß das Ziel dieses Weges schon deutlich vor uns liegt. Aber die Richtung, in der die Lösung zu suchen ist, scheint mir klar erkennbar zu sein. Physik und Erkenntnistheorie können nicht fortfahren, ein Sein zu setzen, mit der klaren Einsicht, daß es den Bedingungen der physikalischen Erkenntnis widerspricht. Zeigt es sich, daß gewisse Begriffe, wie der Begriff des Ortes, der Geschwindigkeit, der Masse eines einzelnen Elektrons sich für uns nicht länger mit einem bestimmten empirischen Gehalt erfüllen lassen, so müssen sie damit aus dem theoretischen System der Physik ausscheiden, so wichtig und fruchtbar ihre Leistung auch gewesen sein mag.

Es kann nicht schwer fallen, diese Forderung zu erfüllen, wenn man sich der allgemeinen Struktur unserer physikalischen Begriffe bewußt bleibt – wenn man sich daran erinnert, daß all diese Begriffe nichts anderes als „Prädikate möglicher Urteile" sind. Über den Wahrheitswert und den objektiven Gehalt dieser Urteile kann zuletzt nur die Erfahrung entscheiden. In dieser Hinsicht besteht zwischen den mathematischen und den physikalischen Begriffen ein charakteristischer Zusammenhang und ein charakteristischer Gegensatz. Einer der wichtigsten Fortschritte in der modernen Logik der Mathematik liegt darin, daß in ihr die Grundbegriffe nicht mehr explizit, sondern implizit definiert werden. Ein Punkt, eine Linie, eine Gerade hat hier nicht mehr ein festbestimmtes Sein und eine bestimmte Bedeutung, die sich ihnen abgesehen von den Beziehungen, die sie zueinander besitzen, beilegen ließe. All diese Gebilde „sind" nicht, um erst nachträglich in gewisse Relationen einzutreten; es sind vielmehr eben diese Relationen selbst, die das „Sein", das in den mathematischen Begriffen ausgedrückt wird, bestimmen und vollständig erschöpfen. Auch Begriffe, wie Atom oder Elektron, stehen in dieser rein logischen Hinsicht mit den geometrischen Begriffen auf derselben Stufe: sie lassen keine explizite Definition zu, sondern können im Grunde immer nur implizit definiert werden. Der „materielle Punkt" unterscheidet sich in dieser Beziehung nicht vom „ideellen", vom mathematischen Punkt. Auch ihm läßt sich kein „Sein für sich" beilegen; auch er wird durch einen bestimmten Inbegriff von Relationen konstituiert und geht in diesem / Inbegriff auf. Die neuere Quantenmechanik ist daher mehr und mehr dazu übergegangen, nicht mit der Setzung bestimmter Realitäten zu beginnen und diese dann miteinander in Beziehungen zu setzen, sondern den umgekehrten Weg einzuschlagen. Sie geht von der Aufstellung gewisser Symbole aus, die den Zustand und die dynamischen Variablen eines physikalischen Gebildes ausdrücken. Aus diesen werden dann, aufgrund bestimmter axiomatischer Voraussetzungen, andere Gleichungen abgeleitet und aus ihnen physikalische Folgerungen gezogen. Auf die genaue Bedeutung der Symbole im Einzelfall braucht hierbei zunächst nicht eingegangen zu werden. Erst in einem späteren Stadium der Betrachtung werden die „Darstellungen" der abstrakten Symbole betrachtet, d. h. es werden „Dinge" und „Eigenschaften" untersucht, die den Regeln, die für die Verknüpfung der Symbole gelten, entsprechen[60]. Der Unterschied zwischen den mathematischen und den physikalischen Begriffen besteht hierbei nur in der Art der Konstitution. Die mathematischen Begriffe lassen sich konstruktiv aufbauen; wir „erschaffen" diese Begriffe durch die Bedingungen, die wir ihnen auferlegen, durch die Axiomen-Systeme, denen sie zu genügen haben. An die Stelle dieser logischen Axiomatik tritt in der Physik die Form der hypothetischen Setzung der Grundbegriffe und der hypothetischen Deduktion[61]. Wir setzen die Begriffe so an, daß durch sie die Erscheinungen möglichst vollständig und einheitlich beschrieben, daß durch sie die Phänomene „gerettet" werden. Diese Forderung des σώζειν τὰ φαινόμενα geht schon auf die Frühzeit der wissenschaftlichen Physik zurück[62]. Dadurch strömt immer neues Material in die physikalischen Begriffe ein, das nicht ein völliges Aufgeben ihres Gehalts, wohl aber eine stete Wandlungsfähigkeit und Wandlungsbereitschaft von ihnen verlangt. Ein Begriff, dessen implizite Definition in einem Inbegriff empirischer Relationen besteht, muß zugleich fest und beweglich sein: das erstere, damit die Erkenntnis an ihm einen bestimmten Richtpunkt besitzt, das zweite, damit er sich immer von neuem an der Erfahrung orientieren und an / ihr prüfen kann. Vor einer solchen Notwendigkeit der Neuorientierung scheint der Begriff des Massenpunktes zu stehen. Die Bedeutung, die dieser Begriff im Aufbau der Naturerkenntnis gehabt hat, läßt sich kaum überschätzen; und sie liegt, wie wir an seiner Geschichte zu zeigen versucht haben, keineswegs allein auf physikalischem, sondern fast ebensosehr auf logischem, auf rein methodischem Gebiet.

---

[60] Diese Behandlung tritt vor allem in Diracs Darstellung der Quantenmechanik hervor.

[61] Vgl. oben S. 221 ff.

[62] Vgl. das reiche geschichtliche Material, das Pierre Duhem in seiner Schrift Σώζειν τὰ φαινόμενα Essai sur la notion de Théorie physique de Platon à Galilée Paris 1908, zusammengestellt hat.

Aber ein Begriff wie der des materiellen Punktes kann der Natur der Sache nach niemals als Abdruck eines physischen Gegenstandes verstanden werden; er ist eine „Form“, deren Sinn und Gehalt in ihrer theoretischen Leistung besteht: in der Fähigkeit, zu einfachen und strengen Gesetzen der Phänomene zu führen. Jede derartige Form besitzt stets auch eine bestimmte Grenze; wir müssen damit rechnen, daß sich Erfahrungsbereiche finden, die sie nicht mehr vollständig umspannen und ausdrücken kann. Wenn heute die Opfer, die in dieser Hinsicht zu bringen sind, vielleicht größer und schwerer erscheinen, als je zuvor, so hat doch, wie mir scheint, die moderne Atomphysik die methodischen Fundamente, auf denen die physikalische Erkenntnis ruht, nicht zerstört; sie hat sie vielmehr, schärfer als zuvor, in ihrer charakteristischen Eigenheit und in ihrer charakteristischen Bedingtheit erkennen lassen. /

SCHLUSSBETRACHTUNGEN UND ETHISCHE SCHLUSSFOLGERUNGEN

Unsere bisherigen Betrachtungen haben sich rein im Kreise der Physik und im Kreise der Erkenntnistheorie bewegt. Ohne nach rechts oder links zu blicken, ohne irgendwelche spekulativen Seitenblicke oder ethische Ausblicke, haben wir unser Ziel zu verfolgen gesucht, das in nichts anderem als in der logischen Klärung des Problembestandes der neuen Physik bestand. Erst am Schluß wenden wir uns der Frage zu, was dieser Problembestand für das Ganze der philosophischen Erkenntnis, für das Ganze der „Weltanschauung" bedeutet. Aber wenn wir auf das Ergebnis unserer Analyse der physikalischen Grundbegriffe zurückblicken, so werden wir an diesem Punkte unsere Erwartungen nicht zu hoch spannen dürfen. Das Wesentliche dieses Ergebnisses besteht eben darin, daß es uns zur methodischen Zurückhaltung und Bescheidenheit mahnt. Kant hat uns immer wieder den Grundsatz eingeschärft, daß es nicht Vermehrung, sondern Verunstaltung der Wissenschaften sei, wenn man ihre Grenzen ineinanderlaufen lasse. Ein solches Ineinanderlaufenlassen ist es, wenn man die Erörterungen des quantentheoretischen „Indeterminismus" unmittelbar mit metaphysischen Spekulationen über das Problem der „Willensfreiheit" verknüpft. Man glaubt damit eine höhere Einheit zwischen Physik und Ethik gewinnen und den Abgrund, der beide voneinander trennt, überbrücken zu können. Aber bedeutet dieser „Abgrund" für ein kritisch geschultes Denken wirklich eine Gefahr? Können und dürfen wir uns hier der Tendenz zur Vereinheitlichung und Vereinfachung der Probleme überlassen — oder kommt nicht alles darauf an, jeden Problemkreis in seiner scharfen Besonderung zu sehen und ihn in seiner charakteristischen Eigenart zu erhalten?

Es ist eben diese Eigenart, auf der das Wesen des *ethischen Problems* beruht. Zwischen Physik und Ethik besteht keine „Konkurrenz" in dem Sinne, daß beide einen gemeinsamen Seinsbestand voraussetzen, um dessen Erklärung und Deutung sie miteinander streiten. Es wäre von vornherein schlecht um die Ethik und um ihre eigene / Würde bestellt, wenn sie ihre Autorität nicht anders aufrechterhalten und ihre eigentümliche Aufgabe nicht anders erfüllen könnte, als dadurch, daß sie nach Lücken in der wissenschaftlichen Naturerklärung Ausschau hält und sich in diese Lücken gewissermaßen einnistet. In ihnen könnte sie immer nur ein Schattendasein führen; die ethische „Freiheit" wäre irgendwie in der Welt geduldet, aber sie könnte keine Wirkung, keine wirkliche Macht auf die Welt ausüben; sie könnte „nach außen nichts bewegen". Und doch kommt für das Problem der Sittlichkeit alles auf diese Bewegung an. Sittliche Freiheit soll keine bloße Möglichkeit, keine leere „Potenz" bedeuten; ihr Sinn und ihre Bedeutung besteht in ihrer Aktualisierung, in ihrer ständig fortschreitenden Selbstverwirklichung. Für diesen Akt der Selbstverwirklichung reicht der bloß negative Begriff der Unbestimmtheit oder Bestimmungslosigkeit nicht aus; für ihn werden andere positive Kräfte, werden eigentümliche Prinzipien und Gründe der Bestimmung gefordert. Diese Gründe sind in der Ebene, innerhalb deren sich die physikalische Naturerklärung – die klassische, wie die quantentheoretische — bewegt, nicht aufzufinden; ja, sie sind in ihr nicht einmal sichtbar zu machen. Sie erfordern in jedem Falle eine μετάβασις εἰς ἄλλο γένος. Kein noch so weit getriebener physikalischer „Indeterminismus" kann uns den Sprung ersparen, der hier von uns erwartet und verlangt wird. Es handelt sich nicht darum, innerhalb des empirischen Geschehens den Zwang der „strengen Naturgesetze" zu durchbrechen oder irgendwie zu lockern. Es handelt sich darum, einen neuen Gesichtspunkt zu finden und durchzuführen, einen neuen Maßstab aufzustellen, der auf den der empirischen Kausalität nicht zurückführbar ist, der ihm aber andererseits in keiner Weise widerstreitet. Menschliche Handlungen — das ist es, was die Ethik allein fordert — sollen einer doppelten Beurteilung fähig und zugänglich sein; sie sollen als Ereignisse in der Zeitreihe kausal determiniert sein; aber ihr Gehalt und Sinn soll nicht in diesem Determinismus aufgehen. Die Einsicht in den Ablauf dieser Handlungen, so streng dieselben immer bestimmt sein mögen, soll uns nicht blind machen für das andere Maß, mit dem wir sie zu messen haben — für die Frage nach ihrem „quid juris", nach ihrer ethischen Geltung und Würde. Dieser Geltungsanspruch kann auf keine Weise bloß negativ gefaßt und gerechtfertigt, er muß positiv gesichert werden. In ihm handelt es sich nicht darum, irgendwelche Ausnahmen von gewissen allgemeinen / Regeln zu statuieren; es handelt sich um die weit ernstere und schwierigere Aufgabe, eine neue Regel, eine neue Form der Gesetzlichkeit aufzufinden, der das Handeln, das wir als „sittliches“ Handeln bezeichnen, zu unterstellen ist.

Verfolgt man die Geschichte der Ethik von ihren ersten Anfängen an, so sieht man, daß es immer wieder dieses Grundproblem war, das alle philosophischen Ethiker beschäftigt und innerlich bewegt hat. Die philosophische Sittenlehre begnügt sich nicht damit, gleich der religiösen, Moral zu lehren; sie will Moral begründen. Aber durch diesen Versuch der Begründung, des λόγον διδόναι sieht sich das philosophische Denken alsbald auf eine doppelte Form von „Ursachen“ hingewiesen. In klassischer Prägnanz und Klarheit ist diese Doppelheit an einer Stelle des Platonischen Phaidon bezeichnet, die man eben deshalb als die eigentliche Geburtsstätte der philosophischen Ethik ansehen kann. „Was ist der Grund dafür“ – so fragt Sokrates im Phaidon – „daß ich hier im Gefängnis sitze, die Vollstreckung des Todesurteils erwartend, anstatt, wie es mir freigestanden hätte, zu entfliehen? Will man sagen, ich befände mich hier, weil mein Leib aus Knochen und Sehnen besteht und die gegenwärtige Lage dieser Knochen und Sehnen nur das Sitzen, nicht das Laufen ermöglicht? Aber das hieße doch wahrlich die eigentliche Ursache übersehen: daß nämlich einzig und allein darum, weil die Athener es für gut hielten, mich zu verurteilen, ich, Sokrates, es für das beste hielt, hier sitzen zu bleiben, daß ich es für recht erachtete, die Strafe zu erdulden, welche sie mir zuerkannten. Denn sonst, beim Hunde, würden schon längst diese meine Knochen und Sehnen in Megara oder Böotien sein, wenn es mir nicht rechtschaffener und edler erschienen wäre, anstatt zu fliehen und davonzulaufen, die Strafe über mich ergehen zu lassen, die die Stadt über mich verhängt hat ... Wollte einer sagen, daß ich ohne meine Glieder, ohne Knochen und Sehnen und was ich sonst habe, nicht imstande wäre zu tun, was ich will, ja das ließe sich noch hören; daß ich aber gerade aus diesen Gründen das täte, was ich tue, und nicht darum vernünftig handelte, weil ich frei das für mich Beste wählte; wer so redet, ist leichtsinnig und oberflächlich. Denn das heißt soviel, wie nicht unterscheiden können zwischen der eigentlichen Ursache und der Erscheinung, ohne welche diese Ursache nicht Ursache wäre. (ἄλλο μέν τί ἐστι τὸ αἴτιον τῷ ὄντι, ἄλλο δὲ ἐκεῖνο, ἄνευ οὗ τὸ αἴτιον οὐκ ἄν ποτ' εἴη αἴτιον). Gerade hier tappen die Menschen wie im Finstern herum, indem sie die / einzelne Erscheinung ganz ungehörig mit der Ursache verwechseln[1]." Was man in der rein physischen Betrachtung, vom Standpunkt der Vorsokratischen Naturphilosophie, als „Ursache" zu bezeichnen pflegt: das sinkt für Sokrates zur bloßen Veranlassung oder Bedingung herab. Und Platon verschärft diesen Unterschied. Der wahre „Grund" des sittlichen, des freien Handelns kann nicht in der gegenwärtigen physischen Situation, noch in dem, was ihr zeitlich unmittelbar vorangeht, gefunden werden. Er setzt eine andere Blickrichtung, eine andere Form des Schauens voraus. Frei handelt, wer „im Hinblick" auf die Welt der Ideen handelt; und ein freies Subjekt ist dasjenige, das dieser Ideenschau teilhaft ist und kraft ihrer über die ganze Sphäre der Phänomene, der räumlich-zeitlichen Erscheinungen, hinwegzusehen und sie in ihrer Bedingtheit zu erkennen vermag. Es ist somit nicht ein einzelnes Verhältnis, eine besondere Form der Determination innerhalb der physischen Welt, was durch diese Art von „Freiheit" beschränkt oder für ungültig erklärt wird; — es ist vielmehr ihre Gesamtheit, die überschritten, die ethisch „transzendiert" werden soll. Nur in solcher Transzendenz wird nach Platon die spezifisch-sittliche Haltung erreicht: denn die „Idee des Guten" liegt „jenseit des Seins" (ἐπέκεινα τῆς οὐσίας).

Aber auch wenn man diese Platonische Transzendenz verwirft, wenn man eine Lösung des ethischen Problems verlangt, die sich rein innerhalb der Grenzen der Naturerkenntnis hält, bleibt der zweifache Aspekt bestehen. Auch innerhalb einer streng-„naturalistischen" Ethik läßt sich dem Dualismus zwischen „Freiheit" und „Naturnotwendigkeit" nicht ausweichen. Spinoza ist der erste, der innerhalb der modernen Philosophie eine derartige naturalistische Begründung gefordert und durchgeführt hat. Das leitende methodische Prinzip, dem der Aufbau seiner Ethik folgt, ist, daß wir die menschlichen Handlungen nicht länger als einen „Staat im Staate" behandeln dürfen. Es gibt nur eine Ordnung und ein Gesetz des Geschehens, so wahr es nur ein Sein, eine einzige allumfassende Substanz gibt. Der Begriff des Zwecks muß demgemäß, wie aus der Naturbetrachtung, so auch aus der ethischen Betrachtung ausgeschaltet werden. Er erweist sich in beiden Fällen als ein bloßes „*asylum ignorantiae*". Menschliche Handlungen dürfen nicht anders beurteilt werden, als wir mathematische Figuren, als wir Dreiecke oder Zirkel beurteilen. Es gilt nicht, über sie, nach / einem angenommenen anthropomorphen Maßstab zu richten; es gilt sie schlicht zu beschreiben

[1] Phaidon 98 C ff.; deutsche Übers. von R. Kassner, S. 78f.

und kraft dieser Beschreibung zu verstehen. Aber auch diese rein-deskriptive Methodik hebt, innerhalb des Spinozistischen Systems, den Freiheitsbegriff nicht auf. Selbst Spinoza kann sich dem Zugeständnis nicht entziehen, daß es „eine andere Form von Ursachen“ ist, zu der uns die Betrachtung des menschlichen Handelns hinführt. Der Herrschaft der allgemeinen Naturgesetze können und wollen wir uns nicht entziehen: aber diese nehmen eine andere Prägung an, wo sie sich nicht lediglich auf die Bewegungen von Körpern, sondern auf unser selbstbewußtes Tun, auf unser Vorstellen, Begehren und Wollen beziehen. Ethische Gesetze sind Naturgesetze, aber es sind Gesetze für unsere „vernünftige Natur“. Dieser Ausdruck der „vernünftigen Natur“ stellt für Spinoza die Vereinigung und Versöhnung zwischen Natur und Freiheit dar; — die einzige, die es gibt, und die vom Standpunkte der Ethik mit Recht und mit Sinn gefordert werden kann. Frei handeln heißt nicht aufs Geratewohl oder bestimmungslos handeln; es heißt vielmehr einer Bestimmung gemäß handeln, die mit dem Wesen unserer Vernunft in Einklang steht. Dieses Wesen, und mit ihm der spezifische Vorrang der Vernunft, drückt sich in der Erkenntnis des Allgemeinen aus. Die Vernunft hat es nicht mit partikularen Dingen und Ereignissen zu tun; ihr liegt es ob, das Ganze nach seiner Form und Wesenheit zu verstehen. Ihr Gebiet ist nicht das der bloßen Existenz, sondern das der reinen Essenz. Aus diesem essentiellen Wissen entspringt die echte und tiefste Form des sittlichen Wollens und Verhaltens. Der „*amor Dei intellectualis*“ ist es, was beide innerlich aneinanderknüpft. Wer von der Liebe zum Ganzen und von der Einsicht in das Ganze durchdrungen ist, der unterliegt nicht den Trugbildern der Imagination oder den Reizungen vorübergehender augenblicklicher Antriebe. Er ist insofern „frei“, als er nicht im Augenblick lebt und, je nach dem Wandel des Augenblicks, selbst ein anderer wird; er erfaßt die Norm des Universum und bestimmt sich aus dieser Norm heraus, also durch eine unveränderliche und ewige Regel. „Frei“ handeln heißt für Spinoza nichts anderes als gemäß dieser Regel handeln. Es heißt nicht, sich jeglicher Determination entziehen, sondern eine ganz bestimmte, eine qualitativ-ausgezeichnete Form der Determination in seinem Handeln zur Geltung zu bringen: diejenige, die sich rein aus dem Vernunftgesetz als solchem ergibt. „*Libere agere*“ und „*ex ductu rationis agere*“ ist ein und dasselbe: es ist vergeblich und müßig, nach / einem anderen Freiheitsbegriff und einem anderen Begriff von Sittlichkeit zu suchen. An dieser höchsten und allumfassenden Form menschlichen

Wollens und menschlicher Erkenntnis bricht sich, auch im System Spinozas, die Macht und der Zwang aller bloß-äußerlichen, partikularen Ursachen: „nihil in natura datur quod huic amori intellectuali sit contrarium, sive quod ipsum possit tollere".

Eine völlig andere systematische Fassung des Verhältnisses von Freiheit und Notwendigkeit tritt uns in Kants Grundlegung der Ethik entgegen. Kant lenkt wieder zu Platon zurück. Seine Lehre von der Sittlichkeit ruht völlig auf jenem Unterschied, den er selbst als „klassisch" bezeichnet: auf der „Unterscheidung aller Gegenstände überhaupt in Phänomena und Noumena". Aber es steht für Kant von Anfang an fest, daß diese Unterscheidung nicht in dogmatisch-metaphysischem, sondern in „transzendentalem" Sinne vollzogen werden muß; daß „Sinnenwelt" und „Verstandeswelt" also nicht als zwei einander entgegengesetzte absolute Seinsformen gesetzt, sondern daß die Notwendigkeit dieses Gegensatzes aus Prinzipien der Erkenntnis heraus erwiesen werden muß. Es ist die bestimmte Form der praktischen Erkenntnis und des praktischen Urteils, die zu dieser Entgegensetzung als ihrem notwendigen Korrelat hinführt. Jede menschliche Handlung gehört einem doppelten Seinszusammenhang an, sofern sie verschiedenen Normen der Beurteilung unterstellt werden kann und muß. Sie ist ihrem zeitlichen Hervortreten und ihrem zeitlichen Ablauf nach ein Glied in der Kette von Ursachen und Wirkungen — ein Glied jenes *nexus*, den wir mit dem Namen „Natur" bezeichnen. Aber ihre Bestimmung innerhalb dieses Ganzen der Natur erschöpft niemals ihren eigentlichen Gehalt und Sinn. Unsere Handlungen gehören, wie dem Reich der Natur, dem „Reich der Zwecke" an und müssen auf die systematische Einheit dieses Reichs bezogen und ihr gemäß beurteilt werden. Diese Beurteilung untersteht völlig anderen Begriffen und Regeln, als denen, auf welchen die Anschauung des Phänomens „Natur" beruht. Wenn wir uns für die letztere damit begnügen können, „Erscheinungen zu buchstabieren, um sie als Erfahrungen lesen zu können", so müssen wir hier den Schritt ins „Intelligible" tun. Eine Handlung mag in jedem ihrer Züge räumlich-zeitlich bedingt und somit als Naturphänomen bestimmt sein: dennoch prägt sich in ihr niemals allein der Zusammenhang mit der empirischen Ding- und Sachwelt aus. Sie weist zugleich auf das sittliche Subjekt hin, das sich in ihr dar-/ stellt, und dessen Charakter und Wesenheit sich in ihr offenbart. Diese Offenbarung der Person ist es, was Kant mit dem Ausdruck des „intelligiblen Charakters" bezeichnet: — ein Ausdruck, der für ihn das

Wesentliche des Freiheitsproblems und des sittlichen Problems zusammenfaßt. Kraft dieser Lehre kann Kant strenger empirischer Determinist bleiben und nichtsdestoweniger behaupten, daß eben diese empirische Determination den Weg freiläßt für eine prinzipiell-andere Form der Bestimmung, die er als die Bestimmung durch das Sittengesetz oder als die reine Autonomie des Willens bezeichnet. Beides schließt sich im Kantischen System nicht aus, sondern fordert und bedingt sich wechselseitig – ein Verhältnis, das sich freilich nur verstehen und rechtfertigen läßt, wenn man streng daran festhält, daß es sich hier nicht um eine metaphysische, sondern um eine kritisch-transzendentale Antithese handelt. Sie betrifft nicht das absolute Sein als solches, unabhängig von allen Bedingungen unserer Erfahrungserkenntnis und unserer sittlichen Erkenntnis: sie legt lediglich den Aspekt und den Horizont unserer Wirklichkeit vom Standpunkt unserer theoretischen Grundbegriffe und unserer ethischen Grundforderungen fest. Jedes vernünftige Wesen – so erklärt Kant – hat zwei Standpunkte, aus denen es sich selbst betrachten und Gesetze seiner Handlungen erkennen kann: „einmal, sofern es zur Sinnenwelt gehört, unter Naturgesetzen (Heteronomie), zweitens, als zur intelligiblen Welt gehörig, unter Gesetzen, die von der Natur unabhängig, nicht empirisch, sondern bloß in der Vernunft gegründet sind". „Der Begriff einer Verstandeswelt ist also nur ein Standpunkt, den die Vernunft sich genötigt sieht, außer den Erscheinungen zu nehmen, um sich selbst als praktisch zu denken; welches, wenn die Einflüsse der Sinnlichkeit für den Menschen bestimmend wären, nicht möglich sein würde, welches aber doch notwendig ist, sofern ihm nicht das Bewußtsein seiner selbst als Intelligenz, mithin als vernünftige und durch Vernunft tätige, d.i. frei wirkende Ursache abgesprochen werden soll[2]."

In den Grenzen dieser Untersuchung ist es nicht möglich und nicht erforderlich, näher auf die Geschichte des Freiheitsbegriffs und auf seine systematische Bedeutung einzugehen. Die angeführten Beispiele sollten nur das Eine erweisen: daß all die großen Denker, die die Problematik dieses Begriffs aufs tiefste empfunden und ständig mit ihr gerungen haben, niemals der Versuchung unterlegen sind, dieser Problematik dadurch Herr zu werden, daß sie den allgemeinen Kausalsatz leugneten und die Freiheit mit der „Ursachlosigkeit" gleichsetzten. Weder bei Platon, noch bei Spinoza, noch bei Kant findet sich ein solcher Versuch. Für sie alle

[2] Grundleg. zur Metaphys. der Sitten, 3. Abschn. (IV, 318).

bedeutet Freiheit nicht sowohl Unbestimmtheit als vielmehr eine gewisse Weise der Bestimmbarkeit. Bestimmbarkeit durch reine Ideenschau, Bestimmbarkeit durch ein allgemeines Vernunftgesetz, das zugleich das höchste Seinsgesetz ist, Bestimmbarkeit durch den reinen Pflichtbegriff, in dem sich die Autonomie, die Selbstgesetzlichkeit des Willens ausdrückt: dies sind die Grundmomente, auf welche das Freiheitsproblem zurückgeführt wird. Jene andere Form der Bestimmung, die in den allgemeinen Naturgesetzen vorliegt, wird hierbei nicht geleugnet oder verworfen, sondern vorausgesetzt. Der neue Bestimmungsmodus, der begründet werden soll, baut sich nicht auf den Trümmern der Naturgesetzlichkeit auf; er tritt der letzteren vielmehr als Korrelat und Ergänzung zur Seite. Schon aus diesem Grunde ist es höchst fragwürdig, ob und in welcher Weise eine Lockerung oder Auflösung des naturwissenschaftlichen Determinismus für die Lösung des ethischen Fundamentalproblems fruchtbar gemacht werden könnte. Eine „Freiheit", die aus einer solchen Quelle stammt und sich auf derartige Gründe stützen müßte, wäre für die Ethik ein Danaergeschenk. Denn sie würde dem eigentümlichen und positiven Sinn der Ethik widersprechen; sie ließe keinen Raum für jene sittliche Verantwortung, deren Möglichkeit und Notwendigkeit die Ethik erweisen will. Jede „Zurechnung" im ethischen Sinne setzt immer irgendeine Art „Vorausberechnung" voraus und ist an sie gebunden. Eine Handlung, die schlechthin aus dem kausalen Zusammenhang herausfiele, die ohne Gründe aufs Geratewohl erfolgte, stünde völlig im Leeren, sie könnte nicht auf ein beständiges ethisches Subjekt bezogen und diesem zugerechnet werden. Nur eine irgendwie „begründete" Handlung kann als eine selbstverantwortliche Handlung angesehen werden: und von der Art, von der Qualität der Gründe, nicht von ihrer Abwesenheit hängt der Wert ab, den wir ihr zuschreiben. Die Frage der „Willensfreiheit" kann und darf daher nicht mit der Frage des physikalischen „Indeterminismus" zusammengeworfen werden. Die Willensfreiheit, deren Begründung für die Ethik in Frage kommt, widerstreitet einem dogmatischen Fatalismus; aber sie widerstreitet keineswegs einem kritisch gedachten und durchgeführten Determinismus. Immer wieder hat sich uns gezeigt, / daß auch die Quantenmechanik den Gedanken der Naturgesetzlichkeit keineswegs aufgegeben, sondern daß sie ihm vielmehr eine neue Fassung gegeben hat. Wäre also die Idee der sittlichen Freiheit durch diesen Gedanken bedroht, so könnte ihr auch von seiten der Quantenmechanik keine Hülfe kommen. Es gilt im Sinne dieses

Problems gleich viel, ob wir das Naturgeschehen durch strenge dynamische Gesetze beherrscht denken, oder ob wir eine bloß statistische Regelmäßigkeit in ihm voraussetzen. Denn auch vom letzteren Standpunkt aus bliebe es noch in so weitgehendem Maße bestimmt, daß die angebliche „Freiheit", daß ein *liberum arbitrium indifferentiae* in ihr keinen Zufluchtsort finden könnte. Eine Handlung, die vom physikalischen Standpunkt aus zwar nicht als schlechthin-unmöglich, aber als im höchsten Grade unwahrscheinlich zu bezeichnen wäre, ist keine Handlung, mit der wir, im Gebiet unserer Willensentscheidungen, in irgendeiner Weise „rechnen" dürften. Es wäre schlimm um unsere sittlichen Entscheidungen bestellt, wenn wir für sie auf derartige Unwahrscheinlichkeiten zählen und sie von ihnen abhängig machen müßten. Das extrem-Unwahrscheinliche kommt, praktisch gesehen, dem Unmöglichen gleich; das Maß von Vorausberechenbarkeit, das die Quantenmechanik übrigläßt, würde völlig hinreichen, die ethische Freiheit zu zerstören, wenn diese, ihrem Begriff und ihrem eigentlichen Sinne nach, der Berechenbarkeit widerstritte.

Aber eine der wesentlichen Aufgaben der philosophischen Ethik besteht eben darin, zu zeigen, inwiefern und warum ein solcher Widerstreit nicht besteht – inwiefern die Freiheit nicht wider die physikalische Kausalität behauptet zu werden braucht, sondern sich auf ihrem eigenen Grunde erhebt und behauptet. „Beständigkeit" ist nicht nur eine physikalische, sie ist zugleich, obwohl in einem völlig anderen Sinne, eine ethische Kategorie. Denn alle wahrhaftsittlichen Handlungen müssen aus der Einheit und Beständigkeit eines bestimmten sittlichen „Charakters" fließen. Schon hieraus geht hervor, daß es für die Ethik verhängnisvoll wäre, wenn sie sich mit einem schrankenlosen „Indeterminismus" verbinden und sich ihm gleichsam in die Arme werfen wollte. Von diesem Standpunkt aus müßten wir eine Handlung um so höher werten, je mehr sie den Stempel der Willkür, des Unvorhergesehenen und Unberechenbaren trüge. Aber das echte sittliche Urteil bewegt sich in der durchaus entgegengesetzten Richtung. Es schätzt nicht das launische, das / von Moment zu Moment wechselnde, das „unkontrollierbare" Verhalten; es schätzt vielmehr jenes Tun, das einer Grund- und Urschicht der „Persönlichkeit" entspringt und in ihr fest verankert ist. Der sittliche Charakter ist eben dadurch ausgezeichnet, daß er nicht lediglich von außen bestimmt wird, daß er in seinen Entscheidungen nicht, nach den wechselnden Bedingungen des Augenblicks, hin- und hergeworfen wird, sondern sich selbst gleich bleibt und auf sich selbst beharrt. Kraft dieser Beharrung können wir auf einen solchen Charakter „rechnen"; — wir vertrauen darauf, daß er sich treu bleiben, daß er seine Entscheidung nicht nach Laune und Willkür, sondern nach einem autonomen Gesetz, nach dem, was er selbst für recht erkennt und anerkennt, treffen werde. Schiller geht, in seiner Begründung der Lehre von der sittlichen Freiheit, davon aus, daß es zwei letzte theoretische und ethische Grundbegriffe gebe, bei denen die Analyse stillestehen und ihre Grenzen bekennen müsse. Der eine ist der Begriff der Person, der andere der Begriff des Zustands. In dem Menschen, als endlichem Wesen, sind und bleiben beide Bestimmungen notwendig verschieden und können nicht aufeinander reduziert werden. „Die Person also muß ihr eigener Grund sein, denn das Bleibende kann nicht aus der Veränderung fließen; und so hätten wir denn fürs erste die Idee des absoluten, in sich selbst gegründeten Seins, d. i. die Freiheit. Der Zustand muß einen Grund haben; er muß, da er nicht durch die Person, also nicht absolut ist, erfolgen; und so hätten wir fürs zweite die Bedingungen alles abhängigen Seins oder Werdens, die Zeit." Danach sind Kausalität und Freiheit so wenig entgegengesetzt, wie Sein und Zeit einander entgegengesetzt sind: auf der Durchdringung und der richtigen Ergänzung beider beruht der Aufbau unserer theoretischen wie unserer sittlichen Welt.

Diese Ergänzung ist freilich nicht in der Weise zu verstehen, daß die beiden Momente einfach nebeneinander gestellt werden, daß sie als Teile betrachtet werden könnten, die sich zueinander addieren und die kraft dieser Addition ein homogenes Ganzes aus sich hervorgehen ließen. Die Synthesis, die hier gesucht und gefordert wird, ist durchaus eine Synthesis des Verschiedenen, des zwar nicht Unvereinbaren, aber qualitativ-Disparaten. Diese Disparatheit läßt sich auf keine Weise überwinden oder wegdenken. So wird auch von dieser Seite her klar, daß ein etwaiger Wandel in dem „Kausalitätsbegriff" der Physik die Ethik nicht unmittelbar berühren kann. Denn wie im/mer die Physik in sich selbst ihre Form verändern mag, indem sie z. B. auf den Begriff des einfachen Massenpunkts oder auf die Möglichkeit strenger Voraussagen verzichtet, so kann doch damit der prinzipielle Gegensatz zwischen der physikalischen Welt und der ethischen Welt, zwischen dem „Reich der Natur" und dem „Reich der Sitten" nicht überbrückt werden. Als Ganzes stehen sich beide Welten immer in derselben Weise gegenüber, welchen immanenten Formwandlungen wir sie auch unterworfen denken. Das

Problem: Natur und Freiheit bleibt das gleiche – gleichviel ob wir die allgemeinen Gesetze, die den Naturbegriff konstituieren, als dynamische oder statistische Gesetze fassen. Es handelt sich hier nicht um einen dinglich-inhaltlichen, sondern einen formalen, oder, genauer gesagt, um einen kategorialen Unterschied. Auf den Oberbegriff der Bestimmung können wir in beiden Fällen, im Aufbau der physischen Welt wie in dem der ethischen Welt, nicht Verzicht leisten. Aber die Bestimmung erfolgt im Reich des Seins gemäß anderen Kategorien als in dem des Sollens. Diese Kategorien widerstreiten einander nicht, weil sie ganz verschiedenen „Dimensionen" der Betrachtung angehören. Sie können sich daher nicht in demselben Punkte schneiden; sie kongruieren weder miteinander, noch stören oder vernichten sie einander. Ebensowenig verteilen sie sich auf gewisse Sonderbezirke des Seins, sondern nehmen stets das Ganze des Seins, je in einer bestimmten „Hinsicht", in Anspruch. Das methodische Problem, das hier vorliegt, beschränkt sich keineswegs auf das Verhältnis von „Natur" und „Sittlichkeit", es hat vielmehr einen weit allgemeineren Charakter. Es kehrt überall wieder, wo verschiedenartige Sinn-Bestimmungen und Sinn-Deutungen einander gegenübertreten. Was z. B. die religiöse Welt betrifft, so stand ihre philosophische Deutung immer wieder vor der Grundfrage, ob und in welcher Weise die religiöse Auffassung des Geschehens sich mit der anderen, menschlich-„natürlichen" in Einklang bringen lasse. Immer von neuem brach an diesem Punkte der Konflikt zwischen „Glauben" und „Wissen" auf; und im Gefolge des Glaubens erschien das Wunder als „des Glaubens liebstes Kind". Ein Geschehen erschien um so sicherer religiös verstanden und religiös begründet, als es sich als Wunder dokumentierte – als es eine Durchbrechung der allgemeinen Naturgesetze in sich schloß. Aber in der neueren Religionsphilosophie hat sich, seit Leibniz und Schleiermacher, diese Auffassung wesentlich gewandelt. Sie bestreitet nicht länger die / Geltung einer strengen und allgemeinen Naturgesetzlichkeit – sie gibt vielmehr eben dieser letzteren ein religiöses Gepräge; sie sieht in ihr einen Beweis für die „Göttlichkeit" des Seins. „Wunder" – so erklärt Schleiermacher – „ist nichts anderes als der religiöse Name für Begebenheit"; es widerstreitet nicht dem Begriff der Regelmäßigkeit, sondern es hebt vielmehr diese Regelmäßigkeit als solche in die religiöse Sphäre hinauf und spricht sie in der Sprache des Religiösen aus. Auch der ästhetische „Sinn" konstituiert sich in analoger Weise. Die Kunst ist weder „Nachahmung der Natur", noch schiebt sie ihr etwas völlig anderes unter, indem sie sie nach ästhetischen Idealen umformt. Sie entdeckt vielmehr das Schöne in der Natur, indem sie diese mit einem neuen und selbständigen Maße mißt. Ein Götterbild, das in einem Heiligtum verehrt wird, kann aus rein naturwissenschaftlichen Gesichtspunkten beschrieben und gemäß den Begriffen und Kategorien der Naturerkenntnis dargestellt werden. Es wird damit zu einem „Stück Natur", das wie jedes andere unter chemisch-physikalischen Gesetzen steht. Aber wir sind uns bewußt, daß wir mit all diesen Bestimmungen nicht an seinen vollen Sinn heranreichen. Dieser wird durch die Angabe der bloßen Naturkonstanten nicht erschöpft; er verlangt andere und prinzipiell-verschiedenartige Maßstäbe. Mögen wir den Marmor nach allen Seiten hin als Objekt der Natur betrachten und analysieren – das Ergebnis dieser Analyse verrät uns nichts über seine „Form" und die Schönheit dieser Form, noch über seine kultische Bedeutung, seinen Sinn als Gegenstand der religiösen Verehrung. Und ebensowenig ist, wenn wir uns streng im Aussage-Bereich der wissenschaftlichen Naturerkenntnis halten, zu dem charakteristischen Inhalt des Freiheitsproblems zu gelangen. Auch in ihm handelt es sich um ein Problem *sui generis;* um eine Frage, die nicht durch einfache Rückführung auf die Naturgesetze gelöst werden kann, sondern die sich auf einen eigenen und selbständigen Typus von Gesetzlichkeit, auf die „autonome" Gesetzlichkeit des Willens gründen muß. Hält man sich dies gegenwärtig, so versteht man, daß und warum die Ethik von den Wandlungen in den Grundbegriffen der Naturerkenntnis, die sich in der modernen Physik vollzogen haben, weder etwas zu befürchten, noch auch etwas Wesentliches zu erhoffen hat. Sie wird nach wie vor ihren eigenen Weg suchen und finden müssen: einen Weg, in dem die Physik sie weder beirren, noch wesentlich fördern kann. Auch dort, wo sich die Ethik, wie bei Spinoza, dem strikten „Naturalismus" ver/schrieben hat, ist dieses Verhältnis nicht prinzipiell geändert worden. Die methodische Eigenart ihrer Fragestellung brach stets an irgendeinem Punkte wieder durch. Wie immer daher der Kampf zwischen „Determinismus" und „Indeterminismus" im Gebiet der Physik schließlich entschieden werden wird: das eine steht fest, daß die Entscheidung der Ethik hierdurch nicht vorweggenommen werden kann. Für sie wird an dieser Stelle immer wieder das: „*Hic Rhodus, hic salta*" gelten. Die Ethik muß gegenüber dem Freiheitsproblem aus eigener Gerechtsame ihren Spruch fällen; sie kann das Problem nicht an eine andere Instanz verweisen, noch kann sie in dieser ihrer eigensten Grundfrage irgend ein Präjudiz anerkennen. Der Ethiker, der nach der Möglichkeit der Freiheit fragt, kann somit, sofern er die Frage in dem für die Ethik allein belangreichen und bedeutsamen Sinne stellt, von seiten der Physik keine wesentliche Hilfe erwarten. Selbst wenn ihm die Lösung des Rätsels in der Form irgendeines physikalischen Indeterminismus dargeboten werden könnte, müßte er sie mit den Worten ausschlagen, mit denen die Königin Christine von Schweden ihren Verzicht auf Thron und Reich erklärt haben soll: „*non mi bisogna e non mi basta*[3]."

Dieser Sachverhalt tritt um so deutlicher hervor, je schärfer wir uns die Einzelprobleme vergegenwärtigen, zu denen der quantentheoretische Indeterminismus hingeführt hat. Worin bestand denn die neue Einsicht und die neue Grundauffassung, die die moderne Atomphysik an die Stelle der klassischen physikalischen Begriffe gesetzt hat? Sie bestand im wesentlichen darin, daß sie die „Warum"-Frage nicht mehr in der gleichen Weise stellte und den Hebel dieser Frage nicht mehr an der gleichen Stelle ansetzte, als es zuvor geschehen war. In der Bohrschen Theorie wird die Bahn des Elektrons durch zwei verschiedene Bedingungen, eine „klassische" und eine „quantentheoretische", festgelegt. Aus dem Ineinandergreifen dieser Bedingungen ergibt sich, daß das Elektron sich immer nur auf gewissen ausgezeichneten Kreisen bewegen kann, deren Radien sich wie die Quadrate, deren Umlaufszeiten sich wie die Kuben der Quantenzahlen verhalten; es zeigt sich ferner, daß das Elektron unter Energiezufuhr von einer inneren auf eine äußere Bahn gehoben / werden, unter Energieabgabe von einer äußeren nach einer inneren Bahn herabfallen kann. Auf die Frage nach dem „Warum" dieser beiden Prozesse aber bleibt die Theorie die Antwort schuldig. Sie bestimmt lediglich ihr „Daß" und ihr „Wie"; sie engt den Prozeß, der als empirische Gegebenheit betrachtet und hingenommen wird, auf gewisse exakt-faßbare Regeln ein. Wenn gesagt wird, daß das Elektron keine andere Bindung besitzt, als sie ihm durch diese Regeln auferlegt werden, daß ihm ein gewisser Spielraum bleibt, innerhalb dessen es „frei" ist, so ist das ersichtlich nichts anderes und nicht mehr als eine metaphorische Ausdrucksweise. Von dieser Bedeutung der Freiheit als einer bloßen, durch Naturgesetze begrenzten M ö g l i c h k e i t führt kein Weg zu jener „Wirklich-

[3] Vgl. Leibniz, Theodicée: „On peut dire des explications des mystères, qui se débitent par ci par là, ce que la reine de Suède disoit dans une médaille sur la couronne quelle avait quittée: non mi bisogna e non mi basta." Phil. Schriften (Gerhardt) VI, 81.

keit“ des Willens und der Willensentscheidung, mit der es die ethische Problematik zu tun hat. Die „Auswahl“, die das Elektron nach der Bohrschen Theorie zwischen verschiedenen gequandelten Kreisen besitzt, mit einer „Wahl“, im ethischen Sinne dieses Begriffs, zu verwechseln, hieße einer rein sprachlichen Äquivokation zum Opfer fallen. Denn eine „Wahl“ gibt es nur dort, wo nicht nur an sich verschiedene Möglichkeiten bestehen, sondern wo zwischen ihnen eine bewußte Unterscheidung getroffen und eine bewußte Entscheidung herbeigeführt wird. Solche Akte in das Elektron hineinzuverlegen, wäre ein krasser Rückfall in eine Form des Anthropomorphismus, dessen sich gerade die moderne Physik, die schärfer als je zuvor auf die „Emanzipation von den anthropomorphen Elementen der Naturbeschreibung“ drängt, nicht schuldig machen kann und nicht schuldig gemacht hat. Für sie ist „das“ Elektron so wenig einer „personalen“ Einheit zu vergleichen, daß sie vielmehr den gerade entgegengesetzten Schritt von uns verlangt: daß sie aufhört, das Elektron auch nur als ein Individuum im gewöhnlichen Wortsinne, als ein „Einzelding“ zu betrachten und zu behandeln. Weit entfernt, irgendwelche Form der Personifizierung zu begünstigen, richtet die neue Physik schon vor dem Versuch der bloßen Identifizierung, der Festhaltung der rein numerischen Identität „einzelner“ Elektronen ihr Fragezeichen auf. Wir haben gesehen, wie die theoretische Grundlegung der Quantenstatistik und ihrer verschiedenen Formen immer wieder auf diese Zweifel an der festbestimmten „Individualität“ der Elektronen hingeführt wurde. Wir können nicht länger, innerhalb eines Elektronenverbandes, zwei seiner Elemente in derselben Weise aussondern und als selbständige Einzelwesen einander gegenüberstellen, wie es im System der klassischen Physik für zwei ma/terielle Punkte als möglich angesehen wurde. Haben wir zwei Elektronen, die sich zunächst an zwei weit getrennten Orten A und B befinden mögen, und zwischen denen es sodann zu einer räumlichen Begegnung, zu einem Zusammenstoß kommt, nach welchem wieder die frühere Konstellation, die Besetzung der Punkte A und B mit je einem Elektron, eintritt, so hat es, nach allgemeinen quantentheoretischen Erwägungen und Grundsätzen, keinen Sinn zu fragen, ob sich nunmehr am Orte A und entsprechend am Orte B wieder „dasselbe“ Elektron befindet, oder aber zwischen den beiden Elektronen ein Austausch ihrer Stellen stattgefunden hat. Eine solche Form der Identifizierung kann nicht nur nicht erreicht, sie kann, wie man immer schärfer eingesehen und betont hat, nach den Prinzipien der Quantentheorie nicht einmal erstrebt werden: ein „Wiedererkennen" eines Elektrons ist nicht mehr in derselben Weise und mit analogen Mitteln möglich, als dies im Rahmen der klassischen Physik der Fall war[4]. Weiter als je zuvor sind wir daher hier, wo bereits die physikalische Individualität fragwürdig wird, von der ethischen Individualität, von der „Person", als dem Subjekt der „autonomen" Willensentscheidung, entfernt: der Abstand zwischen beiden ist nicht verringert, sondern vielmehr auf einen um so schärferen Ausdruck gebracht.

Zu dem gleichen Ergebnis sehen wir uns hingedrängt, wenn wir uns der Frage in der entgegengesetzten Richtung nähern, indem wir lediglich die ethische Problematik als solche ins Auge fassen. Steht es denn wirklich so, daß das, was diese Problematik von uns fordert, in einem – scheinbaren oder wirklichen – Gegensatz zu einer bestimmten Form der „Naturkausalität" steht, oder dehnt sich nicht die Frage, wenn man sie in wirklicher Schärfe und Folgerichtigkeit stellt, auf das Ganze dieser Naturkausalität aus? Hier bleibt im Grunde nur eine Entscheidung möglich: man muß die Vereinbarkeit von „Natur" und „Freiheit" als solche behaupten oder als solche verneinen. Zu einer Verneinung, zu einer unlösbaren Antinomie wird man immer dann geführt, wenn man den „Determinismus" im metaphysischen statt im kritischen Sinne versteht. Denn im gleichen Augenblick hört die Kausalität auf, ein Prinzip der physikalischen Erkenntnis zu sein; sie wird zu einem selbständigen Wesen hypostasiert, sie wird ein metaphysisches Fatum, an das der menschliche Wille anstößt und dem er sich / zuletzt gefangen zu geben hat. Dieser unkritischen Umbildung der Kausalität in ein dingliches Müssen, in eine Art von Kismet, kann nur durch eine prinzipielle Wendung, durch eine philosophische Umkehr und Abkehr begegnet werden. Es reicht nicht aus, wenn man, um ihre Konsequenzen zu vermeiden oder abzuschwächen, lediglich eine „Lockerung" versucht, die an der Art des hier vorausgesetzten Bandes nichts zu ändern vermag. Hat man einmal die Regel der Erkenntnis in einen dinglichen Zwang, hat man die Norm des kausalen Begreifens in ein Müssen verwandelt, das dem Geschehen unerbittlich seine Form aufzwingt und es durch sie gleichsam in Fesseln schlägt, so kommt alle nachträgliche Berichtigung dieses methodischen Grundfehlers zu spät. Es verschlägt in diesem Falle nichts, ob man die in

---

[4] Vgl. hrz. z. B. Jordan, Statistische Mechanik auf quantentheoretischer Grundlage, Kap. 3, S. 86 ff. (s. auch ob. S. 341 ff.).

der Natur waltende Kausalität in der Art streng „dynamischer" Gesetze oder in der Art bloß „statistischer" Gesetze denkt. Der eigentliche Mangel liegt an anderer Stelle und muß durch prinzipiell-andere Mittel behoben werden. Hat man einmal das „Müssen" in die Formulierung der Naturgesetze hineingelegt, so meldet sich dieses Müssen nicht minder streng und gebieterisch, wenn wir statistische Regelmäßigkeiten als den Grundzug des Naturgeschehens betrachten, als wenn wir das letztere durch streng deterministische Beziehungen im Sinne der klassischen Physik verknüpft denken. Weder auf dem einen noch auf dem anderen Wege bleibt jetzt noch ein Zugang zu jener Sphäre der „Freiheit" offen, die die Ethik für sich in Anspruch nimmt. Um sich dies deutlich zu machen, genügt es, einen Blick auf die historische Entwicklung des Problems zu werfen. Zu der ersten Berührung zwischen den Problemen der Moralphilosophie und denen der Statistik ist es in der sogenannten „Moralstatistik" gekommen. Diese Disziplin setzte sich schon in der Form, die ihr von ihrem ersten Begründer Quételet gegeben wurde, bewußt die Aufgabe, die Grenzen zwischen den bloß-physischen und den rein-moralischen Erscheinungen aufzuheben, indem sie zu zeigen unternahm, daß beide Gruppen von Phänomenen genau derselben Regelmäßigkeit unterliegen und durch sie, lücken- und ausnahmslos, zu beschreiben sind. Es gibt nach Quételet eine Physik der menschlichen Gesellschaft genau in demselben Sinne, wie es eine Physik der Atome und der aus ihnen zusammengesetzten materiellen Körper gibt. Der scheinbare Gegensatz im „Was", im bloßen Substrat des Geschehens, wird mehr als überbrückt; er wird völlig ausgelöscht durch die Einsicht, daß das Geschehen als solches sich in beiden Fällen genau den gleichen O r d n u n g e n einfügt. Diese Fügung ist von gleicher Art und von gleicher Strenge, wenn es sich um körperliche oder geistige, um physische oder moralische Erscheinungen handelt. Damit war die Moral prinzipiell in den Kreis der B e r e c h e n b a r k e i t einbezogen, der bisher der Physik vorbehalten schien. Und die einzige, methodische zwingende Folgerung, die sich aus diesem Ansatz ergab, konnte nur die sein, daß die Sache der „Freiheit" für die Ethik sowohl wie für die Physik verloren war. Gerade die Zahlengesetze der Statistik schienen in einer unmittelbar-einleuchtenden und zwangsläufigen Weise zu ergeben, daß auch im Bereich der reinen W i l l e n s phänomene für irgendwelche „Willkür" kein Raum ist. Das Gesetz der großen Zahl verwischt die Unterschiede, die wir zwischen Naturerscheinungen und Willenserscheinungen und die wir innerhalb der letzteren zwischen „freien“ und „unfreien“ Handlungen zu machen pflegen. Vom Standpunkte der Erkenntnis, vom Standpunkt des Historikers und des Soziologen müssen diese Unterschiede vergehen. Er sieht nur die sich immer gleichbleibende Kette von Ursachen und Wirkungen, durch die jedes Einzelgeschehen und Einzelsein mit jedem anderen derart zusammengehalten wird, daß es seinen partikularen Sinn, seine Bedeutung als Einzelnes verliert. Auch die ethischen Wertprädikate, durch die wir gewisse Gruppen von Handlungen hervorzuheben und ihnen eine privilegierte Stellung zu sichern versuchen, sinken, von diesem Standpunkt aus gesehen, zu rein akzidentellen Bestimmungen herab. Die Regel der Statistik umspannt das „Gute“ wie das „Böse“ und duldet zwischen beiden weder einen essentiellen Unterschied des Seins noch einen methodologischen Unterschied der Erklärung. „Les crimes se réproduisent chaque année dans le même nombre, avec les mêmes peines, dans les mêmes proportions“ – sagt Quételet – und er sucht zu zeigen, daß sich dies Prinzip nicht nur auf die Gattung der Verbrechen, sondern auch auf alle scheinbar „zufälligen“ Nebenumstände ihrer Ausführung bezieht. Nicht nur werden in bestimmten Ländern jährlich eine bestimmte Anzahl von Morden begangen, sondern auch die Art des Vollzugs, auch die Waffen, die für sie benutzt werden, weisen ein ebenso gleichmäßiges Verhältnis auf, wie wir es im Kreise der physikalischen Erscheinungen etwa in der Bewegung von Ebbe und Flut wahrnehmen können. Aus dieser Grundanschauung hat sich jene Form der „materialistischen“ Geschichtsphilosophie entwickelt, die das verbindende und versöhnende Mittelglied, das Natur- und Geschichtsbetrachtung / vereint, in der gleichen, streng-„mechanischen“ Determination erblickt, die beide anerkennen und zugrunde zu legen haben. Die Statistik wurde hier überall zur eigentlichen geistigen Mittlerin. Wer die Regelmäßigkeit der Ereignisse ruhig ins Auge faßt – so schreibt z. B. Buckle in der Einleitung zu seiner „History of civilisation in England“ (1857) in der Weiterführung der Grundgedanken Quételets – wer sich fest von der großen Wahrheit überzeugt hat, daß die Handlungen der Menschen unter dem Einfluß vorhergehender Ursachen in Wahrheit immer folgerecht sind, den wird die Tatsache, daß diese Regelmäßigkeit sich auch bis in das Kleinste und scheinbar Unbedeutendste erstreckt, nicht länger befremden. „Ja, der Fortschritt der Untersuchung wird so reißend und so ernsthaft, daß ich kaum daran zweifle, ehe noch ein Jahrhundert verstreicht, wird die Reihe der Beweise vollständig und eben so selten ein Historiker zu finden sein, der die stete Regelmäßigkeit der sittlichen Welt leugnet, als jetzt ein Philosoph zu finden ist, der den gesetzmäßigen Gang der natürlichen Welt in Abrede stellt. Die ... Beweise für den gesetzmäßigen Verlauf unserer Handlungen sind aus der Statistik genommen – einem Wissenszweige, der zwar noch in seiner Kindheit ist, aber schon mehr Licht über das Studium der menschlichen Natur verbreitet hat, als alle Wissenschaften zusammen[5]."

Man ersieht aus alledem, daß und warum der statistische Charakter der quantenmechanischen Gesetze für sich allein, ohne die Hinzunahme ganz andersartiger Erwägungen, die Frage der ethischen „Freiheit" nicht entscheiden kann. Aus den gleichen Prämissen, die die Physik zur Verfügung stellt, lassen sich hier, je nach den Regeln der philosophischen und erkenntniskritischen Methodik, die man als gültig anerkennt, ganz verschiedenartige Folgerungen ableiten. Von den statistischen „Gegebenheiten" aus läßt sich der Weg ebensowohl in der Richtung auf eine „indeterministische" Anschauung, wie in der Richtung auf einen strengen Determinismus und „Mechanismus" weiter verfolgen. Denn auch das statistische Denken ist ja, wie seine Geschichte deutlich zeigt, keineswegs vor der Gefahr geschützt, daß sich seine Resultate an irgendeiner Stelle dogmatisch „zum Starren waffnen" – daß die Regel der Erkenntnis, die in ihm festgestellt wird, eine derartige Deutung erfährt, daß sie dem denkenden Geist als eine jenseitige, aus eigener / Kraft bestehende und zwingende Wesenheit erscheint. Sobald diese Wendung eintritt, sehen wir uns alsbald wieder in der Antinomie des Freiheitsproblems gefangen – und ihnen ist, ganz ebenso wie bei den „dynamischen" Gesetzen, nur durch eine ganz prinzipielle Umgestaltung der Frage, durch eine Art von „Copernikanischer Drehung" zu begegnen. „Wenn es als soziales Gesetz gilt" – so sagt Simmel in seiner erkenntnistheoretischen Analyse des Begriffs der historischen Gesetze – „daß sich unter 10 000 jährlichen Todesfällen eine bestimmte Anzahl von Selbstmorden finden – so erscheint dies ganz mißverständlich. Denn jeder der in Betracht kommenden Selbstmorde ist nur das Resultat sozialer und psychologischer Kräfte bzw. der Gesetze, welche diese beherrschen, und daß es in Summa dann so und so viele gibt, ist ein Resultat des Wirkens dieser Gesetze an einem gegebenen Stoff und kann deshalb nicht selbst ein Gesetz sein ...

[5] Buckle, Gesch. der Zivilisation in England, deutsche Ausg. von Arnold Ruge, Lpz. u. Heidelb. 1881, I, 29 f.

Die Addition der Fälle ist eine Synthesis, die der Beobachter vornimmt; daß sie dies bestimmte Resultat ergibt, ist freilich objektiv begründet, aber doch nur dadurch, daß jeder seiner Faktoren es ist, während es ein fehlerhafter Zirkel und eine Art mystischer Teleologie bedeutet, umgekehrt aus der notwendigen Bestimmtheit des Resultats die der Faktoren ableiten zu wollen ... Der Schicksalslauf des einzelnen Selbstmörders liefert freilich das Material für die ... Frage, aber er beantwortet sie nicht, da sie überhaupt nicht in der Schicht der unmittelbaren Realitäten, sondern in denjenigen liegen, die die abstrakteren Kategorien aus diesen erwachsen lassen — wie etwa die geometrische Beschreibung von Kristallformen und deren systematische Anordnung nach diesen Gesichtspunkten nicht nach den Energien fragt, die den einzelnen Kristall anschießen lassen[6]." Hält man an dieser Grundauffassung fest, so erkennt man, daß das πρῶτον ψεῦδος in der gesamten Kausalfrage darin besteht, daß man die Gesetze selbst als eine Art von Realitäten denkt und sie durch Prädikate beschreibt, die nur diesen letzteren zukommen können. Ist einmal diese Vermischung begangen, so ist kein Rückweg mehr aus dem Labyrinth zu finden. Es ist vergeblich, die Freiheit dadurch retten zu wollen, daß man an die Stelle dynamischer Gesetze statistische Regelmäßigkeiten setzt: denn die Bindung, die der Anerkennung und Sichtbarmachung der ethischen Problematik im Wege steht, beruht gar nicht auf der Art der angenommenen Ge/setze, sie beruht vielmehr auf einer zweideutigen und erkenntnistheoretisch-unzureichenden Fassung des Gesetzesbegriffs als solchen.

Aber in einem anderen mittelbaren Sinne läßt sich allerdings die Problemlage der Quantenmechanik dazu benutzen, um aus ihr eine allgemeine philosophisch bedeutsame Folgerung zu ziehen. Was die neue Physik uns gelehrt hat, ist die Tatsache, daß jener Wechsel des „Standpunkts", den wir immer dann vollziehen müssen, wenn wir von einer Sinn-Dimension zu einer anderen fortgehen, wenn wir die „Welt" der Naturwissenschaft mit der der Ethik, der Kunst usf. vertauschen, nicht auf diesen Übergang allein beschränkt ist. Die Mannigfaltigkeit der „Perspektiven", die sich hier vor uns auftut, hat schon im naturwissenschaftlichen Gebiet selbst ihr methodisches Gegenbild. Die moderne Physik hat die Hoffnung aufgeben müssen, mit einem festbestimmten System von Symbolen das Ganze des Naturgeschehens erschöpfend darzustellen.

[6] Simmel, Die Probleme der Geschichtsphilosophie, 2. Aufl., 1905, S. 104f.

Sie sieht sich vor die Notwendigkeit gestellt, verschiedene Arten von Symbolen, von schematischen „Erklärungen“ auf dasselbe Geschehen anzuwenden; sie muß ein und dasselbe Sein als „Partikel“ und als „Welle“ beschreiben und darf sich von diesem Gebrauch nicht dadurch abschrecken lassen, daß die anschauliche Vereinigung der beiden Bilder sich als unmöglich erweist. Wenn die Grundaufgabe der physikalischen Erkenntnis, wenn die Verknüpfung der Phänomene zu festen gesetzlichen Ordnungen die Doppelheit der Beschreibung verlangt, so müssen die Gewohnheiten und Erfordernisse der anschaulichen Darstellung und des anschaulichen „Verstehens“ hinter dieser fundamentalen Forderung zurücktreten. Wenn schon in der Naturbetrachtung eine solche „Überlagerung“ verschiedenartiger Aspekte erforderlich ist, so wird es um so leichter begreiflich, daß wir sie wiederfinden und bestätigt finden, sobald wir über ihren Problemkreis hinausgehen — sobald wir den vollen Begriff der „Wirklichkeit“ zu gewinnen suchen, der auf der Zusammenarbeit aller Funktionen des Geistes beruht und nur durch ihre Gesamtheit erreichbar ist. /

NACHWORT

Trotz des Umfanges und der Tiefgründigkeit seiner philosophischen Anliegen verlor Cassirer niemals das Interesse an den Fragestellungen der exakten Wissenschaften, denn er wußte, daß seine Stärke gerade in der Präzision der Einsichten gelegen war, die von der Naturwissenschaft vermittelt werden. Dieses Gewärtigsein ist in seinen sämtlichen Schriften offenbar, erhält jedoch seinen klarsten Ausdruck in seinem Buch über den Determinismus; es vereinigen sich hierin nämlich seine Kompetenzen als Philosoph mit seinem Interesse an der Physik, um — gewissermaßen als Inversion — ein Werk hervorzubringen, das für die Physik selbst einmalige Bedeutung besitzt. Das Buch ist im Exil geboren, auf Deutsch verfaßt, veröffentlicht jedoch in Schweden, wo Cassirer ein Obdach gefunden hatte. Als seine Zuneigung zu Amerika wuchs, begann er indessen zu bedauern, daß das Werk nicht in weiterem Kreise bekannt war, und traf daraufhin die ersten Absprachen für eine englische Übersetzung.

Zur gleichen Zeit — nur wenige Monate vor seinem Tode — forderte er den Verfasser dieser Zeilen zur Mitarbeit auf; diese Mitarbeit bezog sich auf eine Literaturzusammenstellung sowie ein Abschlußkapitel über das Kausalitätsproblem nach 1936 — eine Aufforderung, der sehr gern Folge geleistet wurde. Unglücklicherweise erreichte die Darstellung nicht mehr das Stadium, wo das Resultat Cassirers uneingeschränkte Zustimmung haben durfte; lediglich die Bibliographie und die Gliederung waren bei seinem Ableben fertiggestellt und auch von ihm gebilligt. Angesichts der Sachlage erschien es als zweckmäßigste Lösung, den Hauptteil des Werkes unverändert zu belassen, und das neuere Material, soweit es von Bedeutung für das Kausalitätsproblem ist, stattdessen in einem bescheidenen Vorwort zusammenzufassen. Wir unternehmen dies gleichzeitig auf die Aufforderung der Witwe des Verstorbenen hin, die an der Übersetzung und Bearbeitung des Buches ein nie erlahmendes und ermutigendes Interesse gezeigt hat.

Die physikalischen Wissenschaften haben in den zwei Jahrzehnten seit der deutschen Veröffentlichung dieses Werkes beträchtliche Fortschritte gemacht; man könnte danach erwarten, daß normalerweise eine Abhandlung über eines des schwerwiegendsten Probleme ihrer Methodologie heute bereits als überholt gelten müsse. Jedoch ist hier durchaus das Gegenteil der Fall, und zwar aus zwei Gründen.

Die letzten Quellen des großen Entdeckungsstromes in der zeitgenössischen Physik beruhen auch heute noch auf den großartigen Erkenntnissen der zwanziger Jahre. Seitdem erlebten wir vor allem eine ungemein erfolgreiche Anwendung der damals gelernten Prinzipien, eine intensive Suche mit großzügigsten Mitteln nach neuen Erscheinungen und Tatsachen. Diese waren zumeist durch die Grundsätze der Quantenmechanik leicht erklärbar und bedeuteten weiteres Beweismaterial für die von Cassirer vertretenen philosophischen Anschauungen. Gewisse andere Phänomene, besonders die, die mit kleinen Raumbezirken und sehr großen Energien zusammenhängen, führen zu Aspekten, die gewisse Abwandlungen jener Anschauungen erforderlich machen können. Auf der anderen Seite hat jedes provisorische Abgehen noch immer Schwierigkeiten geschaffen, die letzten Endes erheblich größer waren als die, die ursprünglich die Abkehr motivierten. In gewissem Sinne ist daher die neuere Physik ein Ausnutzen, eine Fortentwicklung und weitläufige Entfaltung der methodologischen Hilfsmittel, die schon in der Schöpfung der Quantentheorie enthalten waren; und wenn bestimmte Errungenschaften, wie etwa die Kernspaltung und -fusion daraus hervorragen und höher im wissenschaftlichen Ansehen stehen mögen als die Formulierung der Schrödingerschen Gleichung und das Unschärfeprinzip, so liegt der Grund doch nur in ihrem pragmatischen Anreiz und in den außerwissenschaftlichen Konsequenzen dieser Erfolge, die dennoch in einem tieferen Stratum direkt mit den in diesem Buche diskutierten grundsätzlichen Einsichten verknüpft sind. Es ist dies der eine Grund für seine fortwährende Zeitlosigkeit.

Der andere Grund liegt im Charakter des Buches selbst. Es war seiner Zeit voraus; seine Thesen waren umstürzend und radikal und nicht, wie so viele philosophische Kommentare, ein wortreicheres Echo der eigenen Darstellungen der Wissenschaftler. Während dieser Periode sah ja jeder Physiker das Unschärfeprinzip als eine Einschränkung an, als eine Einmischung in den Messungsvorgang, durchaus ein Sproß der Newtonschen Dynamik, welcher letzten Endes wenig ändert, nur eben unkontrollierbare Fehler einführt; zur gleichen Zeit jedoch sah Cassirer die tieferen Zusammenhänge, d. h. er nahm einen grundsätzlichen Wechsel in der Bedeutung der Realität überhaupt wahr. Dann wiederum zeigte er, indem er einen universalen, umfassenden Standpunkt zur Kausalität vertrat, daß der damals herrschende Kausalitätsstreit als solcher gar nicht von kritischer Bedeutung war. Er zeigte ihn stattdessen auf als Folgeerscheinung aus einer grundsätzlicheren Kontroverse, einer Kontroverse, die auf andere Weise gelöst werden mußte, als man gemeinhin annahm. Den Physikern sagte er letzten Endes: Eure Interpretation der Unbestimmtheit ist eine Konzession auf halbem Wege. Ihr könnt bei Euren Überlegungen nicht weiterhin klassische Modelle benutzen und dadurch mit der neuen Lehre Frieden schließen, daß Ihr Beobachtungsfehler zulaßt, die einfach für alle Zeit jenseits menschlicher Kontrolle liegen. Ihr müßt anerkennen, daß bereits die bloßen Begriffe des „physikalischen Systems" und des „physikalischen Zustandes" sich gewandelt haben. Wenn Ihr aber zu dieser tieferen Schicht analytischer Behandlung vorschreitet, so werdet Ihr schließlich auch das beibehalten können, was die meisten Philosophen als Kausalbeschreibung angesehen haben.

Vielleicht war der radikale Charakter von Cassirers Vorschlag gerade die Ursache, daß er von den Physikern im großen und ganzen unbeachtet blieb und zusammen mit anderen philosophischen Kommentaren beiseitegeschoben wurde, die irgendwie seltsam und vage provozierend klangen; welcher Physiker hatte schließlich in jener umwälzenden Periode Muße dafür, die Schriften von Philosophen zu lesen, die mit größter Wahrscheinlichkeit ohnehin die Physiker doch nur mißverstanden hatten. So lag der Sachverhalt jedoch nicht. Hier ist nämlich der wissenschaftliche Inhalt von meisterhafter Art, und die Anordnung der Tatsachen innerhalb der geschichtlichen Sicht ist durchaus auch für denjenigen erhellend, der diese Fakten kennt und anwendet. Ich halte es für sehr bedauerlich, daß Cassirers Stimme auf dem Gebiet der Physik selbst so wenig Widerhall gefunden hat, denn mit der Zeit mag sie sich sehr wohl als prophetisch erweisen. Sein Standpunkt hat zwei Jahrzehnte überdauert und erfreut sich heute größerer Anerkennung als zur Zeit seiner ersten Darstellung.

Der Verfasser dieser Zeilen möchte hier feststellen, daß er in seinen eigenen frühen Veröffentlichungen den gleichen Standpunkt vertreten hat. Er ist sich hierbei auch einer Dankesschuld bewußt, da er wesentliche Ermutigung durch die Beschäftigung mit dem vorliegenden Buche und nicht zuletzt durch Cassirers persönlichen freundschaftlichen Rat empfing.

Das Vorwort wird zweierlei anstreben. Einmal unternimmt es den Versuch, Cassirers Vorstellung von den Begriffen Kausalität und Determinismus mit anderen, heute gängigen Konzeptionen zu vergleichen und diesen gegenüberzustellen. Zum zweiten soll es die Aufmerksamkeit auf Entwicklungen lenken, die nach der Veröffentlichung des Werkes stattfanden. Zu einigen von diesen konnte der Verfasser sich noch konkret äußern, und ich werde versuchen, sein getreuer Berichterstatter zu sein. Aber auch andere die Darstellung ergänzende Theorien sollen noch erwähnt werden, wobei dann Cassirers mutmaßliche Reaktion dazu angegeben ist.

Einige Verfasser, z. B. Born und Reichenbach, unterscheiden sehr genau zwischen Kausalität und Determinismus.

So definiert Born[1], der Determinismus postuliere: „. . . Ereignisse zu verschiedenen Zeiten sind auf solche Weise durch Gesetze miteinander verbunden, daß unbekannte Situationen (in Vergangenheit oder Zukunft) vorhergesagt werden können". Andererseits: „Kausalität postuliert die Existenz von Gesetzen, auf Grund deren das Eintreten eines Sachverhalts B einer bestimmten Klasse vom Eintritt eines Sachverhalts A einer anderen Klasse abhängt, worin ‚Sachverhalt' irgendein physikalisches Objekt, ein Phänomen, eine Situation oder ein Ereignis bedeuten kann. A nennen wir die Ursache, B die Wirkung." Anscheinend haben wir hier den Versuch vor uns, zu unterscheiden einerseits zwischen einer kosmischen Bedingung allgemeiner Gesetzmäßigkeit, einer Bedingung, bei der menschliche Vorhersage (auch zeitlich nachträglicher Art) möglich wird, sofern nur ausreichende Kenntnis zur Verfügung steht – und andererseits einer mehr auf Einzelheiten zielenden Verknüpfung, welche gewisse bezeichenbare Elemente innerhalb unserer Erfahrung verbindet; hierbei würde es sich dann um Kausalität handeln. Cassirer nimmt eine solche Unterscheidung nicht vor und hält sie für unnötig. Er akzeptiert die Determinismus-Definition ähnlich wie Born und sieht als Ursachen und Wirkungen genau jene Ereignisse und Situationen an, welche der Wissenschaftler durch die Gesetzmäßigkeit der Natur vorherzusagen vermag. Vorhersage setzt immer einen Ausgangspunkt in Gestalt einer bekannten Situation voraus: sie setzt eine bekannte zu einer vorhergesag-

---

[1] M. Born, Natural Philosophy of Cause and Chance, Oxford, 1949.

ten Situation in Beziehung; das zeitlich jeweils frühere Glied dieses zusammenhängenden Paares ist die Ursache, das andere die Wirkung. Indem er aber die Bedeutung der unscharfen Begriffe Ereignis, Situation, usw. geeignet faßt, löst Cassirer die unbefriedigende Unterscheidung auf, d. h. Determinismus wird einfach diejenige Doktrin, die die Allgemeingültigkeit kausaler Relationen behauptet. Infolgedessen verschwindet auch der Unterschied.

Betreffend die Bedeutung von Kausalität bzw. Kausalitätsprinzip ist nun die heutige Literatur so reich an auseinandergehenden Interpretationen, daß ihr bloßes Verzeichnis einen ganzen Band erfordern würde. Einige der häufiger angetroffenen Vorstellungen zerlegt Russell[2] in seinem lohnenden kleinen Aufsatz „On the Notion of Cause". Hier beschränken wir uns jedoch auf eine Übersicht über einige wenige maßgebliche Kausalitätsbegriffe, d. h. Begriffe, die das gegenwärtige wissenschaftliche Denken zu beherrschen scheinen.

Da ist etwa als erstes der einigermaßen unphilosophische Begriff zu nennen, der in Jeffreys'[3] Worten besagt „Genau ähnliches Antecedens führte zu genau ähnlichem Consequens". Dieser Satz errichtet eine Strohpuppe, welche Jeffreys (ebenso wie viele andere) mit beträchtlichem Vergnügen umstößt. Wir zitieren: „Keine zwei Antecedens-Anordnungen sind jemals identisch; sie müssen sich zumindest durch Zeit und Ort unterscheiden. Aber selbst, wenn wir uns entschließen, Zeit und Ort als irrelevant anzusehen (was faktisch zutreffen mag, jedoch rein logisch nicht berechtigt ist), sind die Antecedens doch niemals identisch. Die Planeten haben niemals auch nur näherungsweise in der gleichen Konstellation gestanden, seit eine Astronomie zu existieren begann. Das Prinzip gibt uns keine Mittel an die Hand, die Beschleunigungswerte für einen einzigen Augenblick zu erschließen und ist gänzlich nutzlos. Aber weiter, auch wenn es einen Nutzen haben sollte, so würden wir doch bei jeder Anwendung w i s s e n müssen, daß der Gesamtzustand der Welt genau derselbe ist wie zu einem bestimmten vorangegangenen Zeitpunkt. Diese Bedingung kann aber niemals erfüllt werden . . ." Und so schließt Jeffreys nicht ganz ohne Wiederholung, daß das „Prinzip vorstellbarerweise in irgendeinem Sinne zutreffen mag, obwohl niemand

---

[2] B. Russell, On the Notion of Cause, with Applications to the Free-Will Problem; abgedruckt in: Readings in the Philosophy of Science, by Feigl and Brodbeck, (Appleton-Century-Crofts, Inc., New York, 1953) pp. 387—407.

[3] H. Jeffreys, Theory of Probability, Oxford, 1939.

deutlich auszusagen vermochte, worin dieser Sinn besteht. Ganz sicher ist jedoch die Nutzlosigkeit".

Cassirer würde der Kritik zweifellos zustimmen, jedoch würde er die Definition nicht annehmen. Wahrscheinlich würde er sich kritisch mit der Behauptung auseinandersetzen, daß niemand mit Erfolg klare Aussagen über den Sinn des Kausalitätsprinzips machen konnte; dieser Aufgabe ist in der Tat ein Teil seines Buches gewidmet, in dem er zahlreiche Beispiele früherer Formulierungen referiert. Allerdings mag der Leser vergeblich nach einer einfachen Formulierung für die Westentasche suchen, denn Cassirer zieht es vor, sich mit allen Streitfragen in ihrem geschichtlichen Rahmen zu befassen; aber er wird auch die von Cassirer vertretene Bedeutung klar vorfinden, und diese hat wenig zu tun mit einer unveränderlichen Konjunktion zwischen beobachtbarem Antecedens und beobachtbarem Consequens.

Die Betonung liegt auf dem Begriff, nicht der Beobachtung, auf Konstruktionen und nicht auf Wahrnehmungen. Lenzen[4] spricht eher Cassirers Sprache, wenn er bereits ganz zu Anfang seiner Abhandlung betont: „Kausalität ist eine Beziehung im Bereich begrifflicher Gegenstände. Der Zusammenhang von Ursache und Wirkung bezieht sich auf begriffliche Ereignisse, unabhängig davon, in welcher Beziehung die letzteren zur Realität stehen. Im vorwissenschaftlichen Stadium der Erfahrung wird Kausalität einer intuitiv gegebenen Welt zugesprochen, der sich ein Beobachter gegenüberfindet. Im späten, weiseren Stadium der Wissenschaft muß man Kausalität einem Modell zusprechen, das der Wissenschaftler aus Begriffen konstruiert."

Eine Lehre, die oft mit Kausalität gleichgesetzt oder verwechselt wird, ist eine bestimmte die Wirkung von Kräften betreffende Theorie. Sie nimmt Bezug auf die alte Unterscheidung zwischen einer Fernwirkung und einer „Kontaktwirkung", d. h. Wirkung bei Berührung; hierher gehört z.B. die Annahme, daß bestimmte Kräfte, wie die Schwerkraft, die vorgenannte Eigenschaft zeigen, während andere, z. B. ein mechanischer Stoß, die letztgenannte Wirkungsart verkörpern. Nun schien es einigen Philosophen der Antike, Aristoteles vor allem, bei der Wirkung auf Entfernung handele es sich um eine geheimnisvolle Erscheinung, die das Kausalitätsgesetz verletzte; und so kommt es, daß dieses Gesetz mit

---

[4] V. F. Lenzen, Causality in Natural Science. Charles C. Thomas, Springfield, Illinois, 1954.

Nahewirkung gleichgesetzt worden ist. Dies ist klar der Fall bei Hume[5], den Cassirer folgendermaßen zitiert: „Was für Gegenstände auch als Ursachen oder Wirkungen angesehen werden, so hängen sie doch unmittelbar zusammen, und nichts kann Wirkungen entfalten zu einer Zeit oder an einem Ort, die im geringsten von demjenigen seiner Existenz entfernt sind. Wir dürfen daher die Kontiguitätsbeziehung als notwendig für die der Verursachung betrachten."

In dieser primitiven Fassung ist die These der Nahewirkung allerdings aus der modernen Physik, die sich zunehmend entmechanisiert hat, verschwunden. Jedoch hat einer ihrer Sprößlinge, nämlich der Begriff des sich ausbreitenden Feldes, den Platz der gröberen Konzeption eingenommen und wird zuweilen als notwendige Komponente der Kausalität hingestellt. Ein Körper braucht nicht genau dort zu wirken, wo er sich selbst befindet; er kann ein Agens aussenden, möglicherweise ein nichtmaterielles Agens, Feld genannt, und so sowohl an räumlich entfernten Stellen wie auch zu späteren Zeitpunkten durch die Vermittlung dieses Feldes Wirkungen ausüben. Alle bis jetzt untersuchten physikalischen Felder, deren Eigenschaften man im einzelnen kennt, bewegen sich mit endlichen Geschwindigkeiten, am schnellsten das elektromagnetische. Dementsprechend kann ein Einfluß an einem entfernten Ort, der gleichzeitig mit einem gegebenen Ereignis auftritt, nicht durch dieses Ereignis verursacht sein.

Eine der augenfälligsten Folgerungen aus der speziellen Theorie der Relativität ergibt die Lichtgeschwindigkeit als obere Grenzgeschwindigkeit für alle möglichen Energiefortleitungen. In den frühen philosophischen Diskussionen zur Relativität war diese Tatsache von großer Bedeutung; und angesichts der Indoktrination durch Aristoteles und Hume ist es nicht überraschend, daß Felder, vorzüglich das elektromagnetische Feld der speziellen Theorie, zur Quintessenz der Kausalität wurden. Reichenbach[6] spricht vom Prinzip der Wirkung durch Berührung (offenkundig in dem erweiterten Sinne, also Felder einschließend), daß es „eine wohlerwiesene Eigenschaft kausaler Fortpflanzung formuliert: die Ursache muß sich kontinuierlich durch den Raum ausbreiten, bis sie die Stelle erreicht, wo sie eine bestimmte Wirkung hervorruft. Fährt eine Lokomotive an, so folgen die einzelnen Wagen des Zuges doch nicht

[5] D. Hume, Treatise on Human Nature, Book I.

[6] H. Reichenbach, The Rise of Scientific Philosophy, Univ. of Calif. Press, 1951.

unmittelbar, sondern in Abständen; der Zug der Maschine muß von Wagen zu Wagen übertragen werden, bis er schließlich den letzten erreicht. Schaltet man einen Scheinwerfer ein, so beleuchtet er auch nicht sofort die Gegenstände, auf die er gerichtet ist; das Licht muß sich erst durch den dazwischen befindlichen Raum fortpflanzen, und angenommen, es täte dies nicht mit so großer Geschwindigkeit, so würden wir die Zeit wahrnehmen, die zur Ausbreitung der Beleuchtung erforderlich ist. Die Ursache an einer Raumstelle und zu einer Zeit *t* kann an einer anderen sich von Stelle zu Stelle durch Berührung aus".

Diese Anschauung der Berührungswirkung im Zusammenhang mit dem Kausalprinzip steht in bestimmten engumschriebenen Entwicklungen der neueren Physik in einigem Kurs; die technische Bezeichnung „Kausalitätsbedingung" soll z. B. oft nicht mehr bedeuten als das Relativitäts-Erfordernis, welches nämlich die Geschwindigkeit eines Wellenpakets (die Wahrscheinlichkeitsverteilung von Partikeln darstellend) durch die Lichtgeschwindigkeit c begrenzt; damit sagt es im Effekt: eine Ursache an einer Raumstelle und zu einer Zeit t kann an einer anderen Raumstelle in der Entfernung r von der ersten keine Wirkung zu einer Zeit früher als $t + \frac{r}{c}$ hervorrufen.

Kausalität ist nach dieser Formulierung nur noch eine bruchstückhafte Fassung der speziellen Relativitätstheorie, und man könnte hierfür nur schwer den Gebrauch des anspruchsvollen Etiketts „Prinzip" rechtfertigen. Cassirer akzeptierte die Auffassung von einer Wirkung durch Berührung selbstverständlich nicht, ebensowenig wie sie viele Philosophen vor ihm geteilt hatten. Cassirer dachte in der Tradition von Laplace und Kant, in deren Augen das Anheften eines metaphysischen Prinzips (z. B. Kausalität) an eine spezifische Eigenart physikalischer Theorie unzulässig gewesen wäre.

Tatsächlich würden m. E. heute wenige Philosophen und Naturwissenschaftler die Entdeckung von Wirkungsgeschwindigkeiten größer als c — so unwahrscheinlich diese sein mag — als gleichbedeutend mit einer Aufgabe des Kausalitätsprinzips ansehen. Oder umgekehrt ausgedrückt, das Versagen der Kausalität, das angeblich durch die Feststellung von Unbestimmtheiten im Quantengebiet entstand, ist kein Widerspruch zu einer Kontaktwirkung im Sinne der Relativität. Daher muß es noch andere Deutungen geben, die diese Übersicht bislang nicht aufgedeckt hatte.

Eliminieren wir einmal aus der obigen Definition die Annahme, daß Felder sich mit endlichen Geschwindigkeiten fortpflanzen müssen, und lassen wir stattdessen unbegrenzt schnelle Wirkungen zu. Wir erhalten dann eine Art „Zusammenhangstheorie". Sie behauptet, daß Kausalität eine durchgehende Verbindung zwischen verschiedenen Ereignissen in Raum und Zeit darstelle, wobei diese Ereignisse durch wissenschaftliche Gesetzmäßigkeiten beliebiger Gattung verkettet sind. So sind auf diese Weise Druck- und Volumenänderungen eines Gases, die vermutlich gleichzeitig erfolgen, kausal miteinander verknüpft. Auf ähnliche Weise würde sich der Kausalnexus durch eine Kette von Ereignissen der folgenden Art hindurch erstrecken: Auftauchen einer Wolke am Himmel — Verdunkelung der Sonne — Absinken der Temperatur auf der Erde — Menschen ziehen sich Mäntel an usw.; oder eine weitere, vielleicht wissenschaftlichere Kette: Lichtemission von einem Stern — Fortpflanzung einer elektromagnetischen Welle durch den Raum — Absorption des Lichts durch ein Metall — Ausstoßen eines Elektrons usf.

Die Ereignisse, welche diese Ketten zusammensetzen, bilden einen wissenschaftlichen Zusammenhang; wir wissen genau, wie, mit Hilfe von sichtbaren oder mutmaßlichen Agentien, das Erscheinen einer Wolke zur Verdeckung der Sonne führt, wie dies seinerseits eine niedrigere Temperatur zur Folge hat, dies wiederum bei den Menschen Unbehaglichkeit hervorruft und sie schließlich veranlaßt, sich Mäntel anzuziehen. Die andere Sequenz kann auf ähnliche Weise verfolgt werden; die durch sie verbundenen Ereignisse, obwohl sie an gänzlich verschiedenen Orten und in völlig verschiedenen Objekten ablaufen, sind auf eine Weise verknüpft, mit deren Einzelheiten wir vertraut sind. Gäbe es Lücken in diesem Verstehen, bzw. fehlende Glieder in der Wirkungskette, so würden wir sie nicht als „kausal" bezeichnen.

Nun kann man zwar von dieser an solchen Beispielen illustierten Bedeutung der Kausalität sprechen, d. h. als von einem kontinuierlichen Zusammenhang in Zeit und Raum; aber das läuft doch auf kaum mehr hinaus als ein Bezogensein vermittels Naturgesetzen, und damit wird Kausalität zu einer Tautologie von wissenschaftlichem Verstehen überhaupt. Es handelt sich hier ebenfalls um eine Variante der Humeschen Lehre von der unveränderlichen Aufeinanderfolge, die lediglich verfeinert ist durch die Hereinnahme von verbindenden Agentien zwischen den Gliedern derartiger Sequenzen. Diese Interpretation der Kausalität ist weitgespannt und großzügig, erfreut sich ihrer größten Beliebtheit bei den nichtphysikalischen Wissenschaften, und natürlich in der Alltagssprache; ebenso ist sie begriffliche Standardware bei Rechtsanwälten und Biologen. Indessen ist sie schwierig präzise zu formulieren, und diese Schwierigkeit beruht hauptsächlich darauf, daß die zur Diskussion stehende Ansicht dem Ort und der Gattung der zu einer Einzelkette verknüpften Ereignisse keinerlei Beschränkungen auferlegt. So kann die Lichtemission auf Sirius stattfinden, die Absorption auf der Erde in irgendeiner Photozelle, und diese kann ihrerseits an einer entfernten Stelle eine beliebige z. B. mechanische Wirkung auslösen. Die einzige Voraussetzung ist nurmehr, daß die Wirkung zeitlich der Ursache nicht vorausgeht.

Die Physik nun nähert sich wohl zeitweise dieser Anschauung des kontinuierlichen Zusammenhanges an (oft ohne zwischen dieser und einer anderen zu unterscheiden, der wir uns gleich zuwenden werden); besonders voreingenommen ist sie jedoch für eine andere Bedeutung der Kausalität, eine Bedeutung, die zuerst von Kant und Laplace klar formuliert worden ist. Um diese zu umreißen, wollen wir zunächst bemerken, daß physikalische Systeme durch Zustände beschrieben werden, die sich in der Zeit ändern. Zum Beispiel kann der Zustand eines Körpers, der thermischen Veränderungen unterworfen ist, seine Temperatur, sein Volumen und seinen Druck einbeziehen; diese Variablen gelten dann als Zustandsvariablen oder Variablen, die einen Zustand definieren. Ein anderes physikalisches System, das wir einen in Deformation begriffenen elastischen Körper nennen, besitzt Zustände, die durch Druck und Zug definiert sind: ein elektromagnetisches Feld (ebenfalls ein physikalisches System in unserem Wortsinne, denn physikalische Systeme brauchen nicht materieller Natur zu sein!) nimmt Zustände an, die durch einen elektrischen und einen magnetischen Vektor zu beschreiben sind. All diesen Beispielen ist die Annahme gemeinsam, daß die (wie auch immer definierten) Zustandsvariablen sich in der Zeit ändern und zwar auf eine Art, die bestimmten Gleichungen entspricht, die üblicherweise Naturgesetze genannt werden. Zukünftige Zustände können daher vorausgesagt werden, sofern ein vollständiger gegenwärtiger Zustand bekannt ist. Ein früherer Zustand eines gegebenen Systems wird Ursache eines späteren genannt, der spätere Zustand die Wirkung eines früheren.

Das Kausalitätsprinzip in diesem Sinne behauptet das Vorhandensein eines eindeutigen zeitlichen Kontinuums von sich entwickelnden Zuständen, die alle auf ein und dasselbe physikalische System zu beziehen sind. Zwischen einer gegebenen Ursache und einer gegebenen Wirkung liegen unbeschränkt viele andere Ursachen der gleichen Wirkung, obwohl nur jeweils eine Ursache zu einer gegebenen Zeit. Der Vorzug dieser Auffassung, die ich als Lehre der sich entfaltenden Zustände (doctrine of unfolding states) bezeichnen will, beruht auf ihrer größeren logischen Präzision und der Qualität der Einmaligkeit, die sie der Kausalrelation verleiht. Taucht eine Wolke am Himmel auf, so hat diese Ursache (in dem vorhergenannten Sinne) viele Wirkungen zu einem gegebenen späteren Zeitpunkt, darunter auch die eine der Herabsetzung der Temperatur; wenn jedoch ein elastischer Körper eine gegebene Verteilung von Drucken und Zügen aufweist, so ist nur eine einzige spezifische Verteilung zu einer angebbaren Zeit deren Wirkung. Die Auffassung eines bloßen kontinuierlichen Zusammenhangs läßt zahlreiche Kausalketten zu, die Lehre der sich entfaltenden Zustände nur einen einzigen Ablauf.

Das einfachste physikalische System, tatsächlich auch das, für welches eine Kausaltheorie der letzteren Art zuerst entwickelt wurde, ist das in Bewegung befindliche Massenteilchen. Seine Zustände sind Variablenpaare, nämlich Orte und Momente; und Newtons zweiter Satz ist das Naturgesetz, das die Entfaltung des Systems bestimmt. Das Gesetz ist eine Differentialgleichung zweiter Ordnung, deren vollständige Lösung zwei Integrationskonstanten erfordert. Ort und Moment des Partikels zu einem festen Zeitpunkt können nun als solche Integrationskonstanten dienen und determinieren daher jederzeit die Lösung.

Zustände und Gesetze einer Kausaltheorie müssen stets diese innere Affinität aufweisen. Die Zustände hat man so zu wählen, daß sie die Information enthalten, welche von den Anfangsbedingungen (die die Lösung des Gesetzes vollständig machen) gefordert wird. Deswegen kann auch die Definition von Zuständen innerhalb einer Kausaltheorie nicht willkürlich geändert werden, ohne entsprechende Änderungen in den Naturgesetzen nötig zu machen; ebenso wird eine Veränderung bei einem Gesetz im allgemeinen eine Neudefinierung des Zustandes eines Systems erfordern.

Newtons Theorie der Bewegung von Massenteilchen ist der Prototyp aller kausaler Beschreibung. Die von ihm (in einem grundsätzlichen epistemologischen Sinne) vorgeschriebene Verknüpfung zwischen den Zuständen eines Teilchens zu verschiedenen Zeitpunkten ist ein Modell der Kausalbeziehung. Und verständlicherweise, obzwar bedauerlicherweise, wurden die speziellen Gesetze und Zustände, die sich aus Newtons Theorie herleiten — dagegen nicht ihr allgemeiner Formalismus — schließlich als die notwendigen Bestandteile der Kausalität angesehen. Dies Mißverständnis, oder jedenfalls diese starre Identifizierung von Zuständen, hat zu dem Glauben geführt, daß die Quantenmechanik keine Kausaldisziplin darstellt. Rufen wir uns die wesentlichen Einzelheiten ins Gedächtnis: man hatte gefunden, daß das Newtonsche Gesetz für atomare Teilchen nicht galt, und Schrödinger ersetzte es mit Erfolg durch eine neüe Gleichung. Diese Gleichung hatte jedoch keine Lösungen, die durch die alten Koordinaten und Impulse angebbar waren. Ferner entdeckte Heisenberg durch sein Unsicherheitsprinzip, daß diese Variablen auch ihren vernünftigen Sinn als durchgängig beobachtbare Größen verloren hatten, da sie nicht alle beide präzis bekannt sein könnnen. Damit schien für die Kausalität der jüngste Tag angebrochen zu sein, da offenbar die Zustände, von denen sie handelt, weder theoretisch von Bedeutung noch auch der Beobachtung zugänglich sind.

Dennoch ist es keine müßige Frage, ob Schrödingers Gesetz Zustände etwa in Form anderer Variablen auswählt (oder mit solchen verträglich sein könnne), und ob nicht dann diese Variablen eine kausale Beschreibung in dem letztgenannten, formaleren Sinne unseres Prinzips gestatten, also im Sinne der sich entfaltenden Zustände. Dies ist tatsächlich der Fall; nur trifft diese Variablen, ebenso wie die durch sie definierten Zustände das Mißgeschick, daß sie sich als einigermaßen eigenartig und flüchtig zeigen, solange man sie von Newtons bekanntem Standpunkt her beurteilt: sie stellen sich nämlich als W a h r s c h e i n l i c h k e i t e n heraus.

Es ist diese letzte These, die Deutung der Kausalität in der Form sich entfaltender Zustände, die von Cassirer bejaht wird und die er auf ihre Standfestigkeit unter der Belastung durch die Quantentheorie in der Physik untersucht. Sein Ergebnis ist im wesentlichen das im vorigen Absatz nahegelegte, und er gelangt dazu auf Grund eines Studiums alles diesbezüglichen Beweismaterials, das 1936 zur Verfügung stand. Im Rest dieses Vorwortes werden wir uns mit der Frage beschäftigen, ob die letzten 20 Jahre noch wesentlich neues Material für oder gegen das angeführte Ergebnis gezeitigt haben.

Zwei moderne Entwicklungen sind für diese Frage bedeutungsvoll: die eine ist hauptsächlich mit den Namen de Broglie und Bohn verknüpft und versucht eine von ihren Vertretern so genannte kausale Interpretation der Quantentheorie. Bei der anderen handelt es sich um eine Theorie der Quanten-Elektrodynamik, der zufolge die Zeit „rückwärts fließen" darf; ihr Begründer ist Feynman. Durch die Umkehrung des Zeitstroms scheint eine Theorie dieser Art die kausale Beziehung zu verwirren und muß daher in diesem Zusammenhang betrachtet werden. Wir wenden uns zunächst den Beiträgen von de Broglie und Bohm zu.

Die Größe, die in der Quantentheorie eine zentrale Rolle spielt, ist die berühmte Zustandsfunktion Ψ. Ihre Bedeutung und ihr Verhalten sind auf der mathematischen Seite völlig geklärt. Ebenso gesichert ist ihre Beziehung zu empirischen Beobachtungen, solange man diese als statistische Aggregate ansieht; aber die Verknüpfung zwischen Ψ und einer einzelnen Beobachtung — vorausgesetzt, diese sei vorhanden — ist einer Mehrzahl von Interpretationen zugänglich. Zuerst seien hier die Tatsachen angegeben, über welche kein Zweifel mehr besteht.

Für das einfachste physikalische System ist Ψ eine Funktion von Ort und Zeit, von x und t. Ist Ψ (x, t_1) zu einer beliebigen bestimmten Zeit t_1 gegeben, so erlaubt die Grundgleichung der Quantenmechanik Ψ (x, t_2) für jede spätere Zeit t_2 vorherzusagen. Würde daher Ψ in Wahrheit den Zustand des physikalischen Systems beschreiben, auf das es sich bezieht, so hätte eine Kausalität in Cassirers Bedeutung in der neuen Disziplin Gültigkeit.

Störenderweise jedoch hat Ψ nichts mit den Dingen zu tun, die man in der älteren Physik als Zustandsvariablen ansieht. Für sich genommen bezieht es sich zunächst auf nichts, was einfach gemessen werden könnte. Nur in quadrierter Form, d. h. in der Form $\Psi^*\Psi$, entspricht es einfach meßbaren Größen: tatsächlich ist $\Psi(x)^*\Psi(x)$ die Wahrscheinlichkeitsdichte dafür, daß das System nahe der Stelle vorgefunden wird, die durch x gekennzeichnet ist. Diese Wahrscheinlichkeit selbst entwickelt oder entfaltet sich im allgemeinen nicht entsprechend irgendeiner einfachen Gleichung und ist daher auch nicht streng durch ein Kausalgesetz festgelegt, obwohl dies für Ψ zutrifft. Wesentlich ist, daß weder Ψ noch $\Psi^*\Psi$ (die mit beliebiger Genauigkeit bekannt sein können) vorherzusagen gestatten, was in einer einzelnen Beobachtung eintreten wird; sie sprechen lediglich von Verteilungen innerhalb von Aggregaten. Die einzelne Beobachtung wird durch ein Kausalgesetz nicht länger determiniert.

Daraus erwächst offenkundig die Frage: ist die quantenmechanische Beschreibung nur ein teilweise brauchbares Schema, d. h. etwas, das erst einer Ergänzung bedarf, um in befriedigenderer Weise auch mit Einzelbeobachtungen fertig zu werden? Oder ist sie auf ihre Art eine unwiderruflich endgültige Disziplin – d. h. nicht etwa vollkommen in dem Sinne, daß sie etwa keiner weiteren Korrekturen bedürfe, sondern endgültig insofern, als sie aller Möglichkeiten zur Beschreibung individueller Ereignisse (grundsätzlich) entsagt? Wird die erste Frage bejaht, so muß sich die Physik notgedrungen nach verborgenen Variablen umsehen, die zur Zeit nicht im quantentheoretischen Formalismus enthalten sind, nach Variablen also, welche die einzelne Beobachtung in den Bereich ihrer Vorhersagezuständigkeit mit einbeziehen. Bejaht man die zweite Frage, dann sind damit die Wahrscheinlichkeiten $\Psi^*\Psi$, möglicherweise auch Ψ selbst, die letzten Bestimmungsgrößen physikalischer Ereignisse. In diesem Falle wäre die Maxime wahr, die Einstein abgelehnt hatte: Gott würde „auswürfeln".

Von Neumann hat treffende Argumente angegeben, die zugunsten der zweiten Alternative sprechen; die meisten Physiker sind z. Zt. von ihrer Richtigkeit überzeugt und geben dem daraus folgenden Standpunkt den Vorzug. Cassirer neigte zu ihrer Annahme auf Grund des ihm zugänglichen Materials, das damals weniger vollständig war als heute. Dieser Auffassung zufolge hat Ψ mit dem Einzelereignis nicht mehr zu schaffen, als etwa die Temperatur mit der Bewegung eines einzelnen Gaspartikels. Während allerdings die Bewegung eines Moleküls in einem Gase noch durch eine Theorie höherer Ordnung beschrieben werden kann, existiert keine solche Theorie, welche Einzelereignisse in der Quantenmechanik festlegt.

De Broglie[7] und Bohm[8] haben sich um eine Bestätigung der ersten Alternative bemüht, um eine Theorie, die in der Lage ist, auch Einzelbeobachtungen gesetzmäßig zu erfassen, und neigen dazu, die Quantentheorie in ihrer derzeitigen Form als unvollständig anzusehen. De Broglies Vorschlag erfolgte vor 20 Jahren; er hat ihn seither als verfehlt erklärt und steht heute der Arbeit von Bohm einigermaßen kritisch gegenüber, der sein Unternehmen über de Broglies frühe Bemühungen hinausgeführt hat. Bohms analytisch kompetente Ansätze machen sich eine wohlbekannte Beziehung zwischen der Hamilton-Jacobi-Gleichung der klassischen Physik und der Gleichung von Schrödinger zunutze; letztere wird in ein Paar reeller Gleichungen aufgespalten, von denen eine zur

---

[7] L. De Broglie, La Physique Quantique restera-t-elle Indéterministe? Gauthier-Villars, Paris, 1953.

[8] D. Bohm, Physical Review, 85, 180, 1952.

Definition der individuellen Bewegung eines Partikels herangezogen werden kann. Dessen Bahn wird jedoch durch ein unkonventionelles Kraftfeld gestört, das von der Anwesenheit des Partikels selbst herrührt. Dieses Feld nun — von der klassischen Physik übersehen und von der Quantentheorie impliziert, jedoch nicht anerkannt — ist für das erratische Verhalten einzelner Ereignisse verantwortlich und zwingt letztlich den Physiker, Ereignisse statistisch zu behandeln, solange er es ignoriert.

Bohm spricht von seiner Hypothese als der „Kausalinterpretation" der Quantenmechanik. Nach Cassirer ist dies eine Fehlbenennung, denn auch die vorher gegebene Interpretation ist kausal. Der einzige Unterschied ist folgender: in der zur Diskussion stehenden Theorie sind die Zustandsvariablen des Systems, mechanistisch aufgefaßt, kausalen Gesetzen unterworfen; bei der gewöhnlichen Theorie gehorcht dagegen die Ψ-Funktion einem kausalen Gesetz. Es wäre somit passender, zwischen einer mechanischen und einer statistischen Kausalität zu unterscheiden.

Der Status der kausal-mechanistischen Interpretation ist nicht ohne weiteres zu bewerten. Sie führt zu sämtlichen alten Resultaten und zu einigen neuen Schwierigkeiten[9]. Gewiß hat sie keine unüberwindlichen Hindernisse vorgefunden. Aber bevor sie nicht etwas leistet, das der einfacheren statistischen Theorie nicht gelingt oder bis eine ihrer verborgenen Variablen sich nach außen zeigt, liegt kein ausreichender Grund vor, bereits ihre philosophische Relevanz zu diskutieren. Sollte sich die Theorie fest einbürgern, so würde Cassirers These lediglich gestärkt, keineswegs etwa ungültig.

Bei den meisten Fassungen des Kausalprinzips geht die Ursache der Wirkung zeitlich voraus; die Zukunft bestimmt nicht die Vergangenheit (obgleich selbstverständlich kausale Gesetze herangezogen werden könnten, um Vergangenheit und Gegenwart zu erschließen, sofern die Zukunft bekannt wäre). Bei Feynmans Theorie kommen Zeitumkehrungen vor, die das übliche kausale Schema umstoßen. Die Elektronentheorie, wenn sie folgegerecht entwickelt wird, muß notwendigerweise Bahnen betrachten, auf denen das Elektron sich in der Zeit rückwärts bewegt; diese Bahnen wiederum kann man als Spuren von Positionen ansehen,

---

[9] Siehe z. B. H. Margenau; Advantages and Disadvantages of Various Interpretations of the Quantum Theory. Physics Today, 7, 6, 1954. Ferner auch in: Journal of the Washington Academy of Sciences, 44, 265, 1954.

die sich auf konventionelle Weise bewegen. Die Einzelheiten sind verwickelt und brauchen hier nicht angeführt zu werden. Unserer Überzeugung nach zeigt aber eine sorgfältige Untersuchung, daß die Theorie völlig mit der von Cassirer angegebenen Kausallehre vereinbar ist[10].

Während der letzten 20 Jahre ist Bohrs Komplementaritäts-Prinzip in der Literatur über die Philosophie der Physik zu hoher Prominenz gelangt. In der bescheidenen Ausdrucksweise seines Urhebers behauptet das Prinzip, daß die Natur mit gleicher Berechtigung auf zweierlei Weise beschrieben werden kann: einmal unter Verwendung von Ψ-Funktionen, und zum andern durch Einzelereignisse. Die erste Methode führt letzten Endes zu einer Absage an das für uns charakteristische Denkverhalten, uns die Einzelheiten physikalischer Ereignisse als in Zeit und Raum stattfindend vorzustellen; sie gestattet andererseits aber eine statistisch-kausale Darstellung der Erfahrung. Das zweite Verfahren kommt zwar unserem Verlangen nach Modellen entgegen, hebt aber Kausalität auf als a n w e n d b a r a u f E r e i g n i s s e. Bohr sieht hierin eine Grundeigenschaft unserer Beschreibung von Erfahrungen im physikalischen Bereich; ebenso ist er davon überzeugt, daß beide Methoden als Zugänge zur Wirklichkeit notwendig sind.

Diese an sich relativ nüchterne Feststellung kann zu einem Universal-Rezept für eine „Aufgabelung“ gemacht werden, nämlich für einen philosophischen Dualismus, der sämtliche Gebiete durchdringt. Dieser Dualismus gilt manchmal als Zeugnis für einen unversöhnlichen Gegensatz zwischen Tatsachen und Werten oder gar für eine gegensätzliche Deutung des Lebens durch Wissenschaft einerseits und Kunst andererseits — überspitzt man den Satz weit genug, so kann man schließlich damit jede beliebige (noch) ungelöste Schwierigkeit quasi gesetzlich zur Norm erklären und so jede tiefgründige Untersuchung zum Stillstand bringen.

Cassirer erwähnt die Komplementarität mit Zustimmung (S. 258, 318). Im Schlußabschnitt dieses Buches scheint er nahezulegen, daß wir im physikalischen Dualismus von Welle und Teilchen ein Gesicht der Vielfalt von Perspektiven vor uns haben, denen er einen großen Teil seiner „Philosophie der Symbolischen Formen“ gewidmet hatte. Nichtsdestoweniger zeigt seine sorgfältige Analyse gewisse Befürchtungen bei der Vertretung dieses Prinzips. Für ihn ist die Unbestimmtheit nicht eine bloß menschliche Schranke, sondern betrifft die eigentliche Bedeutung

---

[10] H. Margenau, Can Time Flow Backwards? Philosophy of Science, *21*, 79, 1954.

physikalischer Wirklichkeit überhaupt (S. 274); Cassirer neigt zu der Aussage, daß eben das die physikalische Realität definieren muß, was kausalen Gesetzen genügt. Dadurch verlieren die Einzelereignisse als Bestimmungsgrößen physikalischer Realität sichtlich an Bedeutung; stattdessen gelangen die probabilistischen Gesichtspunkte der Quantentheorie zu größerer Betonung, vielleicht sogar bis zu der Konsequenz, die Komplementarität selbst zu leugnen. Jedenfalls sei hier noch angemerkt, daß Cassirer nach der Veröffentlichung dieses Buches sehr entschieden gegen die metaphysische Aufbauschung der Komplementaritätsvorstellung Stellung nahm und daß er die grundlosen Auswüchse verwarf, die sie zuweilen etwa in der Psychologie und Soziologie erfahren hat.

HENRY MARGENAU

BIBLIOGRAPHIE

Ein * vor einem Titel zeigt an, daß dieser der geplanten Bibliographie angehörte, die Cassirer 1945 hinterließ. Alle übrigen Verweise wurden von Henry Margenau hinzugefügt.

Bohr, N. "Development in Quantum Theory," *Nature, 121* (1928), 580.

Frank, P. *Das Kausalgesetz und seine Grenzen*. Springer, 1932.

*Margenau, H. "Probability and Causality in Quantum Physics," *Monist, 42* (1932), 161.

Bohr, N. "Light and Life," *Nature, 131* (1933), 421, 457.

Hopf, E. "On Causality, Statistics, and Probability," *Journal of Mathematics and Physics, 13* (1934), 51.

*Margenau, H. "Meaning and Scientific Status of Causality," *Journal of Philosophy of Science, 1* (1934), 133.

Von Laue, M. "Über Heisenbergs Ungenauigkeitsbeziehungen und ihre erkenntnistheoretische Bedeutung," *Naturwissenschaften, 22* (1934), 439.

Birkhoff, G. D., and Lewis, D. C: "Stability in Causal Systems," *Philosophy of Science, 2* (1935).

*Einstein, A., Podolski, B., and Rosen, N. "Can Quantum-Mechanical Description of Physical Reality Be Considered Complete?" *Physical Review, 47* (1935), 777.

*Kemble, E. C. "The Correlation of Wave Functions with the States of Physical Systems," *Physical Review, 47* (1935), 973.

*Margenau, H. "Methodology of Modern Physics, I," *Philosophy of Science, 2* (1935), 48.

*— "Methodology of Modern Physics, II," *Philosophy of Science, 2* (1935), 164.

*Ruark, A. E. "Is the Quantum-Mechanical Description of Physical Reality Complete?" *Physical Review, 48* (1935), 466.

*Bohr, N. "Can Quantum-Mechanical Description of Physical Reality Be considered Complete?" *Physical Review, 48* (1935), 696.

*Schrödinger, E. "Discussion of Probability Relations between Separated Systems," *Proceedings of the Cambridge Philosophical Society, 31* (1935), 555.
*— "Die gegenwärtige Situation in der Quantenmechanik", *Naturwissenschaften, 23* (1935), 807, 823, 844.
*Heisenberg, W. *Wandlungen in den Grundlagen der Naturwissenschaft.* Leipzig, 1936.
*Margenau, H. "Quantum-Mechanical Description," *Physical Review, 49* (1936), 240.
*Stebbing, S. L. *Philosophy and the Physicists.* London, 1936.
Birkhoff, G. D., and von Neumann, J. "The Logic of Quantum Mechanics," *Annals of Mathematics, 37* (1936).
Bohr, N. *Erkenntnis, 6* (1936), 293.
Lenzen, V. F. "The Interaction between Subject and Object in Observation," *Erkenntnis, 6* (1936), 326.
Schlick, M. "Quantentheorie und Erkennbarkeit der Natur," *Erkenntnis, 6* (1936), 317.
*Bohr, N. "Causality and Complementarity," *Philosophy of Science, 4* (1937), 289.
*Margenau, H. "Critical Points in Modern Physical Theory," *Philosophy of Science, 4* (1937), 337.
*Kemble, E. C. *Fundamental Principles of Quantum Mechanics.* New York, 1937.
*Einstein, A., and Infeld, L. *The Evolution of Physics.* New York, 1938. Deutsch: Die Evolution der Physik. Wien, 1950.
*Frank, P. *Interpretations and Misinterpretations of Modern Physics.* Paris, 1938.
*Kemble, E. C. "Operational Reasoning, Reality, and Quantum Mechanics," *Journal of Franklin Institute, 3* (1938), 263.
*Eddington, A. A. *The Philosophy of Physical Science,* Cambridge, 1939. Deutsch: Philosophie der Naturwissenschaft. Bern, 1949.
*London, F., and Bauer, E. *Théorie de l'observation en mécanique qantique.* Paris, 1939.
Bohr, N. *The Causality Problem in Atomic Physics.* Paris, 1939.
Lillie, R. S. "Biological Causation," *Philosophy of Science,* 7 (1940), 314.
*Margenau, H. "Metaphysical Elements in Physics," *Review of Modern Physics, 13* (1941), 176.

*Jeffreys, H. “Epistemology and Modern Physics,” *Philosophical Magazine, 32* (1942), 177.

*Wittaker, E. T. “Some Disputed Questions in the Philosophy of the Physical Sciences,” *Philosophical Magazine, 33* (1942), 353.

*Jeffreys, H. “Probability and Quantum Theory,” *Philosophical Magazine, 33* (1942), 815.

Rosenfeld, L. “L'Evolution de l'idée de causalité,” *Mém. Soc. Roy. Sci. Liéges, 6*, 1942.

*Jeans, J. *Physics and Philosophy*. New York, 1943. Deutsch: *Physik und Philosophie*. Zürich, 1951.

*Reichenbach, H. *Philosophic Foundations of Quantum Mechanics*. University of California Press, 1944. Deutsch: Philosophische Grundlagen der Quantenmechanik. Bern, 1949.

Bergmann, G. “The Logic of Quanta,” *American Journal of Physics, 15* (1947), 397.

Bohr, N. *Newton's Principles and Modern Atomic Mechanics*. Newton Tercentenary Celebration. Cambridge, 1947.

— *Dialectica*, 2 (1948), 312.

Destouches, J. L. “Quelques Aspects théoriques de la notion de complémentarité,” *Dialectica*, 2 (1948), 351.

Gonseth, F. “Remarque sur l'idée de complémentarité,” *Dialectica*, 2 (1948), 413.

Born, M. *Natural Philosophy of Cause and Chance*. Oxford University Press, 1949.

Schilpp, P. A., ed. *Einstein, Philosopher Scientist*, Evanston, Ill., 1949. Deutsch: *Albert Einstein als Philosoph und Naturforscher*. Stuttgart, 1955.

Weyl, H. *Philosophy of Mathematics and Natural Science*. Princeton University Press, 1949.

Margenau, H. *The Nature of Physical Reality*. New York, 1950.

Schrödinger, E. “What Is an Elementary Particle?” *Endeavor*, *9*, No. 35 (1950).

Elsasser, W. A. “Quantum Mechanics, Amplifying Processes, and Living Matter,” *Philosophy of Science*, *18* (1951), 300.

Kemble, E. C. “Reality, Measurement, and the State of the System in Quantum Mechanics,” *Philosophy of Science*, *18* (1951), 273.

Popper, K. R. “Indeterminism in Quantum Physics,” *British Journal of Philosophy of Science*, 2, 1951.

Bohm, D. "A Suggested Interpretation of the Quantum Theory in Terms of Hidden Variables," *Physical Review, 85* (1952), 166, 180.

Margenau, H. "Physical Versus Historical Reality," *Philosophy of Science, 19* (1952). 193.

Pollard, William G. "The Significance of Complementarity for the Life Sciences," *American Journal of Physics, 20* (1952), 281.

Schrödinger, E. "Are There Quantum Jumps?" *British Journal of Philosophy of Science, 3* (1952), 109, 233.

De Broglie, L. *La Physique quantique restera-t-elle indeterministe?* Paris, 1953.

Landé, A. "Quantum Indeterminacy, a Consequence of Cause-Effect Continuity," *Dialectica, 8* (1954), 199.

Margenau, H. "Advantages and Disadvantages of Various Interpretations of the Quantum Theory," *Physics Today, 7* (1954), 6.

Born, M. "Continuity, Determinism, and Reality," *Dan. Mat. Fys. Medd., 30*, No. 2 (1955).

Fogarasi, Bela. "Ist der Komplementaritätsgedanke widerspruchsfrei?" *Deutsche Zeitschrift für Philosophie,* 2 (1955), 190.

Heisenberg, W. "The Development of the Interpretation of the Quantum Theory," Niels Bohr volume (New York, 1955), p. 12.

Landé, A. *Foundations of Quantum Theory.* Yale University Press, 1955.

SEITENVERGLEICH DER VORLIEGENDEN AUSGABE
MIT DEN ERSTDRUCKEN

(Seite 3 vorliegende Auflage = Seiten 7,8 erste Auflage)

		41	*46,47*	81	*88,89*	121	*131*	161	*37*
		42	*47,48*	82	*89,90*	122	*131,132*	162	*37,38*
3	*7,8*	43	*49,50*	83	*90,91*	123	*132,133*	163	*38,39*
4	*8,9*	44	*50,51*	84	*91,92*	124	*133,134*	164	*39,40*
5	*9,10*	45	*51,52*	85	*92,93*	125	*134*	165	*40,41*
6	*10,11*	46	*52,53*	86	*93,94*			166	*41,42*
7	*11,12*	47	*53,54*	87	*94,95*			167	*42,43*
8	*12,13*	48	*54,55*	88	*95,96*			168	*43,44*
9	*13,14*	49	*55,56*	89	*96,97*			169	*44,45*
10	*14,15*	50	*56,57*	90	*97,98*			170	*45,46*
11	*15,16*	51	*57,58*	91	*98,99*			171	*47,48*
12	*16,17*	52	*58,59*	92	*99,100*			172	*48,49*
13	*17,18*	53	*59,60*	93	*100,101*			173	*49,50*
14	*18,19*	54	*60,61*	94	*101,102*	134	*7*	174	*50,51*
15	*19,20*	55	*61,62*	95	*102,103*	135	*7,8*	175	*51,52*
16	*20,21*	56	*63*	96	*103,104*	136	*8,9,10*	176	*52,53*
17	*21,22*	57	*63,64,65*	97	*104,105*	137	*10,11*	177	*53,54*
18	*22,23*	58	*65,66*	98	*105,106*	138	*11,12*	178	*54,55*
19	*23,24*	59	*66,67*	99	*106,107*	139	*12,13*	179	*55,56*
20	*24,25*	60	*67,68*	100	*108,109*	140	*13,14*	180	*57,58*
21	*26,27*	61	*68,69*	101	*109,110*	141	*14,15*	181	*58,59*
22	*27,28*	62	*69,70*	102	*110,111*	142	*15,16*	182	*59,60*
23	*28,29*	63	*70,71*	103	*111,112*	143	*16,17*	183	*60,61*
24	*29,30*	64	*71,72*	104	*112,113*	144	*17,18*	184	*61,62*
25	*30,31*	65	*72,73*	105	*113,114*	145	*18,19*	185	*62,63*
26	*31,32*	66	*73,74*	106	*114,115*	146	*19,20*	186	*63,64*
27	*32,33*	67	*74,75*	107	*116,117*	147	*20,21*	187	*64,65*
28	*33,34*	68	*75,76*	108	*117,118*	148	*21,22*	188	*65,66*
29	*34,35*	69	*76,77*	109	*118,119*	149	*22,23*	189	*66,67*
30	*35,36*	70	*77,78*	110	*119,120*	150	*23,24*	190	*67,68*
31	*36,37*	71	*78,79*	111	*120,121*	151	*24,25,26*	191	*68,69*
32	*37,38*	72	*79,80*	112	*121,122*	152	*26,27*	192	*69,70*
33	*38,39*	73	*80,81*	113	*122,123*	153	*27,28*	193	*70,71*
34	*39,40*	74	*81,82*	114	*123,124*	154	*28,29*	194	*71,72,73*
35	*40,41*	75	*82,83*	115	*124,125*	155	*29,30*	195	*73,74*
36	*41,42*	76	*83,84*	116	*125,126*	156	*30,31*	196	*74,75*
37	*42,43*	77	*84,85*	117	*126,127*	157	*31,32*	197	*75,76*
38	*43,44*	78	*85,86*	118	*127,128*	158	*32,33*	198	*76,77*
39	*44,45*	79	*86,87*	119	*128,129*	159	*33,34*	199	*77,78*
40	*45,46*	80	*87,88*	120	*129*	160	*34*	200	*78,79*

201	*79,80*	245	*127,128*	289	*174,175*	333	*221,222*
202	*80,81*	246	*128,129*	290	*175,176*	334	*222,223*
203	*81,82*	247	*129,130*	291	*176,177*	335	*223,224*
204	*82,83*	248	*130,131*	292	*177,178*	336	*224,225*
205	*83,84*	249	*131,132*	293	*178,179*	337	*225,226*
206	*84,85*	250	*135*	294	*179,180*	338	*226,227*
207	*85,86*	251	*135,136*	295	*180,181*	339	*227,228*
208	*86,87*	252	*136,137*	296	*182,183*	340	*228,229*
209	*87,88*	253	*137,138*	297	*183,184*	341	*229,230*
210	*91*	254	*138,139*	298	*184,185*	342	*230,231*
211	*91,92*	255	*139,140*	299	*185,186*	343	*231,232*
212	*92,93*	256	*140,141*	300	*186,187*	344	*232,233*
213	*93,94*	257	*141,142*	301	*187,188*	345	*233,234*
214	*94,95*	258	*142,143*	302	*188,189*	346	*234,235*
215	*95,96*	259	*143,144*	303	*189,190*	347	*235,236*
216	*96,97*	260	*144,145*	304	*190*	348	*236,237*
217	*97,98*	261	*145,146*	305	*193*	349	*237,238,239*
218	*99*	262	*146,147*	306	*193,194*	350	*239,240*
219	*99,100*	263	*147,148*	307	*194,195*	351	*240*
220	*100,101*	264	*148,149*	308	*195,196*	352	*240,241,242*
221	*101,102*	265	*149,150*	309	*196,197*	353	*242,243*
222	*102,103,104*	266	*150,151*	310	*197,198*	354	*243,244*
223	*104,105*	267	*151,152*	311	*198,199,200*	355	*244,245*
224	*105,106*	268	*152,153*	312	*200,201*	356	*245*
225	*106,107*	269	*153,154,155*	313	*201,202*	357	*246*
226	*107,108*	270	*155,156*	314	*202,203*	358	*246,247,248*
227	*108,109*	271	*156*	315	*203,204*	359	*248,249*
228	*109,110*	272	*156,157*	316	*204,205*	360	*249,250*
229	*111,112*	273	*157,158*	317	*205,206*	361	*250,251*
230	*112,113*	274	*158,159*	318	*206,207*	362	*251,252*
231	*113,114*	275	*160,161*	319	*207,208*	363	*252,253*
232	*114*	276	*161,162*	320	*208,209*	364	*253,254*
233	*114,115,116*	277	*162,163*	321	*209.210*	365	*254,255*
234	*116,117*	278	*163,164*	322	*210,211*	366	*255,256*
235	*117,118*	279	*164,165*	323	*211,212*	367	*256,257*
236	*118,119*	280	*165,166*	324	*212,213*	368	*257,258*
237	*119,120*	281	*166,167*	325	*213,214*	369	*258,259*
238	*120,121*	282	*167,168*	326	*214,215*	370	*259,260*
239	*121,122*	283	*168,169*	327	*215,216*	371	*260,261*
240	*122,123*	284	*169,170*	328	*216,217*	372	*261,262*
241	*123,124*	285	*170,171*	329	*217,218*	373	*262,263*
242	*124,125*	286	*171,172*	330	*218,219*	374	*263,264*
243	*125,126*	287	*172,173*	331	*219,220*	375	*264,265*
244	*126,127*	288	*173,174*	332	*220,221*	376	*265*